强对流天气分析与预报

章国材　编著

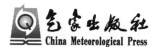
气象出版社
China Meteorological Press

内容简介

本书介绍了中国强对流天气的气候特征、天气形势、常用的中短期客观预报方法和自动临近预报系统，讨论了龙卷风、冰雹、对流性大风、短历时强降水和雷电等的环境条件和预报指标以及如何利用天气雷达等资料分类识别这些强对流天气，还讨论了如何应用以上的知识和方法做强对流天气预报，并通过若干个例进行具体阐述。

本书可供从事强对流天气分析和预报业务、研究及管理人员参考。

图书在版编目(CIP)数据

强对流天气分析与预报/章国材编著. —北京:气象
出版社,2011.11(2020.8 重印)
ISBN 978-7-5029-5328-7

Ⅰ.①强⋯ Ⅱ.①章⋯ Ⅲ.①强对流天气-天气分析
②强对流天气-天气预报 Ⅳ.①P425.8②P45

中国版本图书馆 CIP 数据核字(2011)第 221404 号

Qiangduiliu Tianqi Fenxi yu Yubao
强对流天气分析与预报
章国材 编著

出版发行:气象出版社
地　　址:北京市海淀区中关村南大街 46 号　　　　**邮政编码:**100081
电　　话:010-68407112(总编室)　010-68408042(发行部)
网　　址:http://www.qxcbs.com　　　**E-mail:**　qxcbs@cma.gov.cn
责任编辑:李太宇　隋珂珂　　　　　　　　**终　　审:**章澄昌
封面设计:博雅思企划　　　　　　　　　　**责任技编:**吴庭芳
责任校对:赵　瑗
印　　刷:三河市君旺印务有限公司
开　　本:787 mm×1092 mm　1/16　　　　**印　　张:**21.5
字　　数:557 千字
版　　次:2011 年 11 月第 1 版　　　　　　**印　　次:**2020 年 8 月第 3 次印刷
定　　价:118.00 元

前　言

　　经过几代气象工作者的共同努力,中国区域性暴雨预报能力有了明显的提高。预报员不仅能够预报区域性暴雨,而且敢于预报区域性大暴雨甚至特大暴雨。业务预报中一般不会出现区域性暴雨的漏报,暴雨的落区和强度预报准确率也有相应提高。

　　但是,到目前为止,强对流天气的预报准确率仍然相对较低。强对流天气产生的灾害对人们生命安全造成了严重威胁。短历时强降水引发山洪、城市渍涝和地质灾害已屡见不鲜。2005 年 6 月 10 黑龙江省牡丹江市沙兰镇因短历时强降水引发的山洪造成 100 多名小学生死亡;2007 年 7 月 18 日强降水引发的济南市渍涝也造成 38 人死亡;2010 年 8 月 8 日凌晨甘肃省舟曲县城更是由于短历时强降水引发强泥石流,造成 1800 多人死亡和失踪。全国每年对流性(雷雨)大风都造成人员伤亡和大量建筑物倒塌,每年冰雹给农业生产带来了严重损失,对人畜安全构成威胁;每年雷击都造成人员伤亡。凡此种种,气象防灾减灾迫切需要提高强对流天气的预报准确率。写这本书的动因就是希望能为提高中国强对流天气预报准确率尽微薄之力。

　　由于强对流天气生命史短,局地性强,故预报难度很大。虽然中外研究强对流天气的论文不少,有关中尺度系统的书也出版过几本,但是,至今尚没有面向预报员的强对流天气分析和预报的著作,这就促使作者调阅了大量有关强对流天气的研究论文和书籍,并在此基础上进行了系统的统计分析和研究,试图为预报员提供一些对强对流天气分析和预报有用的理论、方法和指标。但愿此书能起到抛砖引玉的作用,对预报员能有所裨益。希望本书也能成为对研究人员、大学教学有用的参考用书。

　　本书共分 6 章。第 1 章:中国强对流天气的气候特征,阐述中国强对流天气的地理分布、季节变化和日变化特征。第 2 章:强对流天气形势的分类、分型,阐述了天气形势特征和概念模型。第 3 章:强对流天气环境条件,通过对批量个例的统计分析和研究,得到了对区分不同种类强对流天气有物理意义的环境条件指标。第 4 章:强对流天气中短期预报方法,介绍了一些常用的客观预报方法。第 5 章:强对流天气分类识别和临近预报,阐述了如何利用天气雷达等资料识别龙卷风、冰雹、对流性大风、强降水和雷电,同时介绍了一些客观临近预报方法和自动临近预报系统。第 6 章:强对流天气预报,讨论了如何应用以上的知识和方法做强对流天气预报,并通过若干个例具体阐述之。

除特别说明外,本书中所指强对流天气包括:雷雨大风(阵风≥8级)、直径≥2 cm的冰雹、≥20 mm/h的短时强降水、龙卷和强雷电。本书中所用时间除特别声明外,都是北京地方时。

章国材

2011 年 4 月于北京

目　录

第 1 章　　中国强对流天气的气候特征

中国强对流天气有明显的地理分布、季节变化和日变化特征。

1.1　冰雹的气候特征

冰雹是从发展强盛的积雨云中降落到地面的冰球,是一种季节性明显、局地性强,且来势凶猛、持续时间短,以机械性伤害为主的气象灾害。中国冰雹等级分为四类,即小冰雹(直径＜5 mm),中冰雹(5 mm≤直径＜20 mm),大冰雹(20 mm≤直径＜50 mm)和特大冰雹(直径≥50 mm)。

中国冰雹分布的特点是山地多于平原,内陆多于沿海。青藏高原为冰雹高发区,年冰雹日数一般有 3～15 d;云贵高原、华北中北部至东北地区及新疆西部和北部山区为相对多雹区,有1～3 d;秦岭至黄河下游及其以南大部分地区、四川盆地、新疆南部为冰雹少发区,在 1 d 以下。在青藏高原以东地区有南北两支多雹地带。北支从青藏高原北部出祁连山、六盘山、经黄土高原和内蒙古高原连接,再延伸到冀北及东北三省,形成中国最长、最宽的一条降雹带。南支则从云贵地区延伸至长江中下游地区和黄淮及山东地区。一般来说,北支的降雹日比南支要多。

年冰雹日数极大值分布特点与年冰雹日数分布特点基本相同:山地多于平原,内陆多于沿海。青藏高原大部分地区一般有 15～30 d,部分地区超过 30 d,其中西藏那曲达 53 d;云贵高原及湖南大部分地区、华北中北部至东北地区、新疆西部和北部山区一般有 3～15 d,局部地区超过15 d,其中新疆巴音布鲁克 20 d,昭苏 32 d;华北平原及其以南大部分地区和四川盆地在3 d 以下。

中国降雹的天气条件具有明显的季节变化特征。成片的雹区主要发生在春、夏、秋三季,其中尤以 4—7 月最多,占总数的 70％,并且有规律地随时间由南向北推移。降雹还有明显时间分布,大约 90％的降雹发生在午后至夜间。

春季,青藏高原中东部、云贵高原、华北北部、东北东南部和北部及新疆的西部和北部山区为多雹区,季冰雹日数一般为 0.5～3 d;长江中下游及其以南地区及四川盆地春季是一年中降雹最集中的一个季节,季冰雹日数为 0.1～0.5 d。

夏季降雹主要集中在青藏高原及华北北部至大兴安岭一带地区,季冰雹日数一般有 1～3 d,其中青藏高原大部分地区有 3～10 d,西藏的班戈、那曲均为 23 d;长江中下游及其以南地区及四川盆地夏季很少有冰雹出现。

秋季中国大部分地区冰雹日数明显减少。青藏高原大部分地区秋季冰雹日数一般为 1～5 d,那曲达 9.3 d;华北北部、东北大部分地区及新疆西部和北部山区冰雹日数有 0.3～1 d,新疆昭苏为 2.0 d;南方大部分地区基本无降雹。

从冰雹的年代际变化看,1961—2005 年,中国冰雹高发期出现在 20 世纪 60—80 年代,90年代以来明显减少。年冰雹发生频次平均值为 1270 站日,平均每站 2.1 d;1976 年最多,为1611 站日,平均每站 2.6 d;2000 年最少,为 744 站日,平均每站仅 1.2 d(国家气候中心,2007)。

1.2　短历时强降水的气候特征

在雨量自记纸没有信息化之前,我们很难研究短历时强降水的气候特征,因此,少有这方面的研究成果。姚莉等(2009)基于中国 1991—2005 年 485 站高时间分辨率的雨强资料,利用概率分布与统计检验等方法,分析了 1 h 降水的时空分布特征,并将雨强分为>1 mm/h、>2 mm/h、>4 mm/h、>8 mm/h 四个级别,探讨了各级别雨强的年平均发生频率、日变化和极端降水等问题。

1.2.1　1 h 雨强空间分布特征

全中国 4 mm/h 雨强的年平均出现频数的空间分布以秦岭—淮河为明显的分界线:在秦岭—淮河以北,>4 mm/h 的出现频数在 40 次/a 以下;只有吉林东南部和辽宁东部的少数地区在 40 次/a 以上,而华北北部和西北地区最少,在 20 次/a 以下。秦岭—淮河以南,则>4 mm/h 的雨强出现频数都在 40 次/a 以上。对南方地区而言,在安徽南部与江西北部和两广南部沿海及海南有明显的大范围的高值区存在,其数值超过 100 次/a;此外,在广西北部、云南南部也有小范围的高值区,其数值也可超过 100 次/a。对比发现,其他级别雨强的年平均频次分布也大体相似,这里不再赘述。同时,各级雨强年平均出现频数的分布与年总降水量的分布大体相似,即一般来说,年降水量大的地区,各级雨强出现频次也较大。

1.2.2　1 h 雨强季节分布特征

中国处于东亚季风区,不同季节的降雨情况很不相同。为进一步了解不同季节各种级别雨强出现频数的分布情况,按春季(3—5 月)、夏季(6—8 月)、秋季(9—11 月)、冬季(12—2月),分别对>1 mm/h、>2 mm/h、>4 mm/h、>8 mm/h 的雨强出现频数进行统计。

春季,长江以北大部地区各级雨强的出现频次都很小,这是由于中国春季北方普遍降水稀少造成的。而各级雨强频数的大值区则分布在江南一带,这是江南春雨较多的反映。在安徽南部与江西北部一带频数最大,该地区春季大于 1 mm/h、大于 2 mm/h、大于 4 mm/h、大于8 mm/h 的出现频数分别在 150 次以上、80 次以上、40 次以上和 15 次以上。由于江南春雨以连绵细雨为主,降雨强度不大,因而 8 mm/h 以上的强雨强机会不多,仅为大于 1 mm/h 雨强出现频次的十分之一左右。其次,中国华南北部也有雨强频数的大值区,对应大于4 mm/h、大于 8 mm/h 的出现频数可分别超过 35 次、15 次。这正是春季华南前汛期雨季到来的反映。

夏季是中国降雨最多季节,各级雨强出现频次均明显大于春季。与春季不同的是,各级雨强频数最大值区多分布在两广南部、云南南部一带,这里夏季大于 1 mm/h、大于 2 mm/h、大于 4 mm/h、大于 8 mm/h 的出现频数分别超过 150 次、100 次、60 次、30 次。各级雨强频次的次大值区出现在安徽南部与江西北部一带,对应大于 2 mm/h、大于 4 mm/h、大于 8 mm/h级别的出现频数为 80 次、40 次、20 次以上。

　　与春夏两季不同的是,秋季最大值区出现在海南岛,对应大于 1 mm/h、大于 2 mm/h、大于 4 mm/h、大于 8 mm/h 级别的出现频数分别超过 80 次、50 次、40 次、12 次,这是由于海南岛 9 月仍是台风和热带风暴盛行的季节。

　　冬季,中国受极地干冷气团控制,来自海洋的暖湿气流和水汽供应明显减少,降水稀少,是中国降水量最小的季节;加上北方不少地区由降雨转为降雪,因而各级雨强的出现频数均明显减少。在整个冬季,全国出现大雨强的天数很少。包括华南和西南在内大于 8 mm/h 雨强的年平均出现天数均为零或接近于零。

　　综上所述,对于大于 4 mm/h 和 8 mm/h 的较强雨强来说,中国夏季出现大雨强频数最多的地区主要在南部沿海地区。

1.2.3　中国 1 h 雨强的极值分布特征

　　从各站 1991—2005 年 1 h 雨强最大值中,挑选出其中最大的雨强值,便可得到 15a 中各地实际观测到的最大 1 h 雨强,从现有的 15 年 485 站雨强统计看,即使在极度干旱的甘肃西部和新疆地区,也曾经出现过 10～15 mm/h 的最大雨强。华北北部、西北东部的雨强最大值有 40～50 mm/h,华北平原和黄河下游的个别地区甚至达到 80～90 mm/h,这往往是盛夏时节局部地区强烈发展的中小尺度天气系统造成的。长江以南大部分地区雨强的最大值一般都在 60～80 mm/h,沿海地区受台风和热带风暴等天气系统的影响,雨强的最大值可以达到 80～90 mm/h,甚至超过 100 mm/h。

表 1.1　中国 1991—2005 年前 5 位雨强的最大值

序号	地点	出现日期和时间	雨强(mm/h)	当日 1 h 降水累计(mm)	地面观测日降水量/mm	相对误差/%
1	湛江	2000 年 5 月 10 日 00—01 时	157.7	285.1	297.5	4.2
2	玉环	1997 年 9 月 9 日 17—18 时	131.9	249.5	260.7	4.3
3	海口	1998 年 8 月 22 日 13—14 时	128.7	323.3	326.7	1.0
4	开封	1992 年 8 月 1 日 6—7 时	124.1	218.2	217.8	0.2
5	上川岛	1997 年 6 月 14 日 3—4 时	122.5	237.2	237.4	0.1

　　表 1.1 列出了前 5 位最大 1 h 雨强的出现地点、时间。为便于比较,还同时给出了当日的 24 h 雨强合计值、定时地面观测的日降水量及相对误差。由此可见,前 5 位雨强的最大值均超过了 120 mm/h。当日 24 h 雨强合计值与同日地面观测的日降水量比较,相对误差不大,均<4.5%,因而认为可以接受。同时注意到,1 h 雨强极值在同日的 24 h 日雨量中所占的比重很高,这就是说,某日的大暴雨或特大暴雨有可能集中出现在其中很短的时段内,从而造成了极强的雨强。15a 中,全国最大的 1 h 雨强出现在 2000 年 5 月 10 日的湛江,午夜 00—01 时的 1 h 雨量达到 157.7 mm,当日 24 h 的雨强合计值为 285.1 mm,同日本站地面观测的日降水量为 297.5 mm,相对误差为 4.2%。

1.2.4　中国雨强的日变化特征

　　(1)平均雨强的日变化

　　统计 15a 中各站一日中每个时次>1 mm/h、>2 mm/h、>4 mm/h、>8 mm/h 的雨强出现频次,进而得到各级雨强每个时次平均出现的频次以及它们的日变化。以宜宾、广州站为例,宜宾:上述 4 个级别的雨强多出现在夜里,尤其是从 23 时至凌晨 05 时频次最高。以大于 2 mm/h 为例,从 23 时至凌晨 04 时各时次年平均的出现频次都在 6 次以上。而到了白天,出现的次数就明显减少,大于 2 mm/h 的雨强年出现频次几乎全都在 4 次以下;尤其是在 15—19 时,各时次年平均出现频次均在 1.5 次以下。并且,随着雨强级别的增大,相应雨强的出现频次逐渐减少,表现出明显的"巴山夜雨"特征。

广州与宜宾的情况明显不同,各级别的雨强最大值多出现在下午,尤其是 12—19 时的出现机会很大。以大于 2 mm/h 为例,12—19 时,各时次大于 2 mm/h 的雨强年平均出现频次在 8 次以上。而到了午夜以后的夜间,出现的次数就明显偏少,大多在 6 次以下。

用 $C=\dfrac{S_x}{X_m}$ 表示雨强年平均出现频次的日变化变差系数,式中 S_x 为雨强年平均出现频次的均方差,X_m 为雨强年平均出现频次的多年平均值。变差系数的大小,能够反映各级雨强出现频数日变化的总体分布特征。因各级雨强分布特征大体类似,故以>4 mm/h 雨强日变化变差系数分布为例。

雨强的变差系数都是东部小于西部,北方大于南方。长江中下游和江南地区的各级雨强出现频数的变差系数都是最小的,一般为 0.1~0.2,说明这里是雨强出现频率日变化最小的地区;而西部地区,特别是四川盆地附近和西北地区东部,变差系数则在 0.5 以上,甚至达到 0.8~0.9。说明这里一天 24 h 的不同时段雨强出现的几率是很不相同的,同类级别雨强出现几率的日变化很大。

(2)各时段雨强的日变化

为了进一步分析雨强日变化特征,将每日 24 h 分成 4 个时段,即:上午(07—12 时)、下午(13—18 时)、前半夜(19—24 时)、后半夜(01—06 时)。并将四个时段中平均频次最高时段标出,以反映最容易出现该级别雨强的时段。分析表明各级雨强在 4 个时段的分布情况大体类似,故以>4 mm/h 雨强为例,讨论在一天 4 个时段中出现频次最高时段的分布情况。

总体来说,在一天 4 个时段中雨强出现频数最高的时段在各地区是很不相同的,但不同级别雨强的变化却不大。北方地区除了山东大部分地区、河南北部、安徽北部日雨强频率最高的时段在后半夜外。其他大部分地区多出现在下午和前半夜。南方地区雨强频数最大值的时段分布也很明显,云南、贵州、广西西部、四川南部多为后半夜,而在中国东南沿海、海南岛则多出现在下午,长江中游的湖南、江西北部则多出现在上午。

1.3　中国对流性(雷雨)大风的气候特征

到目前为止,中国尚没有全国对流性(雷雨)大风的统计数据,本节选择部分省的统计数据予以阐述,基本上可以反映出对流性大风的时空分布特点。

对流性大风 2 月开始在华南出现,3 月北进入江南地区,4 月开始进入黄淮地区,5 月北进到华北和东北地区。6—8 月是中国雷雨大风的多发季节。下面以广东省代表华南、江西省代表江南、山东省代表黄淮、北京市代表华北、吉林省代表东北,分别阐述这些省市对流性大风的气候特点。

广东省雷雨大风全年都可以出现,1—3 月逐月增加,到 4 月份达到极值(占全年的 33.1%),5、6 月有所减少,7 月又达到一个次高峰(21.9%),以后逐月减少。其中前汛期(2—5

月)的雷雨大风主要是由低槽锋面引起的,台汛期(6—10 月)的大风主要是由热带低压系统和副高边缘的强对流天气引起的(广东省气象局,2009)。

江西 10 月—次年 2 月基本上不出现雷雨大风,3 月开始出现雷雨大风,7—8 月(夏季)雷雨大风发生多,占总数的 44.4%,4—5 月次多,占总数的 31.4%;3、6、9 月 3 个月占总数的24.2%。但从大范围(10 站以上)雷雨大风的日数分析,以 4 月为最多,7 月次之,4 和 7 月占了总日数的一半以上。4 月大范围雷雨大风日数多,主要是因为一方面暖湿空气的势力加强,另一方面冷空气活动仍然十分活跃,4 月是江西冷暖空气交绥最多的月份,因此,强动力和强热力条件结合产生的对流性大风多。7 月大范围雷雨大风日数多,主要原因可能是这段时间下垫面气温高,在午后很容易出现对流不稳定,常常是强的热力条件和弱的动力条件结合产生大范围雷电和雷雨大风。而 8 月随着副高脊线向北推进,短波槽在长江流域活动的频率比 7月低,这可能是 7 月大范围雷雨大风日数多于 8 月的原因(江西省气象局,2010)。

表 1.2　江西省雷雨大风的月际变化

	3 月	4 月	5 月	6 月	7 月	8 月	9 月	合计
雷雨大风站次	679	1631	1152	985	2074	1863	480	8864
比例(%)	7.7	18.4	13.0	11.1	23.4	21.0	5.4	100
10 站以上雷雨大风日数	18	49	24	7	34	23	4	159

山东省根据 1980—1997 年 18a 地面观测资料统计,雷暴大风最早出现在 4 月,最晚结束于 10 月,雷雨大风多集中在 5—7 月,占总日数的 74%,其中以 7 月最多,占 32%。雷暴大风主要产生在午后到上半夜,占 77%,其中 16—22 时最多。雷暴大风在鲁中和鲁西北地区较多,占 75%,鲁西南最少,只占总次数的 12%(杨晓霞,2009)。

京津冀雷雨大风主要出现在 5—9 月,绝大多数风力在 8 级以下(包括 8 级),占 95%,近10 年没有出现 11 级以上大风。北京地区雷雨大风从 5 月开始出现,7 月达到峰值,9 月急剧下降。对流性大风绝大部分发生在白天(81%)(北京气象局,2010)。

吉林省雷雨大风天气频率高于冰雹、短历时强降水,从 4 月偶发,到 5 月中旬由于冷锋和冷涡出现频繁,雷雨大风天气激增,6 月上旬达到顶峰。由于冷锋和冷涡出现频率的降低,雷雨大风 7 月中旬剧降。9 月上旬雷雨大风又出现一个小高峰。吉林省雷雨大风多发生在 14—21 时。

从年代际变化分析,雷雨大风呈减少趋势,1960—1969 年为最多,达 2423 站次,1970—1979 年为 2082 站次,1980—1989 年为 2059 站次,1990—1999 年为 1347 站次,2000—2009 年仅出现 953 站次。和冰雹相同,进入 21 世纪以来雷雨大风站次明显偏少(王晓明等,2009)。

1.4　中国雷电时空分布特征

中国的雷暴活动多发区主要集中在华南、西南南部以及青藏高原中东部地区,年雷暴日数在 70 d 以上,其中云南、海南、广西 3 省(区)的部分地区超过 100 d。雷暴活动中等发生区主要集中在江南、西南东部、西藏、华北北部、西北部分地区,年雷暴日数在 40~70 d。东北、华北、江淮、黄淮、江汉、西北东部及内蒙古中部和东部的雷暴活动较少,为 20~40 d。西北大部分地区、内蒙古西部更少,不足 20 d。

　　中国年雷暴日数极大值分布,黄淮东部、江淮、江汉、江南、华南、西南大部分地区为 50～110 d,其中海南、广东大部分地区、广西东南部、云南南部、湖南南部等为 110～150 d;中国其余地区一般为 30～50 d,西北大部分地区在 30 d 以下。

　　年闪电密度定义为每年每平方千米发生的总闪电次数(云闪和地闪的次数总和)。华南、西南地区是中国闪电密度高值区,尤以广东和海南为最高;东北、华北、西北中东部、江淮、江南是闪电密度的次高值区;西藏和青海大部分地区为闪电密度的次低值区;西北地区西部是闪电密度的最低值区。

　　春季,雷暴日数高值区主要在长江以南地区,一般在 10 d 以上,其中江南大部分地区、华南及贵州、云南南部、青藏高原东侧季雷暴日数有 15～30 d;华北中东部、江淮、江汉及吉林东部、四川盆地、天山西部等地有 5～10 d;北方大部分地区季雷暴日数在 5 d 以下。

　　夏季是中国全年雷暴日数最多的季节。除西部沙漠、戈壁滩和盆地在 5 d 以下外,中国其余大部分地区季雷暴日数在 10 d 以上,华北北部、江南南部、华南、青藏高原大部分地区超过 30 d,其中华南中部和西部及云南南部、西藏中部有 40～50 d。

　　秋季,雷暴日数明显减少。中国大部分地区季雷暴日数在 5 d 以下;华南、江南南部、华北中部、东北中南部、青藏高原中部和东部及云南大部分地等有 5～15 d;云南西南部、海南等地超过 20 d。

　　冬季是四季中雷暴日数最少的季节,东北、华北、西北及西藏、四川盆地几乎都不出现雷暴,雷暴较多的地区为江南中部和西部及广西东北部、贵州东部和南部、云南大部分地区等也只有 2～4 d。

　　中国雷电灾害伤亡人数:广东最多,每年平均死亡 78 人,受伤为 67 人;云南次之,年死亡 40 人,受伤 57 人;贵州第三,年死亡 33 人,受伤 35 人。

　　6—8 月是中国雷电灾害的高发期,在这个时期雷电造成的伤亡人数占全年伤亡人数的 65%,其中 7 月最高,占全年的 29%。

　　每天 13—21 时是中国雷电灾害发生的集中时段,其中 15—17 时最为突出,雷电造成的灾害事故次数和伤亡人数分别占各自总数的 10% 和 15% 以上,这与雷电日变化特征有关(国家气候中心,2007)。

1.5　中国强对流天气时空分布特征综合分析

　　下面对强对流天气季节演进特征、地理分布特征和日变化特征进行综合分析。

1.5.1　季节演进特征分析

　　中国强对流天气日最早出现在 2 月,最迟在 12 月,都出现在广东省。山东石岛 1976 年 2 月 15 日、成山头 1955 年 12 月上旬也曾出现过冰雹,由于它们都明显受海洋影响,与内陆站冰雹时空分布规律明显不同,下面我们只讨论内陆地区强对流天气的演进特点。

　　从季节演进上看,冬季(12 月—次年 2 月)中国大陆受极地干冷气团控制,来自海洋的暖湿气流和水汽供应明显减少,降水稀少,是中国降水量最少的季节,很少出现强对流天气,只是到了 2 月份,暖空气开始在华南活跃起来,华南地区开始出现强对流天气。

　　进入春季,长江以南地区北方冷空气势力逐渐减弱,南方暖空气逐步增强,南支槽开始活跃,冷暖空气多在江南地区交汇。因此,长江以南地区频繁出现雷暴天气,江南地区细雨连绵,雨强频数的大值区在华南北部和江南,对应华南前汛期雨季和江南春雨。3—4 月冷暖空气在长江中下游及其以南地区及四川交绥激烈,是出现冰雹的集中期,江西省 3 月的冰雹站・日数占了全年的 47%,4 月份 10 站以上雷雨大风日数占了全年的 30.8%,湖南亦是如此。与此同时,青藏高原中东部、云贵高原、华北北部、东北东南部和北部及新疆的西部和北部山区由于暖空气活跃,也进入冰雹多发期。春季,长江以北中国大部地区各级雨强的出现频次都很少,这是由于中国春季北方普遍降水稀少造成的。由于 4 月份东北冷涡开始频繁出现,受其影响,东北、华北、黄淮地区出现雷电大风和冰雹天气,但是,由于水汽供应不足,这些地区很少出现短历时强降水。进入 5 月,长江以南地区 0℃层高度相对较高,冰雹在下降过程中易融化,因此冰雹日急剧下降。

进入 6 月中旬,副高经历了第一次北跳,长江中下游开始进入梅雨季节,冷暖空气在该地区对峙,造成该地区暴雨频发,出现短历时强降水的第一个高峰期。与此同时,东北冷涡频繁出现,6 月份东北冷涡出现的日数占全年的 44.9%(孙力,1995),东北地区进入冰雹和雷雨大风的高峰期,但是,由于水汽供应主要集中在江淮地区,6 月份东北地区短历时强降水日数在夏季的 3 个月中仍然是最少的。

西太平洋副高平均约在 7 月中旬后半旬发生第二次季节性北跳,长江中下游梅雨结束,随之华北地区主要受副热带、热带暖湿气流影响,进入多雨和相对少雹的伏汛期,黄河中下游及华北地区出现雷雨大风高峰期,例如山东和北京 7 月雷雨大风日数分别占了全年的 32% 和 28%。值得注意的是,江南的雷雨大风 7 月份又达到了一个高峰,可能是由于副高在北跳前稳定性差,短波槽在长江流域活动时常产生雷雨大风;但由于 0℃层偏高,长江中下游及其以南地区及四川很少出现冰雹天气了。

8 月随着副高脊线向北推进,短波槽在长江流域活动的频率比 7 月低,长江流域 8 月大范围雷雨大风日数少于 7 月,但是短历时强降水的频率却高于 7 月,主要原因:一是夏季热雷雨多,二是台风强降水多。由于夏季华南沿海容易遭受台风和热带风暴的袭击,台风暴雨和强烈的夏季不稳定性降雨是导致这里短历时强降水和雷雨大风出现频次明显增多的重要原因,8 月份两广南部都出现短历时强降水和雷雨大风的高峰期。与此同时,华北和东北地区进入降雨集期,短历时强降水日数达到高峰。由于夏季水汽供应容易到达青藏高原及华北北部至大兴安岭一带,0℃层高度又合适,因此,夏季冰雹主要出现在这些地区。

秋季,随着西太平洋副高明显减弱东退,中国东部大部分地区的水汽来源减少,形成秋高气爽的天气,因而各级雨强的出现天数也随之明显减小。9 月,华北北部和东北大部分地区还可能受东北冷涡影响,冰雹和雷雨大风天气再次增多,达到全年降雹的次峰值,但相对夏季是明显减少了,而且已罕见短历时强降水了。入秋后,随着气温的降低,对流性天气减少,降雹发生几率减小,12 月至次年 2 月全国鲜见冰雹了。

1.5.2　强对流天气地理分布特征分析

前面已经指出,全国 4 mm/h 雨强的年平均出现频数的空间分布以秦岭—淮河为明显的分界线:秦岭—淮河以北,>4 mm/h 的出现频数在 40 次/a 以下;只有吉林东南部和辽宁东部的少数地区在 40 次/a 以上,而华北北部和西北地区最少,在 20 次/a 以下。秦岭—淮河以南,则 >4 mm/h 的雨强出现频数都在 40 次/a 以上。秦岭—淮河是中国的气候分界线,雨强这种地理分布特征正是中国气候特征的反映。

　　虽然华北平原和黄河下游短历时强降水出现次数少,但是雨强却可达 80~90 mm/h,可以达到江南雨强的强度。这是由中国的季风特点决定的,盛夏,东亚季风的影响可以直达华北和东北,季风带来充沛的水汽,季风所到之处,无不出现强降水。

　　地形对短历时强降水也有重要作用,迎风坡对强降水有重要的增幅作用是众所周知的事实,著名的"63.8""75.8"暴雨都与地形的抬升作用有关。安徽南部和江西东北部之所以成为雨强的高值区,也是地形作用所致。江西短历时强降水的 5 个高值中心全部位于庐山、怀玉山、武夷山、南岭山脉和九连山的迎风坡,可见地形强迫抬升作用的重要性。

　　中国冰雹分布的特点是山地多于平原,内陆多于沿海。其原因也是容易理解的,山地起伏不平,山地常常起到强迫抬升的作用,从而增加冰雹发生的概率。由于土壤的热容小于海水,因此,内陆比海水更容易被辐射加热,造成对流不稳定,从而使得内陆冰雹多于沿海。

　　雷暴发生频率与水汽的多寡及地形有关,华南、西南南部由于受东亚季风影响时间长、青藏高原中东部受印度季风影响,一年大部分时间水汽充沛,成为雷暴最高发生区。西北大部地区、内蒙古西部由于气候干燥,雷暴活动最少,其他地区属于雷暴活动中等发生区。中国气候过渡带秦岭—淮河一带成为江南和华北北部两个次大值区之间的相对少发区,其原因值得研究。雷雨大风的地理分布特征及成因与雷暴相似。

1.5.3　强对流天气日变化特征分析

　　从冰雹发生时间分析,虽然一天 24 h 内均有冰雹出现的可能,但是,从全国看,12—20 时是冰雹高发时段,广东省占 62%(表 1.3),山东省 13—20 时占 63.6%,北京市白天占 96%(表1.4),黑龙江省 12—17 时占 71%,其中 15—17 时又处于峰值。由于午后到傍晚下垫面被太阳辐射增温,热力抬升条件最佳,一旦有触发机制,就容易发生对流天气,这也是全国冰雹天气日变化的一般规律,说明对流不稳定对于冰雹的产生具有重要意义。

表 1.3　广东省强风暴的日变化(%)

类型	2—5 月				6—10 月			
	00—08 时	08—12 时	12—20 时	20—00 时	00—08 时	08—12 时	12—20 时	20—00 时
冰雹	33	17	44	6		20		80
龙卷	38	31	31				14	86
大风	15	15	65	5	10	10	74	6
总风暴	28	16	51	5	11	10	73	6

　　四川和重庆容易出现"巴山夜雨",雨强多出现在夜里,尤其是 23 时—05 时频次最高;北京市大部分对流暴雨亦发生在夜间(表 1.4)。而广州与宜宾、北京的情况明显不同,各级别的雨强最大值多出现在下午,尤其是 12—19 时的出现机会很大,其原因是什么呢?

　　"巴山夜雨"其实是泛指多夜雨的中国西南山地(包括四川盆地地区)。这些地方的夜雨量一般都占全年降水量的 60% 以上。例如,重庆、峨眉山分别占 61% 和 67%,贵州高原上的遵义、贵阳分别占 58% 和 67%。西南山地为什么多夜雨呢? 主要有以下两个原因:其一是西南山地潮湿多云。夜间,密云蔽空,云层和地面之间,进行着多次的吸收、辐射、再吸收、再辐射的热量交换过程,因此云层对地面有保暖作用,也使得夜间云层下部的气温不至于降得过低;夜间,在云层的上部,由于云体本身的辐射散热作用,使云层上部温度偏低。这样,在云层的上部和下部之间便形成了温差,大气层结趋向不稳定,偏暖湿的空气上升形成降雨。其二是西南山地多准静止锋。云贵高原对南下的冷空气,有明显的阻碍作用,因而中国西南山地在冬半年常常受到准静止锋的影响。在准静止锋滞留期间,锋面降水出现在夜间和清晨的次数占相当大的比重,相应地增加了西南山地的夜雨率。

同样,北京多夜雨也是因为北京西部和北部为燕山山脉所包围的缘故。

在中国平原地区(如珠江三角洲),短历时强降水多发生在午后,其原因与冰雹相同。

表 1.4　北京市 2000—2001 年强对流天气的日变化

月份	雷击报告	冰雹	大风	对流暴雨
	白天/夜间	白天/夜间	白天/夜间	白天/夜间
5	3/1	6/0	3/1	1/0
6	7/4	5/0	7/2	1/2
7	1/3	6/1	9/0	3/5
8	3/7	3/0	5/2	3/10
9	2/2	2/0	2/1	2/1
合计	16/17	22/1	26/6	10/18
百分比(%)	48/52	96/4	81/19	35/65

注:夜间统计时间:晚 9 时以后—晨 08 时前后(早晨前后),白天统计时间:早 9 时以后—晚 8 时前后(傍晚前后)。

由表 1.3 可见,午后(12—20 时)是广东雷雨大风的高发时段,前汛期(2—5 月)占 65%,台汛期占 74%。山东省雷暴大风主要产生在午后到上半夜,占 77%,其中,16—22 时最多。表 1.4 表明北京市雷雨大风天气的绝大部分发生在白天,占 81%。其原因与冰雹相同。

1.5.4　龙卷风的气候特征

龙卷风是一种强烈的对流天气现象,可造成重大的人员伤亡和财产损失。龙卷风可以在中国大多数省(区、市出现)。据魏文秀等(1995)的研究,中国的龙卷风有两个高发带,一是自长江三角洲经苏北平原至黄淮海平原,南北走向,呈下弦月形。另一个是华南,呈东西走向。中国龙卷风主要集中在春、夏两季,尤以 8 月份为多,7 月份次之,7 和 8 月约占全年总数的 59.6%。次高峰为 4 月份,5 月份比 4 月份稍少,11 月至翌年 1 月没有龙卷风报告。郑媛媛等(2009)研究指出:发生在安徽的龙卷其出现时间主要在 11—18 时。龙卷持续时间通常很短,5 min 以内占总数的 46%,10 min 以内占总数的 76%,超过 30 min 的仅占总数的 3%。与美国龙卷相比,安徽龙卷的持续时间要短一些。

1.5.5　强对流天气的伴生关系

短历时强降水、冰雹、雷雨大风、雷电常常伴随出现。北京市气象局统计了 2000—2002 年北京地区气象观测站出现 6 站以上雷暴天气的 64 个个例,其中出现冰雹 23 日次、大风(含飑线)32 日次、对流暴雨(20 mm/h)28 日次、有雷击报告 33 日次。(统计不含佛爷顶、汤河口、古北口及霞云岭局地出现的大风、冰雹)。雷击报告日来自于北京市气象局避雷检测中心。统计结果列在表 1.5 之中。

表 1.5　北京市对流性大风、暴雨和冰雹的伴生关系表（2000—2002 年）

天气类型	日数	雷击报告		出现大风		出现冰雹		对流暴雨	
		日数	百分比	日数	百分比	日数	百分比	日数	百分比
雷暴天气	64	33	52％	32	50％	23	36％	28	44％
雷击报告	33			17	52％	8	24％	15	45％
大风天气	32	17	53％	17	53％	13	40％		
冰雹天气	23	8	35％	17	74％			9	39％
对流暴雨	28	15	54％	13	46％	9	32％		

　　由表 1.5 可见北京地区出现 6 站以上雷暴天气的 64 个（2000—2002 年）过程中，有雷击报告日（应是雷击天气的不完全统计）为 52％，即半数以上的雷暴天气过程都可能出现雷击。而在雷暴天气过程中的大风、冰雹、对流暴雨日分别出现 50％、36％、44％。这表明雷击灾害几率应高于其他强对流天气。又雷击报告日出现的大风、冰雹、对流暴雨日分别为 52％、24％、45％，而在大风、冰雹、对流暴雨天气中的雷击报告日率则为 53％、35％、54％。多数对流暴雨日、大风日易发生雷击天气，雷击天气较少出现在冰雹天气过程中。这是因为发生在对流暴雨天气中的对流回波强中心、对流云底相对较低，易形成云地闪。而在大多数冰雹天气中，对流回波强中心、对流云底相对较高，易形成云间闪，较少形成云地闪。另外，在雷雨大风天气中有 40％的冰雹天气，对流暴雨天气中又有 46％的大风天气。伴有明显降水的雷雨大风，是一种有足够降水蒸发维持湿绝热温度递减率的湿性下击暴流。湿性下击暴流易形成云地闪通道，此类雷雨大风易有雷击现象。另一种是水汽条件很差，无明显降水的的干性下击暴流，不易形成云地闪通道，此类雷雨大风不会有雷击现象。

　　为了分类识别和预报强对流天气，仅研究伴生的强对流天气是不够的，还必须研究非伴生的短历时强降水、冰雹、雷雨大风天气，例如 2004 年 7 月 10 日下午在北京出现的是短历时强降水，并没有出现冰雹和雷雨大风；而同一天气过程 7 月 12 日下午移到上海时，出现的却是 11 级的雷雨大风，产生的降雨量不大。分类研究这些强对流天气，找到它们的异同点，我们才能分类识别和预报这些天气。

第 2 章　强对流天气形势的分类

预报员是用天气图(包括实况天气图和数值预报天气图)来做天气分析和预报的,在预报业务中,他们首先关注的是天气形势,喜欢把影响系统进行分类。不同的地方由于多年的习惯的不同,天气分型所采用的等压面的层次是不同的。

2.1　强对流天气形势

2.1.1　如何选择天气形势的时间层

天气分型存在的一个问题是如何选择时间层。严格来说应当选择强对流天气发生时的天气形势进行分型,这时分析出的影响系统才是真实的影响系统,否则可能得到似是而非的结果。

由于中国两次探空时间(08 和 20 时)大多数都不在强对流天气发生的时段内,有时 08 时的天气形势不能真正代表强对流天气发生时的天气形势,可能出现"张冠李戴"的现象,这给分型带来一定困难。解决的办法之一是用再分析资料进行分型,预报时则使用数值预报天气形势预报产品,可视为是一种广义的 PP 法。尽管数值预报中天气形势预报是比较准确的,但是数值预报总存在一些虚假的信息和预报误差,例如低层切变线或地面一些不起眼的低压(它们都可能是强对流天气的触发系统),数值预报可能预报不出来,也可能预报出一些虚假的系统,这会给预报员使用完全预报方法带来一定困难。

另外一种选择便是对不超过强对流天气发生前 6 h 的天气形势进行分型,这是业务上常用的方法。为了防止出现"张冠李戴"的现象,一是要注意天气型的物理意义,所建立的天气型应当能够解释强对流天气的基本成因;二是采用高度场进行分型,因为高度场具有较好的超前性和保守性,且变化不是十分迅速,用不到 6 h 前的实况资料进行分析,一般可以得到比较真实的结果。而用其他一些要素场来分型可能会导致不正确的结果。例如用假相当位温或总温度分型,在很多个例中,由于 08 时高湿区尚未到达目标区,高能区可能位于目标区的上游,用假相当位温分型便得到"高能区前部能量锋区"这样的型式,而实际情况是强对流天气常常出现在高能舌内或高能舌的左侧。

2.1.2　强对流天气形势分型

各省(市)天气分型以 500 hPa 形势为主的居多。北京市共分为贝加尔湖、蒙古低涡,西北气流、东北低涡,西来槽,东高西低低槽、华北西部涡型,切变线、华北东部涡五型。广东省也是以 500 hPa 形势分型,分为槽前、东风、脊后、高压、槽后、西风和切变线,对于 700、850 hPa 和地面形势描述则十分简单:700 和 850 hPa 多有辐合气流或切变,地面图上,广东或是处于锋面附近，或是处于弱高压脊的后部，其中，前者约占总数的 64%，后者约占 36%。河南也以 500 hPa 形势场为主进行分型，分为华北冷涡、槽后西北气流、槽前西南气流和气团内部四型。

福建省天气分型则以 850 hPa 形势为主，分为低涡冷切变、冷切变、暖切变、低槽和高压五型，其中根据影响系统相对福建的位置又细分为适中、偏西、偏东、偏南诸型，以便于制作强对流天气落区预报。

湖南先根据 500 hPa 形势将冰雹天气形势分为高空冷槽、南支小槽两类，然后又根据地面形势将前者细分为地面冷锋前飑线、地面锋后两型，将后者细分为地面倒槽、两湖气旋波、地面高压后部三型。

黑龙江以高空形势分型为主，又加入地面形势进行细分。例如在高空冷涡中细分地面暖锋和冷锋两型，在高空槽中细分为地面冷锋、暖锋和短波槽三型等。

有些省则将高空与地面形势混合分型，即一些型是以高空形势来命名的，而另一些型又以地面形势命名。例如，江西省把强对流天气发生前后（主要是针对强对流天气发生前 12 h）的大尺度背景场特征分成六类：西来低槽—锋面型、东部冷涡—低槽型、低槽—地面暖倒型、副高边缘型、热带低值系统型、冷锋后部冰雹型，其中前五类发生在高温高湿环境条件下。上海市将强对流天气形势划分为静止锋切变、高空冷涡、低槽冷锋、气旋波动、热带低值系统、副高边缘六型。

下面将部分省（市）500 hPa 强对流天气分型列于表 2.1 中（统计年份见表最后一列）。由于各省（市）的分型标准不同，表中的数据不完全准确，仅供参考。

表 2.1　部分省（市）强对流天气 500 hPa 天气形势分型

天气型	低槽	冷涡	西北气流	高压边缘	高压(脊)内	热带系统	平直西风	其他	统计年份
吉林	48.7	28.0		16.4				6.8	1991—2007
北京	36.0	14.1	26.6	23.4					2000—2002
山东	50.1	35.4	9.8	3.5				3.1	1985—1997
上海	68.3	7.7		14.4		9.6			1994—2004
江西	50.0		3.2	27.4		19.4			1999—2009
广东	42.2			15.0	6.0	29.9	3.1	3.7	1971—1984

由表 2.1 可知，中国各省（市）由南到北强对流天气的 500 hPa 影响系统都有低槽型，而且在各型中所占比例最大，反映出中国主要受西风带影响的特征；其次为副高边缘（后部）型，中国中东部地区从南到北各省（市）都受其影响，反映出中国明显的季风特征，盛夏副高的影响可达黑龙江省；高空冷涡和西北气流也是影响中国强对流天气的重要天气系统，但是它们一般只影响中国 27°N 以北的地区，以华北和东北地区受其影响最为明显；热带低槽系统则与高空冷涡相反，其对强对流天气的直接影响一般只能达到 35°N 以南地区，但是热带低值系统（例如台风倒槽及变性后的低压）对强对流天气的间接影响（例如水汽输送）可以达到东北地区。

除 500 hPa 天气形势外，对流层低层和地面的天气形势对强对流天气的发生很重要。700、850 hPa 的影响系统有低槽切变线等，尤其是在 500 hPa 西北气流、副高边缘及高压内部等天气形势下，700、850 hPa 总是存在低值系统，否则不可能产生强对流天气。

地面影响系统有冷锋、静止锋、暖倒槽、气旋波动等。地面上的中尺度系统常常是强对流天气的触发系统，主要有中尺度辐合线、中尺度风速辐合区、风场上明显的气旋性弯曲处、冷锋等。

此外,天气形势分型不宜过多过杂。天气形势只是提供一个强对流天气发生的背景,从下面的分析可以看出,各种强对流天气具有几乎相同的天气形势,企图依靠天气形势分型来分类识别灾害性天气是不可能的;依据实况(例如 08 时)天气图进行的天气形势分型,由于其时间并非强对流天气出现的时间,因此,依靠细划天气形势来预报强对流天气的落区更是不可行的。灾害性天气分类识别必须依靠物理量诊断,我们将在第 3 章中重点讨论这个问题。强对流天气的落区预报必须将物理量诊断与数值预报有机结合起来才有可能,我们将在第 4 章中讨论这个问题。

2.1.3　各类天气型的季节特征

从全国来看,低槽型主要出现在春季和初夏(3—6 月),这是中国西风槽最活跃的季节。冷涡和西北气流型主要出现在 5—7 月(黑龙江省 9 月份也有冷涡的影响),这是中国北方春夏转换季节,中高纬度容易出现经向型环流,在 500 hPa 图上中国华北、东北地区受西北气流影响,甚至冷空气被切断在蒙古到中国东北地区形成冷涡。随着副高随季节向北推移,副高边缘型从 2 月开始在广东出现,4 月明显增多,从 3 月份的 2.9% 增加到 14.3%,但 6 月以后才影响江南以北地区,6—9 月影响江南地区,7—8 月影响华北和东北地区,这与副高季节性北跳是一致的。热带低值型最早 3 月在广东出现,但到 7 月才明显增多(27.3%),8 月最多,7—8 月也是热带低值系统可能深入到黄河中游的季节,影响该地区出现强降雨。

从地域分布看,广东省低槽型前汛期(2—5 月)占 66%,7—9 月则降为 16%,而热带低值系统(广东称之为东风型)则上升到 57%。热带低值系统 3—10 月都有影响,以 8 月最多,占热带低值型的 42.6%;其次为 7 月,占 27.3%。副高边缘型 2—10 月都有影响,主要出现在春夏两季,4—8 月占 89.5%,以 6 月最多,占 27.6%。

根据江西省 1999—2009 年的统计,低槽锋面型主要出现在 4 月,占 42.3%;其次为 5 月,占 23.1%;3、6、7 月所占比例分别为 3.8%、15.4%、15.4%。低槽地面暖倒槽型也主要出现在 4 月,占 60%,5、7 月偶有出现。西北气流型出现在 5—6 月。副高边缘型出现在 6—9 月,分别 23.5%、29.4%、35.3%、11.8%。热带低值系统主要出现在 7—8 月,分别占 41.6%、50.0%,9 月偶有出现,只占 8.3%。

山东省西北气流型主要出现在 5—6 月,冷涡型主要出现在 6—7 月,低槽锋面型可以在 5—8 月任何一个月份出现,副高边缘型则只在 7—8 月出现。对于降雹而言,4 和 5 月冷涡和低槽的降雹次数相差不大,6 月冷涡降雹次数最多。4—6 月冷涡和低槽影响山东的次数较多,这两种系统是造成山东降雹的主要影响系统。对于雷暴大风而言,横槽和西北气流影响下产生的雷暴大风主要出现在 5—6 月,冷涡影响产生的雷暴大风在 6—7 月较多。低槽和副高西侧产生的雷暴大风主要出现在 7—8 月。

黑龙江省高空低槽型主要发生在 6 月 1 日至 7 月 15 日,高空冷涡主要发生在 4 月 20 日至 7 月 20 日和 9 月,西北气流型主要发生在 6 月 20 日至 8 月 20 日。

2.1.4　各类天气型可能产生的对流天气

表 2.2 给出部分省市不同天气型下对流天气出现的比例,表最后一列给出了统计时段。

表 2.2　部分省(市)不同天气型下对流天气出现的比例(%)

省(市)	天气型	低槽	冷涡	西北气流	副高边缘	热带系统	高压(脊)内	其他	统计时段
黑龙江	冰雹	20.0	50.0	20.0				10.0	1971—2008
吉林	强降水	39.5	11.8		40.8			7.9	1991—2007
	雷雨大风	55.0	39.0					6.0	
北京	冰雹	17.3	30.4	34.8	17.4				2000—2002
	雷雨大风	25.0	18.8	34.3	21.9				
	强降水	32.2	7.4	17.9	42.9				
	雷击	42.4	12.1	18.2	27.3				
山东	冰雹	43.1	40.3	11.9				4.5	1985—1997
	雷雨大风	66.0	24.0	5.0	5.0				
河南	冰雹	27.5	25.0	40.0				7.5	1981—1997

从全国看,副高边缘型和热带低值型由于水汽充分,主要产生强降雨,北京市 2000—2002 年出现东高西低(副高边缘型)15 次,有 12 次出现对流性暴雨,产生对流性暴雨的概率达 80%,产生冰雹、大风、雷击的概率分别为 27%、47%、60%。

冷涡型产生冰雹的概率最大,其次为雷雨大风。北京在贝加尔湖和蒙古低涡影响下,出现冰雹和雷雨大风的几率高达 78% 和 67%。冷涡产生强降雨需要低层有较好的水汽条件。

西北气流型降雹和出现大风的概率也很大,山东省西北气流型降雹概率最大,为 41.2%;北京西北气流类冰雹、大风的发生几率分别为 47%、65%;由于此类型水汽条件相对较差,对流性强降雨的发生几率较低。

高空低槽型各种强对流天气都可能发生,这要视低层水汽供应和层结条件而定。

下面采用实况天气图对高空低槽、冷涡、西北气流、副高边缘、高压(脊)内、热带低值系统等天气型分别进行阐述,并给出它们的概念模型,分析产生强对流天气的环境条件。对于西北气流型,通过一个个例的数值模拟,分析了在西北流型条件下,高层较强冷空气的侵入对于飑线形成的重要性;对于中层高压(脊)内产生的强降水,也通过一个个例分析了引发强降水的可能机制。

2.2　高空低槽型

高空低槽型是中国最常见的强对流天气形势,全国各地都可能出现。其中又以配合高空低槽的冷锋前部暖区内出现的飑线天气造成的强对流天气最为常见。另外,配合高空冷槽的地面暖锋和静止锋也可能产生强对流天气。

2.2.1　形势概述

这一类天气型 500 hPa 都有低槽,地面有冷锋或静止锋或气旋活动。云图上常有斜压扰动云系(逗点云、气旋波、斜压叶状云)或强烈发展低槽云系;低层暖平流中层冷平流造成对流不稳定,强对流天气产生在冷锋前部暖区内或静止锋锋面附近。这类强对流天气是在冷暖平流造成的对流不稳定条件下,当冷空气南下或静止锋上有波动时发生的。

2.2.2　形势特征

（1）500 hPa 有低槽，可以是较深低槽也可以是小槽，还可能是阶梯槽或者横槽，当低槽为前倾槽时更容易引发强对流天气。低槽常有温度槽配合，一般是温度槽落后于高度槽，槽后的冷平流（有时 700 hPa 表现得更加明显）是造成对流不稳定的重要原因。

（2）925—700 hPa 有低槽或切变线对应，其南部常有≥12 m/s 的西南急流，槽前或切变南侧有较强暖平流，并伴有 θ_{se} 高能舌。

（3）在地面低压或倒槽中，有锋面活动。在槽前暖平流和高空正涡度平流的共同作用下，地面低压倒槽发展或者在静止锋上新生波动，倒槽内或锋前空气暖湿，常常有明显低于日变化的 3 h 变压，有利于强对流天气的发生。

（4）200 hPa 常常处在疏散槽前或高空急流入口区的右侧或出口区的左侧辐散区中。

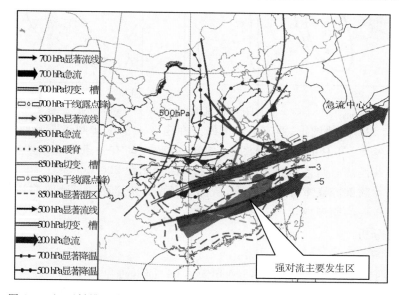

图 2.1　江西低槽—锋面型强对流天气的概念模型图（江西省气象局，2010）

2.2.3　个例分析

（1）陕西一次飑线过程中龙卷及飑锋分析

1983 年 9 月 4 日受冷锋飑线影响，陕西中部自西向东出现一次以雷暴雨大风为主的天气过程，其中测站降水乾县 58 mm、礼泉 44 mm、咸阳 47 mm、西安 23 mm，具有"湿"对流风暴特点。15 时 30 分，当飑线移至咸阳附近时，出现龙卷天气。龙卷挟带着暴雨、冰雹、大风从咸阳地区沣东、沣西公社向西安西南方向移动，中心宽度为 2～3 km。西安机场观测到的龙卷雷暴，云底大约 60 m 高，风速在几分钟内从微风激增到 26 m/s，瞬时最大风速超过 36 m/s，40 min 降水 76.9 mm，并伴有姆指大的冰雹。在 40 min 内，气温下降 10.4℃，相对湿度上升 29%，气压涌升 4.6 hPa。刘勇等（1998）对这次过程进行了分析。

1）影响系统——低槽冷锋

9 月 4 日 08 时，850 hPa 银川附近有一低槽，槽后有较强的冷平流。四川北部有一个

1480 gpm 的闭合低压,并伴有 20℃ 的暖中心,这是典型的北槽南涡形势(图 2.2b)。低涡东侧有明显的南风气流。500 和 700 hPa 层上,关中西部各有一个低槽,尤其在 500 hPa 上,槽线与冷温度槽配合很好,槽线的南端快速东移。根据 08 时地面冷锋、850 和 500 hPa 槽线的空间位置来看,这是一个"前倾"型的空间结构,850 hPa 槽线在 500 hPa 槽线以西两个纬距左右。这种结构有利于不稳定层结的建立和加强,有利于局地风暴天气的产生。

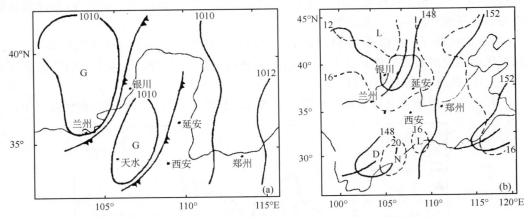

图 2.2　1983 年 9 月 4 日 14 时地面(a)和 08 时 850 hPa(b)形势图

　　另外,在 300 hPa 形势图上,西安地区恰好处在南亚高压东北侧辐散的西北气流中,有利于不稳定天气的发生。4 日 08 时地面图上,银川、兰州之间有一条东北—西南向冷锋,到 14 时陕西关中地区及西部有两条冷锋东移(图 2.2a),两锋相距 200 km 左右,每条冷锋后都有一冷高压。尤其是在前部冷锋东移的过程中,后部的副冷锋快速移动不断向前补充冷空气,造成冷锋尾部交界面天气的剧烈变化。

　　2)环境条件分析

　　①不稳定层结

　　4 日 08 时,西安地面 θ_{se} 为 71.5℃,850 hPa 达 64.7℃,而 700 hPa 以上 300 hPa 以下是一个低能区,最低值 53.8℃ 在平凉上空,这个低能气团恰好在西安—平凉间地面强天气的上空。500 hPa 上银川附近已出现了 20 m/s 的大风区,而且有很大的温度梯度,中空急流干平流很强,达到 8.1×10^{-5} ℃/s。4 日 19 时西安上空 4000 m 处已出现 20 m/s 的西北风。

　　从探空曲线分析,4 日 08 时西安地区从地面到 600 hPa 是一个湿层,600 hPa 以上为干层。在 610—580 hPa 是一个近似等温的稳定层,880 hPa 到地面是一个逆温层。$\Delta\theta_{se850-500} = 10.9$℃,这是不稳定大气层结。可以认为,干暖盖的存在,配合强劲的中空急流干平流,在产生强对流风暴过程中起到了重要作用。

　　②强垂直风切变

　　从 3 日开始西安地区 3000 m 以下出现了偏南风层,但风速较小。到 4 日 01 时,在 1500—2000 m 层偏南风风速加强到 12 m/s 以上,而 1000 m 以下几乎都为较强的东南风,这种状况维持到 4 日 13 时。同时西南风也在向上发展,到 4 日 07 时就扩展到了 8000 m 高空。很明显,深厚的南风层有利于输送暖湿空气。而 4 日 07 时,9000 m 层以上的高空是大于 20 m/s 的西北风。高低层风场切变非常大,这有利于不稳定天气的发展。同时这种风随高度顺转的暖平流结构,具有明显的正值水平螺旋度。到 13 时以后中空 3~5 km 出现了较强的垂直风切变。中层较强的垂直风切变和低层正值水平螺旋度相结合,构成了龙卷产生的重要动力条件。它们转化为垂直螺旋度后,有利于龙卷的形成。

(2)安徽滁州市特大暴雨过程分析

2008 年 8 月 1 日 08 时到 2 日 08 时,江苏和安徽两省区域自动站中有 126 个站雨量大于 100 mm,其中 13 个站雨量大于 250 mm,最大降雨量在安徽滁州市黄圩站,达 464.8 mm,南京浦口晓桥站 399.2 mm,为南京有记录以来日降水量最大值。强降水主要发生在 8 月 1 日 15 时至 2 日 05 时,历时 12 h,这次过程强降水范围小,雨强大,浦口晓桥 1 h 最大降水量达 69.0 mm,12 h 最大降水量达 339.3 mm。

1)影响系统——冷空气侵入"凤凰"残余暖湿环流

受 500 hPa 河套地区低槽东移,低层"凤凰"残留云系所滞留的暖湿气流以及强盛的西南气流影响,致使冷暖空气在滁河流域交汇(图 2.3),激发出中小尺度系统,再加之受到逐渐增强的副高的阻挡,使得降水系统较长时间停留在江苏西南部地区和安徽东南部地区,造成了滁河流域的区域性暴雨到大暴雨,局部特大暴雨天气过程。

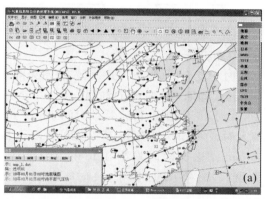

图 2.3　2008 年 8 月 1 日 08 时地面图(a),850 hPa 天气图(b),500 hPa 天气图(c)

2)有利的环境条件

低层西南急流加强北上,冷空气从高层向低层输送,增大上下层温差,出现静力不稳定状态。强降水出现前,西南气流强盛,4 km 以下为一致的西南气流,4—6 km 是较弱的西北气流(图 2.4a),对流层中层垂直风切变较大,随着降水的发展,南京上空的风场有所变化,中层的西北气流逐渐增强,同时迅速向低层扩展,至 8 月 1 日 17 时 52 分,西南气流仅在 300 m 以下维持。

由图2.4b可见在暴雨区域的上空出现高层辐散、1000—900 hPa（"凤凰"残留）和700—500 hPa有两个次级环流，使中低层的辐合和高层辐散加强，上升运动的高度超过200 hPa。两个次级环流和"凤凰"残留东侧暖斜升气流和水汽输送，促使对流不稳定发展。

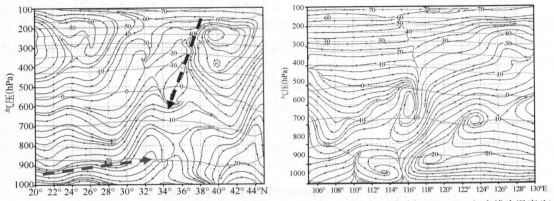

图2.4　7月31日20时沿118°E流场剖面($V-W$)，细实线为温度(a)，沿32°N流场剖面($U-W$)，细实线为温度(b)

（3）宁夏局部突发性特大暴雨分析

2006年7月2日08—21时宁夏全区（除石炭井、惠农两站无降水）自南向北出现了降水，其中陶乐出现了暴雨（72.8 mm），固原（28.8 mm）和同心（21.1 mm）降了大雨。陶乐站的降水时间从12时13分开始到14时40分结束，降水持续时间2 h 27 min。从雨量自记纸上读取每10 min降水量。雨强最大时段12时30分到13时30分，1 h降水量达69.4 mm，其中10 min最大降水量为21.5 mm。这次短时暴雨1 h和10 min的降水强度，创造了宁夏（1961—2004年）44a降水强度（1996年08月01日14时海原1 h降水45.1 mm）之最。陶林科等（2008）对这次过程进行了分析。

1）影响系统——高空低涡/地面热低压

7月2日08时，500 hPa天气图上（图略），河套受高压脊控制，河套北面有弱冷平流南移影响宁夏。在银川、民勤、兰州之间为低涡，野马街到格尔木有一条切变线。青藏高原中部有弱西南气流到达宁夏，温度露点差不大于3℃。700 hPa天气图上（图略）在银川、民勤、兰州之间为低涡。

MM5预报的7月2日12时500、700 hPa高度场和温度场与08时的实况场相似，宁夏中北部处在低涡前的偏南气流中，在银川北面500 hPa有弱的温度槽，700 hPa有暖舌（图2.5b。）

2日08时宁夏到河西走廊地面是热低压，宁夏东面是华北冷高压，盐池站东南风4.0 m/s，说明华北冷高压已西进入侵盐池（图略）。11时蒙古的弱冷空气南下到贺兰山西侧，宁夏为热倒槽，同时华北的冷高压向西推进，盐池站小阵雨天气，东南风4.0 m/s，宁夏自治区内其他站无降水（图略）。14时华北冷高压继续向西推进，11时控制宁夏的热倒槽西退到贺兰山西坡，银川站（由11时的西南风2.0 m/s）转为东南风4.0 m/s。宁夏阵性降水先后开始（图略）。17时华北冷高压控制宁夏（图略），全区除石炭井、惠农两站无降水外，其他各站均出现阵性降水。

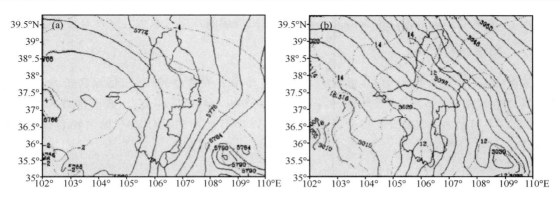

图 2.5　MM5 预报的 7 月 2 日 12 时 500 hPa(b)、700 hPa(a)高度和温度场

(实线为高度,单位:gpm;虚线为温度,单位:℃)

从地面逐时风场(图略)可看出,地面 β 中尺度气旋于 08 时在陶乐、平罗、贺兰之间生成。09 时中尺度气旋北移到陶乐、平罗之间,维持 2 h 略有减弱。11—12 时气旋移到陶乐、平罗,地面 β 中尺度气旋再度明显加强,12 时 13 分该站降水开始。13 时地面 β 中尺度气旋略有减弱,但平罗、陶乐之间仍有辐合存在,此时是陶乐的强降水时段。说明地面 β 中尺度气旋是陶乐强降水的触发系统,它从生成到减弱生命史为 5 h。

2)有利的环境条件

①不稳定层结

7 月 2 日 08 时至暴雨前夕 700 hPa 宁夏中北部处在低涡前的偏南气流中,在银川北面 500 hPa 有弱的温度槽,700 hPa 有暖舌。上冷下暖的温度场结构,造成大气的层结不稳定。

②充沛的水汽供应

08 时 700 hPa 平凉偏南风 16.0 m/s,银川偏东风 6.0 m/s,同时从四川盆地、嘉陵江河谷到平凉为偏南气流(4～16 m/s),温度露点差在 3℃ 以下,该层的水汽输送,在贺兰山东面产生水汽辐合。MM5 数值模拟表明 11—14 时 750—500 hPa 空气相对湿度在 90%。12 时高湿区向北推进到 38.5°N,空气相对湿度维持在 90%。13—14 时相对湿度 90% 的区域继续向北推进(39.5°N),高湿厚度抬高到 450 hPa,高湿层的走向与 500 hPa 的西南气流、700 hPa 的偏南气流和水汽相对应,为陶乐的短时特大暴雨提供了充足的水汽。

2.3　高空冷涡型

高空冷涡是造成中国东北、华北和西北地区强对流天气的重要天气系统。

2.3.1　形势概述

冷涡是深厚的高空冷性系统,经常在中国东北和华东地区出现,它不仅给中国东北和华北带来强对流天气,而且可以影响到更南的地区。由于冷涡是一个相当稳定的天气系统,因此,在东北地区常有"雷雨三后响"之说。冷涡常常在 500 hPa 反映最明显,700 或 850 hPa 图上有时可以分析出高空冷涡,有时则表现为宽广的低槽区。在地面图上常表现为一条副冷锋向南移动,冷锋前有时有低压或倒槽,有时只有露点锋或中尺度辐合线。在冷涡周围地区,高空冷暖平流明显,冷涡发展的不同时期和冷涡的不同部位,均有冰雹天气产生,特别是冷涡后部西北气流下,对流层中低层的冷平流形成的对流不稳定造成的雷雨大风天气常常容易漏报。

2.3.2　形势特征

500 hPa 图上存在低涡中心,低涡中心附近有冷中心或冷槽相配合,低涡西部常常有横槽引导冷空气南下;850 hPa 有低槽、低涡或横槽与 500 hPa 低涡相配合,其北部有东西向锋区,槽前常常有暖舌;地面图上有冷锋东移南压,锋前有地面热低压或有地面辐合中心、辐合线等。

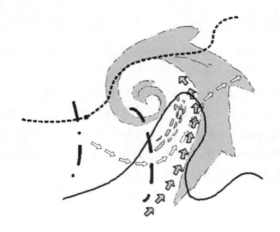

图 2.6　黑龙江省冷涡降雹的概念模型

高空急流:▭▷　低空急流:▭▷　500 hPa 槽线:- - - -　300 hPa 槽线:- ‧ - ‧　θ_se:——

(黑龙江气象局,2010)

根据冷涡的不同发展阶段和冷暖空气配置情况,冰雹可出现在冷涡云系的不同位置,分别如图 2.7 所示:冰雹发生在冷涡云系中心附近(a)冰雹发生在冷涡前部的西南气流中(b)冰雹发生在冷涡后部西北气流中(c)。

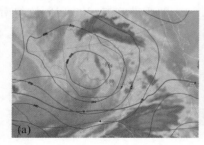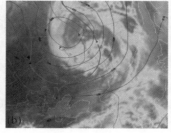

图 2.7　黑龙江省冷涡不同位置降雹云图

(黑龙江气象局,2010)

2.3.3　冷涡天气

冷涡的西部常有冷空气不断补充南下,在地面图上常表现为一条副冷锋向南移动,产生雷阵雨天气。由于冷涡比较稳定,类似的天气可以连续几天重复出现。

高空冷涡既可以产生暴雨也可以产生强对流天气。杨红梅和陶祖钰(1992)对比分析了1987 年 6 月 16—18 日和 1986 年 8 月 31 日冷涡过程,其云图特征大体相似,但降水的强度则有很大差异,1986 年 8 月 31 日过程出现大范围的大到暴雨,而 1987 年 6 月 18 日仅出现大范围的中雨,但却发生了严重的冰雹天气,16 日 15—16 时,河北省八个区县出现了雹灾。18 日也出现了冰雹天气,虽然降雹范围较小,但出现大范围雷雨大风,并出现中等雨强的不稳定性降水。是什么原因造成如此大的差异?

1987 年 6 月 18 日 08 时的诊断分析表明,此次过程高层的辐散气流不明显,上升运动中心值、水汽通量的辐合中心值比 1986 年 8 月 31 日 20 时的值分别小 49×10^{-4} hPa/s 和 31×10^{-8} g/(s • hPa • cm^2)。1987 年 6 月 16 日 14 时 GMS 云图除显示出明显的涡旋特征外,其南部有几个发展旺盛的强对流云团(图略)。值得强调的是在冷涡南侧有一支非常强的呈东西向的 200 hPa 急流通过,50 m/s 的强风速区自河套北部向东延伸至山东沿海,强对流云团正好位于 50 m/s 强风速区的北侧。实测风表明,雹区上空的风速比 8 月 31 日个例大 10～20 m/s 以上。如此大的高空风为产生倾斜对流提供了不可少的具有强垂直切变的环境风场,急流轴附近的对流单体就是在这种有强垂直切变的风场中发展成为强对流单体的。这次冷涡过程中对流活动强烈也与大气有较强的潜在不稳定能量有关。计算了北京地区 1987 年 6 月16—18 日的潜在稳定度 $T_\sigma^* - T_{\sigma_0}$,其中 T_σ^* 为 500 hPa 饱和总温度,T_{σ_0} 为地面到 1000 m 的平均总温度。结果表明,16 和 18 日大气具有潜在不稳定能量,因此这两天出现了冰雹天气。这种潜在不稳定能量的产生是 500 hPa 冷涡后部不断有冷空气南下与 850 或 700 hPa 的暖切变叠加的结果。总温度的计算还表明,此次过程中 850 hPa 的 T_σ 值小于 60℃,这说明此次过程低层水汽较少,故只产生中等雨强的不稳定降水。

高空冷涡的降水强弱不一。孙力等(1995)选择了 8 例典型的东北冷涡暴雨过程(A 类)和8 例典型的东北冷涡弱降水过程(B 类)进行了合成分析,得到如下几点结论:(1)东北冷涡暴雨一般主要出现在冷涡的发展阶段,这时系统具有较强的斜压性;而强度较弱的降水主要发生在冷涡的成熟阶段,这时冷涡的正压结构比较明显。(2)冷涡范围内各物理量的分布是不均一的。一般来说,在对流层中下层,暴雨类冷涡的一些物理量配置主要呈经向分布,并与其南侧的副热带低值系统联系密切,而弱降水冷涡的这些物理量配置在一定程度上主要呈纬向分布。(3)A 类冷涡降水主要出现在第四象限,两个降水中心分别出现在参考中心东侧偏南大约400 km 和南侧偏东大约 700 km 的地方,这些区域处于高层辐散的低层辐合以及中低层涡度、水汽通量辐合、θ_{se} 锋生的高值区。并且这时的水汽输送通道主要有两支,分别来自系统的东南侧和南侧的副热带。B 类冷涡中,上述物理量分布主要集中在系统中心附近,除涡度强于 A类外,其他各量均明显弱于 A 类,水汽输送通道也只有来自系统东南侧的一支。

2.3.4　郑州一次冷涡强对流天气分析

2002 年 7 月 19 日 18—21 时,郑州市大部分地区遭受了一次强对流天气过程袭击,分别出现了暴雨、大风和强降雹等灾害性天气。其间郑州市最大风力达 8 级,新密市 1 h 降雨

53 mm,大部分乡镇均降了冰雹,冰雹最大直径达 8 cm,持续时间 10~20 min。这样的强降雹天气是郑州地区所罕见的。张霞等(2005)对这次过程进行了分析。

(1)影响系统

1)高空冷涡

500 hPa 上东北冷涡的存在和南压是本次强降雹的主要影响系统。从图 2.8 可知,自 17 日 20 时开始,位于东北地区的冷涡开始向南压,之后逐渐有冷空气自东北地区经华北向河套地区扩散,18 日 20 时,冷涡中心已南压至辽宁与河北省的交界处,至 19 日 08 时,冷空气前锋已影响到河南省北部地区,之后继续南压,影响郑州地区。东北冷涡是一深厚的辐合系统,它的影响造成了郑州地区上空有强的辐合上升运动,低层暖湿空气被抬升,使得该地区产生剧烈对流天气。

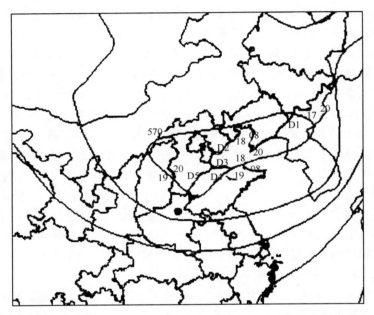

图 2.8　2002 年 7 月 17 日 20 时—19 日 20 时 500 hPa 冷涡中心移动路径

(图中实线为 19 日 20 时 500 hPa 高度,●处为郑州本站)

2)地面冷锋

图 2.9 是地面冷锋移动路径图,由图可见,7 月 19 日 08 时,冷锋位于沈阳、北京到银川一线,锋后有冷空气扩散南下。19 日 14 时冷锋移到成山头、齐河、安阳到长安一线,锋后有明显的冷空气南下,锋后测站伴有偏北大风、雷暴、阵雨等不稳定天气,冷锋的影响为冲破不稳定层结提供了外部抬升力。

(2)冰雹成因分析

1)300 和 850 hPa 强差动位温平流

300 和 850 hPa 差动位温平流指的是用上层 300 hPa 的位温平流减去下层 850 hPa 的位温平流而得。19 日 08 时,郑州处于 -30×10^{-5} ℃/s 的差动位温平流负值中心区,表明当日 300 hPa 高层冷平流与 850 hPa 低层暖平流差值较大。分析同一时次的 300 和 850 hPa 的位温平流场,郑州站值分别为:-20×10^{-5} 和 10×10^{-5} ℃/s,表明冷暖空气势力均较强。这样上层大气为冷平流、低层大气为暖平流的温度场配置,有利于不稳定度倾向加大。到 19 日 20 时,郑州地区上空 300 和 850 hPa 的差动位温平流值变为 10×10^{-5}℃/s,说明 08—20 时这短短的 12 h 中,高空的冷空气迅速下传,致使低层空气迅速变冷。随着不稳定能量的释放,大气层结转化为稳定层结,强对流天气也宣告结束。

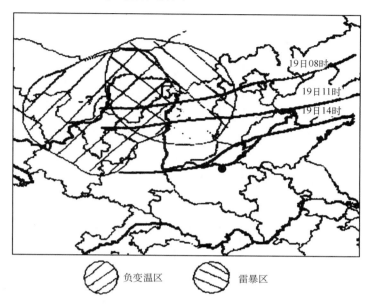

图 2.9　2002 年 7 月 19 日 08 时—14 时地面冷锋移动路径

(图中●处为郑州本站)

2)对流性不稳定层结

本次过程前期,7 月 6—17 日,受持续增强的大陆暖高压控制,郑州地区连续 10 d 最高温度均在 30℃以上。其中,7 月 15 日,郑州站日最高气温达 41.5℃。据统计,当日全区日最高气温平均为 40.4℃,平均地面最高温度升至 63.7℃;郑州本站气温维持在 38℃以上的时间长达 6 h,气温维持在 40℃以上的时间达 3 h,这在历史上是罕见的。连日的高温天气,使得郑州地区上空空气中水汽含量相当小。但是自 16 日后,由于西南暖湿气流的活跃,低层的水汽增大明显,造成低层空气暖湿,地面水汽压增大,该区上空大气中有大量不稳定能量积蓄。

随着高空冷空气的侵入,层结变得非常不稳定,有利于强对流天气的产生。分析 19 日 08 时郑州站的三 θ 线:位温曲线(θ)、假相当位温曲线(θ_{se})、饱和状态下的假相当位温曲线(θ_{se}^*)(图 2.10)可知:这三 θ 线在 1000—850 hPa 的低层上,表现为明显的对流稳定性层结,有利于水汽的积累,为本次强降雹提供了充足的水汽;同时低层稳定层结的存在也非常有利于不稳定能量的积蓄,一旦遇到强的外部抬升力冲破不稳定层结,可导致强对流天气的发生。而在 850—600 hPa 的中层上,则为明显的对流性不稳定层结($\partial \theta_{se}/\partial z < 0$)。在 1000—850 hPa 上,$\theta_{se}$ 和 θ_{se}^* 较为接近,在 850—500 hPa,两曲线相差较大,这一特征反映出本站上空低层水汽饱和程度高,而中层水汽饱和度较低,这种低层潮湿、中空干燥的特点,正是符合冰雹生成发展的层结。

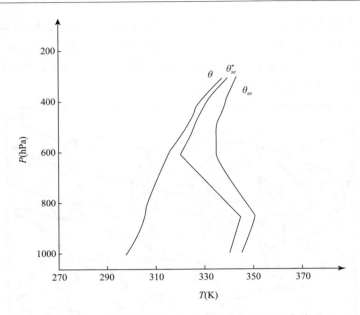

图 2.10　2002 年 7 月 19 日 08 时郑州站的三 θ 曲线图

表 2.3 给出了 7 月 17—20 日郑州单站稳定度指数,18 日 08 时 3 个指数都异常大,非常有利于强对流天气的产生。

表 2.3　2002 年 7 月 17—20 日郑州单站稳定度指数

稳定度参数	17 日 08 时	20 时	18 日 08 时	20 时	19 日 08 时	20 时
SWEAT 指数	172.1	198.0	382.9	246.6	308.0	216.2
K 指数(℃)	29.9	31.1	39.9	33.9	32.0	40.3
$\Delta\theta_{se850-500}$(℃)	10.1	7.1	12.7	14.9	14.7	4.6

(3)强垂直风切变

由测风资料分析可知,19 日 08 时,郑州本站地面及低空为偏东风,高层则吹较强的偏西风,850 和 500 hPa 风速差值为 9 m/s,存在明显的高空风向、风速垂直切变,400 hPa 风速达到 23 m/s,低空的偏东风有利于增加低空的水汽,强的垂直切变有利于冰雹的生成。

(4)合适的 0℃层和−20℃层高度

表 2.4 给出了 7 月 19 日 08、20 时郑州站 0℃和−20℃层的高度,这样的高度非常有利于冰雹的形成(详见第 3 章)。

表 2.4　2002 年 7 月 19 日 08、20 时郑州站参数(单位:m)

时间	对流层顶高度	0℃层高度	−20℃层高度
08 时	9128	4430	7500(400 hPa)
20 时	12580	4188	8000(360 hPa)

2.4　西北气流型

西北气流型是影响中国很多地区产生强对流天气的一种重要天气形势。这类形势下的强对流天气突发性强,以冰雹、雷雨大风天气为主,一般降水较弱。

2.4.1　形势概述

西北气流型是指 500 或 700 hPa 在关注区域内为西北或偏北气流所控制,为冷平流。850 hPa 图上关注区域内或上风方地区出现切变线、小低涡之类的低值系统;地面则常出现辐合区(图 2.11)。高层冷平流与边界层暖平流的差动温度平流和风切变为强对流天气提供了重要的环境条件。

西北气流型下要特别关注垂直温度递减率和垂直风切变,其中任何一项出现超常值时都容易产生强对流天气。当低层湿度条件好时,下层任何扰动、辐合都能造成湿空气的抬升条件,极易生成对流云。往往具有独立发展或多个局地发展后连合的特点,有时回波范围不大,但很强;有时范围很大,有多个强回波点,但回波结构松散,移动方向较一致,像整体平移,受影响区多处成灾情况较多。

当垂直温度梯度和垂直风切变很大但低层湿度很低时,则只会产生对流性大风而不会出现冰雹天气。

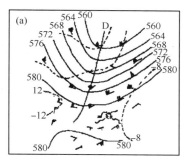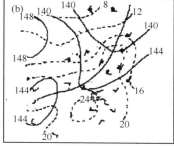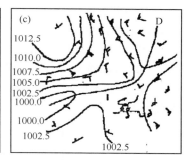

图 2.11　1997 年 6 月 24 日天气图
(a.500 hPa,b.850 hPa,c.地面单位分别为 dagpm,hPa)

2.4.2　形势特征

(1)500 hPa 处于偏北或西北气流中;槽后有明显的冷(干)平流,中层 700—500 hPa 降温明显,伴有大范围的负 ΔT_{24}。

(2)低层有暖湿平流。

(3)具有强垂直温度梯度($\Delta T_{850-500}$ 很大),表现出强位势不稳定。

(4)具有强的垂直风切变。

(5)地面一般有冷锋南下,锋前在强对流天气发生前 2～3 h 常常生成中尺度辐合线,气流在辐合中心和气旋性弯曲处汇聚上升,产生强对流天气。

由此可见,中层干冷空气侵入造成强烈位势不稳定是这类强对流天气发生的重要条件,地面弱锋面和辐合线是重要触发系统,而强的垂直风切变使得对流发展更加有组织和更强烈。

2.4.3　2001 年 6 月 12 日宝鸡强对流天气成因分析

2001 年 6 月 12 日宝鸡地区自西向东,从 18 时 30 分左右起大风至 21 时结束,有 8 个县区风速超过 17 m/s,最大 22 m/s,大风过境时,并伴随冰雹、雷雨,单站气压、湿度陡升,温度剧降。大风所经过之地,大树被吹断,有的连根拔起,许多电线杆被吹折,出现电线短路等险情,给人民生命和财产造成极大损失。据凤翔、太白、千阳、宝鸡、岐山等县不完全统计,直接经济损失在 1500 万元以上,宝鸡地区同时出现 8 个县区大风灾害天气是历史所罕见的。这次过程属典型的飑线过境引起的风灾天气过程。吴宇华等(2002)对这次过程进行了分析。

(1)影响系统

1)高空西北冷平流

这次飑线天气过程是出现在天气尺度高空槽后强西北气流中,槽后的西北气流里有强冷平流且风速垂直切变较大。分析 6 月 12 日 08 时 500 hPa 图(图略),可以看出青藏高原至新疆有高压发展,高压前部低槽已过 110°E 以东,槽后强西北气流已向南扩展到 30°N 左右,汉中、安康西北风速分别达到 16 和 12 m/s。在西北气流上有短波槽下滑,温度槽落后于高度槽,等温线与等高线的夹角近 90°。700 hPa 图上,关中东部和陕南为一致的偏北风,风速在 10~16 m/s,在宝鸡上游民勤、兰州为西北风(6 m/s 和 10 m/s),而平凉为东北风(10 m/s)、银川为东风(4 m/s),沿民勤、平凉间有一竖切变,与 500 hPa 同位置温度槽相对应,同时有一湿舌伸向关中西部,这使得高层强冷平流叠置在低层湿舌上空,易形成强的对流不稳定层结,而在宝鸡北部的平凉、银川附近风速垂直切变较大,有利于强对流形成。

2)地面露点锋和辐合线

12 日 14 时地面图上无明显冷锋配合,但是在华家岭至武都一线存在着一条明显的露点锋(图 2.12),锋前 $T_d \geq 12$℃,锋后 $T_d \leq 6$℃,露点锋前两高压之间在延安至宝鸡一线有一辐合线,华家岭至武都的地面露点锋移到这一中尺度切变线辐合区中,触发了飑线天气过程,产生强对流天气。

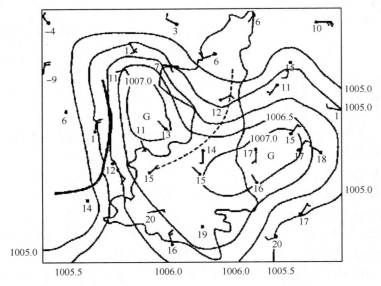

图 2.12　2001 年 6 月 12 日 14 时地面小天气图

(注:粗实线为露点锋,细虚线为辐合线)

（2）强对流天气成因分析

1）不稳定层结

分析 6 月 12 日 08 时 850 hPa θ_{se} 场（图略），四川盆地为一高能中心，沿成都至延安方向有高能舌深入，高原东侧与高能舌之间形成锋区。20 时高能中心北抬，范围缩小，在关中西部一带形成 72℃ 的高能闭合中心，舌顶也收缩。

分析 6 月 12 日 08 时宝鸡周围各探空站不同层次温度露点差（$T-T_d$）值发现，500 hPa 图上，平凉、西安、汉中分别为 13、13、10℃，都在 10℃ 以上，比较干燥，而 700 hPa 图上，关中东部及陕南小于 4℃，850 hPa 周围湿度较大，$T-T_d$ 也都小于 4℃，这种上干下湿的水汽分布，为建立不稳定层结提供了极为有利的条件，西安 08 时 $\Delta\theta_{se850-500}=6.0℃$，处于对流稳定状态。从 08 时沙氏指数 SI 分布场可以看出，在宝鸡上游有东北—西南向带状狭长的不稳定区域，随着强冷平流向东南扩展，不稳定区域东移到宝鸡附近且程度进一步加强，到 20 时整个关中一带 SI 均为负值，其中西安 $SI=-5.1℃$，表示不稳定层结已非常强。

2）水汽场特征

这次过程湿层相对较浅，主要集中在 700 hPa 以下，而且宝鸡地区受偏北风影响，无明显水汽输送，因此强对流天气主要以冰雹、大风形式出现，而不会出现持续的强降水。

3）散度的空间垂直分布特征

由 6 月 12 日 08 时强对流天气区上空附近各层散度中心值的垂直分布（图略）可以看出，低层辐合，高层辐散的现象十分明显，无辐散层大体位于 600 hPa 附近。这次过程最大辐散层在 300 hPa 附近，为 $24\times10^{-6}\,s^{-1}$；最大辐合层在 700 hPa 附近，为 $-40\times10^{-6}\,s^{-1}$，低层辐合值大于高层辐散值，辐散层较厚，飑线天气过程正是出现在低空辐合和高空辐散叠置的地方。

2.4.4　高空西北气流下激发飑线的数值模拟

高空西北气流下为什么会产生强对流天气，飑线形成的机理是什么？李鸿洲等（1999）应用中国科学院大气物理研究所的 LASG-REM，对 1983 年 6 月 27 日一次华北强飑线生成与地形作用进行的数值试验研究表明，高层较强的冷空气侵入和地形的锋生是飑线形成的主要原因。

1983 年 6 月 27 日 08 时飑线发生区处于 500 hPa 东亚大槽槽后，西北气流的辐合下沉区内，与此相配合有冷舌东移并伴有冷平流影响华北地区。在低层和地面，它处于锋生区附近。另外，02—14 时 300 hPa 高空出现了冷平流造成的强烈的降温，12 h 降温 10℃。这是华北飑线发生的有利环境场。

1983 年 6 月 27 日 11—13 时在华北北部山区出现了一些小尺度的对流单体，并伴有零星的雷暴。14 时零星孤立的对流单体开始组织形成飑线，进入组织形成阶段。以后又先后影响张家口市（41°N，115°E）和北京市（40°N，116°E）。这次飑线过程观测到的 1 h 负变温，普遍超过 -10℃。用稠密的地面测站网的实测风计算的中尺度散度场上，飑线附近和前方为一辐合区，其后方为辐散区。这说明飑线后方的降温区与中尺度湿绝热下沉运动和小尺度的下击暴流有关。

以 1983 年 6 月 27 日 08 时的实测资料（含特性层）作初值场，对这次飑线过程进行对照试验，逐时输出（35°—45°N，110°—120°E）内各层天气形势的连续变化。模拟 1 h 后，飑线发生前，对流层高层有较强的冷平流入侵华北地区，3 h 后，在燕山山脉及其南侧背风坡地区，对流层中、低层出现明显的锋生现象；这对飑线的生成和发展起了重要的作用；模式运行至第6 小时(27 日 14 时)，实况是飑线进入组织形成阶段。模拟结果为 500 hPa 在华北大部分地区有明显的冷平流降温，在飑线的发生区内，降温达 1.5℃。700 hPa 在飑线的发生区以北明显降温，以南有明显的升温，所以在飑线的发生区内有强的锋生现象(图略)。运行至第 9 小时(27 日 17 时)，飑线系统进入扩展增强阶段。500 hPa 在飑线发生区上空，由降温转为明显的升温，出现了一个 α 中尺度的温度脊。这是由飑线上强的深对流过程引起的热量向上输送造成的，使其在冷平流形势下，反而出现增温现象，这也是飑线发生发展后，中尺度系统对大尺度背景场的反馈的结果。在 700 hPa 上，北方继续降温，南方继续增温，而持续维持锋生。

由图 2.13a 拟 500 hPa 模拟的飑线影响区内的每小时平均温度[(40°—41°N,115°—116°E)网格周围四点的平均温度]变化可见，自模式运行开始因冷平流而温度持续下降，16 时开始温度转为上升，在 18 时出现一个峰值，19 时以后又继续上升。图 2.13b 为 700 hPa 模拟的飑线影响区沿 115°E 南北两点的温度差，以表示锋生的情况。自模式运行开始后温度差逐渐增加，17 时以后温度差开始减小。由此可见，500 hPa 冷平流降温和 700 hPa 锋生作用是飑线发生发展的重要条件。而 500 hPa 飑线发生区的升温和温度脊的形成是飑线上强对流引起热量向上输送的结果。另外，在模式最低层的温度变化也是值得注意的，在日变化的增温时段内，出现了 3 h 负变温区，最大值为−4℃(图 2.13c)，这与飑线发生区内实际的地面降温趋势一致。同时，此变温区同飑线出现的时刻和位置大体吻合。

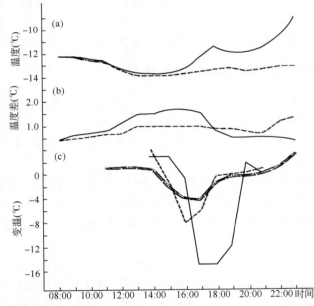

图 2.13　1983 年 6 月 27 日 08—23 时实况和数值模拟的逐时气象要素变化曲线

(a)500 hPa 模式的飑线影响区网格内每小时的平均温度曲线(实线为有地形的对照试验，虚线为无地形的敏感性试验)；(b)700 hPa 模式的飑线影响区网格沿 115°E 南北两点(40°N,41°N)的温度差曲线(说明同 a)；(c)北京沙河(实线)、张家口(虚线)地面 3 h 变温曲线和(115°E,41°N)网格点模式最低层 3 h 变温曲线(双线)

在对照试验成功的基础上，将地形从模式中移去，进行有关地形的敏感性试验。其结果：当模式试验运行至第 6 小时，与对照试验相比较，在 500 hPa 差别不大，也有明显的冷平流。

然而,在 700 hPa 上开始出现差别,在飑线的发生区内没有出现明显锋生现象(图略)。当模式运行至第 9 小时,在 500 hPa 上才出现了比较明显的差别,在飑线发生区上空温度明显偏低,约偏低 1~2℃,没有出现温度脊。在 700 hPa 上,在飑线的发生区以南,温度也明显偏低,尤其在飑线的发生区偏低 2~3℃,锋生作用明显弱于有地形的对照试验的结果。同样,在图 2.13a 上可见,移去地形后,500 hPa 模拟的飑线影响区内,每小时平均温度没有明显的升温现象。在 700 hPa 锋区南北两点的温度差也没有明显的锋生现象(图 2.13b)。

由地形的敏感性试验说明,华北地区西北部阴山、太行山等山脉,对飑线的发生和发展是非常重要的。地形对 700 hPa 锋生作用有积极的影响,若将地形从模式中移去,则 700 hPa 锋生作用明显减弱,飑线上强对流活动受到很大的制约。致使 500 hPa 高空冷平流背景场上没有出现由于飑线系统扩展增强对大尺度场的反馈作用造成的升温现象。也就是说,如果没有华北西北部的山区,飑线将难以在华北地区形成。

数值模拟得到的结论是:华北地区的飑线,在西北流型条件下,高层有较强的冷空气侵入,低层受地形影响引起的强烈锋生,是飑线形成的主要动力过程。如果没有华北西北部的山区,飑线将难以在华北地区形成。

2.5　副高边缘型

这是中国东部地区夏季强对流天气的一种主要形势。

2.5.1　天气形势概述

在副高后部(边缘)型中,强对流天气发生前中高层几乎找不到明显的西风槽。当 500 hPa 短波槽携带的弱冷空气沿副高西北侧东移时,迫使副高东移南退,由此引起的动力不稳定以及副高边缘弱冷空气叠加在高温高湿下垫面之上造成的热力不稳定,由边界层的辐合系统引发强对流天气。云图上表现近东西向云带(或延长线)上在午后有新生对流云团强烈发展。

2.5.2　天气形势特征

(1)500 hPa 目标区受副高脊后的西南气流所控制,低层湿度较大(有时整层湿度大)($T-T_d \leqslant 5℃$),具有对流不稳定条件。

(2)短波槽携带的弱冷空气沿副高西北侧东移,对流层中层 700—400 hPa 有弱冷空气影响南下(对应有 24 h 负变温),冷暖空气区交汇地区出现强对流天气。

(3)在副高边缘对流层中低层和地面有低值辐合系统存在,触发强降水等强对流天气。

2.5.3　个例分析

(1)珠江三角洲地区由海风锋触发形成的强对流天气过程分析

海风锋是 5—8 月常在华南沿海活动的一种边界层中尺度触发系统,气象学者称之为沿海海岸回波带。它是在夏季海面上海风活跃、广东处于脊后弱气压场时,由于海陆气象要素日变化的差异,边界层偏南海风与近地面层弱偏北陆风或盛行风交绥而形成的中尺度锋区,多形成和徘徊于夜间和早晨的海岸线附近。如果有有利天气形势配置,在白天可向内陆推进和发展,触发造成强对流天气。由于其时空尺度小,强度和活动多变,难以捕捉和预报。1998 年 7 月上旬,珠江三角洲地区连续有 8 d(1—6 日和 8—9 日)出现由海风锋触发形成的强对流天气过程,特别是 7 月 3 日,由于其锋区上的强雷暴回波块体有组织地北推发展,造成了大范围雷雨大风和强降水天气。刘运策等(2001)对这次过程进行了分析。

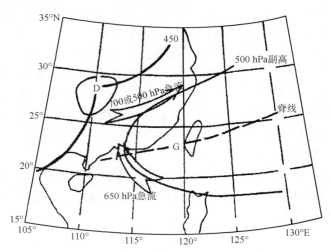

图 2.14　广东省副高边缘型概念模型(广东省气象局,2009)

1)影响系统——副高后部低层中尺度辐合线

图 2.15(上图)是 1998 年 7 月 3 日 08 时(a)和 850 hPa(b)、500 hPa(c)和 200 hPa(d)天气形势示意图。由图中可以看出:①华南高层是较强辐散场:南亚高压中心在青藏高原,广东中、西部处于台湾冷涡西侧偏北急流右侧;②华南中层是云贵高原东侧到华中的弱西风槽前的东高西低形势:广西是低压环流,广东是副高西端 6~8 m/s 的弱西南气流。由于广西低压的诱导作用,在粤西南和珠江口东侧分别有波动东传,其中前者移动较快;③其低层和边界层形势与中层对应,只是由于广西低压的诱导作用使粤西南及其南面海上盛吹西南风,粤东沿海及其南面海上吹东南风,呈气旋式弯曲的较湿西南气流与呈反气旋式弯曲的较干东南气流在珠江三角洲及其南面的海上辐合,形成近于南北向的急流轴(阳江和香港偏南风达 14 m/s);在急流轴的上游气流汇合和加速,而在其下游气流疏散和减速,所以在相对流场上在急流轴顶端应有一个中尺度横向变形带(为叙述方便,以下将急流轴和变形带合称急流变形带),该区是一个有利于云雨发展的低层中尺度辐合区,在雷达或卫星云图上常常可以看到与急流轴平行的回波短带或云线;④珠江三角洲地面是华中弱锋前的脊后弱气压场,等压线近南北向而使白天盛吹东南风,夜间由于明显日变化而吹弱偏北陆风;由于低层和边界层急流的动量下传和海面本身的日变化而使夜间海面海风加强,强海风与偏北陆风在海岸线附近交绥而形成海风锋,这是一个地面中尺度触发系统。

2)不稳定条件

上述天气背景所形成的珠江三角洲地区主要物理量场(图略)特征是:①风向随高度的顺转,说明是暖平流在起主导作用,最大急流在低层和最大垂直风切变在边界层;②大气层结是不太强的条件不稳定($SI=-1.5℃$,$\Delta\theta_{se(850-500)}=-1.3℃$),中低层高湿($T-T_d\leqslant2℃$),凝结高度在 200 m 左右,自由对流高度在 800 m 左右;白天由于边界层非绝热增温,层结将会更不稳定。

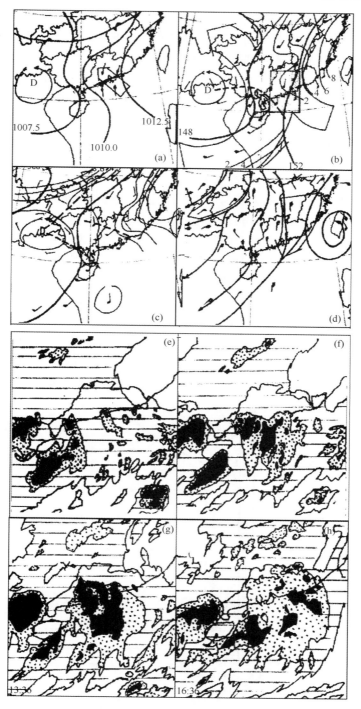

图 2.15　1998 年 7 月 3 日 08 时(a)地面、(b)850 hPa、(c)500 hPa、(d)200 hPa 天气形势示意图(细线是($T-T_d$)线,粗断线是槽线、切变线或海风锋,双矢是急流或地面盛行风,阴影区是急流变形带区)。

(e)、(f)、(g)、(h)是 1998 年 7 月 3 日 08、11、14、17 时 GMS5 气象卫星红外云图增强显示(MB 增强曲线)云系动态示意图(槽线、阴影和黑区分别是 ≥-31.2℃(没有增强的中低云)、≤-32.2℃(一般性降水)和 ≤-43.2℃(对流云区)的冷云区,白色区为副高晴空区)

　　在这种地面海风锋与低层急流变形带垂直叠置、高层辐散低层辐合的不稳定状态下,当伴随中层波动的正涡度平流东传逼近和叠置时,由于中低层系统的相互作用而使不稳定度、海风锋、急流变形带进一步增强,促使海风锋发展北推从而触发产生强对流天气。从图 2.15e、f、g、h 中的云系演变动态可以直观地看到这一强对流天气的产生过程:随着弱西风槽云系东移(20 时移到桂林附近)、副高减弱(晴空区东退)和西南风增强,加速了云系东传;对应粤西中层波动的云系快速东移发展,而对应珠江口东侧的中层波动云系基本上在原地摆动。于 11 时左右两者在珠江三角洲地区合并发展成一个强大对流云团,其北端的强对流块体对应海风锋和急流变形带,其南北向的纹理结构与低层急流带平行。强对流云团在上午到中午北推东移时,造成珠江三角洲地区大面积雷雨大风和强降水天气。

　　高层辐散场、中层到地面东高西低的天气形势,是海风锋强对流天气过程的一种重要天气型。其原因可能是:①脊后弱地面气压场气象要素的明显日变化易形成初期海风锋;②西部中低层低值系统诱导西南气流增强东北伸,易在中层产生波动,易在低层和边界层与脊后东南气流辐合而形成急流变形带;③当初期海风锋处于低层急流变形带之下的不稳定状态中、中层又有波动逼近或叠置时,海风锋发展北推从而触发产生强对流天气;锋区附近强对流发展及其北侧陆面非绝热增温,使锋前盛行东南风和暖湿不稳定,使锋后冷堆形成和锋区增强,它们的正反馈作用促使海风锋进一步快速北移发展和继续产生强对流天气。1998 年 7 月上旬珠江三角洲基本上维持着这种相似的天气型,相似天气背景容易产生相似的系统配置、环境条件和中尺度系统,这可能是 7 月上旬海风锋强对流天气过程多的重要原因。由于中低层暖平流、中低层高湿、急流在低层,所以主要产生雷雨大风和强降水。其综合模型示意如图 2.16。

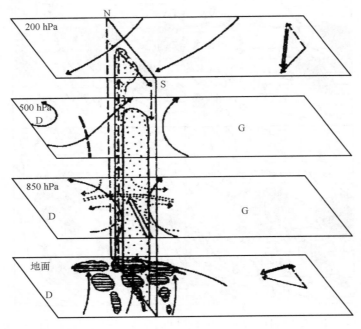

图 2.16　海风锋发展强盛阶段综合概念模型

(实矢是流线和环境风矢量,断矢是系统移动矢量和垂直环流,点矢是相对运动流线,双矢是急流轴或相对移动系统的环境风,粗断线是槽线和海风锋,双点线是变形带,横线区和点线区分别是平面和垂直面上的回波区)

　　5—8 月,华南由于副高西端西南季风影响而形成多雨的汛期,然而并非每一次都能产生强对流过程;同时,华南沿海边界层常有海风锋活动,然而并非所有海风锋都能产生强对流过程。由资料普查得知,海风锋与西南季风波动配置是强对流天气短期和短时预报的较好预报指标,而中低层东高西低形势是其重要的天气型。另外,由于低层波动和急流、海岸线、地形和地面摩擦等作用,中尺度地面图上经常有这样那样的切变线存在,如果它们没有中层波动、地面锋区和不稳定区配置,一般不会有强对流天气发生。

　　(2)2007 年 7 月 21 日浙北雷雨大风成因分析

　　2007 年 7 月 21 日傍晚到上半夜,浙江北部地区湖州、嘉兴、绍兴、宁波、舟山和浙江北部沿海先后遭受强雷暴的袭击,出现了雷雨大风、短时强降水等灾害性天气。全省有 83 个自动站点出现了 8 级以上大风,浙江北部沿海的雷雨大风风力最强、范围最大,沿海有金塘、海礁 2 站出现了 11 级雷雨大风,小洋山、秀山、滩浒、岱西、庙子湖等 10 站出现了 10 级雷雨大风。10 级大风在浙江北部沿海持续时间近 3 h。同时舟山局部地区出现了短时强降水,岱山、马岙、长涂等 21 日 20—23 时 3 h 出现了 30 mm 左右降水。强雷暴及其伴随的雷雨大风、强降水等强对流天气对航运、人身安全等具有极大的危害性。张伟红等(2009)对这次过程进行了分析。

　　1)影响系统——副高边缘/地面静止锋

　　7 月 21 日欧亚高空中高纬度地区 500 hPa 为二槽一脊形势,高压脊位于贝加尔湖西侧附近,21 日 08 时(图 2.17a)大连—济南—西安—成都一线有高空槽东移,副高脊线位于 26°N 左右,浙江北部处于副高边缘,588 dagpm 线在杭州到上海一线;到 21 日 20 时(图 2.17b),副高稳定,前述高空槽位置仍然位于太原—西安—成都,距离浙江省较远,似乎发生大规模强对流的条件还不具备。但是,考察 21 日 500 hPa 的 24 h 变温(图 2.18),可以发现 21 日 20 时浙江、安徽、上海、江西等地区有明显的负变温(-2～-3℃),表明这些地区有弱冷空气的侵入。22 日 08 时,副高 588 dagpm 线南落到宁波象山到衢州一线,高压中心位置维持不变。21 日的 850、700 hPa 形势相似,浙江处于西南暖湿气流控制,21 日 20 时 850 hPa 连云港—宜昌—贵阳为一条切变线,浙江处于暖脊控制中。

　　地面图上,21 日江苏、安徽的南部一带有一条静止锋,21 日 14 时,静止锋位于济州岛—嵊泗—杭州—长沙一线,杭州西北侧可以分析出一个弱的辐合中心。傍晚的对流云团就是从这里发生发展,然后向东快速移动的。

　　因此,本次过程的天气形势背景为:副高边缘有弱冷空气侵入,造成对流不稳定,地面静止锋触发了强对流天气。

　　2)雷雨大风成因分析

　　①地面和高空温度差动平流

　　强雷暴发生前,浙江省受副高边缘影响,17—21 日持续出现了全省范围 37℃以上的高温天气,作为海岛城市的舟山,也是持续出现 38℃以上的高温,21 日最高气温达到了创纪录的 40.2℃。

　　7 月 20—21 日高空 500 hPa 气温却在逐日下降,7 月 20 日 20 时杭州、大陈、衢州三地 24 h 降温 1～2℃,21 日 20 时 24 h 降温(图 2.18)2～3℃。这种低层升温、高层降温的温度场结构所造成的温度差动平流是造成浙江地区大气不稳定的主要因素,强雷暴正是发生在 21 日下午到夜里高低层温度平流的垂直变化最大的时候。

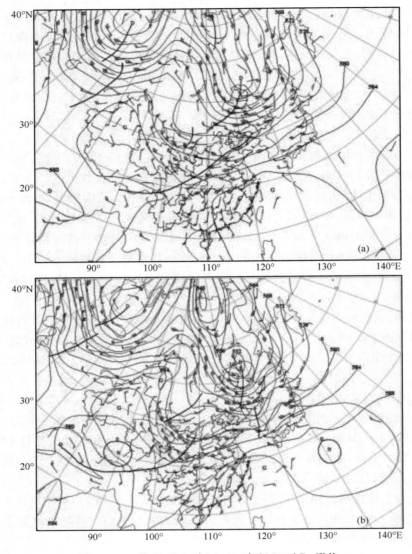

图 2.17 7月21日8时(a)、20时(b)500 hPa 形势

②大气热力条件分析

Ⅰ.SI 指数分析

7月21日08时杭州、上海、衢州、大陈4站的 SI 指数分别为－1.5、－4.0、－2.5 和－1.0℃,到了20时由于700 hPa 以下盛行西南风增温增湿,而高层有弱冷空气侵入,不稳定度有明显的发展,四地 SI 指数分别达到了－3.5、－4.0、－3.8 和－7.5℃。因此,21日下午到夜里浙江地区具备了强烈的对流不稳定条件,容易产生强对流天气,浙江西北部东移的对流风暴可以持续维持、甚至发展。

Ⅱ.K 指数分析

7月21日20时 K 指数场上,湖南、江西、浙江、上海为东北—西南走向大于36℃的高值区,32°N 以北是 K 指数低值区,浙江省 K 指数值都在40℃以上,杭州、上海、衢州、大陈四站 K 指数分别达:42、42、40、43 和44℃,高中心位于浙江丽水地区。这表明,浙江省大气处于强的层结不稳定状态,已经具备产生强对流天气所需的不稳定能量。

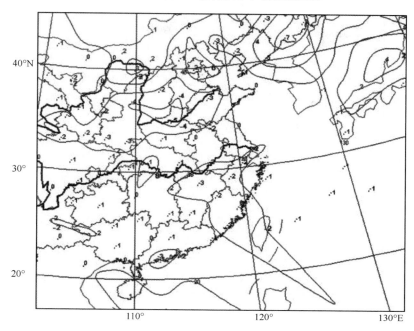

图 2.18 7 月 21 日 20 时 500 hPa 24 h 变温(单位:℃)

③动力条件分析

从高低空环流形势和地面流场分析可以看出,强对流产生在地面静止锋暖区一侧,源地为安徽黄山到杭州西北天目山区。分析 7 月 21 日 08—20 时散度场和垂直运动场可见,低层 850 hPa 上,21 日 08 时在安徽黄山一带有 -25×10^{-5} s^{-1} 的辐合中心,浙江省大部分地区为弱辐合区;与低层 850 hPa 辐合中心相对应,850—500 hPa 为一致的上升运动,21 日 08 时 500 hPa 上升运动最强,有 -6×10^{-3} hPa/s 的上升运动中心,对流云团就在此中心附近发生发展。到 21 日 20 时,低层 850 hPa 辐合中心东移到浙江湖州地区,值为 -10×10^{-5} s^{-1},上升运动中心也东移到湖州—嘉兴一带,850 hPa 上升运动最强,有 -4×10^{-3} hPa/s 的中心,对流云团也东移到此地。之后,低层辐合上升运动区和对流云团一起向东移动,影响浙北沿海地区。

④水汽条件分析

从 7 月 21 日 08、20 时 850 hPa 温度露点差 $T-T_d$ 图上看(图 2.19),上海、江苏、安徽、湖北等有东北—西南向的大片小于 4℃ 的湿区,水汽来源于孟加拉湾,通过西南气流向下游输送水汽。21 日 20 时,浙江北部地区和东南沿海地区也处于小于 4℃ 的湿区里,而浙江的西南地区衢州有一个 9℃ 的干区中心,它与北面的湿区形成了一条露点锋区,安徽黄山和浙江天目山区正好处于干湿交界的露点锋区中,21 日下午在此区域就产生了对流云团。而 21 日 20 时,浙北地区 850 hPa 较好的水汽条件,有利于强对流回波的发展。21 日 700 hPa 温度露点差 $T-T_d$ 的分布与 850 hPa 类似。

7 月 21 日 500 hPa 温度露点差 $T-T_d$ 的分布则是浙江、安徽中南部、江苏、上海地区都是干区,可见这次过程的湿层不深厚,因此产生的强对流天气主要是雷雨大风。

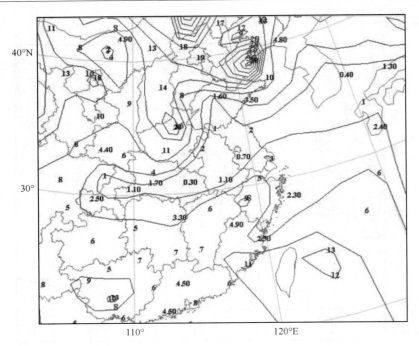

图 2.19　7 月 21 日 20 时 850 hPa 温度露点差（单位：℃）

（3）2007 年 6 月 24—25 日江西省强对流天气分析

2007 年 6 月 24—25 日江西出现了最强的致灾强雷电也是一次夏季典型的强对流过程，有 12 县（市）17 次遭受雷雨大风袭击，13 县（市）18 次出现 1 h 30 mm 以上强降水，全省共监测到落地雷 102360 个，平均密度 0.613 个/km²，雷击死亡 35 人（江西省气象局，2010）。

1）影响系统——副高边缘切变线

这次过程的形势特征如图 2.20 所示：

①副高迅速减弱东退和南落，西伸脊点由 95°E 退出大陆，脊线由 25°N 附近南落到 20°N 附近。其西北侧有低槽东移。

②6 月 24 日 500 hPa 北京附近有低涡，其南侧低槽在东移过程中向南加深，位于济南、宜昌到贵阳一线。此槽在副高西北侧缓慢东移，其北段移动快，南段移动慢，25 日低槽南段转横变成东西切变线。同时，槽后有宽广的冷温槽和明显的冷平流（图 2.20d）。400—850 hPa 高空低槽具有陡直结构（400 hPa 比 500 hPa 稍前倾），后期低层低槽转为暖切变。冷暖空气在长江中下游交汇，且易形成比较深厚的上升运动。

③冷空气在中高层更为明显，700—400 hPa 在江南有较大范围降温，造成位势不稳定（图 2.21）。

④地面中尺度辐合系统活动区域是雷电的频发区（图 2.20a），两者有较好的空间对应关系，但在时间上它早于雷电明显发展时间 1～3 h。说明地面中尺度辐合系统是这次强对流天气的触发系统。

2）不稳定层结

从 2007 年 6 月 24 日 08 时和 25 日 08 时 T-lg$p$ 图可知，低空较湿，中高空有较厚的干层，层结廓线向上呈漏斗型，边界线层有逆温层（图 2.22）。具有明显的条件不稳定，对流不稳定

度指数 $\Delta\theta_{se(850-500)}$ 从 24 日 08 时到 25 日 08 时呈显著加大的变化,并在 25 日 08 时达到极大值 24.8℃,K 指数 39~41℃,$LI<-3$,$TT>45$℃。

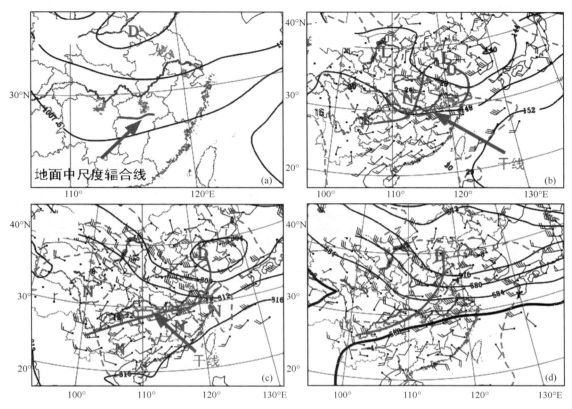

图 2.20　2007 年 6 月 24 日 08 时地面(a),850 hPa(b),700 hPa(c),500 hPa(d)天气形势

(4)1999 年 7 月 18 日华南沿海强降水成因分析

1999 年 7 月 18 日 17—21 时在华南沿海地区发生了短时强降水,降水区位于(21°—30°N,110°—122°E)。纪玲玲等(2004)对这次过程进行了分析。

1)影响系统——副高边缘/弱准静止锋

在 500 hPa 等压面上,18 日 08 时(图略)华南沿海处于南海高压北侧西北西气流控制区,整个东南沿海地区处于济南、郑州、宜昌和重庆一线的弱槽前,沿海岸线有一大值负变温中心区,在 23°~25°N 成东西向分布;20 时成东西走向的副高脊西伸至 110°E,华南沿海仍处于西太平洋副高西北侧及缓慢东移南压的切变线前,南宁北侧为中心值达 -28℃ 的负变温区。说明有较强的冷空气侵入该地区。850 hPa 河北、武汉、长沙和贵阳一线维持一切变线,其南侧处于暖区中,西南气流最大风速为 16 m/s,切变线前温度露点差 ≤3℃,水汽已达到饱和。从上述形势不难看出,高空冷空气的加入,以及低层暖湿特征,说明具有非常有利的热力条件,使傍晚前后该地区发生强对流天气。

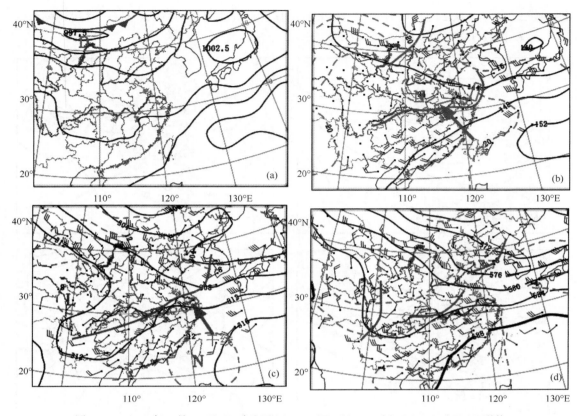

图 2.21　2007 年 6 月 25 日 08 时地面(a),850 hPa(b),700 hPa(c),500 hPa(d)形势

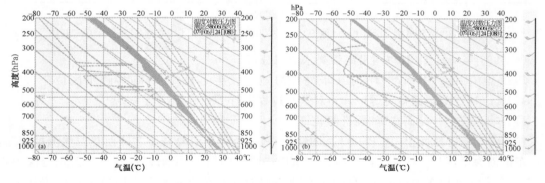

图 2.22　2007 年 6 月 24 日 08 时(a)和 25 日 08 时(b)探空

　　强对流天气发生前华南沿海一直维持一弱的准静止锋,雷暴发生在锋前、副高边缘的暖区中。对比强对流发生前后的天气形势,发现除副高形状有所调整外,并无明显的差异,西南暖湿气流并未达到急流的强度,从大尺度环境场很难找出其突然发展加强的原因。从强对流发展加强的时间看,除了锋面的动力抬升作用和副高边缘的暖湿不稳定,对流的突然加强与午后的局地热对流有关,再加上该雷暴发生区多山地丘陵,在此地形的作用下,使得暖区中的不稳定能量得以释放,对流云团强烈发展而形成雷暴。

　　2)强降水发生的有利条件

　　利用水平分辨率为 18 km 的中尺度暴雨 η 模式,计算了雷暴发生前的物理量诊断场,无论是水汽含量、大气的稳定性还是垂直运动等都有利于强降水的产生。

　　700 hPa 相对湿度（图 2.23a）在雷暴发生时，该区域存在明显的湿中心，其位置与红外云图中对流云团的位置有较好的对应。从图 2.23b 中 K 指数的分布可以看出，对流发生前华南沿海处于强的大范围东北—西南走向的强不稳定区（$K \geqslant 36℃$）中，并与雷暴的发生区对应。

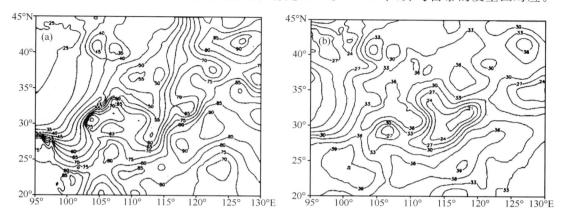

图 2.23　18 日 20 时(a)700 hPa 相对湿度(%),(b)K 指数(℃)

　　为考察强对流发生前后物理量诊断场的差异，图 2.24 和图 2.25 分别对比了 18 日 08 和 20 时 850 hPa 对流有效位能和湿位涡的变化。08 时 850 hPa 对流有效位能的大值中心分别与三个强对流区有较好的对应，强对流区对流有效位能值超过 1500 J/kg，非常有利于强对流的产生，由于时值盛夏，华南地区 0℃ 层的高度很高，因此只会产生短历时强降水，而不会出现冰雹。到 20 时，对流有效位能大值中心已东移南压至海岸线附近，对应红外云图中的云团逐渐消散。

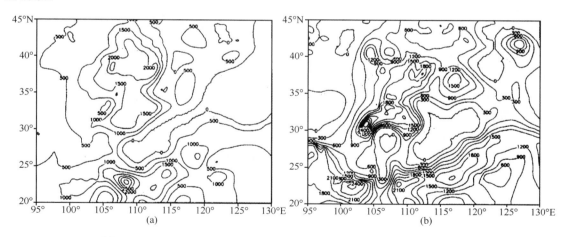

图 2.24　850 hPa 对流有效位能((J/kg),a.18 日 08 时,b.18 日 20 时)

　　对比强对流发生发展前后 850 hPa 的湿位涡，我们发现强对流发生前，正、负湿位涡中心在华南沿海成对出现，对流云团在负 0.2 PVU 湿位涡中心附近（图 2.25a）发展加强。而云团减弱消散后，该地区湿位涡明显减小（图 2.25b）。这说明对流发生前，雷暴发生地区存在明显的对流不稳定。MPV2 分布（图略）显示，雷暴发生区 MPV2 接近于零，表明此次雷暴的触发机制主要是湿正压项。

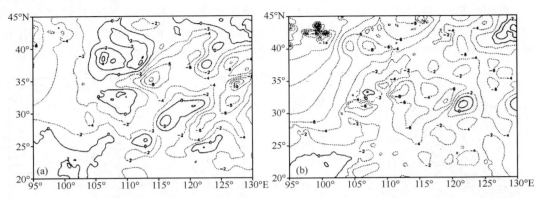

图 2.25　雷暴前后 850 hPa 的湿位涡 MPV1 分布(×0.1 PVU;a.18 日 08 时,b.18 日 20 时)

　　23.5°N 纬向垂直速度的剖面显示(图略),115°—117°E 为较强的下沉运动区,其两侧整层都有明显的上升运动,说明对流发生时,这一地区存在两个明显的中尺度垂直环流,两侧的上升支,分别对应对流云团,下沉支对应于两云团中间的晴空区;从雷暴发生前后散度分布对比图中(图 2.26),不难看出,雷暴发生前 850 hPa 以下的辐合区与对流云团有非常一致对应关系,雷暴消散后(图 2.26b),该辐合区消失。

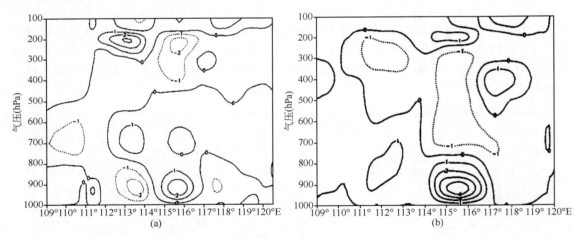

图 2.26　沿 23.5°N 散度剖面(×10⁻⁵/s;a.18 日 08 时,b.18 日 20 时)

2.6　热带低值系统型

　　热带低值系统是影响中国南方产生强对流天气的另一种重要的天气系统。这类多数以强降水为主,偶尔有雷雨大风、冰雹。多发生在 7—9 月。

2.6.1　形势概述

　　热带低值系统包括 4 种副型:(1)东风扰动。在 500 hPa 上盛行的东风里有明显的风向扰动(包括东风波)或风速扰动。(2)热带气旋。(3)赤道辐合带,主要影响华南地区。(4)其他热带低压。这类强对流天气发生在热带气旋(低压)经过或热带气旋(低压)倒槽伸向或有东风波或其倒槽影响时;云图上有热带云团活动;尤其是当热带东风波或低压倒槽系统和西风带低值系统相遇(靠近)时,中低纬度系统相互作用,会造成大范围强对流天气。其中热带气旋(低压)倒槽和东风波常常在 500 hPa 上表现更为明显。

2.6.2　形势特征

(1)在 500 hPa 上有热带气旋、东风扰动、赤道辐合带或其他热带低压之一。

(2)中、低层常有辐合气流或上升运动的低值系统,如东风倒槽。

(3)热带低值系统东侧的边界层有一支东南气流,向目标区输送水汽。

(4)地面图上风场常有弱的切变辐合。

(5)强对流天气发生在潮湿不稳定的区域内。

低层的热带辐合带、台风倒槽、东风波动等都能产生飑线。在台风外围出现的飑线,在卫星云图上不易和台风螺旋雨带区别开,但在雷达回波上有明显的特征。这类飑线的形成可能和台风外围边界层存在 α 中尺度的辐合线有关。

2.6.3　登陆台风环流内的一次中尺度强对流过程分析

2005 年 7 月 20 日 00—03 时,温州市东北部 3 h 降水量超过了 100 mm。它是由 05 号台风"海棠"在福建登陆后,台风中心东北象限的外围云系内的中尺度对流云团造成的,该云团在 20 日 02 时发展到最强。徐文慧和倪允琪(2009)利用 NCEP 再分析资料(分辨率为 $1° \times 1°$)分析了这次过程。

(1)中尺度对流系统的结构特征。

图 2.27 是 2005 年 7 月 20 日 02 时以风矢量为背景的 850 hPa 上各物理量的分布。从图 2.27a 的等风速线和垂直速度场分布可以看出,暴雨区和对流系统低层位于台风东南气流中,在对流系统中心区域有等风速线的大值区,也就是低空急流区。急流区的存在使得气流在对流系统区域辐合,且对应强烈的垂直上升运动区。同时台风东南气流给对流系统的发展带来了充沛的水汽。从温度场和水汽通量散度场分布来看(图 2.27b),对流系统处于一个相对的冷区中心处,中心温度为 17℃,而从海上来的东南气流温度则是 20℃,暖湿空气在对流系统的冷区内发生强烈的水汽辐合,有利于对流系统的发展。

从不同层次的散度场分布(图略)可以看出,对流系统在低层强烈辐合,中层辐合中心随高度增加向西北方向移动,中层强辐合区的正上方在 300 hPa 为强辐散区,强辐散区位于高空急流的入口处,高空急流的存在有利于辐散区的维持。

图 2.28 给出了 2005 年 7 月 20 日 02 时经过中尺度对流系统和暴雨区近似东南—西北向的垂直剖面 AB(图 2.27b)上各物理量的分布,从图 2.28a 流场和温度场分布来看,台风切向东南气流携带海上暖湿空气向西北方向沿冷空气爬升,在中层形成倾斜上升气流,引导正涡度柱在中层向西北方向伸展(图 2.28b),但是因为涡度的变化往往滞后几个小时才能反映出来,所以这时的正涡度柱整体上仍表现为是向上伸展的;倾斜上升气流在中层 700 hPa 左右出现下沉支,气流下沉到低层后流入对流系统低层,形成次级环流,对倾斜上升气流起到了正反馈作用。这些特点在图 2.28c 散度场分布中也得到了反映。

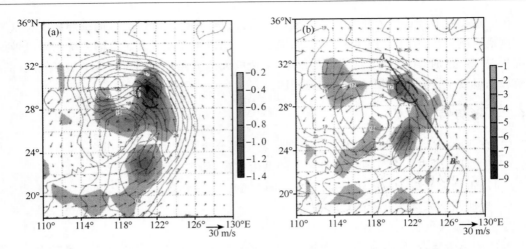

图 2.27　2005 年 7 月 20 日 02 时的 850 hPa 上各物理量分布（虚椭圆表示暴雨区）

(a)风速场（等值线，单位：m/s）和垂直速度场（阴影为 $\omega \leqslant -0.2$ Pa/s 的区域）；(b)温度场（等值线，单位：℃）和水汽通量散度场（阴影，单位：10^{-7} g/(s·hPa·cm²)）

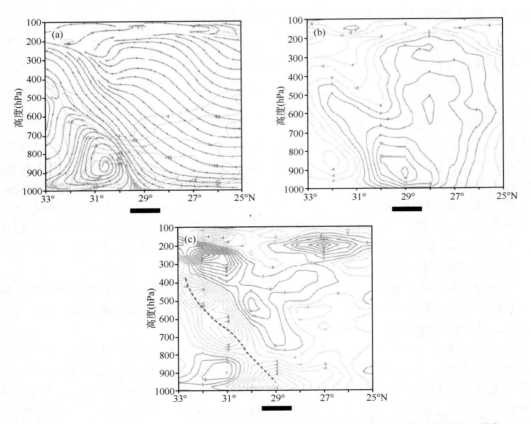

图 2.28　2005 年 7 月 20 日 02 时沿图 2.27b AB 剖面的各物理量分布（—表示暴雨区，下同）

(a)流场和温度距平场（虚线表示温度距平 $\leqslant 0$℃），(b)涡度场分布（实线表示正涡度，虚线表示负涡度，单位：10^{-5}s^{-1}），(c)散度场分布（实线表示辐散区，细虚线表示辐合区，粗虚线为强辐合中心轴线，单位：10^{-5}s^{-1}）

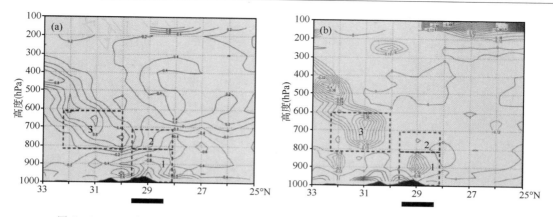

图 2.31　2005 年 7 月 20 日 02 时沿图 2.27b 中 AB 剖面 MPV1(a),MPV2(b)的分布
(单位:PVU;虚线为负值,实线为非负值)

2.7　高压(脊)内部/低层切变型

高压(脊)内部并非都是晴好天气,在水汽和辐合条件好的地方也可能产生强降水。

2.7.1　形势概述

500 hPa 在高压(脊)控制下(涡度为负值),只要散度场表现为高空强辐散,低空弱辐合,又具备不稳定层结且有水汽供应,则同样可能产生局地短历时强降雨天气。

2.7.2　形势特征

(1)500 hPa 为高压(脊)控制;

(2)对流层低层有切变线等低值系统;

(3)对流层低层有明显的水汽供应;

(4)对流层中低层有冷空气侵入造成对流不稳定。

这种形势下常常容易漏报强降水,需要仔细分析对流层中下层的影响系统、水汽供应和不稳定条件。

2.7.3　个例分析

(1)2003 年 7 月 26 日副高内浙闽局地暴雨成因分析

2003 年 7 月 26 日 08 时到 27 日 08 时,浙江中东部、福建东北部地区出现了大—暴雨,其中浙江平阳、福建福鼎 14—20 时 6 h 降水量分别达到 73 和 86 mm,这是浙江、福建两省自 7 月中旬出现高温少雨天气以来的第一场降水。章国材等(2004)对这次过程进行了分析。

1)影响系统——副高内部低层冷切变

从 7 月 21 日以来,包括浙江、福建在内的江南地区一直为副高控制,出现了少见的高温干旱天气。7 月 26 日 08 和 20 时(降雨出现前后两个时次)浙江和福建两省都处在 850、700 和 500 hPa 副高中心附近(500 hPa 天气图见图 2.32,700 和 850 hPa 天气图略)。

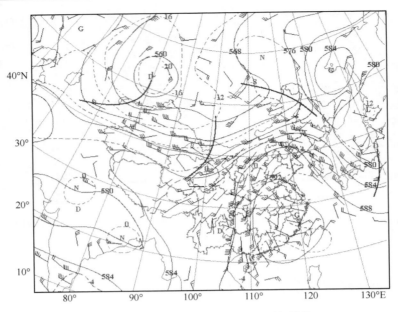

图 2.32　7 月 26 日 08 时 500 hPa 天气形势

　　但是,在 500 hPa 天气图上,7 月 25 日 08 时有一冷舌从北东北方向伸向长江中下游地区(图略),到了 26 日 08 时,这一冷舌已经伸到福建北部(图 2.32),500 和 700 hPa 浙江和福建 24 h 变温皆为负值,浙江洪家(58665 站)400、500、700 hPa 24 h 降温分别达到 −3、−2、−2℃,850 hPa 为 −1℃,925 hPa 为 +1℃;福州(58847 站)500、700 hPa 24 h 降温分别为 −1、−2℃,而 850、925 hPa 反而上升了 5℃,这说明冷空气是从对流层中低层侵入的。对流层中低层降温和边界层增温是造成对流层不稳定的主要原因。

　　虽然在 500~850 hPa 图上分析不出影响系统,但是在 925 hPa 图上可以分析出冷切变缓慢南移。图 2.33 为 7 月 25—26 日 08 时 925 hPa 冷切变动态图,由图可见,25 日 08 时在江苏南部到浙江北部开始出现冷切变,以后冷切变缓慢南压,26 日 08 时移到浙江中部,同时在福建中部又产生一新的冷切变,到 26 日 20 时福建北部冷切变消失,南面的冷切变南移到福建南部到台湾北部一带。850 hPa 及以上看不到任何影响系统,说明冷切变的生消是边界层现象。边界层的锋生(产生冷切变)是触发对流不稳定能量释放进而产生大—暴雨的原因。

　　2)对流不稳定层结

　　由于冷空气从对流层中低层侵入,引起对流不稳定。分析 2003 年 7 月 26 日 08 时浙江洪家(58665 站)和福建福州(58047 站)T-ln$p$ 图(图略)可以发现,地面至 900 hPa 有逆温层,900—750 hPa 为中性层结,750 hPa 高度以上为不稳定层,正不稳定能量远大于其下方的负不稳定能量,K 指数和沙氏指数分别为 43 和 −7.0℃,$\theta_{se850}-\theta_{se500}=21.9℃$,非常有利于午后强对流的发生。大—暴雨结束后,26 日 20 时洪家站上空大气恢复稳定结构。福州 26 日 08 时不稳定能量虽不及洪家大,但 700 hPa 高度以上正不稳定能量仍然大于其下方负不稳定能量,K 指数和沙氏指数分别为 35 和 −2.4℃,$\theta_{se850}-\theta_{se500}=14.1℃$,仍然满足条件不稳定和对流不稳定条件,有利于午后出现对流天气。

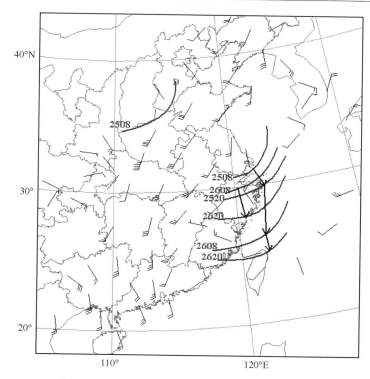

图 2.33　7 月 25—26 日 925 hPa 冷切变动态图

3）低层水汽辐合

与此同时,水汽辐合区 25 日 08 时伸到浙江北部,25 日 20 时已控制浙江全省并南伸到福建南部(图略)。26 日 08 时水汽辐合区控制了浙江中部和福建全省,其中 925 hPa 水汽辐合区(图 2.34)与降水区配合得最好,850 hPa 水汽辐合区比降水区大得多(图略),到了 26 日 20 时水汽辐合区已移到福建南部到广东一带;浙江、福建的降水也随之结束。

（2）副高控制下鹤壁局地特大暴雨过程分析

2007 年 8 月 25 日在 592 dagpm 等值线控制下,鹤壁浚县东南部出现了短历时局地特大暴雨天气,强降水主要集中在 11 时 30 分—12 时 40 分,浚县城关、黎阳、善堂 3 个乡镇雨量超过 100 mm,最大降水量出现在黎阳镇,为 124.8 mm。这次天气过程造成城区严重积水,且因雷击致使 2 人死亡、2 人重伤,击毁电器不计其数,全县供电瘫痪,经济损失达数百万元。邢用书等(2009)对这次过程进行了分析。

1）天气形势演变特征

8 月 21—25 日 500 hPa 天气形势图(图略)上,东亚中高纬度呈典型的二槽一脊形势分布,副高强盛,呈东西向带状,由海上伸至西部高原。位于 35.5°N 附近的副高脊线在 110—120°E 基本呈东西向。24 日 20 时,592 dagpm 等值线西伸到延安附近,切变线由张家口、太原到延安伸向副高内部。郑州为南风 4 m/s,邢台、济南为西南偏西风,风速分别达 12 和 10 m/s,河南东部为偏东气流,豫北上空为反气旋性环流。25 日 08 时,592 dagpm 等值线减弱东退至延安、汉中,浚县处于 592 dagpm 等值线内副高脊线北侧,河南省东南部以南大范围为偏东气流,北部为西南气流,反气旋性环流增强。二连浩特、呼和浩特、邢台以南为一冷温槽

（直至 400 hPa 上）。大暴雨发生时，反气旋发展强盛。

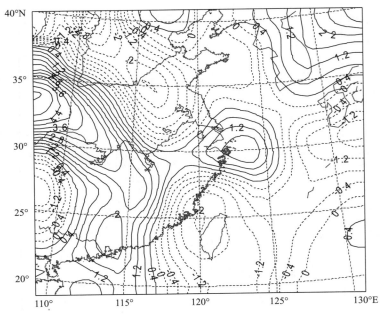

图 2.34　2003 年 7 月 26 日 08 时 925 hPa 水汽通量散度（10^{-7} g/（s・hPa・cm^2））

8 月 24 日 20 时，700 hPa 图上（图略）316 dagpm 等值线西伸到西部高原地区，河南南部及东南部大部分地区仍处于偏东南气流里，水汽汇合于鹤壁东部地区。低槽继续东移，冷空气已扩展到河北南部。12℃的暖中心呈不对称纺锤状，由西部青藏高原伸向东海，鹤壁处于"纺锤"中腰部。25 日 08 时，316 dagpm 等值线东退，河南黄河以南及其东南部大部分地区维持偏东南气流，水汽继续向鹤壁东部地区输送汇合，北京、五台山、榆林、盐池到兰州东部形成暖切变线，该切变线是产生强对流的触发机制，浚县处于其东南侧的辐合上升区，320 dagpm 等值线西南侧的偏东南气流为这次强降水提供了充足的水汽输送条件。

24 日 20 时 850 hPa 图上（图略）山东、山西、河南、河北、江苏、安徽大部分地区受 152 dagpm 等值线控制，槽底切变线位于北京到太原，伸入副高内部。25 日 08 时，强高压区位于海上，沿其外围西南侧的水汽不断向内地输送；由于豫北地区有水汽汇合，郑州到邢台为大湿度区；浚县仍处于 20℃的暖中心里，天津、邯郸到阳城为一弱切变。强对流过程发生后，20 时副高北上，切变线、水汽辐合区北抬，夜间汤阴出现大暴雨。

25 日 08 时地面图（图略）上，冷锋位于山东省北部到邢台、太原一线，11—14 时，冷锋先后影响安阳、鹤壁、新乡，冷锋过境触发了不稳定能量释放，是这次暴雨过程的动力因素。

由以上分析可知：大暴雨区有来自东海的水汽不断输送，湿层直至 500 hPa；副高控制，形成高温高湿天气和能量积累。500 hPa 上，在副高脊线北侧为强盛的反气旋环流辐散区，且有西北冷平流输送，中低层对应位置则处于暖中心里，层结处于不稳定状态；700 hPa 上处于暖切变附近的辐合区，冷锋的抬升形成对流，引发暴雨。

2）环境条件分析

①水汽条件

24 日 08 时，850～500 hPa 温度露点差（$T-T_d$）形势图（图略）上已有湿舌伸向河南西部到河套地区,20 时湿舌东扩。25 日 08 时,850 hPa $T-T_d=0$℃线东扩到海上,呈窄长舌状,鹤壁地区 850—500 hPa 温度露点差均在<4℃区域内。24 日 08 时,低层 1000—600 hPa 平均水汽通量散度辐合中心位于汤阴、滑县、浚县一带(图略),中心值为 -11.4(单位:10^{-7} g/(s・hPa・cm²),下同),在浚县附近。20 时,辐合中心增强西进北上至山西东部偏南地区,中心值达 -23.10,浚县处于强辐合中心轴线偏南地区(图 2.35a)。25 日 08 时,强辐合中心南撤,大值中心为 -23.70,位于浚县附近,为较强的水汽通量散度辐合区(图 2.35b)。

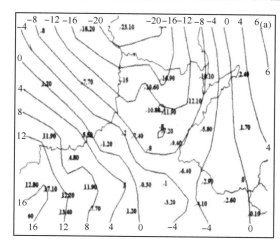 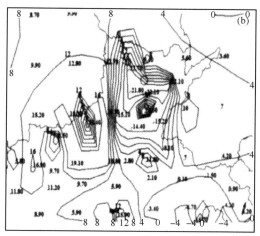

图 2.35　2007 年 8 月 24 日 20 时(a)和 25 日 08 时(b)1000—600 hPa 平均水汽通量散度
(单位:10^{-7} g/(s・hPa・cm²))

②热力条件

强降水过程发生 24 h 之前,K 指数开始明显递增,23 日 20 时 K 指数增至 34℃以上;24 日 08 时处于 34～35℃,到 20 时 K 指数则超过 37℃,且 24 日 08—20 时 K 指数高值区呈舌状自西南向东北延伸。25 日 08 时,K 指数仍维持 37℃以上(图略)。

分析 8 月 24 日 20 时逐层 θ_{se} 场(图略)可知,θ_{se} 随高度递减,大气层结呈对流性不稳定,为强对流天气的产生和发展创造了条件。24 日 20 时,在 700 hPa θ_{se} 图上,有一条高能舌从西南地区经河南伸向山东。25 日 08 时,在 1000—550 hPa 平均相当位温图上,鹤壁位于 $\theta_{se}>$ 346 K 的高能值区域内。

由于受副热带高压的影响,鹤壁浚县单站从 8 月 21 日 14 时起气温基本持续在 32℃以上,本站气压则呈持续缓升之势。24 日气温升至 33.2℃,因副高加强,高空偏东南气流不断向鹤壁输送暖湿空气,水汽压升至 35.5 hPa,24 h 上升 14 hPa。短时特大暴雨天气之前形成高温高湿天气,积累了大量不稳定能量。而随着冷空气入侵,触发对流不稳定能量释放,强降水天气发生,25 日过程结束之后,14 时单站气温下降 8.6℃,水汽压下降到 30.7 hPa。

3)动力条件分析

①散度场分析

24 日 08 时,1000—550 hPa 平均散度(单位:10^{-6} s^{-1},下同)汤阴、淇县、浚县一带为负值中心,中心值汤阴为 -11.6,负值中心轴线为 NW-SE 向伸向河南东南部;20 时辐合中心加强西北移,浚县位于负值中心轴线东南。25 日 08 时辐合中心减弱南退,中心值为 -6.9,位于浚县附近。

24 日 08 时前,高空(400—100 hPa)平均散度场鹤壁附近一带上空为辐散(正)区;20 时则变为弱辐合区。25 日 08 时,豫北转为较强的辐散区,中心散度值浚县附近达 20.5(图略)。

暴雨区上空对流层中低层的辐合和中高层的辐散显然有利于产生垂直上升运动。

②垂直上升运动分析

24 日 08 时高层(400—100 hPa)平均垂直速度 ω(单位:10^{-3} hPa/s,下同)负值中心位于郑州、新乡、开封一带,浚县附近 ω 为 −10.5,处于上升运动区,但上升速度较周边明显偏小;到 20 时,ω 强中心增强并向西北伸展,浚县附近 $\omega<-20$,位于上升运动负值中心轴线偏东地区。25 日 08 时,豫北继续维持上升气流,汤阴 $\omega=-18.4$、淇县 $\omega=-17.3$,浚县位于负值轴线附近,上升速度较之前 12 h 有所减弱。

24 日 08 时,1000—550 hPa 平均垂直速度 ω 汤阴、浚县附近出现 −15.5 的上升运动负值中心;20 时负大值中心增强西北移,中心轴线由山西、河北交界经安阳伸向浚县一带。25 日 08 时,负值中心轴线东南撤至淇县至濮阳一带。浚县处于上升运动负值中心($\omega<-28$,图略)。

由此可见,强降水天气过程发生前 24 h,垂直上升运动逐渐加强,到临近过程发生前垂直上升运动虽有所减弱,但仍然很强。垂直上升速度随高度升高而减小;强中心随高度升高向西北方向倾斜。

总之,25 日 08 时强降水天气过程发生前,虽然涡度场基本为负值,随高度增加反气旋性环流增强,属典型的副高内涡度场形势分布(图略),但是,散度场则表现为高空强辐散,低空弱辐合,强降水落区浚县东部由下到上为一致的上升气流,为强对流天气的发生提供了有利的条件。

4)数值模拟

王金兰等(2009)对这次过程进行了数值模拟。以 2007 年 8 月 25 日 08 时为初始时刻,采用时间间隔 6 h,分辨率为 1°×1° 的 NCEP 再分析资料为背景场,用同时间的探空、地面资料进行客观分析。采用非静力 MM5 中尺度模式对这次暴雨过程进行数值模拟,模式区域中心为(35°N,114°E)。采用双重嵌套,粗网格格距 60 km,细网格格距 20 km,模拟顶层 100 hPa,垂直层数 23 层。粗细网格均采用 Goddard 显式水汽方案,模拟时间为 24 h,每 1 h 输出一次模拟结果。

模拟的暴雨区的范围和走势与实况很接近,但是模拟的暴雨区比实况偏北 0.5 个纬距,偏西 1 个经度,下面对数值模拟结果进行诊断分析。

①水汽条件分析

为了探讨水汽在这次暴雨中的表现,沿 36°N 模拟了水汽通量散度场的垂直分布(图略)。可以看出:25 日 08 时,在豫北地区基本没有水汽的辐合;从 09 时开始在暴雨落区的 113°—114°E,开始出现水汽的聚积,水汽主要集中在 850 hPa 以下;10 时,水汽呈一个狭窄的柱状汇聚在 700 hPa 以下,中心强度达 -500×10^{-7} g/(s·hPa·cm^2),这种柱状结构一直维持到暴雨结束,局地特征明显。

②动力条件分析

沿 36°N 模拟的散度场的垂直剖面图表明(图略):在暴雨落区的 113°—114°E,25 日 08 时,低层 900 hPa 已经有弱的辐合,辐合中心值只有 -4×10^{-5} s^{-1},在 650 hPa 和 250 hPa 分别有两个弱辐散中心,中心值分别为 4×10^{-5} 和 3×10^{-5} s^{-1},这种很弱的低层辐合高层辐散结构不足以产生向上的抽吸效应,不能满足强对流天气向上发展的需求。10 时,低层的辐合明显增强,呈柱状强烈向上伸展,850 hPa 的辐合中心值达 $-35 \times 10^{-5} \mathrm{~s}^{-1}$,高层的两个辐散中心也都在加强,特别是 250 hPa 的辐散中心值更是加强到 $35 \times 10^{-5} \mathrm{~s}^{-1}$,但是两个辐散中心在 400 hPa附近断开,还没有完全贯通,涡度场在 250 hPa 也出现负中心,暴雨仍在酝酿阶段。到 11 时,沿 $114°E$ 做的垂直速度剖面图(图略)显示:在 $36°N$ 附近的 800 hPa 有一个中心值为 $12 \times 10^{-2} \mathrm{~m/s}$ 的最大上升速度中心,高层的两个辐散中心已经打通,整层大气呈强烈的低层辐合高层辐散态势,对应着暴雨爆发和维持阶段,这种形势维持了 2 h。到 13 时,两个辐散中心在 400—300 hPa 再次断开,并且 250 hPa 附近的中心开始减弱,到 15 时 250 hPa 的辐散中心明显减弱,两个辐散中心的间距增大,对应降水强度明显减小,16 时 250 hPa 的辐散区已转变为辐合区,降水结束。基于以上分析可知:这次暴雨过程是在低层是强辐合区,并且高层的强辐散区完全贯通时才爆发,250 hPa 附近的辐散区对暴雨的贡献更大,它的强弱决定了暴雨是否能继续维持。

③干层对暴雨过程的热力作用

分析沿 $114°E$ 做的 $T - T_d$ 的垂直剖面图(图略),发现 25 日在暴雨酝酿阶段,在 400 hPa附近存在一个很强的干层,干中心 $T - T_d$ 达 22℃,位于 $33°N$ 附近,干层在 $35°N$ 以北的强度较弱,中心只有 8℃,干层的下边界 650 hPa,在 $35°N$ 以北的中低层是大范围的温度露点差不大于 2℃ 的高湿区(下文中的高湿区均是指 2℃ 线内的湿区)。干层在暴雨过程中起着重要作用。在暴雨产生和发展阶段(11—15 时),干层中心强度在平直东移的同时不断增强,最强时达 28℃,位于 $34°N$ 附近,下边界向下扩展到 800 hPa。由于干层携带高层冷空气的下沉逼迫作用,迫使高湿区向北堆积向上伸展,使不稳定能量不断向暴雨区积聚,非常有利于垂直方向深厚对流层的发展;到暴雨最强时(即对流最旺盛时),湿区在 $36.5°N$ 附近向上直到350 hPa伸出一个湿舌,把干层冲断为两南北两部分;暴雨减弱时,干层强度减弱,下边界向上收缩。另外,沿 $114°E$ 做的 θ_{se} 的垂直剖面图反映了相同的结果(图略)。

④三维流场结构在暴雨过程中的作用

分析流场和经向风沿 $114°E$ 的垂直剖面合成图(图略)可以看出:在暴雨产生阶段(11时),在 $35°N$ 存在一支较强的向北倾斜的上升气流,该上升气流主要来自于发生于本地的局地热对流造成的上升气流,另外,中心位于 300 hPa 附近的热力反环流携带 400 hPa 附近的干冷空气下沉到中低层后与前者相遇,并覆盖在热气流的顶部,随着热气流一起向北向上运动,这种上干冷下暖湿的层结结构有利于产生强对流天气。在暴雨发展和维持阶段(12—14 时),在 $34°N$ 的 800 hPa 上空新出现一个热力正环流,它的出现直接影响着暴雨的发展和加强,它的下沉支在 $34.7°N$ 分为南北两支,其中北支携带南方的暖湿气流北上与前面的上升气流汇合,直接援助了低层的辐合上升运动,促进了暴雨的发展和加强,一直到 15 时,这个热力正环流消失,辐合上升运动减弱,降水减弱,直至停止。

由此可见:①这次暴雨是在西太平洋副高 592 dagpm 等值线控制下产生的暴雨,前期的高温高湿和不稳定能量的积累有利于暴雨天气的产生;地面冷锋过境触发了不稳定能量的释放。②水汽主要辐合在 700 hPa 以下。③低层强辐合,高层强辐散造成暴雨区上空中低层维持强烈的垂直上升运动,是暴雨发生发展的动力机制,250 hPa 附近的辐散区对暴雨的贡献更大,它的强弱决定着暴雨是否能继续维持。④干层携带高层冷空气的下沉逼迫作用,迫使高湿区和不稳定能量不断向暴雨区积聚,促进了对流层在垂直方向的深厚发展;在低空新生成的热力正环流,它的下沉支的分支携带暖湿气流直接援助了低层的辐合上升运动,它的生消对应着暴雨的加强和减弱。

(3)北京市 1998 年 6 月 29 日特大暴雨成因分析

1998 年 6 月 29 日午夜到 30 日中午前后(图 2.36a),北京市平原地区出现了暴雨到大暴雨,局地出现了特大暴雨,西部、北部山区有中—大雨。降水量最大中心位于通县,雨量为269 mm,雨量≥100 mm 的范围仅 50 km×50 km。从南郊观象台和通县两站的逐时雨量演变可见(图 2.36b),它是由两次短时降水过程组成的。第一次降水从 29 日 22 时开始到 30 日 05时结束,历时 6 h 左右。主要降水集中在 29 日 23 时到 30 日 02 时的 3 h 内,具有突发性、雨强强、历时短的强对流特征。从 29 日 23 时左右开始后的 1 h 内,两站的雨强就分别猛增到 59和 99.8 mm/h。第二次降水从 30 日 10 时左右开始后 1 h 内两站的雨强分别达 8.3 和26.7 mm/h,14 时前后结束,其强度比第一次弱得多。李志楠等(2000)对这次过程进行了分析。这里重点分析第一次降水过程。

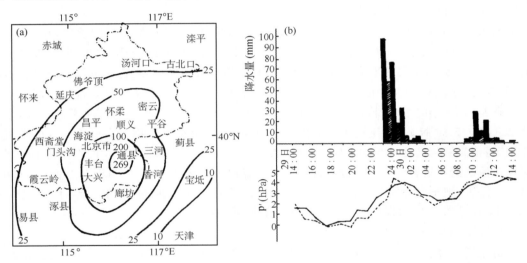

图 2.36　(a)1998 年 6 月 29 日 20 时—30 日 14 时雨量分布(mm),(b)1998 年 6 月 29—30日南郊观象台(阴影区)、通县(黑直方区)的雨量和扰动气压时间变化图

1)影响系统——高压脊内/低层切变线

暴雨发生前后,500 hPa 副高位于 30°N 以南地区呈东西带状(图略),脊线位于 25°N 以南地区。其北侧有江淮低压切变线系统。在中高纬度地区的长波脊位于新疆及以北地区,其东部在贝加尔湖到中国东北地区为宽广的长波槽区,华北北部地区处于长波槽底的西风带中,多短波槽活动。此时北京处于 500 hPa 槽后的天气尺度脊中。由于副高位置偏南,副热带西南季风仅能到达江淮切变线南侧的 35°N 以南地区。并且华北地区又处于江淮切变线北侧的下沉区,这种形势下将不利于华北地区有较大的区域性降水天气发生。

在 700 hPa(图略)、850 hPa(图 2.37a)上,除了江淮地区有低压切变线外,在东北地区南部到华北北部地区还有一条低压切变线(以下称为北方切变线)。北京位于北方切变南侧的100 km 处。大陆东部沿岸有海上高压,沿江淮切变线东北侧西北伸达北方切变线南侧,有利于低层东部海洋性偏东风气流深入华北地区。在上述形势下,受低层的辐合系统及中高层的西风带短波槽的影响,将利于华北地区北部出现阵性降水天气。

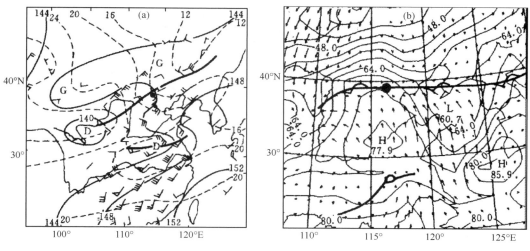

图 2.37　1998 年 6 月 29 日 20 时 850 hPa 形势图

(a. 黑点处：大暴雨区,细实线：等高线(dagpm),虚线：等温线(℃),粗实线：低槽线、切变线;b. 1000 hPa θ_{se}(℃)和流场图(箭矢)(黑点处：大暴雨区))

在近地面,弱冷空气南下扩散到达北京平原地区形成东西向静止锋,或近地面切变线,由于冷空气变性减弱,静止锋附近没有明显的温度梯度,近地面的能量梯度最大处也位于静止锋北侧的华北北部山区(图 2.37b)。暴雨则出现在北京平原地区的静止锋上偏高能区一侧。但是地面静止锋或切变线对于触发强对流天气的发生起着重要的作用。

2)中低层的热力环境条件

暴雨发生期间,江淮切变线加强发展并东北移,与东北部西太平洋副高之间形成较强的低空东南气流,20 时北京、青岛的东南风速分别为 10 和 8 m/s。这支东南气流在 850、900 hPa 的低空形成了一条从江淮切变线外围伸向华北地区西北内陆的水汽通道(图略)。同时华北西部又受到西部大陆性暖干气团影响,增温明显。北京处于低空北方切变线南侧的高能暖湿区内,此时北京的 925—850 hPa $\theta_{se} \geqslant 357$ K(80℃),比湿≥116 g/(s·hPa·cm²),已属热带季风性质气团控制,对流层中高层为西风带气流控制,相对干冷,北京站 500 hPa θ_{se} 为 333 K(60℃)。这种垂直结构使本站中低层形成较大的位势和潜在不稳定。29 日 20 时华北中西部形成大范围的 $\Delta\theta_{se(850-500)} \geqslant 0$℃和高 K 值的区域。由图 2.38 可见,北京处于 $\Delta\theta_{se850-500}$ 为 10～12℃,K 指数大于 36℃的高能、高湿的潜在不稳定区内,并与近地面的水汽辐合及 **Q** 矢量锋生相叠置在较小的范围内。由于暴雨前后北京对流中层处于 500 hPa 天气尺度脊前的偏北风下沉气流中,形成了抑制不稳定能量释放的形势条件。

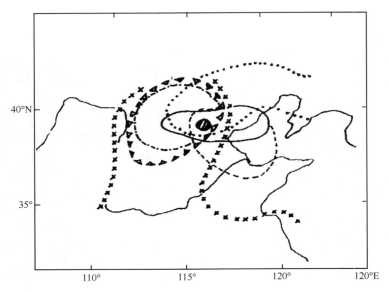

图 2.38　1998 年 6 月 29 日 20 时物理量与暴雨区的叠套图

(阴影区:暴雨区,实线:1000~925 hPa Q 矢量锋生函数 $\geqslant 8 \times 10^{-16}$(K^2/(m^2 · s),点线:1000—700 hPa $T-T_d \leqslant$ 4℃,叉线:$\theta_{se}(850) \geqslant 72$℃,齿线:$K$ 指数 $\geqslant 38$℃,点划线:潜在不稳定 $\theta_{se}(850) - \theta_{se}(500) \geqslant 8$℃,虚线:1000—925 hPa 水汽通量散度 $\leqslant -2 \times 10^{-8}$ g/(s · hPa · cm^2))。

　　由图 2.39 可见,6 月 29 日 20 时本过程发生前 3 h,高空锋区尚在北京以北地区,北京与北方切变线之间形成了一定强度的中低层湿斜压锋区。受低层的弱冷空气影响,在北京北部925 hPa 以下的近地面层内有从北南伸的斜压锋区,它可以形成对流发展的初始动力条件。在 850、700 hPa 出现的北方辐合切变线,表明本次过程与许多强对流发生发展,出现在一条低层辐合切变线附近的形势相似,然而这条辐合线在本过程前后始终维持在张家口以北的华北北部山区。因此,不能充分说明它就是强对流爆发的主要触发机制。在 500 hPa 上空,6 月 29日 20 时原位于河套西部的西风槽,30 日 08 时才移到呼和浩特西部,而北京上空 6 月 29 日 20时—30 日 08 时始终处于脊附近的偏北风气流中,由通过本站上空的纬向涡度垂直剖面图也可看出(图略),华北上空中高层为大范围的深厚的负涡度区。因此在这种形势下很难说明近地面的浅薄冷空气可以触发产生深厚的对流云团。

　　3)对流触发机制

　　①对流层低层的上升运动与近地面的动力锋生

　　在经过暴雨区上空的经向垂直环流、θ_{se} 剖面图(图 2.39)上,可见江淮切变线北侧的下沉气流在低层向北运动到达北京地区南部附近,受到近地面冷空气(斜压锋区)的抬升,向北上升直达北方切变线的顶部 700 hPa 处,又受到中层脊前偏北下沉气流的作用向南运动,在北方切变线与江淮切变北侧之间的对流层中低空形成一经向垂直环流圈,显然这个环流圈是由近地面冷空气、江淮切变线、北方切变线及中层西风带高压脊共同作用、耦合形成的。北京处于该环流圈的上升支。另外由 Q 矢量锋生计算表明,该环流圈在江淮切变线北侧附近相对低能(低 θ_{se} 值)的气流下沉辐散(散度场图略),近地面层伴随锋消,中心达 -22.8×10^{-16} K^2/(m^2 · s)。在北方切变线南侧近地面相对高能的气流处辐合上升,近地面层伴随锋生,中心达 1319×10^{-16} K^2/(m^2 · s)(暴雨区)(图 2.40),表明该垂直环流圈内存在着动力驱动机制,同时也形成了暴雨区中低层上升运动的维持机制和近地面层的动力锋生机制,使中低层的潜在不稳定能量不断积聚加剧。但是以上的各种作用均不能突破中层高压脊动力下沉对潜在不稳定能量释放的抑制作用。

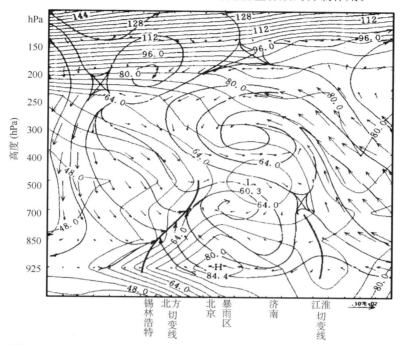

图 2.39 1998 年 6 月 29 日 20 时通过大暴雨区(北京)的 θ_{se}(细实线)及流场经向垂直剖面((50°N,116°E)—(30°N,116°E),格距 100 km,粗实线:切变线)

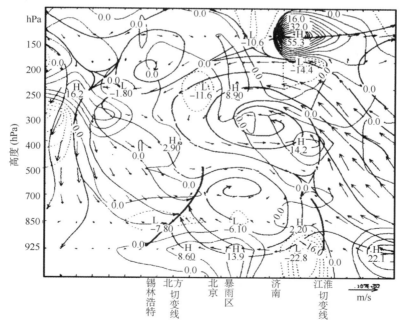

图 2.40 1998 年 6 月 29 日 20 时通过大暴雨区(北京)的经向流场、Q 矢量锋生(10^{-16} K²/(m² · s))垂直剖面((50°N,116°E)—(30°N,116°E),格距 100 km)

②高层次天气尺度扰动与对流层中上层的上升运动

图 2.41 为经过北京上空的纬向涡度平流垂直剖面,北京上空西部对流层高层(300—200 hPa)有一水平尺度 500 km,中心强度为 $32 \times 10^{-10} s^{-1}$ 的次天气尺度的正涡度平流区。在对流层高层的正涡度平流造成辐散,对应在 29 日 20 时北京上空的纬向散度垂直剖面图上可见(图 2.42),北京西部附近对流层高层为较强的次天气尺度辐散区。根据质量补偿原理,在没有温度平流作用的情况下,涡度平流所造成的散度垂直分布也必须符合补偿原理,即高层正涡度平流引起的辐散必然有相应的下层负涡度平流在地转适应平衡过程中会引起辐合与之补偿。可认为图 2.41 和图 2.42 中,北京西侧中层脊后的次天气尺度的负涡度平流、辐合区,正是由上述过程作用的结果,这种过程作用的结果必然会导致中高层上升运动的发展,当高层短波扰动移近本市上空,就会在中上层产生上升运动,并与原低层辐合上升运动叠加,形成深厚的上升运动,使不稳定能量在瞬时爆发释放,触发强对流发生。

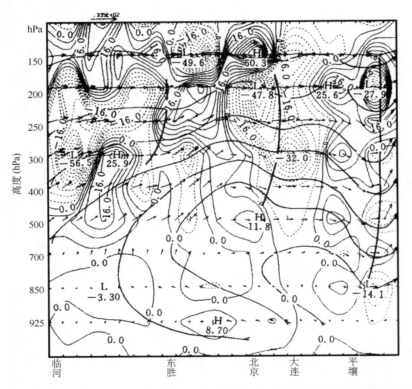

图 2.41　1998 年 6 月 29 日 20 时经过大暴雨区(北京)的纬向流场、涡度平流
($10^{-10} s^{-1}$)垂直剖面((40°N,100°E)—(40°N,130°E),格距 100 km)

由上面讨论可知,在对流层中层天气尺度脊的形势控制下,中层的涡度平流近似于零,高空短波扰动不一定很强,它的正涡度平流在非地转适应平衡过程中,很容易在中高层上空激发出垂直运动,在短时内使对流层中高层高压脊控制的动力下沉抑制聚能状态反转为上升运动,与中低层的辐合上升运动垂直贯通,使抑制的高能潜在不稳定爆发释放。由于引发中高层上升运动的次天气尺度正涡度平流扰动尺度较小,上升运动持续的时间也将较短,因此只能产生短时降水。当中低层的形势、系统较稳定时,再次受高层的次天气尺度正涡度平流扰动作用时,可再度产生降水。30 日 08 时在北京西部的对流层高层又出现了水平尺度 300 km,中心

强度为 $24 \times 10^{-10} s^{-1}$ 的次天气尺度正涡度平流(图略)。由于在此期间江淮低压切变线东移北上,它与北方切变线之间的东南气流已减弱,前期聚能的时间也比前一次短,第二次对流暴雨降水强度也就小多了。

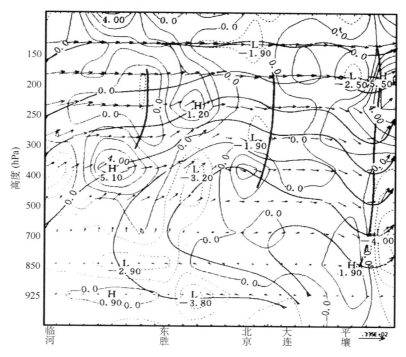

图 2.42　1998 年 6 月 29 日 20:00 经过大暴雨区(北京)的纬向流场、散度
$(10^{-10} s^{-1})$ 垂直剖面$((40°N,100°E)—(40°N,130°E)$,格距 100 km)

　　上述分析表明本次过程的发生,是由中层脊与低层的辐合系统,近地面冷空气共同作用在暴雨区的中低层上空形成的上升运动、近地面动力锋生,使中低层水汽、能量聚积,潜在不稳定加剧。而对流层中高层的短波扰动则是触发潜在不稳定对流发展的启动机制。然而在实际大气中高空短波扰动出现的频次是较高的,但能触发产生对流的几率是较少的。这充分表明,只有当中低空存在有聚能和触发机制,并使能量达到一定强度和厚度才能触发展成强对流天气。因此,这类天气在实际预报中,对中低层的形势、近地面系统的分析认识是至关重要的。上述分析也表明这类天气的预报不能仅局限于 500 hPa 以下的天气形势、系统的分析,还需要对高层的形势、系统分析。但是在常规资料条件下,分析、追溯这种高层短波系统是有一定困难的,因此这类暴雨的预报在目前业务预报条件下也有一定的难度,今后随着中尺度数值预报的开展会有所改善。

第 3 章　　强对流天气环境条件

　　有利的环境条件是强对流天气发生的基础,因此,环境条件的诊断对于强对流天气预报十分重要。天气预报是建立在对天气过程深刻认识的基础上的业务,诊断分析是达到这种认识的一条重要途径。随着天气预报技术的发展,单纯靠天气形势分析的主观经验制作天气预报是很难提高天气预报准确率的,只有对影响本地区的天气系统的发生、发展各阶段的气象要素及其他们的微商(物理量)场的三维空间结构有较清楚的认识,进而掌握这些天气发生发展的规律,才有可能对天气做出较为准确的预报。诊断分析需要用到许多物理量,本章将介绍本书经常用到的一些物理量。

3.1　强对流天气分析中常用到的物理量

　　诊断分析是针对诊断对象(如强对流)选取合理的热力学、动力学诊断方程,研究这些物理量的计算方法、空间分布特征以及它们与天气系统发生发展的关系,因此诊断分析只能给出天气现象发生的空间结构而不涉及这些因素随时间的变化。

　　诊断物理量包括描述大气热力和动力过程这两类的诊断量。下面介绍的物理量不包括涡度、散度、垂直速度、水汽通量和水汽通量散度这些基本的物理量,读者可以在任何有关的气象教科书中查到这些物理量的定义和计算公式。

　　(1)位温、相当位温和假相当位温

　　位温:$\theta = T\left(\dfrac{1000}{p}\right)^{\frac{R_d}{c_{pa}}}$

　　当空气块上升、下降时,其温度必然随气压的不同而变化,当空气块绝热地上升或下降到 1000 hPa 等压面上,气块所具有的温度称为位温(单位(K);量级为 10^2)。

　　位温 θ 和温度 T 比较更能代表空气块的热力特性,同时位温在干绝热过程中具有保守性,利用位温这个特性可以鉴别不同高度处的气团性质,用 θ 可以做静力稳定度判别:

$$\frac{\partial \theta}{\partial z}\begin{cases} <0 & \text{不稳定} \\ =0 & \text{静力　中性} \\ >0 & \text{稳定} \end{cases}$$

　　相当位温:$\theta_e = T_e\left(\dfrac{1000}{p}\right)^{R/c_p}$

其中,$T_e = T + \dfrac{L}{c_p}q$ 为位相当温度;$L = (2.501 - 0.002370t)\times10^6$ 为水的汽化潜热(单位 10^6 · J · kg^{-1},其中 t 为温度系数,单位℃)。

　　当 θ_e^* 小的空气位于 θ_e^* 大的空气之上,这是对流不稳定状态,遇到适当抬升条件,必然要发生翻转,产生运动,使 θ_e^* 大的空气位于上面。

假相当位温:$\theta_{se} = T\left(\dfrac{1000}{p-e}\right)^{R_d/c_{pd}} \exp\left(\dfrac{Lr}{c_{pd}T_c}\right)$

其中,r 为混合比,$r = 0.622e/(p-e)$,T_c 为凝结高度上的温度:

$$T_c = \frac{(273.15+T_d)\left\{\dfrac{0.622A}{273.15+T_d}-1\right\}}{\left\{\dfrac{0.622A}{273.15+T_d-1}\right\}+\ln\dfrac{273.15+T}{273.15+T_d}}$$

θ_{se} 是温度、气压、水汽含量的函数,表示温压湿综合的物理量,它是当气块沿干绝热线上升至抬升凝结高度,又经过湿绝热过程将所含的水汽全部凝结放出,再沿干绝热过程到达 1000 hPa 时的温度(单位(K);量级为 10^2)。

在同一气压条件下,θ_{se} 越大空气越暖湿,θ_{se} 越小,空气越冷干。

使用经验:

1)由于 θ_{se} 可以反映气团的热力学特征,因此可以用 θ_{se} 划分气团的特性,如下表。

气团	θ_{se}
极地气团	$\leqslant 320$ K
热带气团	$320\sim340$ K
季风气团	$\geqslant 340$ K

2)用上下层 θ_{se} 之差 $\Delta\theta_{se}$ 反映大气层结潜在不稳定。在不同的强对流过程中,暖湿空气可以在 700 hPa 以下任何一层或几层出现,干冷空气也可能在 700—400 hPa 中任何一层或几层出现,因此在诊断分析时,最好选择暖湿空气和干冷空气最明显的层次计算 $\Delta\theta_{se}$。由于在强对流天气出现之前,850 hPa 经常是暖湿空气,500 hPa 为干冷空气,因此,在本书中将较多使用 850 和 500 hPa 假相当位温之差 $\Delta\theta_{se850-500}$。

(2)湿静力温度、饱和湿静力温度和总温度

湿静力温度:$T_\sigma = T + \dfrac{g}{c_p}z + \dfrac{L}{c_p}q$

反映大气中的显热项、位能项和潜热项三项能量之和(单位(K),量级为 10^2)。

饱和湿静力温度:$T_\sigma^* = T + \dfrac{9.8}{c_p}H + \dfrac{L}{c_p}q_s$,单位(K),量级为 10^2。

T_σ^* 是按照假想得出的一个温湿特征量,设 $T_{\sigma0}$ 表示原在 H_0 处空气的湿静力温度,$T'_{\sigma H}$ 表示 H_0 处的空气上升到 H 时的温度,$T_{\sigma H}^*$ 表示 H 处空气的饱和湿静力温度,当 $T_{\sigma0} \leqslant T_{\sigma H}^*$ 时,H_0 处的空气便不能自由地穿过 H 层上升,其能量将储存在 H 层之下;当 $T_{\sigma0} > T_{\sigma H}^*$ 时,H_0 处的空气及其具有的能量将自由地穿越 H 层而往上传递。因此,$T_{\sigma H}^*$ 表示 H 层以下气块湿静力能量储存的限度,可简称为储能限。

饱和能差为饱和湿静力温度与湿静力温度之差。

总温度:$T_t = \dfrac{E_t}{c_p} = T + \dfrac{g}{c_p}g + \dfrac{L}{c_p}g\dfrac{1}{2c_p}V^2$

直接决定大气运动状态的主要能量是:显热能、潜热能、位能、动能。所谓总能量,是指上述四种能量之和,引入总温度与其相对应,用以表征大气中的总能量(单位(K),量级为 10^2)。

（3）湿有效能量

$A_{mk} = \dfrac{c_p}{g}\left[1-\left(\dfrac{p_r}{p}\right)^{\frac{R}{c_p}}\right]T_e$ 为湿有效能量，表示单位截面 1 m²、单位厚度 1 hPa 气块的湿有

效能量；$\left[1-\left(\dfrac{p_r}{p}\right)^{\frac{R}{c_p}}\right]$ 称为气块的效率因子，用 N 表示，它代表单位重量气块湿焓中包含湿有

效能量的百分数。p_r 为参考气压（hPa），为大气在参考状态下的气压。所谓参考状态是一种假想的状态，需满足以下三个条件大气即为参考状态：（1）层结稳定，位温 θ（未饱和时）与相当位温 θ_e^* 随高度递增；（2）θ_e^*、θ 及水分含量水平均一；（3）静力平衡。因此，p_r 可在绝热（用 θ_e^* 守恒近似表示）、质量守恒制约下将大气微团重新调整得到。

A_{mk} 可正可负。当 A_{mk} 迅速增大，500 hPa 上 A_{mk} 由负值转为正值，并且继续加大，如有扰动产生，造成湿有效能量的释放，有可能出现暴雨、冰雹等对流性的天气。

（4）对流有效位能

$$CAPE = -g\int_{Z_{LFC}}^{Z_{EL}}\left(\dfrac{T_{vp}-T_{ve}}{T_{ve}}\right)dz$$

或 $CAPE = \displaystyle\int_{p_{EL}}^{p_{LFC}} R_d(T_{vp}-T_{ve})d\ln p$，单位是 J/kg，量级为 $0 \sim 10^4$。

其中，T_v 为虚温；下标 e、p 分别表示与环境以及气块有关的物理量（下同）；Z_{LFC} 为自由对流高度，p_{LFC} 为 $T_{vp}-T_{ve}$ 由负值转正值的高度；Z_{EL} 为平衡高度，p_{EL} 是 $T_{vp}-T_{ve}$ 由正值转负值的高度。

在自由对流高度（LFC）到平衡高度（EL）（图 3.1）间的层结曲线与状态曲线所围成的面积称为正面积（PA），且忽略摩擦效应和冻结过程等造成的潜热释放，则 PA 与 LFC 到 EL 间正浮力产生的动能大小成正比。这部分能量对大气对流有着积极的作用，将可能转化成气块的动能，从而产生对流性天气。

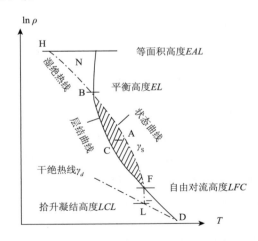

图 3.1　T-$\ln p$ 图上的浮力能、平衡高度与等面积高度（朱乾根等，1992）

（5）下沉对流有效位能与修正的下沉对流有效位能

下沉运动是极常见的大气现象，对流下沉的最基本原因是对流上升运动必然伴随补偿的下沉气流，假设气块沿假绝热线下沉至大气底，这条假绝热线与大气层结曲线所围成面积代表的能量称为下沉对流有效位能，其数学表达式为：

$$\text{DCAPE}(E_D) = g\int_{Z_{sfc}}^{Z_D} \frac{1}{T_{v e}}(T_{v e} - T_{v a})\mathrm{d}z$$

其中，Z_D 和 Z_{sfc} 分别表示起始下沉高度及地面高度。

下沉对流有效位能从理论上反映出下沉发生后，气块下沉到达地面时所具有的最大动能即环境对气块的负浮力能。计算时，首先必须确定下沉起始高度及下沉起始时的气块温度，一般把中层干冷空气的侵入点作为下沉起点，而一般又以大气在下沉起点的温度经等熵蒸发至饱和时所具有的温度作为气块开始下沉的温度，利用实际探空判断下沉起点时，可把中层大气中湿球位温或假相当位温最小的点对应的高度视为下沉起始高度，把该高度处的湿球温度作为下沉起始温度。

在分析对流下沉时，若假定含一定量液态水（w_c）的气块按沿可逆饱和绝热线下沉，则可引入修正后的表达式：

$$\text{MDCAPE}(E_{MD}) = g\int_{Z_{sfc}}^{Z_D} \frac{1}{T_{v e}}[(T_{v e} - T_{v a}) + w_c]\mathrm{d}z$$

注意，由于考虑了水物质的作用，必要时应采用可逆饱和湿绝热过程计算。

（6）K 指数

$$K = (T_{850} - T_{500}) + T_{d850} - (T - T_d)_{700}，单位（℃），量级为 10^{-1} \sim 10^1。$$

为了反映冷空气已经入侵到 850 hPa，但是 925 hPa 及以下仍暖湿这种有利于强对流发生的环境，我们定义一个修正的 K 指数：

$$MK = (T_{850} - T_{500}) + T_{d925} - (T - T_d)_{850}$$

K 指数和 MK 指数是考虑了气层水汽条件的一种不稳定指数，K 指数和 MK 指数虽然是一个经验指标，但它是一个能同时反映干空气稳定度、湿度状况的综合指标。一般说来，K 或 MK 值愈高，潜能越大，大气愈不稳定。由于其操作简便，在强对流天气的分析预报中，常被作为一种较好的热力稳定度指标。

（7）A 指数和总指数

$$A = (T_{850} - T_{500}) - [(T - T_d)_{850} + (T - T_d)_{700} + (T - T_d)_{500}]$$

是综合反应大气静力稳定度与整层水汽饱和程度的物理量，A 值越大，表明大气越不稳定或对流层中下层饱和程度越高对降水有利（单位：℃，量级为 $10^{-1} \sim 10^1$）。

总指数：

$$TT = T_{850} + T_{d850} - 2T_{500}$$

TT 越大，表示大气越不稳定（单位：℃，量级：$10^0 \sim 10^2$）。

（8）抬升指数

$$LI = T_{e500} - T_{p500}$$

指气块从自由对流高度出发，湿绝热上升至 500 hPa 处的温度与 500 hPa 环境温度之差。当 LI 负值时，表示气块不稳定，其绝对值越大，相应地表示不稳定能面积越大（单位：℃，量级为 $10^{-1} \sim 10^1$）。

美国国家环境预报中心提出的抬升指数（LI）是一种表示自由对流高度以上不稳定能量大小的指数，他们总结得到的 LI 与天气的关系如下：

抬升指数 LI	天气现象
>0	不可能出现雷雨天气

0～−3	可能出现雷雨天气
−3～−5	很可能出现雷雨天气
−5～−7	强对流(雷雨)天气
<−7	大气极端不稳定,强对流天气

(9)沙瓦特指数和简化沙氏指数

$$SI=(T_e-T_p)_{500}　　　　单位:℃,量级为10^{-1}～10^1。$$

指气块从 850 hPa 开始干绝热上升至抬升凝结高度,然后按湿绝热递减率上升至 500 hPa,在 500 hPa 上的环境温度(T_{e500})与该上升气块到达 500 hPa 的温度(T_{p500})的差值,$SI>0$,表示气层稳定,$SI<0$,表示气层不稳定,绝对值越大,气层越不稳定。若在 850—500 hPa 存在锋面或逆温层时,则 SI 无意义。

简化沙氏指数:

$$SSI=T_{e500}-T_p　　　　单位:℃,量级为10^{-1}～10^1。$$

将 850 hPa 上的气块按干绝热递减率上升至 500 hPa,该上升气块温度 T_p 与 500 hPa 的环境温度 T_{e500} 的差值,即 $SSI=T_{e500}-T_p$。

在一般情况下,$\gamma\leqslant\gamma_d$,因而 $SSI\geqslant0$。SSI 的正值越小,表示气层越不稳定。将 SSI 与 SI 相比,SSI 忽略了气块的凝结过程,即认为气块一直到 500 hPa 均未饱和,所以它是 SI 的简化。

(10)理查逊数

$$Ri=\frac{g}{\theta}\frac{\partial\theta}{\partial z}\Big/\left(\frac{\partial V}{\partial z}\right)^2　　　　单位:无量纲,量级为10^0～10^2。$$

在干空气中 Ri 数的定义为 $Ri=\frac{g}{\theta}\frac{\partial\theta}{\partial z}\Big/\left(\frac{\partial V}{\partial z}\right)^2$

Ri 数最早是用作湍流能否发展的判据,后来根据风速垂直切变讨论斜压不稳定时,Ri 数就成为区分各种尺度扰动系统不稳定性的判据之一。在物理上,Ri 数是表示大气静力稳定度和动力稳定度的综合参数。在能量上,它可看作气块浮升要消耗的能量和通过湍流从大尺度风场能够得到的能量之比。

Ri 数和对流活动之间判据是:

当 $Ri<-2$ 时,有积雨云产生;

当 $Ri<-1$ 时,有雷暴产生;

当 $-1\leqslant Ri\leqslant0.25$ 时,有系统性对流产生。

当低层存在急流时,风速垂直切变很大,Ri 很小,这就更有利于中尺度扰动的发展,产生强烈的上升运动。

(11)强天气威胁指数(SWEAT)

$$SWEAT=12D+20(T_T-49)+2f_8+f_5+125(S+0.2)$$

其中,$D=T_{d850}$(℃),若 D 为负,则此项为 0;f_8 为 850 hPa 的风速(nmile/h);f_5 为 500 hPa 的风速(nmile/h);$S=\sin(\theta_{500}-\theta_{850})$,$\theta_{500}$ 为 500 hPa 的风向,θ_{850} 为 850 hPa 的风向;$T_T=T_{850}+T_{d850}-2T_{500}$,若 $T_T<49$,则(T_T-49)项等于 0。切变项 $125(S+0.2)$ 在下列任一条件下为 0:(1)850 hPa 的风向为 130°～250°;(2)500 hPa 的风向为 210°～310°;(3)500 hPa 的风向减 850 hPa 的风向为正;(4)850 hPa 的风速及 500 hPa 的风速至少等于 15 nmile/h。

　　强对流天气威胁指数反映了不稳定能量与风速、风向切变对风暴强度的综合作用。SWEAT 量值越大，发生龙卷或强雷暴的可能性越大。将 SWEAT 应用于龙卷和强雷暴实例分析时，总结出它与天气的关系为：发生龙卷时的临界值为 400；发生强雷暴时的临界值为 300。

　　（12）风垂直切变

u 风速切变：

$$\frac{\partial u}{\partial p}=\frac{u_{k+1}-u_k}{p_{k+1}-p_k}或\frac{\partial u}{\partial z}=\frac{u_{k+1}-u_k}{z_{k+1}-z_k}$$

v 风速切变同样计算；

全风速切变 $=\sqrt{\left(\frac{\partial u}{\partial z}\right)^2+\left(\frac{\partial v}{\partial z}\right)^2}$。单位：m/(s•hPa)，量级 $10^{-2}\sim10^0$；或单位 s^{-1}，量级 10^{-3}。

　　（13）偏差风

$$\vec{V}-\vec{V}_g=\begin{cases}u'=u-u_g\\v'=v-v_g\end{cases}$$

　　又称地转偏差和非地转风，为实际风与地转风的差，偏差风只占实际风很少一部分，但它决定着天气系统发生发展和变化，因为偏差风的存在，风场与气压场不平衡，使气流有穿越等高线的运动，气压场对空气微团作功，使其风向偏向低压一方，引起空气微团动能增加和向低压区辐合，并产生上升运动（单位：m/s，量级为 $10^{-1}\sim10^1$）。

　　（14）螺旋度

局地螺旋度是风和涡度点积的体积分：

$$H=\iiint_r\vec{V}\cdot(\nabla\varLambda\vec{V})\mathrm{d}r$$

在 p 坐标中展开为：

$$H=(\vec{u_i}+\vec{v_j}+\vec{w_k})\cdot(\vec{\xi_i}+\vec{\eta_j}+\vec{\zeta_k})$$
$$=\left(\frac{\partial w}{\partial y}-\frac{\partial v}{\partial p}\right)u+\left(\frac{\partial u}{\partial p}-\frac{\partial w}{\partial x}\right)v+\left(\frac{\partial v}{\partial x}-\frac{\partial u}{\partial y}\right)w$$

螺旋度单位：m^2/s^2；

　　螺旋度的大小反映了大气旋转与沿旋转轴方向运动的强弱程度。实践表明，螺旋度在垂直方向的分量（以下简称 Z-螺旋度）与垂直方向的风速和涡度相联系，即综合反映了大气的垂直运动与辐散、辐合情况。强风暴具有高螺旋度特征，且稳定的强对流风暴常发生在螺旋度值大的地方（Davies，1984）；高螺旋度阻碍了扰动能量串级，对超级单体风暴的维持有重要作用，而超级单体风暴的传播又使得螺旋度的作用达到最优（Lilly，1986）。

　　（15）能量螺旋度指数（EHI）

$$EHI=(H_{s-r}\cdot CAPE)/160000$$

其中，$CAPE$ 表示对流有效位能，H_{s-r} 表示低空 0—2 km 的风暴相对螺旋度。

　　强对流天气既可以发生在低螺旋度（$H_{s-r}<150\ m^2/s^2$）结合高对流有效位能（$CAPE>2500\ J/kg$）的环境中，也可以发生在相反的环境中（$H_{s-r}>300\ m^2/s^2$ 结合 $CAPE>1000\ J/kg$）。

　　将对流有效位能和螺旋度结合形成能量螺旋度指数，反映了在强对流天气出现时，对流有效位能与螺旋度的相互平衡特征。研究表明：当 $EHI>2$ 时,预示着发生强对流的可能性极大。EHI 数值越大,强对流天气的潜在强度越大。

（16）位涡

$$P=-g\frac{\partial\theta}{\partial p}(\zeta_0+f)$$

对于无摩擦非绝热运动,P 是守恒的,位涡在等压面上为：

$$P=-g\frac{\partial\theta}{\partial p}\left[\left(\frac{\partial v}{\partial x}-\frac{\partial u}{\partial y}\right)_P+f\right]$$

位涡是表征气块热力和动力属性的一个量,在等熵坐标中位涡是守恒的（单位：PVU $(10^{-6}\ \mathrm{m^2 \cdot k/(kg \cdot s)})$,量级 $10^{-7}\sim10^{-6}$）。

（17）湿位涡和 CD 指数

$$P_m=\frac{1}{p}\zeta_z \cdot \theta_{se}=-g(f+\zeta)\frac{\partial\theta_{se}}{\partial p}+g\frac{\partial v}{\partial p} \cdot \frac{\partial\theta_{se}}{\partial x}-g\frac{\partial u}{\partial p} \cdot \frac{\partial\theta_{se}}{\partial y}$$

湿位涡垂直分量 $MPV1=-g(f+\zeta)\frac{\partial\theta_{se}}{\partial p}$

其值取决于空气块绝对涡度的垂直分量与相当位涡的垂直梯度两者的乘积。

湿位涡等压面上的水平分量：$MPV2=g\frac{\partial v}{\partial p} \cdot \frac{\partial\theta_{se}}{\partial x}-g\frac{\partial u}{\partial p} \cdot \frac{\partial\theta_{se}}{\partial y}$

它的大小由风的垂直切变（水平涡度）和相当位涡的水平梯度决定。二者单位 PVU $(10^{-6}\ \mathrm{m^2 \cdot k/(kg \cdot s)})$,量级 $10^{-7}\sim10^{-6}$。

CD 指数：

$$CD=\frac{MPV2}{\partial\theta_{se}/\partial p}\qquad\text{单位}(\mathrm{m^2 \cdot hPa/(kg \cdot s)}),\text{量级 }10^{-7}\sim10^{-6}。$$

综合表征湿空气的动力特性和热力特性的约束关系,与对流不稳定变化、斜压变化、风垂直变化有关。

当 θ_{se} 等熵面发生垂直转折时,将有倾斜不稳定发展,ζ_z 突然增大,使天气剧变。要使倾斜不稳定发展 $\frac{\mathrm{d}\zeta_z}{\mathrm{d}t}>0$ 要求 $CD<0$,因此可以用 $CD<0$ 作为倾斜不稳定发展的必要条件。

（18）压能（PE）

$$PE=\phi+\frac{1}{2}(u^2+v^2)=g(z-\bar{z})+\frac{1}{2}(u^2+v^2)$$

为单位质量空气内位能和动能之和,单位：$\mathrm{m^2/s^2}$,量级 $10^0\sim10^2$。

压能的密集带可以确定急流的位置。对台风诊断时,压能中心较好地对应台风中心。

（19）$\boldsymbol{Q}$ 矢量及其散度

$$\vec{\boldsymbol{Q}}=\left[-\frac{\partial\vec{V}_g}{a\cos\varphi a} \cdot \nabla\left(\frac{-\partial\phi}{\partial p}\right)\right]\vec{i}+\left[-\frac{\partial\vec{V}_g}{a\partial\varphi}\nabla\left(\frac{-\partial\phi}{\partial p}\right)\right]\vec{j}$$

即：
$$\vec{\boldsymbol{Q}}_\lambda=-\frac{1}{a^2\cos^2\varphi}\frac{\partial u_g}{\partial\lambda}\frac{\partial}{\partial\lambda}\left(\frac{-\partial\phi}{\partial p}\right)-\frac{1}{a^2\cos\varphi}\frac{\partial v_g}{\partial\varphi}\frac{\partial}{\partial\varphi}\left(\frac{-\partial\phi}{\partial p}\right)$$

$$\vec{\boldsymbol{Q}}_\varphi=-\frac{1}{a^2\cos^2\varphi}\frac{\partial u_g\cos\varphi}{\partial\varphi}\frac{\partial}{\partial\lambda}\left(\frac{-\partial\phi}{\partial p}\right)-\frac{1}{a^2\cos\varphi}\frac{\partial v_g\cos\varphi}{\partial\varphi}\frac{\partial}{\partial\varphi}\left(\frac{-\partial\phi}{\partial p}\right)$$

$\boldsymbol{Q}$ 矢量散度：

$$\nabla \vec{Q} = \frac{\partial Q\lambda}{a\cos\varphi\partial\lambda} + \frac{\partial Q\varphi\cos\varphi}{a\cos\varphi\partial\varphi} \qquad 单位：hPa/s^3，量级 10^{-16}。$$

Q 矢量散度为准地转方程的强迫性，因而了解 Q 矢量散度的分布可知垂直运动情况。

当 $\nabla \cdot \vec{Q} > 0$ 时 $\omega > 0$ 为下沉运动，

当 $\nabla \cdot \vec{Q} < 0$ 时 $\omega < 0$ 为上升运动

（20）锋生函数（F）

$$F = \frac{\mathrm{d}}{\mathrm{d}t}|\nabla s|^2 = \frac{\mathrm{d}}{\mathrm{d}t}|\nabla T|^2 = \frac{P}{R}\left[2\vec{Q} \cdot \nabla T + 2\nabla(\sigma\omega) \cdot \nabla T\right]$$

反映锋面特征的物理属性 S 梯度增大的度量（单位：$k^2/(m^2 \cdot s)$，量级 10^{-16}）。

当 $F > 0$ 为锋生，$F < 0$ 为锋消。用于对中纬度的天气系统的结构和发展诊断。

（21）温度差动平流项

$$\Delta(-V \cdot \vec{\nabla}T)_{p_1-p_2} \qquad 单位：k/s，量级 10^{-5}。$$

物理意义：表示两层温度平流的差值，如：低层是暖平流，高层是冷平流，有利于不稳定层结的建立，反之，不利于对流天气的发生。$\Delta(-V \cdot \nabla T) > 0$ 表示高层有冷平流、低层有暖平流，有利于不稳定层结加强。$\Delta(-V \cdot \nabla T) < 0$ 表示高层有暖平流，低层有冷平流，不利于不稳定层结加强。

850～500 hPa 的温度差动平流：

$$\Delta(-\vec{V} \cdot \nabla T)_{850-500} \begin{cases} >0 & 有利于不稳定加强 \\ =0 & 中性 \\ <0 & 不利于稳定度的加强 \end{cases}$$

3.2　物理量诊断的思路

3.2.1　与强对流天气有关的物理量

首先，我们从理论上来分析哪些物理量是与强对流天气有关的。

Doswell（1987，1996）曾用"配料法"分析深厚湿对流的产生，认为产生深厚湿对流的 3 个主要因子是不稳定、水汽和抬升，去掉其中的任何一个，仍然可能出现一些重要天气，但不是强对流，也就是说，强对流天气发生的条件是：低层有较充足的水汽、不稳定层结和气块到达凝结高度的抬升机制。因此，讨论不稳定层结、水汽条件和抬升机制，对于强对流天气分类识别和预报是十分重要的。

（1）不稳定层结

不稳定层结可分为热力不稳定和动力不稳定两类。

1）热力不稳定

描述热力不稳定的物理量很多，有温度和假相当位温垂直递减率、对流有效位能（$CAPE$）、K 指数、抬升指数 LI、沙氏指数 SI 等。

对流性大风常常是由强下沉气流造成的，而气流下沉总是伴随着增温，因此强温度垂直递减率对于保持负浮力从而维持下沉气流是十分必要的。假相当位温垂直递减率由温度和水汽垂直递减率共同决定，其随高度递减反映的是对流不稳定。

　　对流有效位能是气块在给定环境中绝热上升时的正浮力所产生的能量的垂直积分,是风暴潜在强度的一个重要指标。在温度热力斜交(斜 $T\text{-}\ln p$)图上,$CAPE$ 正比于气块上升曲线和环境温度曲线从自由对流高度(LFC)至平衡高度(EL)所围成的区域的面积。$CAPE$ 数值的增大表示上升气流强度的加强及对流的发展,然而,$CAPE$ 并非唯一影响对流风暴中上升运动的因子。在强风切变的环境中,动力效应实质上加强了上升气流的强度,强烈上升运动也能够在较小至中等强度的 $CAPE$ 中得以发展。

　　K 指数是一个综合反映对流层中低层(850—500 hPa)温度递减率和湿度分布的组合物理量,因为它简单,物理意义明确,在天气预报业务中得到广泛应用。注意到 $K=(T_{850}-T_{500})+T_{d850}-(T-T_d)_{700}$,$K$ 指数的第一项 $\Delta T_{850-500}$ 反映的是 850 和 500 hPa 的温度垂直递减率,第二项是 850 hPa 的露点,第三项是 700 hPa 温度露点差。K 指数由于固定了层次(850、700、500 hPa),这些层次虽然反映了大多数情况下冷暖/干湿的分布,但不能反映强对流天气发生前温湿层结状况的全貌。当干冷气入侵到 850 hPa 以下时,700 hPa 的温度露点差很大,850 hPa 的露点也可能较小,此时 K 值很小,但是温度垂直递减率很大,如果 850 hPa 以下仍然很饱和,也是很容易出现强对流天气的,此时就应当使用修正的 K 指数:$MK=(T_{850}-T_{500})+T_{d925}-(T-T_d)_{850}$。

　　LI 与 SI 虽有差别但意义相近,前者是表示自由对流高度以上不稳定能量大小的指数,后者是表示抬升凝结高度之上的不稳定指数,LI 或 $SI<0$ 都表示层结不稳定。因此,满足其中一个条件即可。

　　计算高低空的温(湿)差动平流也可以了解层结的稳定性的变化,同时差动平流还可以作为一个较好的预报指标,特别是对于强对流天气发生在下午而 08 时探空的温湿条件较差的过程大有用武之地。

　　2)风垂直切变

　　风的垂直切变是指水平风(包括风速大小和风向)随高度的变化。统计分析表明,环境水平风向、风速的垂直切变的大小往往和形成风暴的强弱密切相关。在给定湿度、不稳定性及抬升的深厚湿对流中,垂直风切变对对流性风暴组织和特征的影响最大。一般来说,在一定的热力不稳定条件下,垂直风切变的增强将导致风暴进一步加强和发展,其真正原因:一是垂直风切变能够激发相对风暴气流的产生,而风暴相对气流很大程度上确定了风暴的结构;二是上升气流和垂直风切变环境的相互作用能够产生附加的抬升作用,使得风暴进一步加强和维持。

　　强垂直风切变的作用可以归纳为:①能够产生强的风暴相对气流;②能够决定上升气流(加强辐合)附近阵风锋的位置;③能够延长上升气流和下沉气流共存的时间;④能够产生影响风暴的组织和发展的动力效应。

　　另外,风暴与其环境(地形、边界等)的相互作用对风暴的组织和种类也有重要影响。例如,一个相当弱的风暴在与边界(密度不连续面如锋面、露点锋、海风矢等)相互作用时会出现爆发性发展。因而,系统之间的相互作用很大程度上能够改变风暴以及与之相互作用的环境。

　　(2)水汽条件

　　风暴云内部含有大量水分,其水分是由上升气流从大气低层向上输送的。因此风暴的发展要求低层有足够的水汽供应。所以,风暴常形成于低层有湿舌或强水汽辐合的地区。据统计,超级单体和多单体风暴的形成要求比普通单体风暴有更大的低层水汽含量。但是,如果低层的水汽含量过大,在对流云发展早期,云内就会有大量的水汽凝聚,形成雨滴而降落,阻碍上升气流的进一步发展,这种情况有利于强降水的产生但不利于强对流性大风的发生。

水汽有两种描述方法,一种是比湿 q,另一种是相对湿度或温度露点差。水汽输送和辐合应当根据实际情况选择 950、925、900、850、700、500 hPa 任何一层。南方有的个例 925 hPa 反映好,有的个例 850 hPa 反映更好一些;对于华北、东北地区,可能是 850、700 hPa 层上的水汽反映得更好一些;青藏高原地区自然应当选择 500 hPa,只要任何一层符合条件即可,一般可取 $T-T_d \leqslant 6$℃表示该层是比较潮湿的。

(3)动力条件

1)散度和垂直速度

关于强对流天气形成的动力条件,低层辐合(包括水汽辐合)、高层辐散、上升运动等毫无疑问都是普适的指标,但是。由于许多强对流过程都是倾斜对流过程,200 hPa 正散度中心不一定位于强对流区的上空,在选择动力物理量指标时,不能机械地用计算机点对点地普查,应当进行垂直环流的分析。高层的辐散对强对流天气的发生发展是必要的,但是不一定要有很高的值,高层辐散中心也不一定要位于预报区的上方,只要能形成垂直环流就行。

由于散度和垂直速度的数值与计算的网格距关系密切,不同分辨率的模式计算得到的动力物理量的数值可以相差很大。我们可以用再分析资料进行诊断,但是目前能得到的 NCAR/NCEP 的再分析资料的分辨率只有 1°×1°,许多强对流天气由于尺度小,强对流天气所需要的散度和垂直速度反映不出来,要找到它们的阈值是困难的。因此,在下面分类研究强对流天气的生成条件中我们不再讨论散度和垂直速度的阈值问题,但是可以判明的是:垂直上升速度龙卷风最大,冰雹次之;强降水则要求在同一地点上升运动持续时间较长等。

另外表征低层辐合、上升运动等代表性的层次各地有所不同。上升运动除青藏高原之外选 500 hPa 较为合适,青藏高原则需要选 400 hPa;明显的高层辐散对于不同的个例可以出现在 400、300、200 hPa 的任何一层。低层辐合对江南和华南有指示意义的层次是 925 和 850 hPa,但是对于华北、东北地区,可能是 850 和 700 hPa 的辐合最有代表性;对青藏高原则需要考虑 500 hPa 的辐合了。

涡度平流对于理解大尺度天气系统的发生发展是一个很好的物理量,也是需要在天气预报业务中大力使用的。

2)触发机制

强对流风暴的生成除了上述基本环境条件外,还需要抬升触发机制,即将气块(气层)抬升到达凝结高度的机制,使"潜势"转变为强对流天气。抬升触发系统的产生受大、中尺度天气系统的影响很大,同时它的产生及其演变又给大、中尺度系统以重要反馈。

边界层辐合线是风暴发生发展的动力条件之一,是强对流天气重要的触发系统。Wilson 等(1986)指出,所谓的边界层辐合线,可以是天气尺度的冷锋或露点锋,也可以是中尺度的海陆风辐合带,包括雷暴的出流边界(阵风锋)和由地表特征如土壤湿度的空间分布不均匀造成的辐合带等。Wilson 的这个观点有两点是值得商榷的,干线(露点锋)和土壤湿度的空间分布不均匀确实是有利于强对流天气发生的环境,但是它们并非抬升触发系统。Wilson 等(1992,1993,1997)研究还发现,大多数风暴都起源于边界层辐合线附近,在两条边界层辐合线的相交处,如果大气垂直层结有利于对流发展,则几乎肯定会有风暴在那里生成。如果边界层辐合线相交处本来就有风暴,则该风暴会迅速发展。

吴翠红等(2010)统计分析了湖北省 1999—2009 年 208 个暴雨个例,发现:925~500 hPa

有干线的占 87%,地面辐合线占 83%。

刁秀广等(2009)利用济南 CINRAD/SA 雷达探测到的边界层辐合信息,结合地面实况,对近年发生在山东中部的边界层辐合线进行了分析,结果表明:高时空分辨率的雷达能获得近地层辐合线信息,对流风暴强的出流和近地层环境风的辐合在一定条件下可产生窄带回波;远离风暴主体的出流边界和顺地面风移动的风速辐合线在热力条件较弱的情况下一般不会产生对流天气;出流边界的叠加或出流边界与环境风辐合线的叠加在有利的环境条件下可产生局地强风暴,单纯的近地层辐合线在有利的环境条件下可产生较为孤立的局地风暴,可作为强对流天气临近预警的关键参考依据;风暴初始位置、初始时间和风暴类型具有不确定性,是强对流天气临近预警的难点。

强对流天气的触发系统还有台风、其他中低层的辐合系统等。

3.2.2　物理量的"邻(临)近"原则

以前,绝大多数台站制作天气预报时,不仅天气形势是用 08 时的天气图,而且物理量也是通过计算 08 时的实况资料得到的,由于强对流天气经常在下午出现,08 时的物理量常常不能代表强对流天气发生时的实际情况,因此很多在国外认为征兆明显的物理量在中国不能得到很好的应用。例如,对流有效位能(CAPE)是美国强对流天气分析与预报中用得最多的参数,在中国却有很多人认为它不好用。为什么?因为他们都是用 08 时的实况资料计算得到的 CAPE,有相当多的个例 08 时的 CAPE 很小,在制作预报时,为了得到高的概括率,他们选取的 CAPE 阈值很小,这样便失去了对流有效位能本身所包含的物理意义。

比较上海宝山站 2005 年 9 月 21 日 08 和 14 时探空(14 时探空是临时的加密探空)的 T-$\ln p$ 图(图 3.2),可以看出 08 和 14 时的探空的 CAPE 值相差很大。08 时探空 CAPE 值很小(332 J/kg),而对流抑制能量(CIN)较大,表示大气的对流不稳定很弱,而 14 时探空显示的 CAPE 非常大(6871 J/kg),对流抑制能量(CIN)几乎为 0,表示出强烈的对流不稳定。

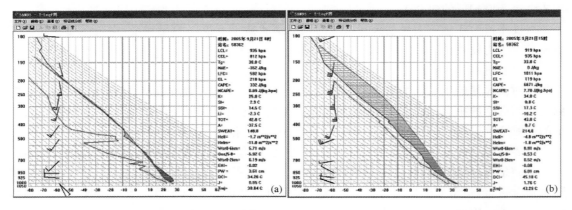

图 3.2　2005 年 9 月 21 日上海宝山探空站 08 时(a)和 14 时(b)的 T-$\ln p$ 图(矫梅燕等,2010)

江西省气象局(2010)对此进行过对比分析,他们把强对流过程分为 4 类,并利用实况、T213/T639 物理量和 NCEP1°×1°再分析资料对各种物理量进行诊断分析,我们仅以典型冰雹过程为例予以说明。选取的 4 个历史个例样本见表 3.1,用南昌 08 时探空计算的不稳定指数见表 3.2。

表 3.1　江西省典型冰雹过程的样本选取

个例(年.月.日)	冰雹站数	落区
2002.4.7(17—23 时)	3(非测站上冰雹较多)	中北部
2003.4.12(09—21 时)	6	北部
2008.4.8(16—23 时)	1(非测站上冰雹较多)	中北部
2009.3.21(17—23 时)	5	北部

表 3.2　08 时南昌探空站的不稳定指数值

日期 年.月.日	$CAPE$ (J/kg)	K 指数 (℃)	抬升 指数(℃)	沙氏 指数(℃)	$\Delta\theta_{se850-500}$ (K)	500~925 hPa 风垂直切变 (m/s)	0℃层 高度(hPa)	−20℃层 高度(hPa)
2002.4.7	595.6	3	−0.98	−1.04	12.16	7.0	593.8	423.5
2003.4.12	0	31	6.88	−1.09	12.86	14.04	620	415.4
2008.4.8	492	15	−2.08	−1.61	14.13	10.40	580	407.7
2009.3.21	0	24	−1.71	−4.61	19.18	15.02	623	391
平均	271.9	18	0.53	−2.09	14.58	10.46	610	405.8

从表 3.2 可见,这类强对流天气在发生前夕,$CAPE$ 值平均在 300 J/kg 以下,K 指数、抬升指数和沙氏指数都不明显,其中 K 指数平均在 10~20℃,沙氏指数平均为 −2.09℃,而抬升指数平均则在 0~1℃,说明这些不稳定指数大多在 08 时没有明显的反映。500~925 hPa 垂直风切变也不够大。尤其是出现以下情况时有些不稳定指数就更没有指示意义了,一是在近地面有逆温时从地面计算出的 $CAPE$ 值为 0,而实际是近地面有逆温时有利不稳定能量的积蓄;二是 700 hPa 湿度很小时(即 $T-T_d$ 很大),K 指数很小,实际是上干的特征表现在 700 hPa 而不是在 500 hPa 及其以上;三是不稳定区出现在南昌和赣州之间时,用南昌或赣州探空资料计算出来的热力指数可能都没有反映。由此可见,在实际的预报中,单从早上热力不稳定指数出发是很难作出准确的判断的;同时,物理量的空间位置应当选择在强对流天气发生地。

利用 NCEP1°×1°再分析资料,对强对流发生时或临近时间及对应地点计算不稳定指数,得到表 3.3。

表 3.3　14 时再分析资料的不稳定指数阈值

日期(年.月.日)	$CAPE$(J/kg)	K 指数(℃)	抬升指数(℃)	$\Delta\theta_{se850-500}$(K)
2002.4.7	3100	18	−6	10
2003.4.12	1200	38	−4	18
2008.4.8	1400	42	−5	24
2009.3.21	1200	38	−5	24
平均场	1725	34	−5	19

由表 3.3 可以看出,14 时的 $CAPE$ 值、K 指数和抬升指数有明显的加强,其中 $CAPE$ 值在 1200 J/kg 以上,K 指数一般在 32℃以上(其中 2002 年 4 月 7 日的 K 值虽然只有 18℃,但是 $CAPE$ 却高达 3100 J/kg),抬升指数≤−4℃,850~500 hPa 假相当位温差一般在 16 K 以上。冰雹过程风垂直切变很大,500 和 925 hPa 风垂直切变超过 22 m/s。

赵培娟等(2005)对 2004 年郑州出现的 7 次强对流天气过程的稳定度进行了分析,结果表明：7月9日、8月9日、8月12日当日08时 K 指数均 $\geqslant 39℃$、SI 指数均 $\leqslant -2℃$、SWEAT 均 $\geqslant 242$，即08时的物理量已有反映。而6月16日、6月21日和7月11日当日08时 K 指数 $\leqslant 29℃$，且其中有两次 $SI \geqslant 2℃$，这表明这3个过程08时大气的不稳定性并不是太强，不利于强对流的产生。但是，在华北低涡和西北气流形势下存在着低层升温、高层降温机制，使大气层结趋于不稳定。郑州站6月16日08时高低层最大温度平流差值达11℃，20时仍持续上趋冷下趋暖的趋势。6月21日08时，300 hPa 温度平流达到 $-10 \times 10^{-4}℃/s$，850—700 hPa 为暖平流，最强达到 4℃，高低层最大温度平流差达14℃。7月11日08时，虽然925—300 hPa 都是冷平流，但自下而上趋冷的程度不同，高低层最大温度平流差也达到了14℃。这3次过程由于上下层温度差动平流的作用使郑州气温直减率逐渐增大，不稳定性逐渐增强。上述3次强对流天气并不是产生在08时之后，而是分别产生在不稳定性增强后的20—22时、21时和23—24时。当测站高低空温差或温度平流差达到一定量值，且近地层存在辐合系统时，便出现了强对流。因此，在预报业务中不仅要关注08时大气的不稳定度，而且要关注对流层上下层的温（湿）差动平流，并计算未来大气的不稳定度。

由此可以得出如下结论：

（1）物理量的时间层应当选择在临近强对流天气出现时。所谓"临近"是指不能超过强对流天气发生之前3 h，少数个例可能比3 h更短。

（2）物理量应当选择在邻近强对流天气出现地。所谓"邻近"是指诊断所用的探空站与强对流天气发生地的距离不能超过100 km。

物理量诊断除了应当贯彻"临（邻）近"原则之外，$CAPE$ 还存在计算的抬升起点问题，不同的抬升起点计算结果会相差很大，下面以北京1998年8月3日雷暴大风对流有效能量计算为例予以说明（李耀东等，2004）。

图3.3为根据1998年8月3日20:00（北京时，下同）北京站实况探空制作的探空分析，与本个例对应当晚20:00前后北京市区发生了雷暴大风天气。

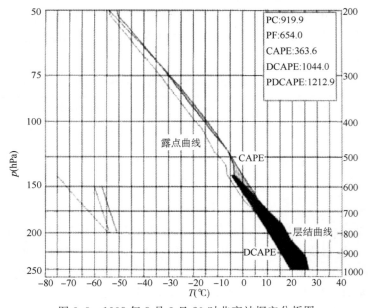

图3.3　1998年8月3日20时北京站探空分析图

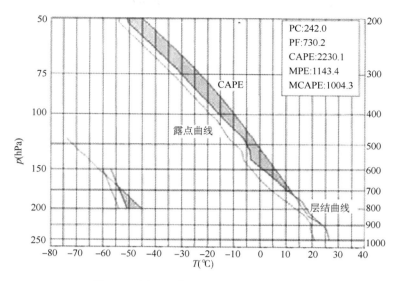

图 3.4　同图 3,但抬升起点为 897.0 hPa

以地面 $p=1000.0$ hPa,$T=26.8℃$,$T_d=21.2℃$ 作为抬升起点,则抬升凝结高度为 919.9 hPa(图 3.3),如果按假相当位温守恒制作湿绝热线,自由对流高度为 654.0 hPa,平衡高度为 279.2 hPa,$CAPE=263.6$ J/kg。

对本个例更深入的分析可发现,若对流有效位能真如以上所计算的那么小,则对流不可能发展很强盛,所计算的下沉对流也可能不会发生。事实上,目前国际上计算 CAPE 时通常以近地面 100 hPa 气层平均温湿特性或近地面 300 hPa 最不稳定的特性点作为抬升起点。对本个例的假相当位温垂直结构分析可发现在 897.0 hPa 存在这样最不稳定的特性点。图 3.4 为以此处 $p=897.0$ hPa、$T=23.8℃$、$T_d=19.5℃$ 作为抬升起点制作的探空图,图中湿绝热线为可逆饱和绝热过程线,在该情况下,抬升凝结高度为 842.0 hPa,自由对流高度为 730.3 hPa,平衡高度为 170.7 hPa,CAPE 为 2250.0 J/kg;从自由对流高度至平衡高度,水物质拖曳所消耗的能量为 1165.8 J/kg,MCAPE 为 1084.3 J/kg。理论上,根据 MCAPE 计算结果,气块在平衡高度处的垂直上升速度可达 46.6 m/s。若以假相当位温守恒计算湿绝热过程,则 CAPE 为 1881.7 J/kg,MCAPE 为 767.4 J/kg。可见不同的湿绝热过程对 CAPE 和 MCAPE 的计算有明显的影响。该个例中,以假相当位温守恒计算出的 DCAPE 与可逆饱和绝热线计算结果相近,这说明绝热过程的选择对 DCAPE 的计算影响不大。

另外,在分析该个例假相当位温垂直结构时发现 $\theta_{se897}-\theta_{se557}=23.5$ K,而且在 $p=557.0$ hPa 处,θ_{se} 最小,有相对干冷空气存在。根据 DCAPE 的定义,可把该点 $p=557.0$ hPa,$T=-3.5℃$,$T_d=-6.3℃$ 作为下沉开始的初始条件,气块在该处等焓蒸发至饱和时的温度即湿球温度为 $-4.8℃$,假设此时的液态水含量为 10.0 g/kg,以该状态作为可逆饱和湿绝热下沉起点,气块下沉至地面时温度为 18.9℃,DCAPE 为 1044.0 J/kg。在按可逆饱和湿绝热线下沉过程中,液态水逐渐蒸发以维持气块饱和到达 1000.0 hPa 时,气块中的液态水仅剩余 1.0 g/kg,下沉过程中液态水的拖曳累计做功为 268.9 J/kg,这样修正后的 MDCAPE 为 1312.9 J/kg。不计下边界刚性条件及液态水拖曳,理论上气块下沉到达地面的速度为 45.7 m/s,若计液态水,拖曳下沉速度为 51.2 m/s。

　　国际上计算 *CAPE* 值有两种方法：一是以近地面 100 hPa 气层平均温湿特性作为抬升起点，二是以近地面 300 hPa 最不稳定的特性点作为抬升起点。

3.2.3　如何选择物理量

　　我们在 3.2.1 中已经阐述了选择物理量的思路，但是，与强对流天气有关的物理量很多，在预报业务中应当选用哪些物理量呢？在对强对流天气的环境条件进行诊断时，应当尽量选用基本的物理量。在表征热力环境时，应当选择对流有效位能(*CAPE*)、抬升指数 *LI*、沙氏指数 *SI*、垂直温度递减率、垂直假相当位温递减率等这样单一的物理量；在表征动力条件时，应当选择垂直风切变、涡度、散度、垂直速度、水汽通量和水汽通量散度、温度平流、涡度平流等基本的物理量，这是因为这些物理量物理意义清楚，可以描述某一方面的热力或动力条件，具有普适价值。我们可以根据天气学、动力气象的基本原理，用这些物理量进行天气分析和诊断，得到灾害性天气发生发展的明晰图像。

　　而那些常见于论文的组合物理量常常只适用于某些场合，并不具备普适价值。例如 *Q* 矢量本质上只是另一种形式的 ω 方程，它是在准地转条件下经过复杂的推导得到的，其物理意义不易理解，又很难用于天气预报业务，如果要理解大尺度运动过程，还不如用 ω 方程。又如 *K* 指数由于它不能反映干冷空气入侵到 850 hPa 以下但是边界层仍很潮湿，这样的层结，必须同时使用 *K* 和修正的 *K* 指数(*MK*)才具有广泛的代表性。

　　局地螺旋度是风矢量和涡度矢量点积的体积分，当前流行的是其垂直分量(Z-螺旋度)，它与垂直方向的风速和涡度相联系，即反映大气的垂直运动与辐散、辐合的情况。对于定常的大气大尺度运动，稳定层结下的上升运动对应正螺旋度，下沉运动对应负螺旋度；对于非定常的中尺度运动就不能得到这样的结论。因为螺旋度是风矢量与涡度矢量的点积，所以螺旋度与很多因素有关，它的水平分布特征与天气系统密切相关，系统不同，螺旋度的垂直分布也不同，它也不能说明垂直运动是大尺度强迫还是静力不稳定造成的。因此，螺旋度可以用于灾害性天气的机理分析，对于研究龙卷风的环境条件有用，但作为其他强对流天气的预报指标来用是相当困难的。能量螺旋度指数表示成对流有效位能与螺旋度的乘积，其目的是为了反映对流有效位能与螺旋度之间的相互平衡特征，实际上，不同种类的强对流天气对对流有效位能的要求是不同的，强冰雹过程发生前有较高的对流有效位能，而干对流和短历时强降水发生前对流有效位能既可以高也可以低，对流有效位能与螺旋度的乘积很难平衡二者之间的关系，更难以全面反映出各类强对流天气的特点了。

　　位涡和湿位涡是个好东西，但是应该用于"thinking"而不是作为预报指标来用。等熵位涡(PV)概念的提出者 Hoskins 把它称为 PVthinking 是很恰当的，即通过等熵位涡分析解释准平衡运动的动力学特征，显示高空位涡异常和低层位温异常所对应的高低空系统的结构特征和演变趋势。近几年有关 PV 的论文满天飞，常常得到一些相互矛盾的结果，而且给预报员的预报思路造成了相当大的混乱。例如不少人认为平流层的干冷空气会影响到低层等。实际上，当高空正位涡异常区内位涡比周围高，即是一个涡度和静力稳定度大值区时，等位温面向正位涡异常中心收拢，导致在正位涡异常中心的上方和下方相邻的等熵面之间的距离拉大，致使那里的静力稳定度减小，由于位涡的守恒性，使那里的气旋性涡度增大，结果便出现围绕正位涡异常区的气旋性环流。这个过程实质上是高低空系统相互作用的结果，并非干冷空气真从平流层下来了(不是所谓的干侵入)。

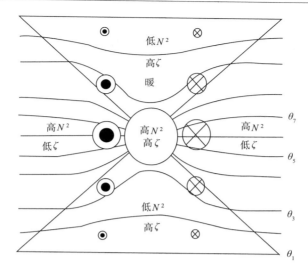

图 3.5　等熵位涡思想

⊙表示流出,⊕表示流入;高 N^2 表示大的静力稳定度(浮力频率);低 ζ 表示小的涡
度;θ 为位温,下标大小表示位温高低

　　基于以上的认识,本书主要采用基本的物理量进行强对流天气的分析和诊断。在讨论强对流天气的形成机理时,我们会用到湿位涡这样的物理量。

3.2.4　热力物理量指标的普适性问题

　　前面已经提到产生强对流天气的三个条件是:低层有较充足的水汽、不稳定层结和气块到达凝结高度的抬升机制。只要我们选择的物理量能够真正反映以上三个特点,而且又符合"邻(临)近"原则,从理论上讲,这些物理量及其阈值应当具有普适性。那么,为什么不同地区、不同季节的不少指标会有所不同呢?

　　首先,有利于强对流天气发生的物理量的量值本身就存在一个区间。例如产生较大冰雹的 0℃ 层的高度要求在 2.5～5.5 km。一方面,因为 0℃ 层高度太低一般产生不了较大的冰雹;0℃ 层的高度太高冰雹在进入 0℃ 层以下的空中(环境温度高于 0℃)时出现融化,到达地面时已不再冰雹而是降雨了。另一方面,因为每次过程的上升运动及与环境的作用过程都不相同,上升速度大、云中形成的雹胚大的过程即使 0℃ 层的高度高,降落到地面也可能成雹;反之上升速度较小、云中形成的雹胚较小的过程只有 0℃ 层的高度低一些降落到地面才可能成雹。因此,0℃ 层的高度存在一个区间是合理的。这两方面的原因都是普适的,并无地域和季节之别。

　　第二,与选择的物理量的代表性有关。例如,在进行冰雹诊断时,只要计算的抬升起点合理,$CAPE$ 是最有代表性的物理量,因为它的二次方根与上升运动成正比,而大的上升运动是形成冰雹的必要条件。而 K 指数正如前面所分析的那样,它虽然在多数情况下具有较好的代表性,但不能涵盖所有的个例,如果硬要它成为普适的指标,那么各地得到的阈值便不相同了。面对这种情况,正确做法是:在具有代表性的个例中选择其阈值,在不具代表性的情况下另觅指标。

　　第三,如果用于诊断的资料不符合"邻(临)近"原则,那么得到的指标自然是五花八门的,不能用于识别和预报。实际上,很多省的强对流天气的预报指标主要是因为这个原因而出现发散。

　　第四,各省研究强对流天气时选择的强对流天气的强度和范围是不同的。例如研究冰雹,有的省包括了所有的冰雹,有的只包括直径大于 2 cm 的冰雹⋯⋯,这样得到的物理量阈值自然是不同的。下面我们可以看到美国在研究 10 cm 直径的大雹事件时,得到的物理量阈值是没有季节和地理差别的,这显然是合理的。

3.3　强对流天气与暴雨环境条件的差异

　　20 世纪 80 年代以来,中国对强对流与暴雨的环境条件的差异进行过不少对比分析和研究工作(王鼎新等,1990;王晓明等,1991;王笑芳和丁一汇,1994;杨莲梅和杨涛,2004)。暴雨与强对流产生的物理因子有不少是相同的,如需有层结不稳定、一定的风切变、水汽条件和触发机制等,但是它们在温湿环境上也存在明显的差异。

3.3.1　中低层湿度不同

　　两者最大的不同是:暴雨发生之前对流层中低层(925—500 hPa)都很潮湿,一般来说,850—700 hPa $T-T_d \leqslant 5$℃,暴雨发生在高能舌中;而强风暴发生前一般都有干冷空气从中层(700—400 hPa)侵入,因而 700—500 hPa 的湿度较小,表现为"上干下湿"的层结,干湿分界线大体上在 700 hPa 上下,而暴雨湿层则可以超过 500 hPa。

　　王笑芳等(1994)指出,中层(700—400 hPa)是否有干冷空气入侵,是区别强对流与暴雨的一个重要指标。北京相对湿度的垂直分布也是区别强对流与暴雨的一个好指标,冰雹加小雨的天气,它的中低层相对湿度较高,地面是 75.5%,但比大雨的情况要小 10%。中高层(400—200)的相对湿度要比大雨时相对湿度偏小 10% 以上。

　　吉林省统计结果同样表明:三种强对流天气大气层结均为不稳定,即上干冷、下暖湿。冰雹和雷雨大风 850 hPa θ_{se} 一般小于 70℃,而暴雨一般大于 70℃。500—850 hPa 的 θ_{se} 差值平均雷雨大风最大、暴雨最小。当 700 hPa θ_{se} 的值在 40℃ 之上,850 hPa θ_{se} 在 60℃ 之上重合的区域可以考虑雷雨大风天气;如果达到暴雨条件可以两者一起考虑。3 种强对流天气的 700 和850 hPa 的相对湿度多在 60% 以上,暴雨的 850 hPa 相对湿度最大,一般多 $\geqslant 80\%$。雷雨大风和冰雹多 $<80\%$ 而 $>60\%$,但雷雨大风更明显些。

　　湖南的统计结果表明:在 500 hPa 以下为一湿区,湿度大于 60% 的区域位于 600—700 hPa,500—300 hPa 存在相对湿度为 10% 的干区,有利于冰雹的产生。另外水汽的辐合中心主要位于 1000—925 hPa,在冰雹发生区的南面存在一倾斜的强度较大的水汽辐合区域,这主要是由于超级单体在向南发展的过程中,入流气流形成的水汽辐合。

3.3.2　层结稳定性不同

　　强对流过程的层结表现为更加对流不稳定。王鼎新等(1990)指出:暴雨发生在理查逊数零值区附近,而强风暴则发生在 $Ri \leqslant -3$ 的区域;从 $\Delta\theta_{se850-700}$ 的分布来看,暴雨发生前,$\Delta\theta_{se850-700}$ 在 0—2℃;而强风暴 $\Delta\theta_{se850-700} \geqslant 6$℃。王晓明等(1991)亦指出:降雹和降暴雨 K 指数平均为 31 和 29.5℃,Ri 平均为 -9.1 和 -7.9,二者都以降雹反映更加明显。总而言之,强风

暴的 $\Delta\theta_{se850-700}$ 或 $\Delta\theta_{se850-500}$ 值比暴雨大，SI 或 Ri 的负值的绝对值也比暴雨大。这说明产生强对流天气的热力环境条件全国是有共同点的。

3.3.3　热浮力的不同

Johns 和 Doswell(1992)认为，增长为大雹块的一个必要条件是要有强的、能长时间支撑雹块的上升气流，足以使雹块增长到较大的尺寸。冰雹的形成，上升速度必须大于 20 m/s。要产生直径 10 cm 的大雹，要有 50 m/s 以上的上升速度。而且需要反复升降多次，才能使冰雹碰并的路程延长，因而使直径不断增大。最后当上升气流托不住时冰雹就降到地面。所以冰雹的结构和增长过程，必须有强的上升气流，而且上升气流要不稳定才行。

对强上升气流有主要贡献的是热浮力。一般来说，浮力越大，出现大雹块的可能性越大。描述热浮力的物理量是对流有效位能 $CAPE$，因此，产生大冰雹需要大的 $CAPE$ 值。根据垂直速度 $w=\sqrt{2CAPE}$，产生大冰雹的 $CAPE$ 应当 $\geqslant$1250 J/kg，暴雨过程对对流有效位能没有强制的要求，其值可大可小。

3.3.4　冰雹要求特殊的 0℃、—20℃层高度

冰雹要求特殊的 0 和—20℃层高度。王笑芳等(1994)甚至认为北京降雹并伴有大雨的情况与无雹但有强雷雨的湿度分布并没有什么区别，此时，0℃的高度要在 3800～4400 m 便成为必要条件。

以上介绍的主要是 20 世纪的研究成果，下面的分析表明，虽然区分暴雨和强对流的基本思路是正确的，但是判别指标未必准确。而且，中国冰雹研究较多，对流性大风和短历时强降水研究较少，很显然，产生冰雹、对流性大风、短历时强降水等的环境条件是不同的，难以得到对各种强对流天气都适用的环境条件。另外，由于不同种类的强对流天气产生的灾害是不同的，因此，实际预报业务需要将不同种类的强对流天气区分开来。

为此，我们按照强对流天气的形成机理的不同将强对流天气划分为六类：第一类为干对流，即过程中大风明显，降雹和降雨都不明显；第二类为冰雹大风过程，除大风外，还伴随明显的冰雹，冰雹直径 $\geqslant$2 cm，但降水不明显；第三类为短历时强降水，1 h 降雨量超过 20 mm，3 h 降雨量超过 50 mm，但没有出现大风和冰雹；第四类为湿对流，大风伴随强降雨，过程雨量 $\geqslant$50 mm，但没有出现强冰雹；第五类为混合对流过程，除大风外，伴随过程雨量 $\geqslant$50 mm 的强降雨和直径 $\geqslant$2 cm 的冰雹；第六类为龙卷风。

对于这六类强对流天气，我们检索了中国近 30 年来已发表的文献。这些文献所分析研究的个例遍布全国，刊物、图书众多，春、夏、秋季出现的强对流天气过程都有，还有个别个例出现在冬季，具有较好的代表性。将文章中的有关参数列于表 3.4、3.8、3.11、3.12、3.13、3.14 之中。由于每篇文章选取的参数各不相同，所以表中的数据是不完整的，一些文章没有给出参数的数值，只给出定性的结论，表中一并标明。选择文章的原则：一是有有关物理量的计算，二是尽可能考虑全国地理分布和月际分布，三是计算的物理量基本符合邻(临)近原则。

3.4　干对流大风的环境条件

我们先来讨论对流性大风(不包括龙卷风，有的教科书称之为直线性大风，下同)的成因，

然后通过一些个例的统计分析得到产生干对流大风的环境条件。

3.4.1　干对流大风的成因

干对流大风是指伴随强雷暴天气而出现的强烈短时大风,风力大于 7 级,但不出现直径 2 cm 以上的冰雹和强降水。干对流大风主要发生在春末和夏季,大风持续时间短,风速大,破坏力很强。

造成致灾大风天气主要有三种类型:

一是飑线。飑线过境前,地面常出现升温、升湿和降压;飑线过境常引起 8 级以上雷暴大风、冰雹和短历时强降水等灾害性天气,有时还出现龙卷;飑线过境后常引起地面气温和湿度下降、气压升高(常出现雷暴高压)。飑线在雷达上常表现为弓状回波带。飑线不仅带来大风,而且常带来冰雹和强降水。

二是下击暴流。Fujita 在 1975 年首次使用下击暴流("downburst")来描述引起坠机事件的大风现象,"下击暴流"这一术语说明了近地面由下沉气流引起的、具有极大破坏性的、向四周辐散的爆发性气流。强风暴是产生局地大风的一个重要来源,在全球已确定有很多起空难与强风暴的下沉气流及其辐散出流造成的强低空风切变有直接关系。Fujita 等(1977)还将下击暴流细分为尺度小于 4 km、持续时间小于 10 min 的微下击暴流和尺度大于 10 km、持续时间大于 10 min 的宏下击暴流。

三是阵风锋。有时雷暴中强烈下沉气流形成的出流边界产生的阵风锋大风天气,在雷达回波上表现为窄带回波。阵风锋前沿边界造成大气折射率改变,雷达可以从反射率和速度场上探测到这种不连续面的窄带回波。阵风锋可以产生多种天气,既可能产生大风,也可能产生冰雹、短历时强降水等强对流天气。窄带回波移动速度可以定性判断地面大风级别,移速快,风力大,移速慢,风力小。

如何从灾难性大风中分离出干对流大风,需要从对流性大风的形成机理分析入手。与深厚对流相联系的雷暴大风,一般是由下曳气流底部外流产生的。在深对流的发展中,强下曳气流有利于形成地面大风。Doswell(1982)认为,水负荷与由蒸发冷却带来的负浮力是引发和维持下曳气流的因子。降水负荷引起液态水的拖曳效应,加强了气块的下降。单位体积液态水的含量越多,降水的拖曳作用就越大。蒸发冷却的负浮力是当降水通过不饱和空气层时产生的,因此,中低层的低湿度是有利于降水蒸发从而形成负浮力的。一旦出现下曳气流,持续卷入的不饱和空气有助于蒸发。Johns 等(1992)指出,卷入的空气大部分来自对流层中层(地面以上 3~7 km)。由于环境干空气的夹卷,从而降低了下曳气流的相对湿度。Johns 等还认为,高空强气流的水平动量下传能增强外流。一般来说,下曳气流夹卷区的环境风越强,对于外流强度的潜势的贡献越大。

蒸发冷却和下曳气流强度可因下列因素而加强(Kamburova 等,1966,1985):(a)单位气柱中液态水含量增大;(b)水滴尺度变小;(c)温度直减率变大。很显然,水滴尺度越小越易于蒸发。而气块在下曳气流中下沉时,强的温度直减率起着维持负浮力的作用。

Johns 等(1992)强调指出,从雷暴大风预报的观点来看,区别与上曳气流和下曳气流有关的不稳定性是重要的。与上曳气流有关的不稳定性总是与由湿绝热上升气块和环境之间的温度差产生的正浮力相联系。因此,当温度直减率大、使气块与环境间温差增大时,有利于上曳气流的加速。对于上曳气流而言,水汽对保证气块沿湿绝热线上升是必须的。而与下曳气流有关的不稳定性主要是由负浮力决定的。水负荷的拖曳(阻力)趋向于减小正浮力的作用。在下曳气流中,负浮力与水负荷的拖曳相结合,使得下曳气流增强。一般来说,所有的不稳定上曳气流都是饱和的,不稳定下曳气流则不尽相同:有的可能是饱和的,有的可能是不饱和的。如果气块是不饱和下落,则要求温度直减率大;如果气块是饱和下落,则必须有液态水不断蒸发。否则,气块由于绝热下沉增温,将很快高于环境温度,从而使它的下落终止。因此,不稳定下曳气流的条件不必与不稳定上曳气流一样。Johns 等强调说,反映上曳气流不稳定性的指标和参数并非一定是下曳气流不稳定性的可靠指标。

3.4.2　对对流性大风有指示意义的物理量

根据上面对对流性大风的成因分析,我们可以得到描述下曳气流不稳定性的参数如下:

(1)强温度直减率。它是保持负浮力的必要条件,如果气块是不饱和下落,则要求温度直减率更大。

Srivastava(1989)指出,如果温度直减率 $\Gamma < 5.5$ ℃/km,则出现微下击暴流的概率几乎为 0,因此,可将 $\Gamma = 5.5$ ℃/km 称为"出现微下击暴统的临界直减率"。

Johns 等(1992)指出,表示垂直方向 θ_e 差值的参数,可能对强阵风是有用的预报参数。Atkins 和 Wakimoto 的研究表明[见 Johns 等(1992)],在湿微下击暴流活动的日子里,下午的热力环境经常显示出地面和中层之间相当位温的差值 $\Delta\theta_e \geqslant 20$ ℃。在无湿下击暴流活动的雷暴日中的差值 $\Delta\theta_e \leqslant 13$ ℃。

(2)对流层中低层的低湿度。对流层中低层(3—7 km)的低湿度,保证雨滴在下降过程不断蒸发,以抵消气块绝热下沉的增温,保持气块的负浮力。

Wakimoto(1985,1991)找到的干、湿下击暴流的低层环境分别是:在干下击暴流的情况下,低层混合比为 4~10 g/kg;在湿下击暴的情况下,低层混合比为 14~18 g/kg。一般来说,当低层混合比小于 12 g/kg 时,可供产生强降水风暴的水汽不充分。

(3)环境风垂直切变

环境风垂直切变有深层(200~300 hPa 与 850 hPa 之间和 0~6 km)垂直风切变和 3 km 以下的中低层风的垂直切变两种。国外的统计结果表明 200 hPa 与 850 hPa 风矢量差大于 1.5×10^{-3} s^{-1} 时,对应多单体风暴的发生,切变值阈值大于 4.5×10^{-3} s^{-1} 时,则产生飑线。王秀明和钟青(2009)通过北京 2005 年 5 月 30 日雹云个例数值模拟指出:700~300 hPa 的中高层风的切变对北京地区强对流类型的影响也重要。美国的研究结果认为:产生雷暴大风的环境风垂直切变既可以是弱的、也可以是中等的和强的切变。Johns 等(1992)按照弱切变和中、强切变两种情况来讨论雷暴大风。

1)弱切变环境中的雷暴大风

在环境风切变较弱时,热力廓线图是识别有无雷暴大风的主要信息。与强外流相联系的典型热力廓线有 2 种:(a)"倒 V 形"或称"类型 A"廓线(Barnes,et al.,1986);(b)弱"云帽"的"湿微下击暴流"型廓线(Read,et al.,1987)。

(a)"倒 V 形"廓线

"倒 V 形"廓线的特点是,低层非常干,从地面附近到中层为深厚的干绝热层,对流层中层较湿,具有足够的湿度能维持下沉气流到达地表面。典型的"干"微下击暴流的自由对流高度十分高,并且对上曳气流仅呈现弱不稳定。因此,对流通常较弱且有脉动特点。这种事件常常发生在平静的天气条件下。

（b）弱"云帽"型廓线

高湿层是从地面开始的，有时湿层顶端超过 4~5 km，湿层之上的相对湿度较低。当白天出现增温时，可能在 1.5 km 以下出现干绝热层，因此可能有弱到中等的潜在不稳定，几乎没有干暖盖。湿微下击暴流也是经常呈现脉动状态，并发生在平静的天气条件下。湿微下击暴流主要是受云内和云底下方的融化和蒸发冷却效应所驱动而产生的。在最小 θ_e 所在高度附近，低 θ_e 值的环境空气的夹卷和辐合或许加强了下沉气流。由于湿的微下击暴流与强降水相联系，水载物对下沉气流的激发和维持起重要作用。θ_e 的减小（从地面到空中的某一极小值）与湿微下击暴流的产生（或消亡）有很好的相关。当环境 θ_e 随高度的减小超过 20℃时，有利于产生湿微下击暴流；然而，环境 θ_e 随高度的减小小于 13℃时，不产生湿微下击暴流。

2）中、强切变环境中的雷暴大风

随着垂直风切变的加大，深对流逐渐发展成自维持的对流系统（Johns et al.，1992），大多数雷暴大风就是由这种系统产生的。自维持的对流系统尺度最小者是孤立超级单体，外流雷暴大风通常与这种风暴的下曳气流有关，但有时灾难性入流风也会发生在其他超级单体里。Johns 等（1992）指出，在中、强风切变环境中发生的雷暴大风更多的是由"弓状回波"产生的。"弓形回波"不仅会产生大风而且会产生冰雹、短历时强降水等强对流天气。

（4）水滴尺度小，使雨滴更易于蒸发。这是微物理条件，在日常天气预报业务中难以获得这方面的实时资料。

3.4.3　物理量的阈值

下面我们用批量个例来分析以上阐述的干对流环境参数（物理量）的阈值。

表 3.4　干对流个例环境参数

月/日/年	地点和天气	影响系统	$CAPE(\mathrm{J/kg})$ K、SI、LI（℃）	$\Delta\theta_{se850-500}$（℃）	中低层暖湿/干冷分析	风垂直结构 $\Delta V(10^{-3}\mathrm{s}^{-1})$
12/31/1996 15—23 时，17 时左右最严重	苏北 40 多个站出现雷雨大风，7 个站降雹，过程雨量不大（5 mm）	500 hPa 低槽，700 hPa 东高西低，地面冷锋	江淮 11 时，K=22，SI=2；江淮 17 时，K=32，SI=0	08 时地面 θ_{se}=321 K，高值区伸向江淮，$\Delta\theta_{se850-500}$ 大	南京 11 时 850、700、500 hPa 比湿分别为 5、3、0 g/kg；17 时 925—700 hPa 湿舌左前方	08 时西南风随高度增加，14—17 时冷空气南下使低层转为西风而高空仍为西南风
4/28/2001 15:25—17:01	余干至铅山风速 20~24 m/s，16:15 陆龙卷	850—500 hPa 南支槽，地面倒槽、干线、飑线	08 时江西北部处于 K 高值舌中，南昌 K=38	$\Delta\theta_{se850-500}$ 大	08 时 850 hPa 湿平流、700—500 hPa 干平流控制	08 时高空急流右侧，850—700 hPa 低空急流重叠，风速 14~20 m/s
4/6/2002 01—15 时	漳州 22 m/s，晋江 25 m/s；降水量普遍在 10 mm 以下	高空槽前的暖区中，高、低空前倾槽及西南急流，飑线	华南至华东沿海 K 高值区，广东南部沿海 K≥32，SI≤−2.0	$\Delta\theta_{se850-500}$ 大	08 时闽南相对湿度 850 hPa >80%，向上至 500 hPa 急剧下降，为 20%~30%	08 时华南、江南大范围中低空强盛的西南急流

续表

月/日/年	地点和天气	影响系统	$CAPE(\text{J/kg})$ K、SI、$LI(℃)$	$\Delta\theta_{se850-500}(℃)$	中低层暖湿/干冷分析	风垂直结构 $\Delta\boldsymbol{V}(10^{-3}\text{s}^{-1})$
6/22/2004 20:00—21:40	天津市武清、宝坻、北辰 20 m/s	东北冷涡		$\Delta T_{850-500}$ $=30℃$		雷达风廓线 13:30, 0.3—6 km 垂直风切变 3.8
7/12/2004 17:30—19:30	上海, 瞬时风速 11 级; 崇明跃进农场过程降水量最大, 达 28.4 mm	500 hPa 低槽, 地面冷锋前部露点锋, 飑线	宝山 14 时, $CAPE=1847$, 08 时, $K=29$, 20 时 = 38, LI <0	14 时上海处于 $\Delta\theta_{se}$ 正值中心区域	1000—850 hPa 暖湿, 700—500 hPa 干冷	08 时地面与 850、700 hPa 层的纬向风速垂直切变分别为 9.0 和 3.9
4/29/2006 13—20 时	鲁中、西部 10~11 级大风	500 hPa 西北气流, 地面低压		$\Delta\theta_{se0-600}>12$	700 hPa 以上干冷	850 和 300 hPa 风切变 2~3
7/5/2006 20—24 时	20—22:30 山东乐陵、宁津、德州等大风冰雹, 22—24 时济阳、济南、泰安大风	5 日 20 时 500 hPa 横槽转竖东移, 850 hPa 低槽, 地面切变线	章丘 20 时, $CAPE=686.9$	$\Delta\theta_{se850-500}$ 大	20 时, 700 hPa 以下温度露点差大于 6℃, 700 至 300 hPa 温度露点差明显增大	850 hPa 为西南风, 700 至 500 hPa 西北风, 有暖平流, 850—700 hPa 垂直风切变为 4.5
5/6/2007 00—05 时	浙北、东北 7~9 级风, 台州 24.9 m/s, 小洋山 34.4 m/s, 安吉黄豆大冰雹	高空深槽, 9.25 hPa 切变线尾部, 地面辐合线	5 日 20 时, $CAPE$ 皖南 1200 以上, 杭州为 45, $DCAPE=1092$; 杭州 $K=27$, $SI=1.1$	20 时, 苏皖地区位于 $\Delta\theta_{se850-500}>3$ 的区域	900—500 hPa 深厚的冷空气, 900 hPa 以下暖湿空气	20 时, 400 hPa 高空急流入口区的南侧, 925 hPa 江苏中北部位于切变线北侧 18 m/s 大风区
7/27/2007 17—21 时	鄂东大部分地区出现了 5~7 级大风, 局部瞬时风速 10~12 级	西风带槽前西南气流和副热带高压南侧东南气流之间的辐合线	08 时, 汉口 $K=30$, $SI=-1.8$ 20 时, $K=32$ $SI=-4.0$	$\Delta\theta_{se0-700}$ 很大	08 时汉口 $T-T_d$ 1000 hPa 为 4℃, 925—700 hPa 8~11℃, 500 hPa 达 32℃	08 时, 700、500 hPa 急流, 20 时, 汉口 $\Delta V_{0-850}=7.2$, $\Delta V_{0-700}=3.8$
6/3/2009 20—23 时	豫北豫东 10~11 级大风; 过程降雨量不大, 最大的杞县 34 mm	500 hPa 西北气流, 700 hPa 暖脊, 850 hPa 低涡切变线, 地面辐合线、露点锋	$CAPE=734.4$ 20 时; 徐州、郑州 K、SI 分别为 38、35, −10.2、−2.2	08 时, 850 hPa 温度超过 20℃, $\Delta T_{850-500}$ >30℃	700 hPa 以下有强但湿度较小的暖空气, 500 hPa 干冷空气	中低层风顺时针旋转, 400 hPa 以上风呈逆时针旋转
6/5/2009 23—01 时	九江十多站次风速大于 17 m/s, 彭泽县棉船镇 23:35 瞬时风速 31.1 m/s	500 hPa 冷涡槽后西北冷平流、925 hPa 辐合线、阵风锋	南昌 5 日 20 时 $CAPE=1481.4$ $CIN=187.1$ $K=-10$, $SI=1.79$	南昌 20 时 $\Delta T_{850-500}$ >29℃	20 时南昌整层 $T-T_d \geqslant 10℃$	925 hPa 西南风 4 m/s, 500 hPa 西北风 26 m/s, 垂直风切变很大

干对流过程较少,我们只检索到干对流大风个例 11 个(表 3.4),就 500 hPa 形势而言,低槽 7 例,西北气流型 3 例,冷涡 1 例。

干对流过程的环境条件有很多共同的特点。首先,11 个个例都有一个共同特点:700 hPa (包括 700 hPa)以上干冷,$T-T_d>6℃$,或者有明显的干冷平流。雷暴大风发生前的温湿廓线属于"丫字形结构",类似于美国的"弱云帽型",与美国弱云帽型温湿廓线不同之处是,对流过程 700 hPa 都处于干(冷)区,有些个例干层可以到达 850 hPa 以下。也就是说,干对流发生前湿层不能超过 700 hPa,这与前面阐述的要求对流层中低层(3~7 km)的低湿度是一致的。很显然,低湿层越厚越低越有利于产生干对流大风。对流层中低层的低湿度能保证雨滴在下降过程不断蒸发,以抵消气块绝热下沉的增温,保持气块的负浮力。

为了弥补干对流个例少的不足,下面我们引用廖晓农(2009)的研究成果。她以 2000—2007 年北京地区出现的 41 个雷暴大风日作为研究对象,参照 Roger(1985)给出的标准,按照雷暴大风产生时降水量的大小将 41 个雷暴大风日分为干、湿两类,称为干型和湿型雷暴大风日(简称为干型日和湿型日),其中干型日 14 个,湿型日 27 个。在分类的基础上,使用常规探空资料、每天 4 次的 1°×1°NCEP 再分析资料和风廓线仪资料(6 min 一次)等,分析了干、湿型雷暴大风临近时刻及前 6 h(简称为大风产生前)环境大气的温度、湿度廓线和环境风垂直分布及演变特征等。分析发现:干型日雷暴大风产生的临近时刻,温度、湿度廓线呈倒"V"字形。在对流层低层,850 hPa 以下温度露点差大于 17℃,在最干层近地面,温度露点差达到 20℃,即在 700 hPa 以下为一个较厚的干层。同时,700—500 hPa 有一个相对较湿的层,该层内温度露点差为 4~7℃,最湿层在 600 hPa 附近,从 500 hPa 往上大气湿度减小。干型日平均抬升凝结高度为 730 hPa。湿型日的温度、湿度廓线与干型日有很大差别,呈"下湿上干"分布。在临近时刻,700 hPa 至地面是一个湿层,平均温度露点差为 8.1℃。700 hPa 以上的湿度较小,700~250 hPa 温度露点差为 12~13℃,200 hPa 以上大于 16℃。湿型日的平均抬升凝结高度为 870 hPa。

表 3.4 中只有少数极少降水的干对流个例湿度廓线与北京地区干对流湿度廓线相似但不完全相同(即 700—500 hPa 不一定有一个相对较湿的层);表中大多数个例 850 hPa 以下比较潮湿,这是因为选择的"干"的标准不同,北京的干对流个例几乎没有降水(降水量小于 0.25 mm),而表 3.4 中的大多数个例仍有少量的降水,所以湿度廓线更接近北京的湿型。但是,由于我们选择的干对流个例降水量很少,因此,与北京的干型湿度廓线有一个共同点:700 hPa 为干层,温度露点差大于 6℃。

700 hPa 以上低湿虽然是干对流的显著特征,但是形成对流性大风还需要其他一些环境条件。因为干对流过程降雨量很少,雨滴向下的拖曳作用小,因此对流性大风主要依靠强温度垂直递减率或强垂直风切变来维持。分析表 3.4 可以得到如下结果:

(1)具有强对流不稳定层结

强对流不稳定层结首先表现在强温度垂直递减率(我们将其称之为显性不稳定)。根据表 3.4,我们可以确定产生干对流的温度垂直递减率的阈值为 $\Delta T_{850-500}\geqslant29℃$,或 $\Gamma\geqslant0.725\ ℃/100\ m$。这个阈值远大于对流层的平均温度递减率 0.6 ℃/100 m。对比后面冰雹过程和湿对流过程的分析结果可以知道,干对流要求的温度垂直递减率的阈值大于这两类过程同类指标的阈值,这是因为强温度垂直递减率是保持负浮力的必要条件,如果气块是不饱和下落的,则要求温度直减率更大。

　　廖晓农(2009)计算的干、湿型雷暴大风日临近时刻及前 6 h(简称为大风产生前)抬升凝结高度到地面以及 500 hPa 到抬升凝结高度两个层次内的平均温度直减率见表 3.5,两者分别反映对流云底到地面以及冷空气侵入高度(北京地区雷暴大风日冷空气侵入高度一般约在 500 hPa)到对流云底环境大气温度随高度的变化情况。由表 3.5 可见:干型雷暴大风日,500 hPa 到抬升凝结高度的环境大气温度直减率基本保持在一个相近的水平。在雷暴大风产生前,温度直减率为 0.77 ℃/100m,到临近时刻只增加了 0.01 ℃/100m。但是,在抬升凝结高度以下的层内,其增幅较大。大风产生前,抬升凝结高度至地面的温度直减率为 0.48 ℃/100m,到临近时刻达到了 0.84 ℃/100m。湿型雷暴大风日环境大气的温度直减率及其演变具有与干型日相似的特征。在对流云内,两种雷暴大风日的温度直减率差别不大,而且湿型日两个时次(大风产生前和临近时刻)500 hPa 至抬升凝结高度的层次内环境大气温度直减率变化幅度也很小(增加了 0.08 ℃/100m)。在云底以下,从大风产生前到临近时刻直减率明显增加(从 0.36 ℃/100m 上升到 0.71 ℃/100m)。廖晓农得到的干对流垂直温度直减率略高于我们得到的阈值。

表 3.5　干、湿型雷暴大风日环境大气温度直减率(℃/100m)

时间	干型日温度直减率		湿型日温度直减率	
	LCL—地面	500 hPa—LCL	LCL—地面	500 hPa—LCL
大风产生前	0.48	0.77	0.36	0.66
临近时刻	0.81	0.78	0.71	0.74

注:LCL 为抬升凝结高度。

　　强对流不稳定层结还可以表现为强假相当位温垂直递减率,它综合了反映出上干冷下暖湿的特点,可以反映出隐性的对流不稳定,对流发生后其不稳定的效用与显性不稳定是一样的,干对流发生前需要较大的假相当位温垂直递减率。根据表 3.4,我们可以将其阈值取为:$\Delta\theta_{se850-500}$ 或 $\Delta\theta_{se0-700}\geq 14℃$。高湿层是从地面开始的,有时湿层顶端可以达到 700 hPa 以下,湿层之上的相对湿度较低,低 θ_{se} 值的环境空气的夹卷和辐合加强了下沉气流。当环境 θ_{se} 随高度的减小超过 14℃ 时,有利于产生雷暴大风。

　　(2)具有强垂直风切变

　　分析表 3.4 可见,绝大多数个例对流层中低层都有较强的垂直风切变,但是垂直风切变出现的层次是不同的,大多数情况下,850 hPa 有低空急流,$\Delta V_{0-850}\geq 7\times 10^{-3}s^{-1}$;有时 925 hPa 出现超低空急流,则 $\Delta V_{0-925}\geq 10\times 10^{-3}s^{-1}$;或者深层垂直风切变 $\Delta V_{850-300/200}$ 或 $\Delta V_{0-500(6km)}\geq 4.5\times 10^{-3}s^{-1}$。深层垂直风切变阈值与国外产生飑线的阈值是一致的。

　　(3)具有中等垂直风切变和中等假相当位温垂直递减率

　　具有中等强度垂直风切变和中等强度假相当位温垂直递减率的环境同样是产生干对流的有利环境条件。由表 3.4 可以得出:

　　$\Delta\theta_{se850-500}\geq 6℃$ 且

　　$\Delta V_{850-300/200}$ 或 $\Delta V_{0-500(6km)}\geq 1.5\times 10^{-3}s^{-1}$ 或 $\Delta V_{0-850/850-500}\geq 2.5\times 10^{-3}s^{-1}$

　　廖晓农(2009)使用探空资料计算了干型雷暴大风日 0—6 km 层次内的风矢量差绝对值(表 3.6)。结果表明,10 个个例环境风的垂直切变超过 10 m/s,其中个例 11 产生在非常大的垂直切变下,风矢量差的绝对值达到了 27.0 m/s。个例 8 和 12 比较特殊,使用探空资料得到的环境风切变均不大,但是,风廓线资料表明个例 8 对流层中层(5910 m)和对流层底层(150 m)间风矢量差绝对值在对流发生前 138 min 内在小幅震荡中呈上升趋势,也就是说,当日对流的发展与环境风具有较大的垂直切变有关。个例 12 当日没有风廓线观测资料可以利用。由表 3.6 可见,干型雷暴大风发生前 0—6 km 层内风矢量差 $\geqslant 1.5 \times 10^{-3}$ s^{-1}。与我们得到的阈值是一致的。

表 3.6　干型雷暴大风个例风矢量差绝对值(m/s)

个例序号	1	2	3	4	5	6	7	8	9	10	11	12	13	14
风矢量差	17.4	19.6	9.6	26.7	18.6	10.9	11.3	6.9	16.9	12.1	27.0	4.0	9.3	16.1

根据以上的分析,我们可以得到识别和预报干对流大风的指标如下:

(1)700—500 hPa $T - T_d > 6 ℃$;

(2)满足以下条件之一:

①$\Delta T_{850-500} \geqslant 29 ℃$ 或 $\Gamma \geqslant 0.725$ ℃/100 m

②$\Delta\theta_{se850-500/925(0)-700} \geqslant 14 ℃$

③$\Delta V_{0-850} \geqslant 7 \times 10^{-3}$ s^{-1} 或 $\Delta V_{0-925} \geqslant 10 \times 10^{-3}$ s^{-1}

④$\Delta V_{850-300/200}$ 或 $\Delta V_{0-500(6 \text{ km})} \geqslant 4.5 \times 10^{-3}$ s^{-1}

⑤$\Delta\theta_{se850-500} \geqslant 6 ℃$ 且 $\Delta V_{850-300/200}$ 或 $\Delta V_{0-500(6 \text{ km})} \geqslant 1.5 \times 10^{-3}$ s^{-1} 或 $\Delta V_{0-850/850-500} \geqslant 2.5 \times 10^{-3}$ s^{-1}。

下面几节我们可以看到,指标(2)也是产生冰雹甚至混合对流的重要条件,那么区别干对流与其他强对流的环境条件是什么呢? 很显然,指标(1)是干对流区别于其他强对流天气的最重要的标志。表 3.4 中的最后一个个例,2009 年 6 月 5 日 20 时南昌整层都很干($T - T_d >$ 10℃),但垂直温度递减率和垂直风切变都很大,5 日 23 时至 6 日 01 时九江地区便出现了罕见的无降水对流性大风。

因为干对流降水少,降水负荷引起液态水的拖曳效应小,所以产生干对流大风需要更大的温度或假相当位温垂直递减率来维持,因此其阈值应当高于冰雹过程。

3.4.4　WINDEX 指数

综合以上参数,McCann(1994)引入了预报下击暴流潜势的一个新指数 WINDEX(简写 WI),它虽是经验性指数,但有观测和数值模拟结果的支持。

$$WI = 5[H_M R_Q (\Gamma^2 - 30 + Q_L - 2Q_M)]^{0.5} \tag{3.1}$$

其中:H_M 是融化层距地面高度,以 km 为单位;$R_Q = Q_{L/12}$,但不能大于 1,以 g/kg 为单位;Γ:地面与融化层之间的温度直减率,以 ℃/km 为单位;Q_L:近地面 1 km 层内的混合比,以 g/kg 为单位;Q_M:融化层处的混合比,以 g/kg 为单位。WI 的单位是 knots[*]。

下面介绍 WI 表达式的来源。

(1)WI 与下沉气流深度的关系

Wolfson(1990)根据气块理论的垂直动量方程和连续方程,提出了一个微下击暴流强度公式。垂直动量方程是:

---

　*　1 knots=0.514 m/s。

$$\frac{\mathrm{d}w}{\mathrm{d}t} = g\frac{T'_v}{T_{v0}} - g(L+\delta) - \frac{1}{\rho}\frac{\partial}{\partial z}p \qquad (3.2)$$

其中，w 是垂直速度，t 是时间，g 是重力加速度，T_{v0} 是环境温度，T'_v 是气块和环境的虚温差，$(L+\delta)$ 是液态水和冰的质量混合比，p' 是扰动气压，ρ_0 是环境空气密度。

　　在常定假定下，
$$\frac{\mathrm{d}w}{\mathrm{d}t} = \frac{\partial}{\partial z}\left(\frac{1}{2}w^2\right) \qquad (3.3)$$

对式(3.2)积分

$$\int_{z_s}^{z_l}\frac{\partial}{\partial z}\left(\frac{1}{2}w^2\right)\mathrm{d}z = \int_{z_s}^{z_l}(\cdots)\mathrm{d}z \qquad (3.4)$$

其中，Z_s 代表地面高度；Z_l 代表下沉起始高度，假定该处下沉速度为 0，利用中值定理得：

$$\frac{w_s^2}{2} = \left[g\overline{\frac{T'_v}{T_v}} - g\overline{(L+\delta)} - \overline{\left(\frac{1}{\rho_0}\frac{\partial}{\partial Z}P'\right)}\right](Z_l - Z_s) \qquad (3.5)$$

式(3.5)表明，地面下沉速度跟下沉气流深度$(Z_l - Z_s)^{0.5}$有关。

　　(2)下沉起始高度

　　由于融化使气块变冷，使气块受到一负浮力作用，冻结物降落穿过融化层时使下沉气流加速，故下沉起始高度取的是融化层高度 H_M。

　　(3)下沉气流受力的表达

　　Srivastava(1989)的观测数据表明，下沉气流所受的力与环境温度直减率的平方成正比，因此，在式(3.1)中，有 Γ^2 项。

　　(4)表达式含 Q_L、Q_M 的原因

　　WI 对环境温度直减率非常敏感，而式(3.5)中计算浮力项时用到的温差是指气块与环境间的虚温差，而不是实际温度之差。这样，低层大的混合比增大了有效直减率，故 WI 表达式中包含一项($+Q_L$)。

　　同样，融化层的混合比 Q_M 越小(大)，越有(不)利于增大(减小)有效直减率。另外，Q_M 越小，越有利于落入该层降水物的蒸发，越有利于下沉气流加速，因此，在 WI 表达式中，融化层的混合比 Q_M 是以($-2Q_M$)的形式出现的。

　　(5)表达中出现常数(-30)的原因

　　Srivastava(1989)指出，如果 $\Gamma < 5.5$ ℃/km，则出现微下击暴流的概率几乎为 0。考虑到 $5.5^2 \approx 30$，故式(3.1)中包含常数项(-30)。这样处理后，当直减率很小时，WI 将是虚数，此时，取 $WI = 0$。

　　(6)$R_Q = Q_{L/12}$ 的作用

　　R_Q 是经验订正系数，其作用是订正在较干环境中对 WI 偏高的估值。温度直减率越大，下沉气流越强，因为负浮力越大。但是，当供应蒸发的降水不是足够多时，下沉气块将变为干绝热下沉，式(3.5)不再适用，负浮力强迫以及由其引起的下沉气流和外流强度将减小。Wakimoto(1985,1991)找到的干、湿下击暴流的低层环境分别是：在干下击暴流的情况下，低层混合比大约为 4~10 g/kg；在湿下击暴流情况下，低层混合比大约为 14~18 g/kg。一般来说，当低层混合比小于 12 g/kg 时，可供产生强降水风暴的水汽不充分。1985 年 8 月 2 日微下击暴流探空，Ellrod(1989)观测到有干、湿两种下击暴流探空的特征，低层混合比 Q_L 是 12~14 g/kg，微下击暴流是湿的。因此，当 $Q_L <$(或$>$)12 g/kg，$R_Q = Q_L/12 <$(或$>$)1 g/kg，将减小(增大)WI。

　　式(3.1)中的 H_M、Q_M、Q_L、Γ 可以从探空资料、客观分析(再分析)资料和模式输出资料计

算得到,代入式(3.1)便可以得到可能产生的阵风值,但这仍然是一种潜势,还必须有触发对流发生的启动机制才能将潜势释放出来,从而产生雷暴大风。雷暴的初始发展可以通过确定局地抬升区来预报,例如在特殊地形附近和低层不连续边界附近,在合适的对流潜势情况下,就可能产生下击暴流。

大风指数虽然是一个半经验半理论公式,但其来源有坚实的物理基础(McCann,1994)。McCann 利用大风指数公式对 207 例下击暴流进行研究后得出,WINDEX 不能直接预报下击暴流,其大小只代表了微下击暴流的潜势。雷暴外流边界的移向、移速和 WINDEX 配置对下击暴流是否发生起非常重要的作用。外流边界快速、直接移入 WINDEX 最大处,将有利于微下击暴流的发展。

3.5 冰雹的环境条件

3.5.1 冰雹的形成条件

前面已经提到增长为大雹块的一个必要条件是要有强的、能长时间支撑雹块的上升气流,足以使雹块增长到较大的尺寸。对强上升气流有主要贡献的是热浮力。一般来说,浮力越大,出现大雹块的可能性越大。描述热浮力的物理量是对流有效位能 CAPE,因此,产生大冰雹需要大的 CAPE 值。

上升气流与环境风相互作用产生的扰动压力梯度与合成的垂直加速度对上升速度有显著影响,在一些个例中,这种作用比浮力对上升气流的影响还要大(McCaul,et al.,1990;Weisman,et al.,1984),因此,环境风垂直切变在冰雹预报中也很重要。

雹块的增长发展过程是相当复杂的,单单上升气流本身并不能作为大雹块发展的充分依据。雹块尺寸增大似乎主要受风暴尺度中风结构变化所影响,这种变化影响着雹块增长区中雹胚的生存时间。产生冰雹的雨滴半径则为 5～50 mm 甚至更大,所以云体必须垂直发展能到达或超过−20℃温度的高度才能形成冰雹。

另一个影响落到地面雹块尺寸的重要因子是当雹块从冻结高度向地面降落时的融化效果。融化又受到很多因素的影响,包括:(1)冻结层到地面的距离;(2)冻结层和地面之间的环境温度;(3)雹块的大小,它影响着雹块降落到达地面时间的长短。

环境湿球温度 0℃层高度(常缩写为 WBZ)接近下沉空气的冻结层高度,此层处最有可能出现雹块。这一层次离地面越高,融化过程就越长。WBZ 到地面的平均温度越高,融化速度就越快。大雹块下落地面的时间比小冰雹短,亦即对于确定的 WBZ 高度而言,小冰雹的融化时间比大雹块长。因此,降雹还要求有适当的 0℃层高度。0℃层高度太低时,只能形成小雹粒。0℃层过高时冰雹在下落过程中融化成雨滴了。

3.5.2 美国产生大雹事件的环境条件

Johns 和 Doswell(1992)认为,降雹的预报应当包括对冰雹潜势的预测和对冰雹风暴的识别。有关强对流参数 LI、CAPE、风暴相对螺旋度 SRH、由浮力能和切变合成的参数 EHI 都是大雹事件好的预示因子。

表 3.7 给出了美国雹块直径 D≥10.16 cm 大雹事件邻(临)近(即时间和空间都接近大雹

事件发生时间、地点)测站的探空数据算出的一些浮力及切变有关的参数(Polston1996)。

表 3.7　美国大雹事件的一些参数

测站	日期(月/日/年)	CAPE(J/kg)	LI(℃)	SRH(2 km)	SRH(3 km)	EHI
Monett	4/8/1986	3016	−8	138	171	2.6
North Platte	8/7/1986	2993	−6	138	172	2.58
Topeka	9/19/1986	4097	−9	185	183	4.74
Del Rio	3/17/1987	2128	−11	104	145	1.38
Stephenvllle	7/4/1989	4070	−7	44	52	1.42
Amarillo	7/17/1989	3471	−10	255	296	5.53
Amarillo	7/11/1989	3690	−9	43	53	1.01
平均		3352	−9	130	153	2.75

　　注意到,这 7 个个例分布在春天(3、4 月)、夏天(7、8 月)、秋天(9 月),发生地点也不同,参数并没有显示出明显的季节和地理差异。虽然参数值也表现出一定的波动,但都很显著,例如 $CAPE$ 值都很高,没有低于 2000 J/kg 的,LI 负值很大,没有高于−6℃的;另外,参数之间具有互补性,个例 4,$CAPE$ 小,只有 2128 J/kg,但 LI 负值很大,达−11℃;个例 2,虽然 LI 只有−6℃,但是 $CAPE$ 高达 2993 J/kg,SRH(2 km)、EHI 等也都很高等。说明在取参数阈值时,既要考虑参数的范围,也要考虑参数之间的互补性以及个别参数的极值。

　　根据这 7 个个例,我们可以归纳出产生直径 $D \geqslant 10.16$ cm 超大冰雹的环境条件如下:$CAPE \geqslant 2000$ J/kg,$LI \leqslant −6$℃。

3.5.3　产生较大冰雹(直径≥2 cm)的环境条件

　　那么,产生较大冰雹(直径≥2 cm)的环境条件又是怎样的呢? 表 3.8 给出了中国 27 个大冰雹个例的一些环境参数。

表 3.8　冰雹事件的一些环境参数

月/日/年	地点和天气	影响系统	$CAPE$/(J/kg) K、SI、LI(℃)	中低层暖湿/ 干冷分析	$\Delta T_{850-500}$ $\Delta \theta_{se}$(℃)	风垂直结构 $\Delta V(10^{-3} s^{-1})$
6/27/1983 下午	山西、内蒙古、河北和北京等严重风灾、雹灾,河北保定和沧州的最大风速达 35.1 和 42 m/s	500 hPa 西北气流,低层和地面处于锋生区附近		02—14 时 300 hPa 高空出现了冷平流造成的强烈的降温,12 h 降温 10℃		500 hPa 西北气流,低层西南气流
6/24/1991 12—24 时	四川大竹 17:15 降雹, 风速 24 m/s;苍溪 18:50 降雹,最大直径 10 cm, 19:09 开江县降雹	东北冷涡后部的横槽后冷空气由华北侵入四川,地面冷锋		地面高能区,对流层低层不断增温增湿,中层降温减湿	08 时长江以北、沱江以东 $\Delta \theta_{se850-500} > 11$	

月/日/年	地点和天气	影响系统	CAPE/(J/kg) K、SI、LI(℃)	中低层暖湿/干冷分析	$\Delta T_{850-500}$ $\Delta\theta_{se}$(℃)	风垂直结构 $\Delta V(10^{-3}\mathrm{s}^{-1})$
6/12/1994 下午	许昌、开封、商丘冰雹和大风，郑州17—18时降水17.9 mm，18、19时东北大风 22 m/s	华北冷涡，地面中尺度辐合线，15时出现辐合中心	08时郑州 $K=$ 41.8；$SI=$ -3.0		08时郑州 $\Delta\theta_{se850-500}=$ 6.8	
5/12/1995 16:05—17:05	淮北朔里、石台、曹村、尤集，冰雹 4～5 cm	08时500 hPa西北气流，850 hPa暖切变，地面冷锋	08时郑州、阜阳、徐州 SI 分别为 -4.7、-1.9、1.6	08时郑州、阜阳、徐州850 hPa $T-T_d$ 分别为 5、3.5、10℃	08时郑州、阜阳、徐州 $\Delta T_{850-500}$ 为 31、26、28	低空西南气流，风随高度顺转
7/1/1995 6:30—14:25	山东济宁9个县市区78个乡镇冰雹，最大直径7 cm（汶上县），风速26 m/s，曲阜3 h 6 min降雨43.6 mm	500 hPa西北气流，地面切变线		安阳30日08时24 h 500 hPa降温1℃、700～850 hPa增温1～2℃，湿度也增加	总温度随高度递减，850～700 hPa $\Delta\theta_{se}$ >0	29日08时—7月1日08时地面至500 hPa由西南风转为西北风，风速 ≤10 m/s增大到20～25 m/s
4/28/1997 下午—夜间	鲁中山区北部5县冰雹	08时500 hPa槽后西北气流，地面冷锋落后于850 hPa横槽，14时冷锋前新生低压	08—20时 CAPE 从322增至1575	08时850 hPa 40°—47°N锋区强度1.7℃/纬度，山东西部高温中心，济南18℃，700 hPa、850 hPa温度平流 -3.2、$16.9\times$ 10^{-5}℃/s	08时 $\Delta T_{850-500}$ >27℃，08、20时 $\Delta\theta_{se0-700}=8$、18.5	08时45°N 500 hPa槽后西北气流达20～24 m/s，850 hPa西南气流
4/29/1997 傍晚—夜间	鲁北8县、鲁南3县冰雹	08时500 hPa低槽，850 hPa暖舌（>16℃），地面弱低压	傍晚—夜间 CAPE 为0	08时低层仍为高能舌，850 hPa、925 hPa温度平流为 -7.5、$0.1\times$ 10^{-5}℃/s	08时 $\Delta T_{850-500}$ 大于27℃，29日08、20时 $\Delta\theta_{se0-700}=$ 4.1、8.8	08时500 hPa槽后西北气流，850 hPa西南气流
5/10/1999 下午14—18时	南昌、抚州、宜春10个市县大风冰雹，最大风速20 m/s，奉新噪下乡冰雹大如鸭蛋	08时500～850 hPa西北气流，地面冷锋、飑线	$K=33$	08时南昌925、850 hPa升温2℃，700 hPa降温 -3℃，500～200 hPa降温-5℃	$\Delta T_{850-500}$ =28℃	08时925 hPa西南气流 4～6 m/s，500～850 hPa西北气流

续表

月/日/年	地点和天气	影响系统	$CAPE$(J/kg) K、SI、LI(℃)	中低层暖湿/干冷分析	$\Delta T_{850-500}$ $\Delta\theta_{se}$(℃)	风垂直结构 ΔV(10^{-3}s^{-1})
5/17/2000 12:50—16 时	北京市顺义、怀柔、平谷、通具冰雹,牛栏山、赵全营冰雹直径 3～4 cm	蒙古冷涡,500～700 hPa 涡后冷平流,850 hPa 槽前暖湿区	08 时 $K=25$,$SI=-1.1$	850 hPa 以下温度露点差 3℃,500～700 hPa 涡后部不断有冷空气向东南方向移动	08 时 $\Delta\theta_{se850-500}$ $=20$	08 时 850 hPa 西南气流,700 hPa 涡后西北气流
6/22/2000 14—20 时	山东寿光冰雹直径 5 cm	高空前倾槽,地面冷锋与海风锋叠加		地面高能区.地面总温度梯度由 11 时的 0.4℃/10 km 增强到 17 时的 1.2℃/10 km	济南、石岛 $\Delta T_{850-500}$ >30℃	08 时 500～700 hPa 西北气流,地面偏南风
4/28/2001 15—17 时	余干—鹰潭—铅山:20～24 m/s,中到大雷阵雨,陆龙卷和冰雹	850 hPa～500 hPa 南支槽前,地面弱冷锋、露点锋	$K=38$	850 hPa 湿区范围较广,850 hPa 处在湿平流控制中,700 hPa 和 500 hPa 均在干平流控制下	$\Delta\theta_{se850-500}$ 大	850 hPa、700 hPa 上的急流位置基本重叠,风速 14～20 m/s
6/12/2001 18:30—21 时	宝鸡 8 个县风力 9 级、咸阳等地强降雹	500 hPa 槽后西北气流,700 hPa 竖切变,地面露点锋,飑线	西安 20 时 $SI=-5.1$	$T-T_d$ 700、850 hPa<4℃,500 hPa>10℃,高层强冷平流迭置在低层湿舌上空	08 时 西 安 $\Delta\theta_{se850-500}=6.0$	风速垂直切变较大
6/18/2001 12:30—16 时	鹤壁、安阳,14:25 风速达 38.6 m/s,冰雹直径 2 cm,鹤壁开发区降水量 39.2 mm	300 hPa 低涡东移南压且转为径向型,后部强冷平流南下豫北,飑线	$K=34$	18 日 08 时 700 hPa高能舌伸的河南,500 hPa 干平流	$\Delta\theta_{se850-500}$ 大	300 hPa 兰州—郑州—济南的西南偏西急流最大风速 46 m/s;郑州(38 m/s)与邢台(22 m/s)之间西南风水平切变明显

续表

月/日/年	地点和天气	影响系统	CAPE(J/kg) K、SI、LI(℃)	中低层暖湿/干冷分析	$\Delta T_{850-500}$ $\Delta\theta_{se}$(℃)	风垂直结构 $\Delta V(10^{-3}\,\mathrm{s}^{-1})$
4/7/2002 16:30—24时	江西宜春、新余冰雹大风	08时500 hPa低槽，925～850 hPa切变线，地面冷锋		08时500 hPa江西有1—6℃降温，925 hPa有逆温层，870 hPa以下$T-T_d\leqslant5$℃，以上湿度急剧减小	08时 $\Delta T_{850-500}=28$ $\Delta\theta_{se850-500}=10.5$	08时925—850 hPa急流，最大风速16 m/s，垂直风切变大
5/14/2002 19—21时	常德石门县风速23 m/s、冰雹20 mm，澧县风速26 m/s，桃源龙卷、冰雹30 mm	700、500 hPa槽线之间，急流左侧		低层为湿层，925～700 hPa为暖平流；中层非常干燥，700～100 hPa为深厚冷平流	$\Delta\theta_{se850-500}$大	低层到高层为强的垂直风切变，低层风切变强于中层
6/6/2003 16—18时	安徽定远县义和及二龙等乡镇冰雹，大的40 mm，降水20 mm左右	08时500 hPa槽后冷平流，700～850 hPa低槽重合	08时南京 CAPE=1800	700 hPa以下比较湿，以上明显变干，500 hPa温度露点差最大	$\Delta\theta_{se0-500}=11$	3～6 km垂直风切变3.67
6/28/2003 傍晚到夜间	黑龙江西部和南部、吉林和辽宁大部分地区、内蒙古东北部及华北北部冰雹、雷雨和8级瞬时大风	深厚低涡辐合系统，地面暖低压	CAPE 14时1106,17时1294	低层暖湿，接近饱和状态；800—600逆温层，中上层干冷	$\Delta\theta_{se850-500}$大	08时850～300 hPa垂直风切变为4.9，17时850 hPa急流与300 hPa急流的出口区相交时强对流爆发
6/14/2004 下午	宁夏大部吴忠市雷雨大风，30 mm冰雹	蒙古冷涡，宁夏西侧地面风切变东移	08时到20时，K从24增至32，SI在0～-1.7	500 hPa温度槽，850 hPa暖舌；13日20时温度露点差700 hPa≤4℃，500 hPa≥16℃	$\Delta\theta_{se850-500}$ 08时=6，高层干冷平流和低层暖湿平流	08时850、700 hPa东风或东北风，500 hPa西南风，风向切变明显，850-500 hPa风速切变1.5
7/6/2004 15—19时	十堰郧县、房县等雷雨大风，冰雹直径2～35 mm	500～850 hPa华北冷涡南下	南阳08,20时CAPE为1056,2318	08时925～850 hPa比湿10～12 g/kg，相对湿度60%～70%；500 hPa比湿<2 g/kg，相对湿度20%～30%	500 hPa较强冷平流，地面增温明显	1.44～10.84 km由东风转为近西南风，风速切变为2.98

续表

月/日/年	地点和天气	影响系统	$CAPE$(J/kg) K、SI、LI(℃)	中低层暖湿/ 干冷分析	$\Delta T_{850-500}$ $\Delta\theta_{se}$(℃)	风垂直结构 $\Delta V(10^{-3}\,\text{s}^{-1})$
6/21/2005 18—20 时	沈阳桃仙机场: 风速 16 m/s, 2 cm 冰雹, 5 h 降雨量 23.3 mm	500～700 hPa 冷涡, 地面蒙 古气旋, 暖锋		08 时 850 hPa 较大水汽通量 区, 500 hPa 冷 平流	850～500 hPa $\Delta\theta_{se}$ 明显的正 值区	08—20 时高空 急流, 急流下方 强垂直风切变
9/8/2005 16:30—17:30	张家界桑植官 地坪、八大公 山等乡镇, 8 级 风, 最大雹径 2 cm	高空槽	$CAPE=1200$ $K=38$, $LI=-6$	温度露点差 850 hPa 小于 5.5℃, 500 hPa 大于 17.0℃	$\Delta\theta_{se850-500}$ = 8.5, 温 度 差 26.4℃	200～850 hPa、 500 hPa—地面 风切变 1.2、1.8
6/10/2006 07—14 时	皖南 30 m/s, 浙中北 285 个 测站出现 8 级 以上大风, 且 临安、诸暨、绍 兴等地出现了 短时冰雹	高空槽, 925 hPa 切变线, 地面 低压底部, 飑线	$CAPE=1700$ $LI=-6.0$ $K=12$ $SI=4.1$	08 时 700～ 850 hPa 槽后冷 空气已经扩散 至整个浙江 省, 900 hPa 以 下为西南暖湿 气流	$\Delta\theta_{se925-700}$ 大	浙江省位于高 空 (400 hPa) 急 流 入 口 区 的 南侧
4/2/2007 07:15—12:00	广州、顺德冰 雹大风	20 时 500 hPa 南支槽, 地面 冷锋		850 hPa 比湿 12～14 g/kg	$\Delta\theta_{se850-500}=14$	20 时 850 hPa 华 南沿海西南西风 10～16 m/s
7/25/2007 14:58—16:40	高邮、兴化、大 丰, 瞬时风速 37.8 m/s, 2 cm 冰雹	副高后部, 地 面中尺度切变 线、低压、阵锋 风, 下击暴流	$K=34$ $SI=-3.1$	850 hPa 以下 暖湿, 700～ 300 hPa 温度 露点差大, 500 hPa 达最大	$\Delta\theta_{se850-500}$ 大	500、700、850 hPa 西南急流 20～ 22 m/s
7/27/2007 19—21	武昌城区和汉 口局部冰雹, 直径最大 2 cm	副高后部, 850、700 hPa 辐合线	$K=32$ $SI=-4.0$	$T-T_d$: 1000 hPa = 4℃, 925 ～700 hPa: 8～ 11℃, 500 hPa:32℃	$\Delta\theta_{se0-700}$ 大	0～850 hPa 风 切变 7.2
6/3/2008 14:20—17:40	河南省北部、 中东部 20 余站 7 级以上大风, 鄢陵 31.5 m/s, 原阳、中牟、鄢 陵冰雹	500 hPa 西北 气流, 700～ 850 hPa 低槽, 地面冷锋、辐 合线	郑州 CAPE 从 08 时 56 猛升 至 14 时 1673, 14 时 $K=33$, $LI=-5.0$	08 时郑州 500 hPa 以下为近 饱和状态, 河 南中东部地面 $t-t_d \leq 4℃$, 500 hPa 冷 平流	08—14 时 $\partial\theta_{se}/\partial p$ 由负转正, 中心幅值 12× 10^{-2} K/hPa	08 时河南 0～ 6 km、0～2 km 垂直风切变 ≥ 4、≥3

月/日/年	地点和天气	影响系统	$CAPE(\mathrm{J/kg})$ K、SI、$LI(℃)$	中低层暖湿/干冷分析	$\Delta T_{850-500}$ $\Delta\theta_{se}(℃)$	风垂直结构 $\Delta V(10^{-3}\mathrm{s}^{-1})$
6/25/2008 18—19时	山东沾化 8 级大风，冰雹 5 cm	500 hPa 冷涡后部西北冷平流，850 hPa 冷涡前部暖湿平流		08 时 800 hPa 以下有弱的逆温层，上冷下暖结构明显，850 hPa 有较明显的暖平流	$\Delta\theta_{se850-500}$ 大	近地面东南风，700 hPa 以上西北风且风速随高度增加

这 27 次冰雹大风过程，从 500 hPa 形势看，低槽 7 例（其中 1 例为前倾槽）、冷涡 8 例、西北气流 9 例，切变线 1 例，副高后部 2 例。其中冷涡、西北气流、前倾槽占了 66.7%，这些天气形势都非常有利于冷空气从对流层中高层入侵预报区，从而造成预报区层结的强烈对流不稳定。

下面通过对这 27 次冰雹过程的环境条件分析，提炼出一些有利于产生较大冰雹（直径≥2 cm）的环境条件指标。仔细分析表 3.8，我们可以得到如下结果：

（1）强对流不稳定层结

首先，温度垂直递减率很大时容易产生冰雹。由表 3.8 可见，我们可以将温度垂直递减率的阈值取为 $\Delta T_{850-500}\geqslant 28℃$。许爱华等（2006）研究表明：3—9 月，当南昌出现 $\Delta T_{850-500}\geqslant 27℃$ 强垂直温度梯度、且有天气系统作为触发条件时，江西强对流天气发生的概率高达 85%；特别是盛夏季节 7—9 月，江西强对流天气发生概率更是高达 90%，即在这种条件不稳定情况下，很可能发生强对流天气。陈良栋（1994）在分析北京的飑线过程时亦指出，当 $\Delta T_{850-500}=27.9℃$ 时，由于冷锋和东部山区的强迫抬升，中午前后触发对流运动，并发展成飑线。因此，可以将 $\Delta T_{850-500}\geqslant 27℃$，相当于温度直减率 $\Gamma\geqslant 6.75℃/\mathrm{km}$，作为冰雹大风的预报指标，这个温度直减率大于对流层内平均气温直减率（0.60 ℃/100 m），但小于干对流要求的温度直减率 0.725℃/100 m。

同样，强假相当位温垂直递减率也有利于冰雹的产生，根据表 3.8，它的阈值可取为：$\Delta\theta_{se850-500/925(0)-700}\geqslant 14℃$，与干对流相同。

在强对流不稳定层结的情况下，只要有触发机制，便很容易产生对流。强垂直温度递减率下出现的强上升运动主要依靠的是斜压有效位能，对流有效位能（热浮力）可以很小。当然，如果这时对流有效位能也很大，便更容易产生冰雹了。

一个极端的例子是 1997 年 4 月 29 日傍晚到夜间发生在鲁北和鲁南 10 县的冰雹天气（杨晓霞等，2000），由于前一天（4 月 28 日下午到夜间）鲁中 5 县出现了冰雹，对流有效位能已经释放，29 日傍晚到夜间对流有效位能为零。但是，29 日 08 时 850 hPa 36°N 以南、115°E 附近仍为高于 16℃ 的暖舌，500 hPa 的低涡虽然减弱为低槽，冷中心虽有所减弱但明显南下（图 3.6），冷空气很快将侵入到 850 hPa，地面—925 hPa 仍为暖平流增大，850—300 hPa 冷平流也在加强，表明垂直温度梯度在增大，将造成强烈的位势不稳定，在高层冷平流和低层暖平流相叠的区域产生冰雹。

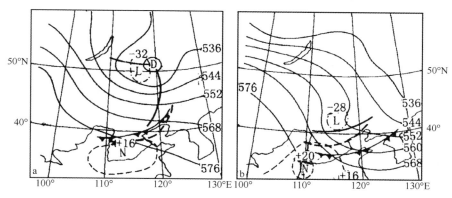

图 3.6　1997 年 4 月 28 日 08 时(a)和 29 日 20 时(b)500 hPa 环流形势、冷中心位置、850 hPa 横槽(粗断线)、暖中心位置及地面冷锋

虽然强对流不稳定层结下对对流有效位能没有强制性的要求,但是仍然要求低层要有较好的水汽条件,否则只会产生干对流而不会出现冰雹。根据表 3.8,我们可以将低层的水汽条件确定为:925 hPa $T-T_d \leqslant 4℃$。例如上面那个例子,29 日 20 时西北—东南向的高能舌仍然控制鲁北和鲁东南地区,且高能舌向上伸至 750 hPa。

(2)强垂直风切变

前面我们已经指出,强垂直风切变是有利于冰雹的形成的。根据表 3.8,我们可以将强垂直风切变阈值定为:深层垂直风切变 $\Delta V_{850-300/200}$ 或 $\Delta V_{0-500(6\,km)} \geqslant 4.5×10^{-3}\,s^{-1}$,与国外统计分析得到的产生飑线的垂直风切变阈值相同,或低层风切变 $\Delta V_{0-850} \geqslant 7×10^{-3}\,s^{-1}$。这些阈值与干对流亦相同。

同样,在强垂直风切变的条件下,只有低层有较好的水汽条件才会产生冰雹。同样要求 925 hPa $T-T_d \leqslant 4℃$。

(3)中等对流不稳定和中等垂直风切变

1)上下层假相当位温之差

虽然表 3.8 中很多个例未给出上下层假相当位温之差的数值,但是根据对流层中低层暖湿/干冷分布特征,我们可以看出对流层中低层假相当位温之差 $\Delta\theta_{se}$ 是比较大的。绝大多数个例 $\Delta\theta_{se}$ 是指 850 和 500 hPa 假相当位温之差,也有少数个例干冷空气已经入侵到 850 hPa 以下,因此,底下那一层可能是 925 hPa 甚至是地面。根据表 3.8,我们可以选择其阈值为:

$$\Delta\theta_{se\,850-500/925(0)-700} \geqslant 6℃$$

这个指标与王鼎新等(1990)的研究结果一致,与张素芬等(1999)得到的冰雹天气过程发生前 6~8 h $\Delta\theta_{se\,850-500}$ 在 5.5~21.3℃ 的结论也是符合的。

2)垂直风切变

从表 3.8 可见,高空(400—200 hPa)与低层(一般是指 850 hPa)或对流层中层(一般是指 500 hPa)与地面的风速差 $\geqslant 1.5×10^{-3}\,s^{-1}$,这与国外的统计结果 200 和 850 hPa 风矢量差大于 $1.5×10^{-3}\,s^{-1}$ 时,对应多单体风暴的发生是一致的。与张素芬等(1999)对河南省 1982—1997 年 4—8 月 40 次区域性冰雹过程(相邻 3 站以上降雹)分析得到的冰雹环境风速的垂直切变一般在 $1.5×10^{-3}$~$6.3×10^{-3}\,s^{-1}$ 是一致的。与李吉顺(1981)对北京地区 1970—1979 年 5—9 月 59 个强对流个例的环境风垂直分布进行统计分析得出的结论:1.5~12.0 km 环境风垂直切变值绝大多数在$(1.1\sim4.0)\times10^{-3}\,\text{s}^{-1}$(占88.1%)是相近的,因为李吉顺并未对这59个强对流个例区分冰雹的大小,如果取冰雹直径≥2 cm的个例,则垂直风切变应当更大。因此选深层风切变$\Delta V_{850-300(200/400)/0-500}\geqslant1.5\times10^{-3}\,\text{s}^{-1}$是合适的。

其次,我们来分析对流层中低层的垂直风切变。对流层中低层的垂直风切变有几种情况,一是对流层中低层(850—500 hPa)存在明显的风速差,由表3.6可见,$\Delta V_{850-500}\geqslant2.5\times10^{-3}\,\text{s}^{-1}$;二是当存在低空急流时(700 hPa或以下偏南风速≥12 m/s),这时的风切变是指低空急流与地面的风速切变,地面~850 hPa的风速差$\Delta V_{0-850}\geqslant2.5\times10^{-3}\,\text{s}^{-1}$。

(4)其他不稳定指数

除了上面提到的强对流不稳定层结和垂直风切变之外,一般情况下,产生冰雹的环境还需要较高的对流有效能量和气块抬升至500 hPa的不稳定性,前者可以用对流有效位能或K/MK指数表示,后者可以用LI或SI表示。

前面我们已经指出,高的对流有效位能对冰雹的形成是十分有利的,表3.8中的绝大多数个例确实如此,只有强垂直温度递减率的情况是一个例外,除此之外,都要求在冰雹发生前$CAPE\geqslant1000$ J/kg。

对于K指数,表3.8表明,一般都满足$K\geqslant32℃$,只有2000年5月17日发生在北京、2006年6月10日发生在浙中北的冰雹大风例外,前者冷空气已经入侵到700 hPa,故K指数只有25℃;后者冷空气已入侵到900 hPa,K指数更小,只有12℃,但是,这两个个例低层(冷空气之下)都很潮湿,否则也不会出现冰雹大风天气了。这是K指数的局限性造成的,由于固定了层次,K指数不能反映干冷空气已经入侵到700 hPa以下但仍然有利于强对流发生的不稳定层结特点,此时应当采用修正的K指数。

从表3.8可见,冰雹应当满足LI或$SI\leqslant0$的条件。关于抬升指数LI,王锡军(2002)分析了大连1994—2001年出现的165次雷达降水回波和探空资料,得到抬升指数与冰雹的关系(表3.9),指出当抬升指数LI值小于$1.0℃$时,雷暴回波就有可能降雹;当LI值小于$-3.5℃$时,雷暴回波百分之百产生降雹。表3.9并未区分冰雹的大小,又不完全符合"临近原则",对于直径≥2 cm的冰雹,临近的LI应当小于零。

表3.9　大连LI与冰雹、雷雨的关系

天气类型		LI(℃)	≥1.0	0.9~-3.5	<-3.5
冰雹	次数/次		0	8	6
	几率/(%)		0	36	100
雷雨	次数/次		7	14	0
	几率/(%)		100	64	0

张素芬等(1999)分析表明:冰雹天气过程发生前6~8 h沙氏指数$SI\leqslant-1.0℃$,最小值达$-7.0℃$;$K\geqslant25℃$,最大值达38℃,最大值多出现在冰雹发生前4~8 h,这与我们从分析表3.6得到的结论是一致的。另外,他们还指出:冰雹天气的q_{850}值在6.0~9.9 g/kg,大气中水汽较少,空气较干燥。q_{850}的值不能太大,太大易形成暴雨。

根据表上面的分析,可以得到这些指数的阈值如下:

$CAPE\geqslant1000$ J/kg或$K/MK\geqslant32℃$,LI或$SI\leqslant0℃$。

(5)0 和−20℃层高度

除了热力条件和垂直风切变之外，产生冰雹还要求有特殊的 0 和−20℃层高度。

吉林省的研究结果(王晓民,2009)表明有 75% 的冰雹 0℃的高度在 4600~4800 m,90% 以上的大雨 0℃的高度在 3600~5000 m,90% 以上的暴雨或大暴雨 0℃的高度在 4200~ 5600 m。

黑龙江也得到类似的结果(黑龙江省气象局,2010):0℃层高度、−20℃层高度雹日平均值 为 2815、5909 m,大范围降雹日平均值有所降低,分别为 2637 和 5697 m。各高度指标都存在 明显的集中区域,离散点较少,指示意义明显。

河南省强对流天气发生前 6~8 h 0℃的高度 $H_{0℃}$ 在 3.1~5.6 km 之间,−20℃层高度 $H_{-20℃}$ 在 6.3~8.0 km。而暴雨发生前 0℃的高度 $H_{0℃}$ 在 5 km 以上,−20℃层高度 $H_{-20℃}$ 在 8 km 以上。具有厚度>7.5 km 的负温区。

王锡军(2002)给出了大连雷暴回波产生降雹时所需要的 0℃层高度(表 3.10)为 2.8~ 4.0 km。对高于 15.0 km 的雷暴回波,0℃层高度为 4.1~4.9 km。

表 3.10　0℃层高度与冰雹、雷雨的关系

	0℃层高度(km)	2.8~4.0	4.1~4.9	≥5.0
冰雹	次数/次	12	2	0
	几率/(%)	71	17	0
雷雨	次数/次	5	10	6
	几率/(%)	29	83	100

综合各省市的统计结果,中国冰雹所需要的 0 和−20℃层高度分别为 2.5~5.6 km、 5.5~8.5 km,且具有厚度>7.5 km 的负温区,0℃到−20℃层的厚度≥2.8 km。

南方在春季、北方在初夏和初秋最易满足上述 0 和−20℃层高度的要求,所以这些季节降 雹较多。进入夏季,0 和−20℃层的高度都高于冰雹的阈值,尽管其他环境条件都很好,也只 会产生强降雨而不容易产生冰雹了。

(6)有利于冰雹天气发生的环境条件综述

据据以上分析,我们可以将有利于冰雹天气发生的环境条件综合如下:

一般情况,应当同时满足以下三个条件:

1)$CAPE$≥1000 J/kg 或 K/MK≥32℃

2)LI 或 SI≤−1.0℃

3)$\Delta\theta_{se850-500/925(0)-700}$≥6℃ 且
$$\Delta V_{850-300(200/400)/0-500}≥1.5×10^{-3}s^{-1} 或 \Delta V_{0-850/850-500}≥2.5×10^{-3}s^{-1}$$

特殊情况,同时满足以下两个条件即可:

1)925 hPa $T-T_d$≤4℃

2)$\Delta T_{850-500}$≥27℃

或 $\Delta V_{850-300/200}$ 或 $\Delta V_{0-500(6 km)}$≥4.5×10^{-3}s^{-1} 或 ΔV_{0-850}≥7×10^{-3}s^{-1}

共同条件:

0℃层的高度在 2.5~5.6 km,−20℃层的高度在 5.5~8.5 km,具有厚度>7.5 km 的负 温区,且 0℃到−20℃层的厚度≥2.8 km。

除此之外,黑龙江、吉林、山东等省都提出边界层逆温有利于水汽在低层积聚,也是一个较好的冰雹预报指标,并进而提出暖干指数用于描述低层逆温。一些省还使用对流抑制指数(CIN),指出对于强对流发生 CIN 往往有一较为合适的值:太大,抑制对流程度大,对流不容易发生;太小,能量不容易在低层积聚,对流调整易发生,从而使对流不能发展到较强的程度。吉林省计算结果表明:冰雹发生时 CIN 在 0～120,有 70% 以上的大雨发生在 CIN 值为 0～300,暴雨多发生在 CIN 值为 200～400,大暴雨的 CIN 值为 300～400。河南省还指出:适宜产生冰雹的正负温区厚度比＋M/－M 的值在 0.3～0.8,即＞1：3,这个比值与美国的差不多,但比原苏联北高加索地区 1：2.8 要小。

以上的分析都是针对垂直方向的大气结构进行的,从水平方向(或等压面)考察,过去的很多研究都表明较大冰雹一般出现在对流层中低层相对高能区内或高能轴的左侧,地面强烈的增温增湿是冰雹大风天气出现前的明显特征之一,一般地面总能量在冰雹大风天气临近前达到极大。

3.5.4　冰雹直径

根据前苏联的资料,最大及地雹块直径 R_{max} 与云中最大上升速度 W_{max} 之间有以下关系:

$$R_{max} \approx \frac{W_{max}^2}{\beta^2} \qquad (3.6)$$

式中,$\beta \approx 2.2 \times 10^3$ cm$^{1/2}$ · s(有的文献取 $\beta \approx 2.6 \times 10^3$)。

气块在特定环境中绝热上升的最大垂直速度(W_{max}),理论上取决于 $CAPE$ 向动能的转换程度,并且由此可以求出 $W_{max} = (2CAPE)^{1/2}$。

美国对 400 多个冰雹事件统计发现(Edwards, et al.,1998),冰雹直径随 VIL 的增大而增大,45 kg/m^2 以上的 VIL 一般产生直径 1.9 cm 以上的冰雹,55 kg/m^2 以上的 VIL 一般产生直径 3 cm 以上的冰雹。Cerniglia 和 Snyder(2002)在对美国 89 例脉冲风暴的研究中指出,基于格点的 VIL 超过 30 kg/m^2 时,冰雹预报的 POD、FAR、CSI 分别达到 89%、12%、70%。因此,VIL 值的波动为判断风暴中大的粒子特别是冰雹粒子的生成与临近预报提供了有效的信息。

3.6　局地短历时强降水的环境条件

像"63.8"和"96.8"华北大暴雨、"98"长江大暴雨、"03"和"07"淮河大暴雨等区域性大暴雨,中国已进行过许多研究,取得了丰硕成果,但是对局地短历时强降水研究则较少,只局限于一些个例研究,因为这种局域性强降水预报难度大,常常造成预报失误;又因为它历时短、强度大,常常酿成山洪、城市洪水和地质灾害等。因此,系统研究局地短历时强降水的产生条件并在此基础上提高其预报准确率就成为迫切的任务了。

为此,我们先从批量个例统计分析得出局地短历时强降水的环境条件,然后再阐述局地短历时强降水的可能形成机制。

3.6.1　对局地短历时强降水有利的环境参数

为了与区域性暴雨相区别,我们将局地短历时强降水作如下的规定:1 h 降水量不小于

20 mm,强降水历时不超过 6 h,过程总降水量不小于 50 mm,强降水出现范围不超过 100 km×100 km(中尺度)。根据以上定义我们从文章中找到了 22 个只产生局地短历时强降水、但不产生大风和大冰雹的个例,将环境参数列于表 3.11 之中。其中 2007 年 7 月 12—13 日发生在荆门市的强降水,表面上看历时超过了 6 h,但它是由两次过程组成的,每次过程历时都小于 6 h。2007 年 8 月 25 日发生在豫北的暴雨,因为文章只给出 12 h 降雨量,没有交待 11—14 时强降雨集中期的降水量,但是根据文中的叙述估计 6 h 降雨量超过了 50 mm。

表 3.11　局地短历时强降雨事件的环境参数

月/日/年	地点和天气	影响系统	CAPE(J/kg) K、SI、LI(℃)	$\Delta\theta_{se850-500}$ $\Delta T_{850-500}$(℃)	中低层暖湿/干冷分析	风垂直结构 $\Delta V(10^{-3}\,s^{-1})$
8/2/1988 1 日后半夜	北京昌平、河北东北部,昌平 6 h 雨量达 156 mm	500 hPa 副高后部,700 hPa 北槽南涡,850 hPa 暖切变	1 日 08 时至 2 日 08 时,K 从 26.3 上升至 37.7	$\Delta\theta_{se850-500}>0$	500 hPa 湿舌,暴雨区整层为持续而稳定的偏西南气流控制,上游湿层深厚,q_{850} 为 14～16 g/kg	20 时 200 hPa 急流入口区右侧,2 日 08 时 700 hPa 低空急流 18 m/s
7/20/1991 16 时至次日凌晨 4～5 h	长春南部,双阳 5 h 降雨 88 mm	500 hPa 前倾短波槽,850 hPa 中尺度气旋式环流		08 时东北中部为不稳定带,长春北部为对流不稳定中心	08 时对流层中下层和对流层顶附近 θ 梯度、θ_{se} 梯度明显增强,中下层明显水汽辐合,中心位于长春南部	中低层西南气流
6/29/1998 29 日 23 时—30 日 02 时	北京通县雨量 269 mm,23—00 时 99.8 mm/h	500 hPa 槽后天气脊,850 hPa 切变线,地面静止锋	$K>36$℃	20 时 $\Delta\theta_{se850-500}=24$℃	20 时 1000～700 hPa $T-T_d<4$℃,中高层为西风带气流控制,相对干冷	20 时 850 hPa 北京、青岛东南风 10～8 m/s
7/18/1999 17—21 时	华南沿海,强对流降水过程	副高西北侧及切变线前,地面弱准静止锋	850 hPa CAPE 大值中心,$K=36$	08 时 500 hPa 沿海岸线有一大值负变温中心	切变线前温度露点差≤3℃,水汽已达到饱和,700 hPa 相对湿度存在明显的湿中心	850 hPa 西南气流最大风速 16 m/s
5/15/2003 20—23 时	贵州省中东部大暴雨,贵阳龙洞堡机场 3 h 43.3 mm	500 hPa 小槽,700、850 hPa 低涡,地面冷锋前		$\Delta\theta_{se850-500}>4$℃	850 hPa 高比湿中心,$q_{850}>16$ g/kg	200 hPa 急流中心出口区右侧,850 hPa 低空急流最北端,$\Delta V_{850-500}$ 为 3～4

月/日/年	地点和天气	影响系统	$CAPE$(J/kg) K、SI、LI(℃)	$\Delta\theta_{se850-500}$ $\Delta T_{850-500}$(℃)	中低层暖湿/干冷分析	风垂直结构 $\Delta\boldsymbol{V}$(10^{-3}s^{-1})
7/10/2004 16—18时	北京城区，丰台 52 mm/h	500 hPa 低槽，850 hPa 低涡切变，地面辐合线	$CAPE>200$，$K=33.8$ $SI=-2.5$	$\Delta\theta_{se850-700}$ $=12.6$	700 hPa 北京及其西南的河北、山西大部分地区为水汽通量辐合区，北京及周边地区为位温的高值区	高低层间存在较强的风切变
6/13/2006 12 日 22—13 日 02 时	贵州望谟县 12 日 23—00 时 1 h雨量 72.6 mm	500 hPa 低槽，700 hPa 低涡切变线，地面 20 时静止锋	850 hPa 贵州南部处于湿有效能量高中心	12 日 20 时 850 hPa 较强暖平流，500 hPa 弱的冷平流	边界层到 700 hPa θ_{se} 高能舌，700 hPa 到地面有 θ_{se} 锋区且向南倾斜。水汽辐合最大层位于 900～850 hPa	850 hPa 低涡南侧低空急流
6/18/2006 4—10时	福建永定：抚市镇 6—7 时 124 mm/h	500 hPa 低槽，850 hPa 低涡切变	$CAPE=1264$ $K=36$	18 日 08 日江西到福建省 925 hPa 24 h 降温 0～2℃	850 hPa 从江西到福建省中西部地区有比湿 ≥ 12 g/kg 的湿舌，暖云厚度达 5 km	925—500 hPa 风随高度顺转有暖平流，0—6 km 垂直风切变为 1.67
7/2/2006 下午	宁夏陶乐 12：30—13：30 1 h 雨量 69.4 mm	500、700 hPa 暖性低涡，地面河套热倒槽		上冷下暖：500 hPa 弱的温度槽，700 hPa 有暖舌	08 时 750～500 hPa 相对湿度在 90%，12：00 相对湿度 90% 的区域继续向北推进到 38.5°N	08 时 700 hPa 平凉偏南风 16.0 m/s
8/25/2006 14：20—19：10	郑州市开发区，97.8 mm/5 h	低槽	$CAPE=638$，08 时 $K=32$，$LI=-5.2$	08 时 $\Delta\theta_{se850-700}$ $=9.9$	500 hPa 槽前较强的西南气流把孟加拉湾的暖湿水汽向雨区输送	08 时 500 hPa 槽前西南风加大
7/12/2007 12—20 时，13 日 06 时—20 时	荆门市 12 日 06—20 时 19 站暴雨，京山永兴站 13 日 08—09 时最大雨强 122.4 mm	西南涡	$K=36$	$\Delta\theta_{se850-700}$ 11 日 20 时=9,13 日 08 时又达较大值	12 日 08 时至 13 日 20 时荆门 850、700 hPa 比湿为 12、8～10 g/kg，925 hPa 辐合最强，为水汽辐合中心	200 hPa 高空急流中心 46 m/s，荆门位于急流中心右后侧辐散区内，700 hPa 西南涡北侧东风急流 24 m/s

续表

月/日/年	地点和天气	影响系统	$CAPE(\text{J/kg})$ K、SI、LI(℃)	$\Delta\theta_{se850-500}$ $\Delta T_{850-500}$(℃)	中低层暖湿/干冷分析	风垂直结构 $\Delta V(10^{-3}\text{s}^{-1})$
7/19/2005 19日22时至20日08时	温州：00—03时降雨量超过100 mm	"海棠"台风外围云团		低层强烈的对流不稳定	低层强烈的水汽辐合，水汽层高达300 hPa，且600 hPa以下水汽丰富	850 hPa台风东南低空急流，300 hPa急流的入口处
7/18/2007 07:00—11:30	天津市宝坻区08—09时70.1 mm	500—700 hPa低槽，850 hPa切变线，地面冷锋	17日20时$CAPE=2207$，18日08时$K=40$，$SI=-1.6$		700 hPa（包括700 hPa）以下空气湿度很大	20时风随高度顺转、整层为暖平流，08时850 hPa以下风向弱的逆转为冷平流
7/28/2007 29日4—10时	河南卢氏县官道口降雨量38.3/h，100.3 mm/6 h	20时500 hPa副高边缘，中低层切变线，地面辐合线		28时20时$\Delta\theta_{se850-500}=10$	降雨开始前，雨区上空600 hPa以下已存在较厚的湿层，雨强最强时，湿层抬到400 hPa。	28日08时—30日20时700 hPa急流维持时间超过36 h
8/25/2007 11—14时	河南浚县3个乡镇雨量100 mm以上	500 hPa副高内，700 hPa暖切变，地面冷锋	08时K在37以上，$SI=-1.5$	θ_{se}随高度递减，$\Delta\theta_{se850-400}$很大	08时鹤壁地区850~500 hPa温度露点差均在<4℃区域内，400 hPa附近存在一个很强的干层，$T-T_d=22$℃	700 hPa偏东南气流
8/26/2007 2—6时	天津市东丽的军粮城26日02时1 h雨量超过100 mm	500 hPa西风槽，700~850 hPa切变线，地面辐合线	25日13时$CAPE=454$，$K=24$	25日20时$\Delta\theta_{se0-850}$接近20 K	25日13时下干中湿；暴雨前6 h整层相对湿度和可降水量（GPS水汽）逐渐增加，23时最大相对湿度达96%	13时700 hpa以下风向随高度急速顺转，$\Delta V_{850-500}=5.2$
7/2/2008 01—08时	昆明1 h雨量51.3 mm	500 hPa低涡，700 hPa切变，地面弱冷锋		400 hPa高原东部有较强冷平流南下，$\Delta\theta_{se700-300}$很大	1日20时700 hPa $T-T_d=1$℃，600—500 hPa饱和300—200 hPa相对湿度<50%	

续表

月/日/年	地点和天气	影响系统	CAPE(J/kg) K、SI、LI(℃)	$\Delta\theta_{se850-500}$ $\Delta T_{850-500}$(℃)	中低层暖湿/ 干冷分析	风垂直结构 $\Delta V(10^{-3}\,s^{-1})$
7/13/2008 19—06时	郑州市降雨量20—21时42.1 mm,02—06时83.7 mm	副高内部,低层切变线,16:10—19:00地面辐合线		20时由近地面层至对流层上层为一致的对流不稳定层结	14—20时水汽通量大值区向上伸展到近600 hPa高度	20时850 hPa东风8~10 m/s
8/14/2008 11—14时	石家庄火车站1 h雨量134.2 mm	700—500 hPa切变线,850 hPa切变线移出河北,地面冷锋	08时石家庄 K=35.4	$\Delta\theta_{se850-500}=9$	08时700 hPa、850 hPa $T-T_d$分别为3.4、2.2℃;500 hPa以下水汽辐合,850 hPa最明显	雷达风廓线11:36在1.2~1.5 km出现12 m/s的低空急流
8/25/2008 6—8时	上海徐家汇07—08时雨量100.7 mm	高空低槽,地面锋面气旋	上海24日20时、25日08时 K=34、37	$\Delta\theta_{se850-500}$ $=13.9$	4日20时中低层相对湿度>90%,湿层接近600 hPa,08时湿层达到500 hPa	20时850 hPa西南急流,边界层东南气流与500 hPa低槽带来的冷空气交汇
9/5/2008 傍晚至上半夜	宁波北仑1 h降雨量128 mm	500hPa低槽,14时850 hPa低涡		14时 $\Delta\theta_{se700-500}=6$	深厚高湿气层,14时水汽辐合至550 hPa,中心位于700~900 hPa	850 hPa急流左前方
6/3/2009 20—23时	福建安惠20—21时97.5 mm,泉港区20—23时158.3 mm	500 hPa南支槽,850 hPa低涡暖切,地面低压倒槽	厦门20时 CAPE=1486 08、20时 K=34、40,SI=0.5、—2.3		700~925 hPa水汽通量大值区,925 hPa辐合最强	08时开始700~850 hPa 12 m/s的西南急流,20时下传至925 hPa

这22个短历时强降雨个例,从500 hPa形势看,低槽12例(其中1例为前倾槽),暖性低涡3例,切变线1例,副高后部2例,副高(高压脊)内部3例,台风外围1例。天气形势与冰雹类有明显不同,没有西北气流型,暖性涡旋多、冷性涡旋少,高压内部型也是冰雹类所没有的。在短历时强降雨的天气形势中,要特别注意副高(高压脊)内部和低层低值系统已移出目标区但是中层影响系统位置适宜这两种情况,这两种情况很容易给预报员造成错觉,以为没有影响系统或低层(例如850 hPa的低槽和地面冷锋)影响系统已过本站,不会造成强降雨。实际上,500 hPa为高压控制,但是850—700 hPa有低值系统时,可以主要依靠低层的低值系统输送水汽和触发对流;后者当对流层中层(700—500 hPa)的影响系统移近环境条件适宜区时,它产生的上升运动同样可以使水汽凝结产生强降水。

那么有利于产生短历时强降水的环境条件是什么呢?与干对流和大风冰雹过程相比较,

局地短历时强降水环境条件最显著的特点是 700 hPa 湿度大，$T-T_d \leqslant 4℃$；因此 K 指数大，从表 3.11 可以看出 $K \geqslant 32℃$ 是产生局地短历时强降水的重要环境条件。吴翠红等（2010）在利用 NCEP 再分析资料分析湖北省 1999—2009 年 208 个中尺度暴雨时发现：在不稳定因子中，K 指数指示性最显著，K 值大于 36℃ 的个例占 88%。

注意到 2007 年 8 月 26 日 02—06 时天津市东丽出现的特大暴雨，降水前期 25 日 13 时近地面层有浅薄的逆温层，K 指数只有 24℃，即便到 20 时，边界层湿度也不高，但是，随后 GPS 水汽显示整层相对湿度和可降水量是逐渐增大的，最大相对湿度出现在 25 日 23 时左右，达 96%，此时 K/MK 应当 $\geqslant 32℃$。

既然短历时强降水要求高湿度层厚、水汽含量高，为了实现对流，应必须有比较强的层结不稳定，它既可以是假相当位温随高度递减，也可以是温度垂直递减率大于对流层内平均气温直减率 0.6 ℃/100 m；对于前者，根据表 3.11，可取 $\Delta\theta_{se} \geqslant 6℃$，它既可以用 850 hPa 与 500 hPa 之差表示，也可以用 850 hPa 与 700 hPa 之差表示，它们都表示对流层中低层的对流不稳定；还可以是地面与 850 hPa 假相当位温之差，表示边界层的对流不稳定结构。

一些个例湿层很厚，湿层可以超过 500 hPa，这显然是有利于产生强降水的，但这时层结常常表现为弱的对流不稳定（$\Delta\theta_{se850-500} > 0℃$），因此，在这种情况下，则要求同时具备动力不稳定条件，即存在高空急流或低空急流。例如 1988 年 8 月 2 日发生在北京的强降水，假相当位温随高度的递减率不大（仍然需要 $\Delta\theta_{se850-500} > 0℃$）时，此时高空急流维持"抽气"机制是必要的。暖湿低空急流既可以向目标区输送大量的水汽，其左前方又是动力辐合区，对产生强降水是十分有利的。在 22 个短历时强降水的个例中在强降水发生前同时有高空和低空急流或只有低空急流、高空急流、明显的垂直风切变的分别有 3、10、1 和 3 例。

因此，我们可以将产生短历时强降水有利的环境条件归纳如下：

（1）700 hPa $T-T_d \leqslant 4℃$ 或 $K \geqslant 32℃$

（2）LI 或 $SI \leqslant 0℃$

（3）$\Delta\theta_{se850-500/700-500/850-700/0-850} \geqslant 6℃$

或 $\Delta\theta_{se850-500} > 0℃$，且深层垂直风切变 $\Delta V_{850-300(200/400)/0-500} \geqslant 1.5 \times 10^{-3} \, s^{-1}$ 或中低层垂直风切变 $\Delta V_{0-850/850-500} \geqslant 2.5 \times 10^{-3} \, s^{-1}$。

另外，当 500 hPa 以下（包括 500 hPa）有露点锋、湿舌或高能舌时，在露点锋上、湿舌或高能舌的前部和左侧容易产生强降水。

3.6.2　局地短历时强降水形成机制

局地短历时强降水形成机制可以分为锋面对流系统和暖区对流系统两类。

暖区对流系统更多地表现为暖区降水的特点，等压面上 θ_{se} 的锋区不明显，对流运动以条件不稳定机制主导，表现为深厚的湿对流上升运动。此类暴雨增幅的物理机制可以理解为高位涡空气（代表干冷空气）向南向下扩展，低层的高湿位涡气流（代表暖湿空气）向偏北方向输送，在高空干冷空气和低空暖湿空气的共同作用下形成对流不稳定，在抬升系统的作用下触发不稳定能量的释放。一般情况下，这类过程是高层的湿位涡舌先向下伸，然后低层才出现大湿位涡区，并向上伸长，直到上下层大值湿位涡的连贯加强，此时具有高湿位涡的干冷空气叠加在低层扰动所对应的湿位涡中心之上，对于位势不稳定能量的储存和释放十分有利，从而造成降水的增幅。总之，对流层高层具有高位势涡度可以导致地面气旋性环流辐合加强，加上冷空气的南扩,暴雨增幅。

　　另有少数过程,干冷空气是从低层侵入的,从偏北方向来的弱干冷空气与从偏南来的暖湿气流在目标区相遇,形成湿斜压锋区,产生湿斜压不稳定,而弱冷空气的侵入又触发了不稳定能量的释放,因此在目标区形成强降水,并且随着北上暖湿气流的增强和南下冷空气的略减,降水出现增幅。

　　为了更清楚了解这种机制,下面我们引用张晓惠和倪允琪(2009)的个例分析结果,他们在进行华南前汛期锋面对流系统与暖区对流系统的个例分析与对比研究中指出:具有锋面特征的中尺度对流系统(MCS1)(图 3.7),其对流区低层 800 hPa 以下气流是从绝对动量大的地方到绝对动量小的地方,属于惯性稳定,而相当位温则是随高度增加而减小,所以在对流区低层的气层是条件不稳定的;到了对流区的中层,由于中高层有很强的偏北气流进入,对流运动向暖区倾斜发展,绝对动量从小的地方向大的地方移动,属于惯性不稳定,而相当位温属于中性层结,因此,MCS1 中层的倾斜上升运动满足条件对称不稳定结构,这两种不稳定机制主导的两种不同形式的对流运动综合反映了锋面对流系统的对流运动特征,在对流区是以对流对称不稳定机制来维持对流运动的。

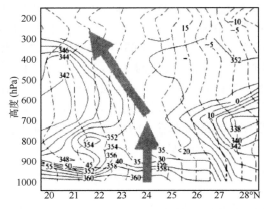

图 3.7　2005 年 6 月 20 日 08 时 MCS1 近经向截面的等 θ_e 面和等 M 面
(实线表示等位温线,间隔 2 K;点虚线表示等绝对动量线,间隔 5 m/s;箭头表
示对流系统 MCS1 在其对流区内对流运动的分布)

　　而具有非锋面结构的 MCS2(图 3.8)由于没有偏北气流的进入,在对流区内的上升气流几乎平行于等 M(绝对动量)线,因此不满足惯性不稳定条件;而从位温场的垂直分布上看,在对流区的中低层,位温随高度的增加而减小,满足条件不稳定结构,因此,暖区的对流运动主要以条件不稳定机制主导的中低层的垂直上升运动,表现为深厚的湿对流上升运动。

　　他们对两类对流的湿位涡(MPV)结构进行了对比分析,得到如下结论:从湿位涡的垂直分布看,两类对流通常在中高层以正湿位涡为主,而在中低层则以负值为主,表明这两类对流云团及其环境大气都是高层为干冷空气,低层为暖湿空气的层结大气结构,其中,低层的负湿位涡还表明低层气层满足潜在的不稳定条件。从湿位涡的南北分布可看到,MCS1 对流区北侧 500 hPa 以下有正湿位涡的分布,说明这里有偏北气流向对流区低层入侵;相比之下,MCS2湿位涡的南北分布中,500 hPa 之下的整个低层均以负湿位涡分布为主,表明 MCS1 与 MCS2 在对流性质上分别属于两类不同的对流系统。湿位涡的第一分量(垂直分量亦称正压项)的分布与湿位涡分布相同,它把惯性不稳定性 $(f+\zeta)$ 和对流不稳定性 $\left(-g\dfrac{\partial\theta_e}{\partial p}\right)$ 两种不稳定机制联系在一起,由于在北半球,一般 $(f+\zeta)>0$,所以垂直分量为负值的区域可以用来表示对流不稳定的地区,因此,MCS1 和 MCS2 在对流区低层都有对称不稳定结构。另外,垂直分量的正值区与负值区交界处反映干冷空气与暖湿空气的相互作用,从垂直分量的结构可以看出,锋面对流系统 MCS1 表现出南北气流相互作用的特征,而暖区对流系统 MCS2 表现出高低空气流相互作用的特征;在湿位涡第二分量(等压面上的水平分量)的结构上,MCS1 反映了对流区南北两侧高低空急流的作用,而 MCS2 则反映了对流区内中高层干冷空气下滑的作用。

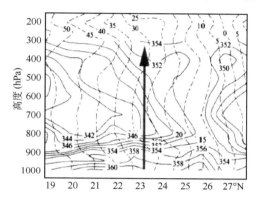

图 3.8　2005 年 6 月 20 日 14 时 MCS2 近经向截面的等 θ_e 面和等 M 面
(实线表示等位温线,间隔 2 K;点虚线表示等绝对动量线,间隔 5 m/s;箭头
表示对流系统 MCS2 在其对流区内对流运动的分布)

3.7　湿对流的环境条件

湿对流是大风伴随短历时强降水的对流过程,产生湿对流的环境条件又是如何呢？因为两种天气同时发生,它们是否应当同时具备雷暴大风和短历时强降水的环境条件呢？或者其环境条件甚至比单一天气还要高(即所谓 1+1>2)呢？我们还是通过批量个例的统计分析来求证结论。我们从已发表的文献中检索到 20 个湿对流个例,将环境参数列于表 3.12 之中。

表 3.12　湿对流事件的环境参数

月/日/年	地点和天气	影响系统	$CAPE$(J/kg) K、SI、LI(℃)	$\Delta T_{850-500}$ $\Delta\theta_{se}$(℃)	中低层暖湿/干冷分析	风垂直结构 $\Delta V(10^{-3}\,\mathrm{s}^{-1})$
9/17/1993 13:05—14:46	百色 14 m/s、降水 53.7 mm,其中半小时降水 53 mm	850～500 hPa 副高南侧偏东风辐合,地面冷锋前暖区,飑线	08 时,百色 SI =－1.6	$\Delta T_{\theta850-500}$=9,850 hPa 能量锋区 3℃/100 km	08 时,500 hPa 以下温度露点差小于 2℃,近地面逆温层达 700 m,500 hPa 以上温度露点差逐渐增大	850～500 hPa 强偏东气流

续表

月/日/年	地点和天气	影响系统	CAPE(J/kg) K、SI、LI(℃)	$\Delta T_{850-500}$ $\Delta \theta_{se}$(℃)	中低层暖湿/干冷分析	风垂直结构 ΔV(10^{-3}s^{-1})
7/14/1994 21—22 时	苏北兴化市风速23 m/s,半小时雨量29.4 mm	500 hPa 副高后部,850 hPa切变,地面暖切变北抬,飑线	14 日 08 时射阳、徐州 SI 分为 −4.5、−2.3	14 日08时射阳、徐州 $\Delta\theta_{se850-500}$ 分别为36、42	14 日 08 时 850 hPa有湿舌伸向蚌埠—射阳一带,500 hPa湿舌仍很明显	08 时 700 hPa汉口、上海南风12,10 m/s;徐州西南风8 m/s
7/18/1996 午后	皖东沿江宣城风速 32 m/s,芜湖 77 mm/h	副高后部850—500 hPa低槽		08 时 $\Delta\theta_{se850-500}$ =15	地面—300 hPa $T-T_d<3℃$,无能量锋区,对流发生在高能区内	500—850 hPa偏南风 12~20 m/s
8/21/1996 午后	皖东沿江 9 级风,芜湖 4 h 雨量 55 mm	副高内部,低层925—850 hPa弱冷性切变线		08 时 300 hPa冷平流明显,925—850 hPa暖湿平流 $\Delta\theta_{se850-500}>0$	08 时 850 hPa冷切变上能量锋区明显,饱和层较低,500 hPa大范围的干层(温度露点差大于6℃)	虽无高、低空急流,但 300 hPa偏北气流、850 hPa西南气流,深厚风切变较大
7/16/2001 14—17 时	广州地区 8~9级风,7个自动站雨量>20 mm/h	500 hPa 小槽,850—700 hPa切变线,地面低压槽			700 hPa 以下暖湿平流,以上冷平流	1000 m 左右西南急流
4/5/2002 12—20 时	分宜 16 时风速49 m/s、莲花16:02 风速42 m/s,宜春13 站(次)强降水,冰雹	高空低槽,地面冷锋,地面暖倒槽,槽内有风速辐合线和低涡,生成 2条飑线	600—300 hPa均为正面积,08 时南昌 SI =−1.3	08 时,南昌 $\Delta\theta_{se850-500}$ =17.8	08 时,南昌850 hPa以下层结曲线与状态曲线较靠近(潮湿),往上呈明显开口喇叭状(高层干燥)	08 时 500 hPa长江中下游以南西南风风速均超过 20 m/s,槽后8~18 m/s的西北风
7/4—5/2002 4 日 04—08 时,23 时—5 日 02 时	陕北子长 4 日06 时开始出现大风、冰雹,4日 04—06 时、06—08 时、23—20 时雨量分别为40.6、130、80 mm	500 hPa 西北涡与低层倒槽重叠,地面中尺度辐合		3 日 20 时子长 $\Delta\theta_{se850-500}≥7$	3 日 20 时子长850—250 hPa平均温度露点差 3.7℃;3 日20 时,4 日 02、17、20 时地面能量场中尺度"Q"系统形成	延安 3 日 20 时1.5—5.5 km顺转 135°,5.5—12 km风速切变 4.0;4日 08—20 时1.5—3 km风向随高度顺转90°,5.5~9 km风速切变 4.0

续表

月/日/年	地点和天气	影响系统	$CAPE(J/kg)$ K、SI、$LI(℃)$	$\Delta T_{850-500}$ $\Delta \theta_{se}(℃)$	中低层暖湿/干冷分析	风垂直结构 $\Delta V(10^{-3}s^{-1})$
7/16/2002 下午	浙北舟山市岱山风速 38 m/s,降水量 44.9 mm/2 h	500 hPa 前倾槽,副高边缘不稳定区,地面冷锋,飑线	$CAPE$ $=1404.6$ $K=34$ $SI=-4.8$		直到 500 hPa 都潮湿,850 hpa 暖湿平流,500 hPa 冷平流	500 hPa 较强的西北气流与地面弱的西南气流形成较强的垂直切变
8/24/2002 19—22 时	奉贤风速 29 m/s,湖州降水 82 mm	500 hPa 小槽,700 和 850 hPa 切变线,地面冷锋,海风锋,飑线	08—20 时上海 K 从 29 激增至 44.7		08、20 时 700 hPa $T-T_d<3℃$,蒙古冷空气使地面冷锋从 08 时的 37°N 南压到 20 时的 34°N	200 hPa 急流入口区南侧,13 时风廓线 0.2~0.8 km 风切变 9,20 时 200—850 hPa 风矢量差上海 1.7、杭州 2.4
8/5—6/2003 5 日 20—6 日 08 时,6 日 02 时降雨最强	辽宁大部分地区暴雨、局地大暴雨,绥中、本溪 6 h 降雨量大于 70 mm,伴有短时雷雨大风和局地冰雹	5 日 20 时 500 hPa 冷前倾槽,850~700 hPa 槽线(切变线),地面华北气旋		20 时 500 hPa 冷空气入侵,850 hPa 暖湿气流	20 时中上层低相对湿度和高位涡空气向低层侵入,23 时高位涡中心在 400 hPa,为 3.5 PVU;低层暖湿	5 日 20 时 850 hPa 丹东、锦西南急流 14~16 m/s
6/7/2004 15—18 时	河北衡水 7 个测站大风,武强、武邑、深州短时强降水	500 冷、700 hPa 低涡切变线,地面冷锋,飑线	08 时邢台 $CAPE=729$	700—500 hPa 温度直减率 0.766 ℃/100 m	直到 500 hPa 都暖湿	08 时地面—500 hPa 风切变邢台 1.5、北京 2.7
7/6/2004 15—20 时	浙江中北部到舟山 12 站出现 8~11 级雷雨大风,舟山西部的金塘岛 98 mm/3 h	500 hPa 低槽,850、700 hPa 切变线,08 时地面低压,弱冷锋,飑线	$CAPE=1176.0$ 08 时 $K=32$ 上海 $SI=-5.7$	08 时,925—700 hPa 杭州变温之和达 $-5℃$	700 hPa $T-T_d<3℃$,500 hPa 水汽通量散度为正	低空西南急流,高空急流
7/12/2004 22—24 时	浙北 16 站出现 8~10 级雷雨大风,岱山、嵊泗 22—23 时降雨量在 20 mm 以上	850—500 hPa 高空槽,地面低压,弱冷锋,飑线	$CAPE=1487.8$ 20 时 $K=36$ 上海 $SI=-4.4$	杭州 20 时 925—700 hPa 变温之和达 $-12℃$	700 hPa $T-T_d<3℃$,500 hPa 水汽通量散度为正	低空西南急流,高空急流

月/日/年	地点和天气	影响系统	$CAPE$(J/kg) K、SI、LI(℃)	$\Delta T_{850-500}$ $\Delta\theta_{se}$(℃)	中低层暖湿/干冷分析	风垂直结构 ΔV(10^{-3}s^{-1})
8/3/2004 14 时 35 分—22 时	江西东部和北部 10 县 8 级以上大风，余江 27 m/s，3 县强降雨	08 时 500 hPa 南热带低压倒槽、北低槽、850 hPa 西南气流	08 时，$CAPE$=1313 K=38 SI=-4.2	$\Delta\theta_{se850-500}$=10.3, $\Delta T_{850-500}$=27	08 时南昌 850 hPa、500 hPa $T-T_d$=4℃	08 时南昌 850 hPa 西南风 6 m/s，500 hPa 西北风 4 m/s，$\Delta V_{850-500}$=1.8
8/4/2004 13—20 时	江西西部 5 个县 8 级以上大风，永丰 26 m/s，10 个县市强降水	4 日 08 时 500 hPa 南东风波、北低槽、850 hPa 低涡切变	4 日 08 时 $CAPE$=719 3、4 日 08 时 K=38、SI=-4.2	4 日 08 时 $\Delta\theta_{se850-500}$=11.9, $\Delta T_{850-500}$=27	4 日 08 时长沙 850,500 hPa $T-T_d$=4℃、5℃	4 日 08 时长沙 850 hPa 西南风 8 m/s，500 hPa 西北风 4 m/s，$\Delta V_{850-500}$=2.23
8/12—13/2005 12 日下午雷雨大风；13 日 04—07 时短历时强降雨	12 日 14：30—15：30 喀左县龙卷风，建昌县 6 h 降雨量 103 mm；清源县 13 日 04—07 时降雨量 142.2 mm	700—500 hPa 低槽，850 hPa 切变线	K 较高、SI 较低，分别达到不稳定的标准	$\Delta\theta_{se850-500}$=15℃，	高能（暖湿）舌一直伸展到对流层中层，MCC 云团生成于 850 hPa θ_{se} 中心值为 96℃的高能舌前部	300 hPa 急流，925—850 hPa 平行于高空急流的西南急流
6/22/2006 傍晚	浦东机场 20 时风速 20 m/s，18 时前后 1 h 雨量 47.2 mm	500 hPa 低槽，700—850 hPa 切变线，地面静止锋，17 时飑线过境	K=34		700 hPa 湿急流 16 m/s	风廓线仪：飑线发生前 3 h 一直维持明显的风向垂直切变
8/2/2006 16 时 20 分—20 时	赣州、吉安市 10 县 8 级以上大风，安福、吉安、遂川 3 县降水 >30 mm/h	850—500 hPa 台风倒槽，925 hPa 弱辐合线，地面低压倒槽，东北西南风辐合线	08 时 $CAPE$=2820	$\Delta T_{850-500}$=25,$\Delta\theta_{se850-500}$ 很大	08 时 780 hPa 以下饱和，560 hPa 温度露点差 15℃，上干下湿特征明显	08 时赣州 925 hPa 东北偏东风 4 m/s，500 hPa 东南风 10 m/s $\Delta V_{925-500}$=1.8
6/24—25/2007	江西 12 县市 17 次雷雨大风，13 县 18 次降水 >30 mm/h	24、25 日 08 时 500 hPa 低槽，850—700 hPa 切变线、干线，24 日 08 时地面辐合线	25 日 8 时 K 为 39～41，LI<-3	$\Delta\theta_{se850-500}$ 不断增大，25 日 8 时等于 24.8，达到极大值	24、25 日 08 时湿层都较厚，达 600 hPa，700～400 hPa 在江南两日都有较大范围降温	24 日 08 时 850 hPa 西南风 12 m/s，0～850 hPa 风切变 >8；25 日 08 时风切变不明显

续表

月/日/年	地点和天气	影响系统	$CAPE$(J/kg) K、SI、LI(℃)	$\Delta T_{850-500}$ $\Delta\theta_{se}$(℃)	中低层暖湿/ 干冷分析	风垂直结构 ΔV(10^{-3}s^{-1})
8/4/2008 傍晚到夜间	佛山等 4 市降雨 大于 50 mm,南 海大风 23 m/s, 白云机场阵风 18 m/s	925 hPa 有弱 冷空气南下, 其西北风与热 带气旋北冕北 部的偏东风在 华南中东部形 成辐合线引发 飑线	08 时,$CAPE$ = 1000 ~ 1500, 14 时, $CAPE$ = 2000 ~2500		华南中部和东 部沿海 850 hPa 相 对 湿 度 80%~90%	08—20 时 850 hPa热带气 旋北冕北部汕 头偏东风由 6 m/s 增 至 12 m/s

这 20 个湿对流过程的 500 hPa 天气形势,低槽 10 例(其中前倾槽 2 例)、暖性低涡 2 例、热带系统 4 例,副高后部(或底部)3 例、副高内部 1 例,与短历时强降水是相同的。那么湿对流要求的环境条件又与短历时强降水有什么异同点?

我们先来分析中低层的湿度条件,从表 3.12 可以看出,$K\geqslant32$℃,700 hPa $T-T_d\leqslant4$℃。

其次我们来分析层结稳定性,由表 3.12 有 $\Delta\theta_{se850-500/700-500/850-700/0-850}\geqslant14$℃,或 $\Delta\theta_{se850-500/700-500/850-700/0-850}\geqslant6$℃ 且 $\Delta V_{850-300(200/400)/0-500}\geqslant1.5\times10^{-3}$ s^{-1} 或 $\Delta V_{0-850}\geqslant2.5\times10^{-3}$ s^{-1}。

同时我们还可以看到对于湿对流过程,SI 或 $LI\leqslant0$℃。

根据上面的分析,我们可以将有利于产生湿对流的环境条件归纳如下:

(1)$K\geqslant32$℃

(2)700 hPa $T-T_d\leqslant4$℃

(3)SI 或 $LI\leqslant0$℃

(4)$\Delta\theta_{se850-500/700-500/850-700/0-850}\geqslant14$℃

或 $\Delta\theta_{se850-500}\geqslant6$℃ 且 $\Delta V_{850-300(200/400)/0-500}\geqslant1.5\times10^{-3}$ s^{-1} 或 $\Delta V_{0-850}\geqslant2.5\times10^{-3}$ s^{-1}。

其中条件(1)—(3)与短历时强降雨相同,但是条件(4)高于短历时强降雨,这是可以理解的,因为湿对流过程强降雨伴随着大风,因此它要求的层结不稳定程度应当高于短历时强降雨过程。

与干对流过程比较,湿对流过程要求的层结不稳定性和垂直风切变低于干对流,这也是容易理解的,因为湿对流大风伴随强降雨,雨滴的向下的拖曳作用加强了下沉气流,所以湿对流要求的层结不稳定程度和垂直风切变低于干对流。当然,湿对流要求的高湿条件前述(1)—(3)是干对流所没有的。

3.8　混合对流的环境条件

混合对流事件是冰雹大风伴随短历时强降水的对流过程,很显然,在以上五类过程中,混合对流过程要求的环境条件应当是最高的。那么,混合对流的环境条件是否需要同时满足冰雹大风和短历时强降水的环境条件,抑或比二者的环境条件要求还高或有所不同呢?我们还是通过批量个例(20 个个例)的统计分析导出结论。

表 3.13　混合对流事件的一些环境参数

月/日/年	地点和天气	影响系统	CAPE(J/kg) K、SI、LI(℃)	$\Delta\theta_{se}$(℃)	中低层暖湿/干冷分析	风垂直结构 $\Delta V(10^{-3}\text{s}^{-1})$
9/4/1983 14—17时	咸阳最大风速 36 m/s,40 min 降水 76.9 mm, 姆指大冰雹	500 hPa 前倾槽,地面冷锋,飑线,龙卷	西安 08 时 LI $=-1.9$	西安 08 时 $\Delta\theta_{se850-500}=10.9$	600 hPa 以下是湿层,以上为干层;850 hPa 到地面为深厚的逆温层	07 时 9000 m 西北风大于 20 m/s, 1500～2000 m 偏南风大于 12 m/s
7/5/1996 中午—傍晚	鲁西北、鲁北及鲁中北部等地区大范围的雷暴、大风、暴雨、冰雹强烈天气,济南 59 mm/2 h	500 hPa 冷槽,850 hPa 弱辐合线,地面弱冷锋,飑线	济南 08 时 SI $=-5.5$	500—300 hPa 降温明显, 900 hPa 以下明显增温	700 hPa 以下湿度锋区, 500 hPa 干;09 时云团在 500 hPa $T-T_d$ 干区边界及 850 hPa 湿区边界上生成	500 hPa 西北气流平均风速 18 m/s,850 hPa 偏南风
5/1/1998 15—20时	黔东南西部冰雹直径 40 mm, 麻江 95 mm/3 h,雷山风速 20 m/s	高空冷槽,地面冷锋,飑线	08 时,河 K $=32$, $SI=-5.5$	500 hPa 冷空气入侵	850—700 hPa 暖湿	850—700 hPa 西南急流在增强
6/21/1998 15时—午夜	河北省衡水大风 30 m/s,安阳降水 160 mm,邢台冰雹 50 mm	500 hPa 前倾槽,850 hPa 切变线	邢台 CAPE 08 时 261,14 时 1560,08 时 LI $=-5.4$	邢台 08 时 $\Delta T_{850-500}>30$	08 时 500 hPa 冷平流,850 hPa 明显暖平流、水汽辐合	925 hPa 急流
4/5/2002 14—17时	江西省分宜、莲花风速大于 40 m/s,宜春 13 站(次)强降水,冰雹	高空低槽东移和地面冷锋偏东南下影响,飑线	南昌 08 时 600—300 hPa 均为正能量,$SI=-1.3$	08 时,南昌 $\Delta\theta_{se850-700}=17.8$	900—700 hPa 为暖湿平流, 700—600 hPa 冷平流,600 hPa 以上为冷、暖平流相间	地面—850 hPa: 10.1
7/19/2002 18—21时	郑州市最大风力 8 级,新密市 1 h 降雨 53 mm,大部分乡镇降冰雹,最大直径 8 cm,持续 10～20 min	500 hPa 东北冷涡南压,地面冷锋	08 时,郑州处在水平螺旋度大值轴附近, 08 时 $K=32$, 20 时 $K=40.3$	郑州 08 时 $\Delta\theta_{se850-500}$ $=14.7$	08 时郑州 300、850 hPa 的位温平流为 -20×10^{-5}、 10×10^{-5}℃/s,表明高层冷平流和低层暖平流都很强	地面偏东风,高层偏西风, 850—500 hPa 垂直风切变>3
8/24/2002 9—20时	安徽省大部分地区:最大风速 26 m/s,部分冰雹和暴雨	500 hPa 横槽,925 hPa 辐合线,地面冷锋,飑线	阜阳 23 日 20 时和 08 时 $CAPE\approx4000$, 08 时 $K=44$, $LI=-1.0$	08 时 500 hPa 降温 3～4℃, 700 hPa 以下高温高湿	500 hPa 降温 3～4℃,700 hPa 以下高温高湿	850—500 hPa: 3.2, 925—500 hPa:3.0

续表

月/日/年	地点和天气	影响系统	$CAPE(\mathrm{J/kg})$ K、SI、$LI(℃)$	$\Delta T_{850-500}$ $\Delta\theta_{se}(℃)$	中低层暖湿/干冷分析	风垂直结构 $\Delta \boldsymbol{V}(10^{-3}\,\mathrm{s}^{-1})$
12/19/2002 下午至 20 日凌晨	雷州半岛中、西部沿海,冰雹直径 4 cm,雷州客路最大风速 27.8 m/s,湛江东海岛日雨量 102.8 mm	500 hPa 南支槽前,850 hPa 低涡切变线,地面冷锋前暖湿区	08 时海口 SI $=-7.0$	08 时海口 $\Delta\theta_{se850-500}$ $=23.5$	850 hPa 暖湿平流,500 hPa 冷平流;地面最高气温超纪录,连续 4 d 湿度超饱和($\theta>T$)	18 日 20 时 300 hPa 与 500 hPa 风速之比北海 6.5、海口 6.3、阳江 4.3
4/30/2005 14—21 时	赣北大风冰雹强和降水	700 hPa 南支槽,925—850 hPa 倒槽暖切,地面暖倒槽	南昌 08 时 $CAPE=2600$ $K=36$ $LI=-4$	08 时南昌 $\Delta\theta_{se850-500}=18$		
5/01/2005 00—01 时	张家界桑植县龙潭坪等乡最大风力 9 级,短时强降雨,冰雹直径 2 cm	东北冷涡后部西北气流,中低层切变,地面低压	常德 4 月 30 日 20 时 $CAPE$ $=2500$ $K=41$,$LI=$ -7	$\Delta\theta_{se850-500}$ $=15.7$ $\Delta T_{850-500}$ $=26.5$	温度露点差 850 hPa 小于 5.5℃,500 hPa 大于 17.0℃	200—850 hPa 风切变 2.0,500 hPa～地面风切变 2.2
5/4/2005 15—20 时	赣中北大风冰雹和强降水	700 hPa 南支槽,925—850 hPa 倒槽暖切,地面暖倒槽	南昌 08 时 $CAPE=1800$ $K=38$ $LI=-5$	08 时南昌 $\Delta\theta_{se850-500}=14$		
5/17/2005 01—04 时	张家界桑植、武陵源及慈利 46 个乡镇,雷雨大风,冰雹 32 cm,部分乡镇暴雨	高空槽	常德 16 日 20 时 $CAPE=3500$ $K=39$,$LI=$ -7	$\Delta\theta_{se850-500}$ $=14.3$ $\Delta T_{850-500}$ $=24.5$	温度露点差 850 hPa 小于 5.5℃,500 hPa 大于 17.0℃	200—850 hPa 风切变 4.6,500 hPa—地面风切变 3.6
6/21/2005 17 时	张家界桑植中北部 15 个乡镇,雷雨大风,冰雹直径 1.8 cm,短时强降雨	东北冷涡后部西北气流,中低层切变,地面低压	常德 08 时 $CAPE=1000$ $K=37$,$LI=$ -4	$\Delta\theta_{se850-500}$ $=8.4$ $\Delta T_{850-500}$ $=26.4$	温度露点差 850 hPa 小于 5.5℃,500 hPa 大于 17.0℃	200—850 hPa 风切变 3.6,500 hPa—地面风切变 1.8
6/22/2005 16 时	张家界桑植中北部 15 个乡镇,雷雨大风,冰雹 1.8 cm,短时强降雨	东北冷涡后部西北气流,中低层切变,地面低压	常德 08 时 $CAPE=1000$ $K=36$,$LI=$ -4	$\Delta\theta_{se850-500}$ $=15.7$, $\Delta T_{850-500}$ $=27.6$	温度露点差 850 hPa 小于 5.5℃,500 hPa 大于 17.0℃	200—850 hPa 风切变 2.2,500 hPa—地面风切变 1.6

续表

月/日/年	地点和天气	影响系统	$CAPE$(J/kg) K、SI、LI(℃)	$\Delta T_{850-500}$ $\Delta \theta_{se}$(℃)	中低层暖湿/干冷分析	风垂直结构 ΔV(10^{-3}s^{-1})
4/11/2006 15—21时	南昌、抚州4县、宁都冰雹,最大吉安直径5 cm;8～11级风,金溪31.9 m/s,5县市降雨量>30 mm/h	500 hPa南支槽,850 hPa暖切变,地面暖低压,干线	南昌08时 $CAPE=2200$ $K=12$;14时 $K=38$,$LI=-4$	$\Delta \theta_{se850-500}$ 08时长沙、赣州分别为16、11,南昌08、14时分别为2,16	08时950～1000 hPa有逆温层,南昌950 hPa以下湿,以上干,500 hPa暖脊,$T-T_d=41$℃	08时200 hPa急流中心右后侧辐散区,850 hPa切变线南侧西南急流北抬加强到20 m/s
5/9/2006 13—17时	赣中北大风冰雹和强降水	700 hPa南支槽,925—850 hPa倒槽暖切,地面暖倒槽	南昌08时 $CAPE=1500$ $K=36$,$LI=-3$	08时南昌 $\Delta \theta_{se850-500}=8$		
6/10/2006 15:30—20	南昌和上饶市6县8～9级大风,5站冰雹,青云谱1 h降雨60 mm	500 hPa西北气流,925 hPa切变线,地面冷锋、干线	南昌08时 $CAPE=1045$	南昌08时 $\Delta \theta_{se850-500}=32$	08时南昌近地层湿度大,其上湿度很小,925 hPa $T-T_d>10$℃,长沙、衢州分别为2、3℃	南昌高空急流右侧,850～300 hPa风切变>5,925 hPa西南风12 m/s
8/26/2008 18—19:30	新疆石河子南部山区大风(18～20 m/s)、冰雹、暴雨(24～40 mm)	高空低槽,地面冷锋			高层干冷,低层暖湿;850 hPa高能舌东南部;700 hPa高水汽通量区	
6/14/2009 下午—夜间	河南24个市县冰雹,最大直径3 cm;21县风速≥17 m/s,周口降水159 mm	500 hPa西北气流,850 hPa切变线	郑州08时 $CAPE=1328$ $K=34$ $SI=-8.0$	$\Delta \theta_{se850-500}=20$,$\Delta T_{850-500}=32$		地面到500 hPa的垂直风切变大于3.0
4/17/2011 9:30—16:30—	广东省104个站超过17.2 m/s大风,最大阵风45.5 m/s;中午前后珠三角出现冰雹直径3.6 cm;深圳罗湖党校降水154.8 mm	500 hPa低槽,850 hPa切变线,地面冷锋和辐合线	清远站08时$K=34$,$CAPE=664.5$,$SI=0.39$,$LI=-1.42$	$\Delta \theta_{se850-500}=11$	700 hPa(包括700 hPa)以下很潮湿,温度露点差≤3℃,其上温度露点差急剧增大	700 hPa急流18 m/s,925～700 hPa垂直风切变6.7

　　这20个个例从500 hPa形势看,低槽14例(其中前倾槽2例),西北气流5例,冷涡1例。

　　下面我们首先来分析混合对流过程对流层中低层的水汽情况。混合对流因为有强降水,因此对流层低层应当有较高的湿度,但是由表3.13中可见,饱和湿层不一定要达到700 hPa。

2006 年 4 月 11 日和 6 月 10 日发生在江西的两个混合对流过程,08 时南昌只有近地层湿度大,往上湿度便很小了。在这种情况下,不能机械地只盯住一个站的探空,还应当分析周边探空站的资料。例如 2006 年 6 月 10 日 08 时,虽然南昌 925 hPa 温度露点差只有 9℃,但是长沙、衢州的温度露点差分别为 2 和 3℃。另外,这两个过程都有低空(或超低空)急流向混合对流区输送水汽,这显然是有利于产生强降水的环境条件。

综合分析表 3.13,我们可以将混合对流过程分为两种情况:

一般情况:

(1) $K \geqslant 32℃$ 或 $CAPE \geqslant 1000$ J/kg;

(2) 700 hPa $T-T_d < 4℃$;

(3) LI 或 $SI \leqslant -1.0℃$;

(4) $\Delta\theta_{se850-500/925(0)-700} \geqslant 6℃$ 和 $\Delta V_{850-300(200/400)}$ 或 $\Delta V_{0-500} \geqslant 1.5 \times 10^{-3}$ s^{-1} 或 $\geqslant \Delta V_{0-850/850-500} \geqslant 2.5 \times 10^{-3}$ s^{-1}

特殊情况:

(1) $\Delta\theta_{se850-500/925(0)-700} \geqslant 14℃$

或 $\Delta T_{850-500} \geqslant 30℃$

(2) 925 hPa $T-T_d \leqslant 4℃$

共同条件:0℃ 层的高度在 2.5～5.6 km,−20℃ 层的高度在 5.5～8.5 km,具有厚度 >7.5 km 的负温区,且 0℃ 和 −20℃ 层之间的厚度 $\geqslant 2.8$ km。

混合对流与湿对流的环境条件基本相同,因为混合对流有冰雹出现,因此,对 0℃ 层和 −20℃ 层高度的要求与冰雹相同,这是湿对流所没有的。

3.9　龙卷风的环境条件

3.9.1　龙卷环境条件分析

Wilson 等(1986,1976,1971,1996)指出:龙卷分为超级单体龙卷和非超级单体龙卷,超级单体龙卷由超级单体风暴产生,强烈的龙卷多数为超级单体龙卷。非超级单体龙卷与非超级单体风暴(多单体风暴及飑线等)相联系,同时与边界层辐合切变线密切相关。

超级单体龙卷发生前的环境往往为中等到强的对流不稳定和中等到强的相对风暴的螺旋度。此外,0—6 km 垂直风切变通常超过 20 m/s,低层风切变矢量有较大的气旋式曲率。Mead(1997)在研究美国南部龙卷超级单体和非龙卷超级单体间的区别时指出,3—7 km 相对风暴气流在决定一个存在于超级单体中层的中气旋是否能下降到地面,进而导致龙卷发生的过程中起了非常关键的作用。3—7 km 相对风暴气流的强度,与其他对流稳定度参数结合,可以对是否是龙卷超级单体还是非龙卷超级单体给出一定的指示。另外,Mead(1997)还指出,0—6 km 的风切变大小在龙卷超级单体情况下明显地高于非龙卷超级单体。

Davies 等(1993)指出:在他们的研究中,几乎所有龙卷个例,3—6 km 的中层平均风速都超过 15 m/s。MacGorman 等(1994)指出:龙卷一般发生于近地面层(厚度不小于 1 km)内水汽丰富,中层(底部在 1—2.5 km 高度以上)有干冷空气存在,通过蒸发冷却提供潜在的强烈下曳气流的环境中。龙卷要求有深厚的条件性和对流性不稳定,即在深厚的气层中有较大的温度和水汽直减率。

　　Thompson 等(2000)分析研究了超级单体和龙卷的多种对流参数的统计值,得到 F2 级以上龙卷 0—6 km 垂直风切变平均值为 $4\times10^{-3}\,\mathrm{s}^{-1}$,下限 $3\times10^{-3}\,\mathrm{s}^{-1}$。0—1 km 垂直风切变平均值为 $9.5\times10^{-3}\,\mathrm{s}^{-1}$,下限为 $5.5\times10^{-3}\,\mathrm{s}^{-1}$。且认为 0—1 km 垂直风切变对判断龙卷更为有效。他们统计还发现产生 F2 级以上强龙卷的平均抬升凝结高度低于 981 m,弱龙卷的平均抬升凝结高度为 1179 m,未出现龙卷的超级单体平均抬升凝结高度为 1338 m。

　　Wilson(1986)指出非超级单体龙卷产生于大气边界层中的辐合切变线上。当上升速度区与切变线上预先存在的涡度中心重合时,上升速度使涡管迅速伸长,导致旋转加快而形成龙卷。

　　郑媛媛等(2009)通过对安徽 3 次 F2 级以上强龙卷的环流背景场分析,得到以下结论:(1)3 次龙卷过程天气形势的共同特点是:高空有低槽,中层存在西南风急流,平均风速超过 15 m/s,地面为暖低压,龙卷发生前和发生时有中尺度辐合线存在。(2)超级单体龙卷产生在中等大小的对流有效位能和强垂直风切变条件下,同时抬升凝结高度较低。3 次龙卷发生时大气抬升凝结高度都较低,低层风切变都较大,对流有效位能基本在 1000 J/kg 以上。

　　王沛霖(1996)对珠江三角洲 1976—1983 年 3—5 月龙卷发生的环境条件进行了研究,结果表明,龙卷发生的有利环境条件是对流层深厚气层中气压低、风速大、层结不稳定、低层高温高湿和中下层位势不稳定,850—500 hPa 假相当位温差大于 5℃,垂直温度递减率≥0.55℃/100 m。定性上与局地强风暴的条件基本相同,其中对流层深厚气层中更强的低压辐合、更不稳定层结和更大的水平动量是局地强风暴进一步发展而产生龙卷的主要条件。

3.9.2　环境因子统计分析

　　为了得到产生龙卷环境条件及其阈值,我们引进更多的个例(20 个),进行统计分析研究(表 3.14)。

表 3.14　龙卷风事件的一些环境参数

月/日/年	地点和天气	影响系统	CAPE(J/kg) K、LI、SI、$\Delta\theta_{se}$(℃)	风垂直结构 $\Delta V(10^{-3}\,\mathrm{s}^{-1})$	对流层中低层暖湿/干冷分析
9/4/1983 15:30	15:30 西安机场龙卷,40 min 降水 76.9 mm,瞬时风速 36 m/s,并伴有姆指大冰雹	850—500 hPa 低槽,地面副冷锋,冷锋尾部交界面上产生龙卷;13 时地面陕西中部中尺度辐合线与宝鸡西部南北向辐合线 14 时相交形成一中尺度气旋环流	西安 08 时 $\Delta\theta_{se850-500}$＝10.9	01 时 1.5—2 km 偏南风 12 m/s,西南风向上发展,07 时扩展到 8000 m,9 km 以上是大于 20 m/s 的西北风,高低层风切变很大;13 时以后 3—5 km 出现了较强的垂直风切变	08 时 600 hPa 以下是湿层,以上为干层,中空干平流很强;地面—880 hPa 为逆温层

续表

月/日/年	地点和天气	影响系统	$CAPE$(J/kg) K、LI、SI、$\Delta\theta_{se}$ (℃)	风垂直结构 ΔV(10^{-3}s^{-1})	对流层中低层暖湿/干冷分析
8/12/1993 15:20	吉林双辽县龙卷并伴有冰雹,降水不明显	500、700 hPa 低压和槽,850 hPa 暖切变,地面中尺度低压和辐合线	08 时沈阳附近 $\Delta\theta_{se0-850}=6.0$,14 时双辽大于 10	08 时通辽地面偏南风 4 m/s,双辽仍为静风,通辽 500 hPa 偏西风 20 m/s, ΔV_{0-500} = 3.8	通辽 08 时 500、700 hPa 24 h 降温 2℃,14 时地面总温度 6 h 增加 7℃
6/9/1994 6:45—7:15	南海市和广州市北郊龙卷,日雨量 88.1 mm,6:30—08 时雨势最大	强热带风暴外围,低空西南与东南急流汇合处,地面冷锋前南北走向露点锋直达 300 hPa	广州 850—500 hPa 比湿差 8 日 20 时 8.4 g/kg、9 日 08 时 7.8 g/kg	20 时广州地面至 925 hPa 风切变 12 m/s,925—500 hPa 存在偏南急流 20 m/s	20 时 925—850 hPa 水汽通量很大,地面东干西湿,龙卷风产生于干湿交界处
4/19/1995 16 时—21 时	广东番禺市龙卷	500 hPa 南支槽,850 hPa 切变线,地面冷锋南压,锋后 24 h 升压 8.2 hPa	08 时广州 $K=37$℃ $SI=-3.5$℃ $\Delta\theta_{se850-500}=14$	从低层西南风到中高层东北风,明显风切变,广州 08 时 $\Delta V_{850-700}=4$	08 时 840 hPa 高能舌内,广州 850—500 hPa 比湿差 11.84 g/kg
9/6/1999 6:45—7:55	上海东南部 4 个龙卷(65 min 内)	700 hPa 西风槽切入热带风暴温迪残留的 925—850 hPa 气旋性涡旋内	20 时上海 $K=34$℃,$SI=-6.2$℃ $\Delta\theta_{se850-500}=7.2$	风廓线仪 05:05—05:40,3000 m 以下南偏西风,6:50 地面至 1200 m 风向逆转 360°	1:30 后近地层明显逆温,地面 26℃,700 m 29℃,06:10 30℃,6:30 600 m 以下平均增温率达 4.2℃
7/2/2001 12:40	吉林舒兰市上营镇龙卷,舒兰 08—14 时降水 29 mm	龙卷发生在冷锋前暖区和高空槽前的 500 hPa 较强气旋涡度区		08 时沈阳 850 hPa 急流 16 m/s,低空风切变强	08 时温度露点差长春 850 hPa 为 6℃,地面很小,最高温度 27℃
3/29/2002 20:20—20:30	湖南桃源县大风、冰雹、龙卷	700、500 hPa 槽线之间,急流左侧		低层到高层为强的垂直风切变,低层风切变强于中层	低层为湿层,925—700 hPa 为暖平流,中层非常干燥,700—100 hPa 深厚冷平流
7/8/2003 23:20	安徽庐江、无为县 F2～F3 级龙卷,23—24 时无为县降雨量 24 mm	500～850 hPa 低槽几近重合,江淮南部到沿江南北向风切变线,地面庐江东南风、桐城西北风辐合线	$CAPE=2120$ $K=34$℃ $SI=-5.5$℃ $H_l=142$ m 100 hPa 降温、925 hPa 升温,20 时达最大	20 时 850 hPa 暖湿西南急流从无为县上空通过(安庆 16 m/s),雷达风廓线 20 时 $\Delta V_{0-1.5\ km}=10.6$	1000、925、850、700、500 hPa 比湿分别为 23.7、19.8、15.3、9.4、4.4 g/kg

续表

月/日/年	地点和天气	影响系统	$CAPE$(J/kg) K、LI、SI、$\Delta\theta_{se}$(℃)	风垂直结构 $\Delta\mathbf{V}$(10^{-3} s^{-1})	对流层中低层暖湿/干冷分析
7/12/2004 17 时左右	南通海门市龙卷，雹粒如蚕豆大	500、700 hPa 低槽，14 时有向北伸展的中尺度暖舌	$CAPE=2800$ $\Delta\theta_{se850-500}=3$	900 hPa 西南急流 14 m/s	上干冷、下暖湿
8/25/2004 01:50	宁波市鄞州区 F1 级，仅伴有少量降水，无冰雹报告	20 时 500 hPa 艾利台风前部风切变线右侧，地面风切变线里，925 hPa 以下辐合和正涡度，其上辐散和负涡度		垂直风廓线显示 21 时开始低层风向随高度有序顺转，$\Delta V_{0-0.6\,km}$ >10	24 日 20 时—25 日 08 时温度露点差 1000—850 hPa 在 0～4℃，700 hPa >8℃，500 hPa >24℃
4/20/2005 下午	盐城和淮安龙卷，江苏中部冰雹	500 hPa 冷涡后部强冷平流，850 hPa 浅槽，高空锋区前倾，地面冷锋南压，锋面上激发出 3 个对流风暴	14 时 $CAPE=0$，$K=26$，$LI=4$；	08 时 350 hPa 急流(65 m/s)入口右侧，850 急流 21 m/s 出口处，14 时垂直风切变 $\Delta V_{0-6\,km}$ $=5.5$，$\Delta V_{1000-900}$ $=12$	08 时 500 hPa 强冷平流，850 hPa 暖平流，14 时江苏上空升温 2～3℃
6/10/2005 16:05	辽宁朝阳县龙卷，强降水持续到 18 时	500 hPa 冷涡，850 hPa 低槽，地面低压闭合中心及锋区	$K=39$℃ $\Delta\theta_{se850-500}=18$ $\Delta T_{0-500}=45$℃	850 hPa 低空急流 13 m/s	地面—900 hPa 水汽辐合，800 hPa 以上水汽辐散，900 hPa 以下 θ_{se} 大值区，上干冷
7/30/2005 11:30—11:50	安徽灵璧龙卷 F2～F3 级并伴随暴雨	08 时 500 hPa、700 hPa 低槽，850 hPa 西南与东南风暖切变，地面类似冷锋边界向龙卷发生地移动	08 时徐州 $CAPE=1143$，射阳和南京均大于 3000，$H_l=545$ m	08 时徐州 925～500 hPa 风矢量差 21 m/s，对应深层垂直风切变为 4.2，徐州雷达风廓线 11 时 $\Delta V_{0.3-1.2\,km}=13$	暖湿层直到 700 hPa，500 hPa 槽后干空气位于 700 hPa 槽前相对湿空气之上
8/10/2005 16:10—21 时	营口东南部 11 村龙卷，短历时强降水	700—500 hPa 低涡，850 hPa 切变线	锦州 08 时 $K=37$℃ $SI=-1.5$℃ $\Delta\theta_{se850-500}=6.7$	风廓线 15:32 0.3 km 南风急流 12 m/s，0.6～3 km 维持 16 m/s 西南急流，其上风速递减至 6 km 为 6 m/s	高空有干冷平流，低空有较深厚的暖湿平流
6/29/2006 6:45	安徽泗县龙卷，06—08 时灵璧中北部(上游)2 h 降水量 60 mm	500～850 hPa 低槽，02 时泗县西地面有一闭合低压形成并向东移动			

续表

月/日/年	地点和天气	影响系统	$CAPE$(J/kg) K、LI、SI、$\Delta\theta_{se}$(℃)	风垂直结构 $\Delta\boldsymbol{V}(10^{-3}\,\mathrm{s}^{-1})$	对流层中低层暖湿/干冷分析
7/3/2007 16:40—17:10	皖天长、苏高邮 F3 级以上龙卷	500 hPa 短波槽，850 hPa 暖切变，地面梅雨锋上西北风与西南风切变	南京 08 时 $CAPE$ =1646 K=42℃ SI=−2.3℃ CIN=181.3 $\Delta\theta_{se850-500}$=11.9 H_l=537 m	南京 08 时垂直风切变 $\Delta V_{0-2\,km}$=7.5，$\Delta V_{0-6\,km}$=2.5；风廓线 16:30 1.7 km 风切变 14，16:54 0.9 km 为 40	08 时 850—750 hPa 暖湿急流 14~16 m/s，300 hPa 弱冷空气（水汽图像为较弱暗区）
7/27/2007 12:33	河南孟津县城关镇 F0 级龙卷，上游常袋乡 12:10—12:52 雨量达 34.5 mm	500 hPa 冷低槽，700 hPa 低压切变线，地面东西向辐合线	08 时郑州 $CAPE$ =961 K=32℃ SI=−1.0℃ CIN=139.4 H_l=965 hPa	925—850 hPa 风切变 10 m/s；700 hPa 急流左侧，200 hPa 急流右侧	从低层到 300 hPa 存在深厚的西南急流
8/18/2007 23:00	浙江苍南龙港镇强龙卷 F2~F3	18 日 20 时台风圣帕虽然低层强度迅速减弱，但中高层环流一直维持，浙南处于中高层台风倒槽内	大陈 20 时 K=39℃ SI=−2.3℃ $\Delta\theta_{se850-500}$=3.7	17 日 14 时起一直存在低空急流 12~16 m/s，20 时 $\Delta V_{1000-900}$>10	
5/23/2008 19:20	黑龙江五常市 F2~F3 龙卷，降水不明显，没有降雹记录	850 hPa 东北冷涡，龙卷发生在地面低压冷锋前的暖舌中，同时哈尔滨到牡丹江存在明显的偏东风和西南风的切变	200 hPa 23 日 20 时 24 h 降温 11℃，08—20 时 850 hPa 升温 6℃；哈尔滨 08、20 时 $\Delta\theta_{se925-700}$=4、13.4	08 时 850 hPa 西南急流 18 m/s，大气低层均为西南气流，20 时低空急流加强，龙卷位于 20 时急流（24 m/s）正下方出口附近	20 时 850 hPa 以下水汽丰富，比湿平均达 12 g/kg，700—500 hPa 存在干层，500 hPa 只有 2.3 g/kg
7/29/2008 夜间	东台、高邮、宝应龙卷	热带风暴凤凰，高层冷空气入侵	$CAPE$=2684 K=37℃ H_l=977 m	东北象限 850 hPa 始终维持一支东南急流，20 时 $\Delta V_{0-1.5\,km}$=10.7	

　　从表 3.14 可以看出，产生龙卷的天气形势，从高空看，有低槽、切变线、台风（热带风暴）外围、冷涡、冷涡后部冷平流等多种天气型，对流层中低层都有较强的涡度；从地面看，有冷锋、辐合线、低压（倒槽）等制造地面气流辐合上升的天气系统。值得注意的是地面锋面前存在辐合线/露点锋/中尺度低压等中尺度系统是产生龙卷十分有利的条件（所占比例：13/20）；表 3.14 中有 4 个热带气旋或其残留的气旋性涡旋中产生龙卷，是因为已经存在比较深厚的气旋性涡度，当冷空气侵入对流层低层时激发对流拉长涡管使之到达地面形成龙卷。

　　从表 3.14 还可以看出，虽然并非所有的个例 3—6 km 的平均风速都满足 ≥15 m/s 的条件，但是，中低空都存在急流，要求 850 hPa 以下（包括 850 hPa）的低空急流的强度 ≥12 m/s，或 500 hPa 风速≥20 m/s。为什么中低空急流有利于龙卷风的产生呢？刘式适等（2004）从气压梯度力平衡、惯性离心力和黏性力三力平衡的控制方程出发，得到了龙卷风的三维速度场，从理论上绘制出龙卷风的三维漏斗形结构。说明龙卷风由涡旋流和急流这两种流的叠加而成，涡旋流是由惯性离心力造成的，急流是由水平辐合辐散而引起的强对流。同时，文中也论述了极不稳定的大气层结对龙卷风形成的必要性。

由于龙卷风是最为强烈的强对流天气，因此，热力学不稳定和强动力学因子这两方面的条件只有达到相当强的情况下才会产生龙卷风，根据表 3.14 和以上的分析，我们将可以将产生龙卷的环境条件分为两类：

第一类强垂直风切变和弱的热力不稳定：$\Delta V_{0-1.5\ km}$（低层风切变）$\geqslant 10 \times 10^{-3}\ s^{-1}$ 或 $\Delta V_{850-200(300)/0-6\ km}$（深层垂直风切变）$\geqslant 3.3 \times 10^{-3}\ s^{-1}$ 且 $\Delta\theta_{se850-500/925-700/0-850} \geqslant 3℃$。这一类出现次数最多（占比：16/20）。

在这一类中，有些个例有效位能、抬升指数表现很差，但是仍然存在对流不稳定（$\Delta\theta_{se850-500} \geqslant 3℃$）。例如表 3.14 中 2005 年 4 月 20 日下午发生在盐城和淮安的龙卷即属于典型的一例，龙卷发生前（14 时），$CAPE=0$，$K=26℃$，$LI=4℃$，但是 500 hPa 降温、850 hPa 升温明显，对流不稳定在强烈发展。与此同时，此次过程受到三支急流的影响，分别是 200、350 hPa 高空急流和 850 hPa 低空急流。4 月 20 日 14 时的 200 hPa 高空急流最大风速达到 80 m/s，其强度为历史同期罕见，350 hPa 高空急流最大风速也达到 65 m/s，850 hPa 低空急流的最大风速达到 21 m/s。20 日 14 时，江苏中部处于低空 850 hPa 急流的出口处，其风速辐合和切变辐合造成了低层的强烈的辐合上升运动；高空 350 hPa 急流的入口右侧，其辐散作用与低空急流的辐合作用构成了正的热力环流的上升支；200 hPa 急流入口的下方，其高空辐散和抽风作用加强了上升运动，正是这三支急流的耦合为此次强对流天气提供了动力上升条件，对流不稳定进一步加强了上升运动。

第二类为强热力不稳定和弱的风垂直切变：$\Delta\theta_{se850-500} \geqslant 10℃$ 且 $3 \times 10^{-3}\ s^{-1} \leqslant \Delta V_{0-1.5\ km}$（低层风切变）$< 10 \times 10^{-3}\ s^{-1}$ 或 $2.0 \times 10^{-3}\ s^{-1} \leqslant \Delta V_{850-200(300)/0-6\ km}$（深层垂直风切变）$< 3.3 \times 10^{-3}\ s^{-1}$，这一类出现次数较少（占比：5/20），其中还有 2 例同时具备低层强垂直风切变的条件。

如何解释垂直风切变和热力不稳定在龙卷形成中的作用呢？对于超级单体风暴中中气旋的产生，Davies（1984）、Rotunno 等（1985）的观点是：环境垂直风切变产生水平涡度，沿着对流单体低层入流方向的水平涡度分量在随着低层入流转变为上升气流过程中被逐步扭曲为垂直涡度，随后垂直涡度在上升运动的垂直拉伸下进一步加强为中气旋。由于水平涡度方向与风暴低层入流方向大致平行，该水平涡度的大部分被上升气流扭曲为垂直涡度并且在上升气流的进一步拉伸作用下旋转加强而形成中气旋（中气旋垂直涡度的量级通常为 $10^{-2}\ s^{-1}$）。

通过以上机制形成的中气旋的中心大多位于大气边界层以上，通常称为中层中气旋。龙卷的生成还需要低层有涡旋发展。通常将垂直涡度极大值位于边界层内的低层涡旋称为低层中气旋。美国在 1994—1995 年进行的龙卷涡旋起源外场试验 VERTEX（Rasmussen，1994）证实龙卷的产生以低层中气旋的形成为前提条件（Wakimoto，1998；Ziegler，2001）。虽然关于低层中气旋产生的机制，目前还存在不少争议，但是地面风的辐合和切变线、阵风锋（沿阵风锋风场既有辐合又有切变）、低层水平风切变都是低层背景垂直涡度的重要来源。

为什么低层垂直风切变越大越有利于强龙卷的产生呢？低层垂直风切变越大，则低层水平涡度越大，随低层入流在上升气流中转换成的垂直涡度也大，造成的垂直涡度极值高度与地面间的向上扰动气压梯度力也大,导致更大的地面到垂直涡度极大值高度之间的上升运动和更强的地面附近辐合,使得地面附近的背景垂直涡度在涡度方程中垂直拉伸项的作用下形成更强的低层旋转,导致更强的龙卷。

Trapp(1999)指出低层中气旋的形成也不能保证龙卷一定产生。观测到的低层中气旋的最大垂直涡度大约在 $1.0 \times 10^{-1} s^{-1}$ 量级,而龙卷的垂直涡度在 $1 s^{-1}$ 量级,由于业务多普勒天气雷达无法分辨龙卷尺度的涡旋,目前尚不能完全说清楚从低层旋转加强到龙卷生成的过程。Burgess(2002)指出利用车载多普勒天气雷达近距离对龙卷的探测为研究龙卷形成的精细过程提供了有力的手段。

而如果大的垂直风切变不是集中在低层而是分布在 0—6 km 一个深厚的层内,则在扭曲项作用下形成的中气旋的垂直涡度极大值位置通常相对比较高,即使从该高度到地面间的压力差与风切变集中在低层时一样,则由于垂直涡度极大值位置到地面距离较大进而形成的向上的扰动气压梯度力相对较小,造成的地面到涡度极大值间上升速度相对较小和地面附近辐合较小,因而不容易形成强的低层旋转,不利于强龙卷的产生。

因此,深层风切变必须与热力不稳定相结合才有可能产生龙卷风。

不管哪一类,抬升凝结高度(H_l)都必须很低才行,需要满足 $H_l \leqslant 1000$ m。这是因为如果抬升凝结高度>1000 m,由于较低的边界层湿度导致蒸发冷却,下沉出流加强,低层中气旋会被切断,因此会大大降低龙卷产生的概率。

有龙卷外场观测表明,龙卷超级单体的下沉气流在地面附近辐散,辐散气流的一部分遇到上述低层强烈辐合,被重新卷入上述低层中气旋内(Markowski,et al.,2002)。龙卷能否形成和龙卷的强弱与被卷入的下沉辐散气流的浮力特征有关,其负浮力越小,正浮力越大,越有利于强龙卷的产生(Markowski,et al.,2002)。事实上,下沉辐散气流中的一部分被卷入低层中气旋是不可避免的,如果被卷入的气块具有正浮力,则其在低层中气旋中上升过程中该浮力项会加速上升运动,增加垂直拉伸而使垂直涡度更加增强,自然有利于强龙卷的生成。如果被卷入的气块具有负浮力,则在低层中气旋内辐合上升过程中上升速度会由于负浮力作用而逐渐减弱,减小对垂直涡度的垂直拉伸作用,自然不利于强龙卷的形成。而抬升凝结高度越低,表明低层相对湿度越大,下沉气流中的气块在低层大气被进一步蒸发降冷的可能性就越小,其具有正浮力的可能性也就越大,因此就越有利于强龙卷的形成。

表 3.14 中仅有 1 例(1999 年 9 月 6 日温迪热带风暴残留的气旋在上海产生的龙卷)不满足上述任何两类条件。但是,这次龙卷风发生前 $K = 34℃$,$\Delta\theta_{se850-500} = 7.2℃$,有相当强的热力不稳定。"温迪"在龙卷风发生前不存在低层垂直风切变,这与陈联寿等(1978)的研究结果有所不同,他们认为:台风龙卷与低层的强垂直切变密切相关,一般热力不稳定度可能不起重要作用,因而动力因子的作用大于热力因子的作用。为什么会出现这种情况? 一定是热带气旋(或残留的环流)本身为龙卷风的产生提供了某些其他天气系统不具备的条件。首先是热带气旋(或残留的环流)仍然存在气旋性环流(正涡度),提供了一个基础的气旋性涡度条件,其次高层辐散、低层辐合的良好环境对热带气旋(或残留的环流)内的对流云团发展是十分有利的。但是这还不足以产生强对流特别是产生龙卷风,在热力和垂直风切变条件不是很好的情况下,必须借助于外力的冲击,两种系统相互作用产生倍增效应才能激发出龙卷风。

徐继业等(2001)和陈永林(2000)通过对 9909(温迪)热带风暴登陆、北上引发上海龙卷过程的分析,认为这次龙卷过程是由热带风暴残存低压与西风带系统相互作用造成的。温迪从登陆到消失的两天多时间里,共形成过4个中尺度强对流辐合云团,第一个由于没有西风槽的影响很快就夭折了,4日16时西风槽云系与温迪倒槽云系结合处的江苏中南部东台6 h雨量达89 mm;5日20时西风槽切入热带风暴温迪残留的925—850 hPa气旋性涡旋内(西风槽和温迪中心的结合),产生中尺度强对流辐合云团,导致上海地区在65 min内同时遭受四个龙卷风的袭击。西风槽的切入带来的槽后干空气(在水汽云图上表现为中尺度干涌)促进其前方对流云团不断新生、合并及发展,特别是当形成中尺度对流辐合体时,中尺度指状干涌从云团北部东移,促使中尺度对流辐合体内水平风切变的加剧,最终导致龙卷发生。

另外,近地层的辐合和正涡度对于龙卷风的形成也是必要的。何彩芬等(2006)对0418号台风艾利引发的宁波市鄞州区微龙卷过程进行分析后指出:龙卷发生前辐合、正涡度和上升区都出现在850 hPa(有的甚至在925 hPa)以下,不具备深对流发展的涡度、散度等条件,但是24日20时满足下湿中干的热力条件和具有强的垂直风切变等动力条件,因此在地面存在辐合线的地方局地也会有弱龙卷发生。此类龙卷的发生机理可能是近地层水平风切变产生气旋式涡旋,辐合产生上升速度区,当气旋式涡旋区与辐合上升速度区遇到已存在的涡旋时,涡旋由于拉伸而加速旋转,低层的强风切变和下湿中干的环境,使风暴中上升气流的旋转和发展加强,并且在浮力和螺旋度的共同作用下,使旋转上升气流进一步增强,龙卷就可能形成。也就是说该龙卷的发生机理同时具有非超级单体龙卷和超级单体龙卷的特征,其回波特征上也表明不是典型的超级单体龙卷或非超级单体龙卷,因此,很可能是界于两者之间的混合型龙卷。

当同时满足前几节所述的短历时强降水、冰雹的环境条件时,在出现龙卷的同时还会出现相应的天气,例如当暖湿层不低于700 hPa时,便会出现短历时强降水等。

3.10　分类强对流天气环境条件的综合分析

3.10.1　六类强对流天气环境条件汇总

我们将上述经过统计分析得到的六类强对流天气环境条件汇总列于表3.15之中,以饗读者。

表 3.15　六类强对流天气环境条件汇总表

类型	$CAPE$(J/kg) K、LI、SI(℃)	ΔT、$\Delta\theta_{se}$(℃) ΔV(10^{-3}s^{-1})	中低层湿度结构	H_0、H_{-20}(km)
干对流		$\Gamma \geqslant 0.725$℃/100 m 或 $\Delta T_{850-500} \geqslant 29$ 或 $\Delta\theta_{se850-500} \geqslant 14$ 或 $\Delta V_{0-850} \geqslant 7$ 或 $\Delta V_{0-925} \geqslant 10$, 或 $\Delta V_{850-300(200)}/\Delta V_{0-500(6\ km)} \geqslant 4.5$, 或 $\Delta\theta_{se850-500} \geqslant 6$ 且 $\Delta V_{850-300/200}$ 或 $\Delta V_{0-500(6\ km)}$ 或 $\Delta V_{0-850/850-500} \geqslant 2.5$	700—500 hPa $T-T_d > 6$℃	

续表

类型	CAPE(J/kg) K、LI、SI(℃)	ΔT、Δθse(℃) ΔV(10⁻³ s⁻¹)	中低层湿度结构	H₀、H₋₂₀(km)
冰雹	(1)CAPE≥1000 或 K/MK≥32 (2)LI 或 SI≤-1.0	(1)$\Delta T_{850-500}$≥27 或 $\Delta V_{850-300(200)}/\Delta V_{0-500(6\ km)}$≥4.5 或 ΔV_{0-850}≥7 (3)$\Delta\theta_{se850-500/925(0)-700}$≥6 且 $\Delta V_{850-300(200/400)/0-500}$ ≥1.5 或 $\Delta V_{0-850/850-500}$≥2.5	(2)925 hPa $T-T_d$≤4℃	H₀: 2.5~5.6 H₋₂₀: 5.5~8.5 ΔH_{0-20} >2.8
短历时强降水	(1)LI 或 SI≤-1.0	(2)$\Delta\theta_{se850-500/700-500/850-700/0-850}$≥6 或 $\Delta\theta_{se850-500}$>0,且 $\Delta V_{850-300(200/400)/0-500}$≥1.5 或 $\Delta V_{0-850/850-500}$≥2.5	(3)700 hPa $T-T_d$≤4℃ 或 K/MK≥32	
湿对流	(1)SI 或 LI≤0 (2)K/MK≥32	(3)$\Delta\theta_{se850-500/700-500/850-700/0-850}$≥14 或 $\Delta\theta_{se850-500}$≥6℃且 $\Delta V_{850-300(200/400)/0-500}$≥1.5 或 ΔV_{0-850}≥2.5	(4)700 hPa $T-T_d$≤4℃	
混合对流	(1)K/MK≥32 或 CAPE≥1000 (2)LI 或 SI≤-1.0	(3)$\Delta\theta_{se850-500/925(0)-700}$≥6℃ 且 $\Delta V_{850-300(200/400)}/\Delta V_{0-500}$≥1.5 或 $\Delta V_{0-850/850-500}$≥2.5 (1)$\Delta T_{850-500}$≥30 或 $\Delta\theta_{se850-500/925(0)-700}$≥14	(4)700 hPa $T-T_d$<4℃ 或 (2)925 hPa $T-T_d$≤4℃	(5)H₀: 2.5~5.6 H₋₂₀: 5.5~8.5 ΔH_{0-20}>3
龙卷风		$\Delta V_{0-1.5\ km}$≥10 或 $\Delta V_{850-200(300)/0-6\ km}$≥3.3 且 $\Delta\theta_{se850-500/925-700/0-850}$≥3 $\Delta\theta_{se850-500}$≥10 且 3≤$\Delta V_{0-1.5\ km}$<10 或 2.0≤$\Delta V_{850-200(300)/0-6\ km}$<3.3		H_l≤1000 m

很显然,我们在前几节通过批量个例统计分析得到的六类强对流天气的环境条件指标,既不是这些强对流天气产生的必要条件,更非充分条件。这是因为我们统计分析的个例数仍然有限,不可能穷尽强对流天气各种可能出现的情况,所确定的指标阈值也不一定恰当,仍然可能出现空报。其次,虽然我们所选的环境条件指标都与强对流天气的发生有着密切的联系,但是囿于我们对强对流天气形成条件的认识仍然不够全面和深入,就目前的气象科技水平而言,我们不可能找到强对流天气发生的充分必要条件,因此漏报是不可避免的。

尽管如此,我们所做的统计分析和所找到的各类强对流天气的识别和预报指标,由于其物理意义清楚,对于提高这些强对流天气的预报准确率还是有用的。目前中国强对流天气预报准确率不高,尚未真正开展分类强对流天气预报业务,希望这些指标对于中国强对流天气预报业务能有所裨益,也期望各地在使用中修改完善这些指标,不断向充分必要条件的目标迈进。

3.10.2　六类强对流天气环境条件综合分析

强对流天气分析和预报中有三个基本预报量:对流性大风、短历时强降水和冰雹,冰雹过程常伴随大风,对流性大风伴随短历时强降水便是湿对流过程,三种天气伴随出现便是混合对流过程了。为了对强对流天气进行分类识别和预报,首先必须弄清楚这三种基本强对流天气的形成条件。龙卷是一种特殊的小尺度强对流天气系统,它产生的灾害主要是旋转性强风,因为它与直线型对流大风的形成条件不同,应当另行研究。

对流大风的形成条件与冷高压前部的冷空气大风和气旋大风不同,它主要取决于层结稳定性和垂直风切变,而后者主要取决于气压梯度,其预报难度比对流性大风小得多。因为干对流大风的产生主要是依靠强下沉气流维持的,因此它的识别和预报指标主要是层结不稳定强度和垂直风切变强度这两类,层结越不稳定、垂直风切变越大,则越有利于产生对流性大风。对对流有效位能、抬升指数这样一些对流参数并没有强制性的要求。

3.3 节得到的直线型对流性大风产生的条件(预报指标)能够与其他类强对流天气区别开来吗?从表 3.15 可见,它的层结不稳定强度和垂直风切变强度显然高于短历时强降水,是可以与短历时强降水区分开来的。它的垂直温度递减率高于冰雹而与混合对流相同,假相当位温垂直递减率与湿对流和混合对流相同;垂直风切变强度与冰雹和混合对流相同,直线型对流性大风产生的条件与冰雹、湿对流、混合对流真正不同的是对流层中层干(700—500 hPa $T-T_d>6℃$),这个指标可以将它与其他三类强对流天气区别开来。

如果对流性大风伴随强降水(湿对流过程),由于雨滴的拖曳作用会加强下沉气流,因此它对层结不稳定强度和垂直风切变强度的要求比干对流低,但是要求对流层中低层要有较好的水汽条件。

短历时强降水要求对流层中低层有较高的湿度,局地短历时强降水环境条件最显著的特点是 700 hPa 湿度大,$T-T_d≤4℃$;因此 K 指数大,$K≥32℃$ 是产生局地短历时强降水的重要环境条件。很显然,湿层越厚越有利于产生强降水。当然,为了产生对流,短历时强降水同样需要一定的层结不稳定和垂直风切变,但是这方面的要求是六类强对流天气中最低的,并且要求对流系统移动速度最慢。因此,3.5 节得到的短历时强降水预报指标是可以与其他强对流天气区别开来的。

从表 3.15 可见,700 hPa $T-T_d≤4℃$ 也基本是湿对流、混合对流都应当具备的条件,但湿对流、混合对流与短历时强降水又有所不同,因为湿对流、混合对流都有高于短历时强降水的不稳定层结和垂直风切变,因此,当干冷空气已侵入到 850 hPa 但是边界层仍然高湿(925 hPa $T-T_d≤4℃$ 或 $MK≥32℃$)时,同样的抬升可以造成更强烈的上升运动,同样可以产生强降水,这种情况是不可能产生纯短历时强降水的。

区别冰雹与湿对流的主要标志是 700 hPa 的湿度以及 0℃层和 −20℃层的高度。湿对流要求 700 hPa 有较高的湿度,冰雹要求有合适的 0℃层和 −20℃层的高度。还有另外一个区别冰雹与湿对流的指标是对流有效位能,在非强温度垂直递减率和强垂直风切变的情况下,冰雹过程要求 $CAPE≥1000$ J/kg,湿对流并无这个要求。另外,抬升指数和沙氏指数冰雹过程也比湿对流过程要求更低一些。当然,不少湿对流过程发生前,对流有效位能也很高,抬升指数和沙氏指数也很低;或者当干冷空气已侵入到 850 hPa,但是边界层仍然高湿(925 hPa $T-T_d≤4℃$ 或 $MK≥32℃$)时,这时区别冰雹与湿对流的唯一指标便是 0℃层和 −20℃层的高度了。

混合对流过程的环境条件是前五类强对流天气中要求最高的。它与湿对流的主要区别在于 0℃层和 −20℃层高度,与冰雹的主要区别在于 700 hPa 的湿度。但是,当干冷空气已侵入到 850 hPa 但是边界层仍然高湿时,混合对流与冰雹有时难以区分开来。

3.11　对雷电有指示意义的物理量

上面分析的冰雹、雷雨大风、短历时强降水等,一般都伴随着雷电,因此,下述三个条件同样有利于雷暴的发生、发展和维持:

(1)层结不稳定。表征层结不稳定的物理量有:沙氏指数 SI 和抬升指数 LI,对流有效位能 $CAPE$、K 指数等。

(2)较好的低空水汽条件。表征水汽条件的物理量有比湿、温度露点差、相对湿度等。

(3)有适当的触发因子。当环境条件适合的情况下,一旦有切变、冷锋等触发因子入侵,则非常有利于雷暴天气的发生。

具体哪些物理量与雷电的发生关系密切,需要做相关分析。

梁巧倩等(2008)利用广州市电力部门闪电定位系统提供的 2000—2005 年闪电定位资料和广州附近区域的地面和高空观测资料(其中地面资料取自广州 4 县市,高空资料取自以广州为中心的邻近四个探空站(清远、阳江、香港和连平)。对各种可能影响因子分别与强雷电日的日电闪数做相关分析,在相关系数通过 $\alpha=0.10$ 的显著水平下,选出相关系数高的九个可能影响因子(表 3.16)。

表 3.16　与日电闪数相关最好的 9 个可能影响因子及其相关系

影响因子	日最低气压	K 指数	500 hPa 温度	850 hPa 温度	积温
相关系数	−0.51	0.37	0.36	0.36	0.30
影响因子	日最高温度	700 hPa 温度露点差	700 hPa 位温	500 hPa 高度	
相关系数	0.27	−0.26	0.21	−0.12	

郝莹等(2007)规定安徽省三站或其以上发生雷暴天气为区域性雷暴日,选用 2003—2004 年发生和不发生雷暴的总样本数为 24649 个,做雷暴与物理量(由 T213 的 08 时 6 h 预报场,即 14 时的数值预报产品计算相关物理量)的相关分析,在 $\alpha=0.05$ 的显著水平下(相关系数 $r=0.1946$)得到的相关性较好的对流参数有(表 3.17):对流有效位能和由其衍生的两个参数(归一化对流有效位能、最佳对流有效位能)、抬升指数 LI、沙氏指数 SI、K 指数、风暴强度指数、粗里查逊数,其中 $CAPE$、$BCAPE$ 两个参数相关系数 >0.3,对雷暴有较好的指示意义。

表 3.17　对流参数和雷暴的相关系数

对流参数	相关系数
对流有效位能($CAPE$)	0.341
归一化对流有效位能($NCAPE$)	0.296
最佳对流有效位能($BCAPE$)	0.339
沙氏指数(SI)	−0.262
抬升指数(LI)	−0.293
K 指数(KI)	0.261
风暴强度指数(SSI)	0.256
粗里查逊数(BRN)	0.219

第 4 章　　强对流天气中短期预报方法

　　为了提高强对流天气中短期落区预报准确率,客观定量预报方法的支撑是十分必要的。第 3 章分析了不同类别强对流天气形成的环境条件,这对于认识和预报强对流天气是十分重要的,但是,还需要在此基础上,建立客观定量的预报方法。强对流天气的客观预报方法种类很多,有配料法、多指标叠套法和权重系数法、回归模型、θ_{se} 特型法、决策树、相似法、聚类法、神经元网格、动力模式法等。下面我们选择一些有代表性的方法予以介绍,有些实例预报因子的选择不一定符合前面提到的"邻(临)近"的原则,由于其使用的方法具有代表性,我们也选用了,但是,这并不意味着我们赞成他们那样去选择预报因子。有些方法提出的时间较早,但是我们认为它有用,也选用了。作者介绍这些方法,并不是主张气象台站预报方法不断花样翻新、追求新奇,而是希望他们能持之以恒地研制客观定量的预报方法,择优而用之。

　　本章首先介绍如何获取第 3 章分析得到的热力和动力预报指标,然后介绍一些如何组合这些预报指标的客观预报方法,其中大部分方法既可用于短期预报,也可以用于短时预报。这些方法虽然也可以用于中期预报,但是强对流天气确定性预报的时效较短,较长时效的预报最好用集合预报方法制作概率预报产品,本章的最后一节将介绍基于集合预报的强对流天气概率预报方法。

4.1　热力和动力预报指标的获取方法

　　在 3.2 节中强调在使用物理量时应当注意两个"邻(临)近"原则,为了使探空数据对于某一对流天气事件具有指示性,一般要求事件发生时间距探空时间不超过 3 h,事件发生地点距探空地点不超过 100 km。但是,中国探空站平均间隔 200～300 km,时间上每隔 12 h 一次,不仅时空分辨率太粗,而且探空的时间(北京时 08、20 时)绝大多数不在强对流天气发生的时段内。对流活动多发生在下午和傍晚。如果用早上 08 时探空资料判断下午和傍晚的对流潜势,误判的可能性很大。也就是说,很多时候用 08 时的探空资料计算的物理量没有达到第 3 章各节所得到的指标值,怎么办? 下面我们就来讨论这个问题。

4.1.1　热力物理量指标的获取方法

　　解决两个"邻(临)近"的问题除了增加 14 时探空之外还有有四种办法。

　　(1)基于地面资料的探空曲线重构

　　在大气中的平流过程不明显时,早上到午后大气温湿层结的变化主要发生在大气边界层,此时可以假定气块具有 08 时大气边界层内的平均湿度和估计的午后地面最高温度,该气块自地面绝热上升的对流有效位能(CAPE)值对于午后和傍晚发生雷暴可能性具有更好的指示性(图 4.1)。

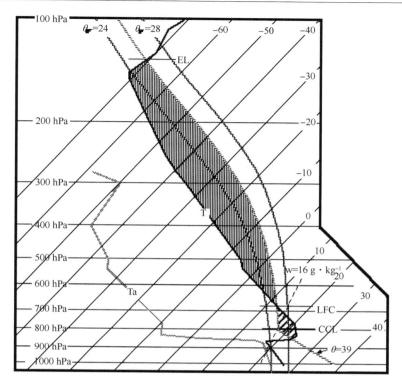

图 4.1　假定气块具有 08 时大气边界层内的平均湿度和估计的午后地面最高气温,该气块自地面绝热上升的对流有效位能值对于午后和傍晚发生雷暴可能性具有更好的指示性(矫梅燕等,2010)

(2)基于风廓线仪和微波辐射计资料的反演

如果有风廓线仪和微波辐射计的资料,将可以给出高时间分辨率(每 10 min)的大气垂直温、湿、风切变演变情况。

廖晓农等(2008)在分析 2006 年 6 月 24 日傍晚北京出现的罕见雷暴大风天气时,为了得到 CAPE、温度直减率等随时间的演变,使用北京市微波辐射计的观测资料来计算这些对流参数。美国 Radiometrics 公司的 12 通道地基微波辐射计在垂直方向上具有较高的空间分辨率,在 1 km 以下每 100 m 有一个数值,在 1 km 以上其分辨率为 250 m。而且它观测的频率非常高,每 1 min 就可得到一组温度廓线、相对湿度、水汽密度、液态水等数据。计算得到的对流有效位能表明:09 时前,大气处于较稳定的状态,对流有效位能<500 J/kg。从 09 时开始,CAPE 呈现快速上升趋势,09:30 就已经超过 1000 J/kg,到 15:30 达到 2784.5 J/kg。此后,CAPE 数值围绕 2500 J/kg 上下波动,在强风暴来临前(即 17 时)上升到最高值 2813.2 J/kg。因此,6 月 24 日的飑线发生在非常不稳定的环境中。强对流天气过去后 CAPE 陡降,到 19 时其数值为零。造成环境大气不稳定性增加的主要原因是 1.5—4.25 km 层内的大气明显变湿。

上述分析表明,微波辐射计观测在强对流天气短时预报中具有一定的价值。08 时,北京的 CAPE 只有 500 J/kg,据此很难预报出傍晚的强对流天气。但是 13 时前后 CAPE 就超过 2000 J/kg 了,于是可以做出比较准确的潜势预报。因此,在目前没有 14 时探空的情况下,微波辐射计观测是对气球探空的一种很好补充。

（3）基于温湿平流的稳定度计算

在有天气系统过境导致的平流过程比较明显时，应当注意高空干冷平流和低空的暖湿平流，这种差动平流可以导致大气层结从上午的弱稳定或中性迅速演变为下午的强烈不稳定。计算温湿平流有两种用法：一是根据温湿平流重构探空曲线，然后计算各种物理量；二是直接从温湿平流寻找预报指标，或者将温湿平流作为预报因子引入预报方程。

（4）使用数值预报产品

另外一个重要选择是根据数值分析预报产品［包括高分辨率模式预报产品和快速资料分析预报系统（RAFS）产品］计算各种物理量。但是必须对它们生成的模式探空进行检验，证明其确有预报能力并进行误差订正后才能使用。

使用数值分析预报产品遇到的其他问题还有模式分辨率问题，不同分辨率的模式计算出来的物理量会产生一定的误差，对热力性物理量，误差小一些；对于动力性物理量，误差就比较大，例如对于垂直速度，天气尺度模式与中尺度模式，可能出现量级的差异。解决的办法有三个：一是用与国家气象中心运行的业务模式相当的再分析资料做物理量诊断（例如日本再分析资料），得到有指示意义的物理量，然后用相近分辨率的模式输出产品做 PP 法，得到强对流天气的落区预报；二是对用再分析资料得到的有指示意义的物理量，用业务数值分析预报产品重做一次诊断，得到新的物理量阈值，用这些物理量指标叠套就可以做强对流天气的落区预报了；三是对用再分析资料诊断得到的有指示意义的物理量进行分类处理，热力指标可以采用再分析资料得到的物理量阈值（反映热力的物理量误差较小），动力指标只采用具有标识性的阈值（例如上升运动、水汽辐合、正涡度等）进行叠套。在预报业务中，建议采用前两种方法，特别是第二种方法，它实际上是一种模式输出统计法。

使用数值预报产品遇到的最大问题是数值预报产品的质量问题。判断用数值预报产品计算出来的物理量是否可用，需要将大量个例的计算结果与探空比较，只有通过了严格的检验，才能使用。在预报业务中，一种最简单的方法是将数值模式 12 或 24 h 预报（包括形势场和 CAPE、垂直风切变等对流参数）与对应的同时刻的实况进行比较，选择预报误差最小的模式产品做强对流天气的预报。

对于模式探空的质量和应用方法，陈子通等（2006）做过一些研究，他们在广州区域中心业务中尺度模式的基础上，选取华南地区强对流天气高发季节（4—5 月）的资料，进行了一些初步的评估分析。从模式探空的直接评估分析中发现，地面和较高层次的预报要素误差比较大，而中间层次比较小，比如气温预报，700 hPa 的效果是最好的，而地面气温的预报最差。从不稳定度指数评估分析可以发现，仅考虑中间层次的不稳定度指数性能比较稳定，而考虑地面要素的一些不稳定度指数对预报误差比较敏感，用地面观测资料订正后其质量有很大提高。

他们以清远站和香港站为例，探讨华南地区常见的午后强对流和凌晨强对流的一种可能机制时，发现逐时预报的 CAPE 指数变率对未来 2~3 h 发生的强对流天气确实有良好的指示意义。同样，K 指数、SI、$\Delta\theta_{se850-500}$、$T_{850-500}$ 等也只涉及 850—500 hPa 中间层次的物理量，也是较好的热力指标。

陈子通等（2006）的评估分析表明，不仅考虑中间层次的不稳定度指数有较好的预报能力，而且可以有较长的预报时效。

魏绍远等（1998）利用空军中尺度数值模式模拟了一次于 1996 年 12 月 30 日下午发生在苏北的罕见雷暴大风天气，结果发现用数值模式计算得到的雷暴大风发生时（17 时）的环境条件为:$K=32℃$,$SI≤0$,上干下湿(500 hPa 的比湿比 850、925 hPa 小 6g/kg),与我们在第 3 章得到的干对流(大风不伴随明显降水)环境条件是一致的,说明使用数值预报产品得到的环境条件指标是可行的。如果不使用数值预报产品,预报员是很难在冬季预报出强对流天气的。

目前对数值预报产品的检测侧重于对形势场和降水、气温预报的检验,还应当增加对流参数预报能力的检验,这对于提高强对流天气预报准确率是十分必要的。

4.1.2 强对流天气动力因子的获取

满足以上环境条件的区域要比强对流天气出现的区域大得多,环境条件仅为强对流天气的出现提供了"潜势","潜势"转化成天气必须有动力抬升条件才能启动和维持对流,才有可能产生灾害性的大风、冰雹和强降水天气。

强对流天气形成的动力条件,第 3 章我们已经指出低层辐合和高层辐散从而形成较强的垂直运动是必要条件,其中以冰雹和混合过程所需要的风垂直切变和垂直上升运动最强,500 hPa(600~400 hPa)的垂直上升速度最大,可以超过 0.5 Pa/s。但是表征的辐散层既可以是 200 hPa 也可以是 250 或 300 hPa(每次过程可能是不一样的),而且正散度中心不一定位于强对流区的上空,由于许多强对流过程都是倾斜对流过程,这种配置是合理的。因此,在选择动力物理量指标时,不能机械地用计算机点对点地普查,还应进行垂直环流的分析,只要能形成垂直环流就行。同样表征低层辐合的层次可以是 925~700 hPa 的任何一层,极少数个例中的辐合层可能比 700 hPa 还高。在五类过程中以冰雹和混合过程低层辐合、高层辐散最明显。

另外,水汽输送和辐合对强对流天气的产生也是必要的,但是表征的层次可以不一样,应当根据实际情况选择 950、925、900、850 hPa 任何一层,南方有的个例 925 hPa 反映好,有的个例 850 hPa 反映更好一些;例如江西的 4 类过程,925~850 hPa 低层水汽辐合特征明显,但是各层在量值上差异不大,水汽辐合值在$-1.5×10^{-7}$~$-2.5×10^{-7}$g/(s·hPa·cm²);4 类过程中以 925 和 850 hPa 的水汽辐合最大,其绝对值分别超过 $4.0×10^{-3}$ 和 $2.5×10^{-3}$g/(s·hPa·cm²)。北方可以选择 850 或 700 hPa,青藏高原地区自然应当选择 500 hPa,只要任何一层符合条件即可。

尽管张大林(1998)认为"即使我们有完善的初值,中尺度天气系统的可预报性仍是有限的。这是因我们所使用的数值微分方程是一套含有若干近似和假设的平均方程,许多次网格现象都是由经验作参数化。"但是,中尺度数值模式对于中尺度天气系统背景场的散度、水汽通量散度、垂直速度等动力学参数仍然有相当好的预报能力,我们仍然可以用上面提到的不稳定指数以及低层辐合、垂直上升运动、高层辐散等物理量的叠套做强对流天气的落区预报。

应当注意的是表征动力条件的物理量对于模式和计算物理量的网格距非常敏感,因此,用一种模式资料(例如 NCEP/NCAR 再分析资料)得到的动力物理量的阈值不能随意用于其他模式,只有正负值(辐合辐散、上升下沉运动)是可用的。一般的做法是用再分析资料进行诊断,筛选出好的物理量指标,然后用业务模式重新计算这些物理量,统计分析得到的物理量阈值就可以用于预报了。当然,也可以直接用业务数值分析预报产品筛选预报因子,然后建立预报模型。但是,因为数值预报产品总是存在误差,用数值预报产品进行诊断可以得到一些有意义的结果,也有可能会出现误导。因为再分析资料可以当作实况使用,用它诊断并分析强对流天气形成条件则不会出现这种情况。当然,再分析资料也有质量问题,用它进行诊断分析也不可能完全揭露出强对流天气的形成条件,这是目前气象科技水平所限之故,应另当别论。

边界层辐合线是风暴发生发展的动力条件之一。由于大量地面自动气象站的建设,使得业务上可以进行每小时(必要时每 10 min)的地面图分析,在地面图上,要十分注意锋面、辐合线与露点锋、海风锋等不连续线的交叉,其交点是最容易出现强对流天气的地点。中国建立了新一代天气雷达网,识别阵风锋对于强风暴的临近预报是不可或缺的。

4.2　配料法和指标叠套法

第 3 章我们已经讲过强对流天气发生的基本条件为条件不稳定层结的存在、充分的水汽供应和一定的启动机制。从不同尺度系统的相互作用来考虑,大尺度系统对中小尺度系统的发生起着控制作用,因而我们可以通过对大尺度环境场和数值预报模式产品的进一步诊断来判别这些基本条件是否满足,从而做出强对流天气预报,这就是配料法和指标叠套法的基本思路。

4.2.1　配料法

配料法首先需要做流型辨识,类似传统的概念模型辨识。图 4.2 是美国区域暴洪的流型辨识图。一般来说,强对流天气发生发展的典型形势特征是高低层有高空急流和低空急流,在低层有暖湿舌伸展,中层有干舌叠加在低层湿舌之上,层结不稳定度很大。美国把产生大雹(最大雹块直径≥10.16 cm)的天气形势归纳为 A、B 两类。A 类的特点是高低空急流上下交叉,地面暖锋(不连续线)附近有很强的切变,层结不稳定度很大。超级单体和大雹事件通常发生在不连续线北侧暖湿平流最强处。B 类的特点是上层很干,下层很湿,气团的对流性不稳定度很大,自由对流高度(LFC)的高度一般位于 720～680 hPa,降雹发生在稳定度/湿度梯度很大,以及高空辐散与低空辐合相耦合的地区,即沿干线或其附近的地区。

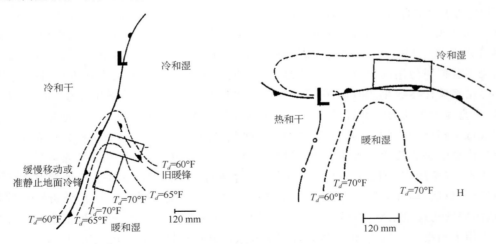

图 4.2　美国区域暴洪的流型辨识(Maddox,*et al.*,1979)

其次是基于构成要素的配料法。配料法主要是一种思想方法和预报思路,具体预报过程需要预报员根据经验来确定相应构成要素的阈值。

构成配料法的要素主要有:

层结不稳定:包括对流有效位能($CAPE$)和对流抑制位能;850 和 500 hPa 温度差及变温、

地面露点和温度;其他对流指数 K、SI 等。

　　水汽:水汽通量及其散度、比湿、暖湿气流。

　　抬升机制:天气尺度辐合系统、边界层辐合线和中尺度地形。

　　垂直风切变:通常表示用风矢端图分析。

　　注意日变化:边界层日变化和高低空平流过程,包括地面变压、午后地面增温、急流的日变化等。

4.2.2　指标叠套法

　　指标叠套法是用来做灾害性天气落区预报的一种方法,它物理意义清楚。指标叠套法要求首先分析研究与灾害性天气落区有关的因子,找到相关性好的因子(称为预报因子),预报因子包括天气形势因子、热力和动力因子等;然后确定预报因子的阈值得到预报指标,预报因子的阈值应当以灾害性天气不漏报为原则;最后将预报指标叠套,预报指标共同围成的区域即为强对流天气的落区。

　　每个预报指标都是产生强对流天气的必要条件,在目前科学技术水平下,我们不可能找到所有的产生强对流天气的必要条件从而构成强对流天气的充要条件,空报是不可避免的;又由于预报因子阈值的确定不可能做到完全科学合理,漏报也是不可避免的。

　　指标叠套法有几个基本要求:一是所选因子应当有明确的物理意义,与强对流天气相关度高;二是所确定的预报因子的阈值必须概括所有的强对流天气个例,以免漏报;三是参与叠套的因子应当是相对独立的因子,一些因子可能属于同一类的因子(例如 $CAPE$ 和 K 指数),只要它们能够覆盖不同的样本,就应当视这些因子是独立的;四是参与叠套的因子数量没有限制,只要符合以上三条即可,直至达到最高的拟合率。

　　在指标叠套法中,天气形势常常作为起报条件。天气形势最好由预报员识别,也可以用客观相似方法识别天气形势。为了减少空报,提高预报准确率,各地还应当寻找一些消空指标,消空指标既可以是天气形势(即不可能出现灾害性天气的特定天气形势),也可以是物理量指标,还可以是指标站的某些气象要素。起报条件和消空指标都是预报指标,是指标叠套法不可或缺的组成部分。

　　第 2 章归纳了出产生强对流天气的几种天气型,可以作为起报条件,我们还可以寻找一些消空指标,以下各节阐述的具体预报方法中都有介绍,此处不再赘述。

　　第 3 章详细讨论了各类强对流天气的环境条件,得到了它们的预报指标,这些指标即可以用于指标叠套。

　　例如:一种暴雨物理模型——冷槽切变型

　　湖北省气象台研制的一种暴雨物理模型——冷槽切变型见图 4.3。它是根据影响系统和有关物理量的叠套得到暴雨的落区的。

　　图中的影响系统和物理量来自 NCEP/NCAR 再分折资料,选取的时间为暴雨发生前夕。图中指示的物理量,850 hPa 湿区是指 $T_d \geqslant 15℃$ 的区域,$K \geqslant 35℃$,$SI \leqslant 0℃$,$T_{850-500} \geqslant 25℃$。特征线(槽线、切变线等)和物理量指标共同围成的区域(图中阴影区)便是暴雨的落区。

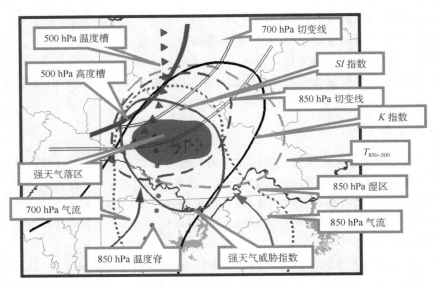

图 4.3　冷槽切变型暴雨物理模型

　　图中的物理量指标都是根据再分析资料统计得到的,如何获取这些物理量和动力因子的预报值,4.1.1 和 4.1.2 节我们已经讨论过。

4.3　θ_{se} 特型法

　　从第 3 章的分析可以看出,大气层结状况对强对流天气有很好的指示作用。大气层结状况有很多表现方式,例如 T-$\ln p$ 图及其计算的各种物理量,θ_{se} 随高度变化的曲线也是一种表现形式。20 世纪 80、90 年代很多人用 θ_{se} 曲线的形态去研究暴雨和强对流天气,得到不少对预报有意义的结果。

　　胡富泉(1996)对 θ_{se} 曲线进行了更加仔细的分类,划分出几种特型,并结合其他表示不稳定的物理量,建立了上海地区强对流天气预报方法。他收集、整理和分析了上海地区 1976—1986 年强对流天气的资料,并连续 3 a(1987—1989 年 4—9 月)逐日跟踪分析了上海单站强对流天气,共获得 244 个样本。对随机选择的上海地区 1985—1990 年 33 个典型强对流天气个例的综合分析表明,强对流天气有两类发生因子:动力因子和热力因子,后者可用 θ_{se} 特型和双热力指标作为强对流天气发生的判据。

　　(1) θ_{se} 特型

　　单站 θ_{se} 垂直分布可以显示出单站层结不稳定的微结构(图 4.4)。经作者多年研究发现,θ_{se} 特型能在较长时间前(如 12—24 h 前)对强对流天气的预报起警示作用。这是因为 θ_{se} 的保守特性能够预示一定时空的天气特征。经过个例分析研究,确定了 6 种 θ_{se} 特型(G 型、M 型、A 型、B 型、C1 型和 C2 型)来监视、捕提和预报强对流天气。θ_{se} 特型见表 4.1。

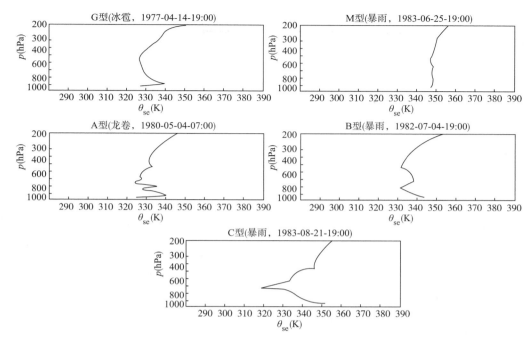

图 4.4 θ_{se} 特型垂直分布个例

表 4.1   6 种 θ_{se} 特型的特点和天气状况

特型	特型特点	天气状况
G(剧烈天气)型 ——冰雹型	θ_{se} 垂直层结不稳定层厚,θ_{se} 从近地层向上减小到 600～500 hPa	高、中指标,且 SSI＝12－16 常伴有冰雹
M(中性不稳定)型 ——稳定暴雨型	θ_{se} 分布几乎垂直向上,随高度变化小	高指标时,有稳定持续降水
A(多层不稳定)型 ——转折型	θ_{se} 分布呈锯齿状,至少有 3～4 层不稳定形状	扰动剧烈,能量叠加时有龙卷、冰雹
B(双层不稳定)型 ——暴雨型	θ_{se} 分布有明显双层不稳定型(类 B 型中有一层不稳定型)	高、中指标时有暴雨,台风时有龙卷
C1(低层不稳定)型	C1 低层($p>700$ hPa)呈尖角	暖切变低指标,有大到暴雨
C2(中层不稳定)型	θ_{se} 分布呈急剧变化的尖角形状 C2 中层(p 在 700～600 hPa)	高、中指标时似 G 型天气

注:表中所谓高、中、低指标见双热力指标。

(2)双热力指标

(a)高指标:$K \geqslant 34$,$TOT \geqslant 43.5$($TOT = T_{850} + T_{d850} - 2 T_{500}$);

(b)中指标:$34 > K \geqslant 30$,TOT 依 θ_{se} 特型而定;

(c)低指标:$K < 30$,TOT 依 θ_{se} 特型而定。

(3)预警模型

预警模型可表示为:双热力指标＋θ_{se} 特型。

表 4.2　θ_{se} 特型的强对流天气分类指标统计

类型	指标	G 次数	A 次数	B 次数	C1 次数	C2 次数	M 次数	总次数	百分率(%)
高指标	$K\geqslant34$ $TOT\geqslant43.5$	62	13	11		7	17	110	45
中指标	$K\geqslant30$ TOT	34 ($\geqslant40$)	17 ($\geqslant40$)	30 (>36)	10 (>39)	10 (>33)		101	41.6
低指标	$K<30$	5	14	2	10	2		33	13.4
		$K>21$		$K>22$	$(K>-2)$	$K>22$			
	TOT	$TOT>32$		$TOT>33$		$TOT>33$			
总次数		101	44	43	20	19	17	244	
百分率(%)		41	18	18	8	8	7		100

注:表中内容是根据上海地区 1976—1989 年的资料不完全统计而得到的。

从表 4.2 可以看到:高能量(高、中指标)强对流天气占总强对流天气的 87%;强对流天气中 G 型约占四成,M 型占一成,A 和 B 及 C1 和 C2 型各占不足两成。

从 1976—1989 年上海地区发生的冰雹和龙卷资料分析可见:冰雹的高指标次数/总次数=28/38=74%,高指标平均为 2 次/a。龙卷的高指标次数/总次数=21/39=54%。

(4)起报和排空条件

1)起报条件

①西风带系统中的高空槽与切变、锋面系统以及冷涡低压;

②副热带高压(以下简称副高)转为副高减弱边缘型或气旋性涡度型;

③台风、东风波等热带系统。

其中锋面系统贡献最大,占强对流天气的 60%,低压系统占 30%,其他系统占 10%。

2)排空条件

①副高增强和副高控制(下沉运动强);

②黄海高压(对上海地区而言)。

值得注意的是引发机制和排空机制的转化,可导致强对流天气从无向有转化。盛夏时,若为副高控制型,出现连续高温,没有产生强对流天气。当副高减弱或转化为副高边缘型时,可以引发高能量释放,出现局部强对流天气,有时会连续数天出现强对流天气,甚至出现冰雹和龙卷等剧烈强对流天气。

(5)预报检验

表 4.3　1995—1998 年上海地区强对流天气预报结果统计

预报检验项目	1995—1997 年	1998 年	1995—1998 年合计
报对次数	92	37	129
报错(错、漏)次数	12	4	16
预报总次数	104	41	145
临界成功指数 CSI(%)	88	90	89

该方法对于上海地区有无强对流天气预报有相当高的准确率,说明 θ_{se} 垂直分布特征和 K 指数等不稳定指标与强对流天气有非常密切的关系。该方法尚未解决强对流天气落区预报问题,强对流天气的分类预报还值得更深入的研究。

4.4　决策树预报方法

决策树预报方法是模仿预报员做预报决策的过程,通过建立比较完善的业务技术流程,做出天气预报。

孙明生等(1996)分析了北京地区 1983—1992 年 6—8 月 276 次强对流天气过程,研究北京地区强对流天气的形成条件及其短期预报方法。通过 500 hPa 逐日分型,将影响北京地区的大尺度环流分为 5 种类型,从数十个物理量参数中,筛选出各型的最佳预报因子,采用判断树预报流程,逐型建立强天气的短期预报方法。

4.4.1　天气形势分型和相似预报

依据 08 时 500 hPa 形势,划分为 5 个环流型,其定型标准是:

东北冷涡型:在(40°—55°N,115°—130°E)内存在闭合低压,且有冷中心或冷槽配合。

西北冷涡型:在(40°—50°N,100°—115°E)内存在闭合低压,且有冷中心或冷槽配合。

斜(横)槽型:在(40°—50°N,100°—115°E)内存在槽线为东北—西南(或东西)走向的低槽,槽内无闭合低压。

竖槽型:又称西来槽型,指在(35°—45°N,100°—115°E)内存在槽线为东北偏北—西南偏南(或南北)走向的低槽,槽内无闭合低压。

槽后型:槽线过张家口和北京站,北京地区盛行偏北气流(包括 WNW-NE 气流)。

他们从 10 a 资料中分型随机抽取出现和不出现强对流天气 298 次个例,采用合成分析方法,逐型研究了出现强对流天气的形势特征和物理条件,概括出概念模式。

以斜槽型为例,出现和不出现强对流天气的形势有 3 点不同:

(1)低槽前部短波槽的位置和结构差异

出现和不出现强对流天气的长波槽二者差别不大,差别明显的是长波槽前的短波扰动,前者短波槽位于北京以西,主体在 40°N 以南,与其相伴的小股干冷空气正面侵袭北京地区;后者的短波槽位于北京以东,主体在 40°N 以北,与其相随的冷湿空气主要在张家口至赤峰、通辽一带,没有正面侵入北京地区,而且短波槽地区高、低层均为辐散,且低层辐散较强,显然这种短波槽不能提供强对流天气发生的动力条件。对中尺度对流天气预报,应当特别注意大型环流系统中的短波扰动,它们对强对流天气发生的作用更直接。

(2)上游地区物理量特征差异

表 4.4 是北京上游东胜、太原和邢台地区平均的比湿和水汽通量散度,在对流层中、低层,出现强对流天气的水汽含量比不出现强对流天气高,水汽通量辐合更大,特别是低层。

表 4.4　北京上游地区平均的比湿和水汽通量散度

高度(hPa)	比湿(g/kg)				水汽通量(10^{-8} g/(s·hPa·cm²))			
	斜横型		槽后型		斜横型		槽后型	
850	9.3	8.0	8.2	8.4	−6.4	−1.5	3.5	0.6
700	5.5	4.5	4.8	4.7	−0.0	0.7	2.5	1.7
500	2.2	1.7	1.7	1.8	0.4	−0.3	0.0	−0.7

出现强对流天气低层辐合为$-5.2\times10^{-6}\,\mathrm{s}^{-1}$,高层为强辐散达 $4.9\times10^{-6}\,\mathrm{s}^{-1}$;而不出现强对流天气的低层辐合较弱,为$-1.7\times10^{-6}\,\mathrm{s}^{-1}$,高层辐合较强达$-2.5\times10^{-6}\,\mathrm{s}^{-1}$,高、低层间辐合、辐散呈相间分布,因而垂直速度较弱。

(3)高空急流特征差异

出现强对流天气的高空急流轴在 40°N 以北,北京地区位于其南侧的辐散区中;不出现强对流天气的急流轴位于北京上空,呈现出速度辐合特征。

由此得到斜槽型强对流天气的预报着眼点:①分析斜槽型是否建立,注意斜槽前部有无次天气尺度扰动,它的位置及其垂直结构是否有利于北京地区强对流天气发生;②分析北京上游地区物理量场特征及其垂直分布,特别注意在低层暖湿平流的上方是否叠加中层干冷平流,注意它们和北京的相对位置,是否正面侵袭北京地区;③分析高、低层散度特征及其垂直配置,注意高空急流的位置及其动力特性,考察是否能建立低层辐合和高层辐散的机制,以利强对流天气的形成发展。

在此基础上,建立 1983—1992 年 6—8 月逐日环流型和有、无强对流天气的实况样本库,在预报业务中,将预报日的天气形势(包括850、500 hPa 的高度场、温度场及相关要素场)与样本库进行比较,选出相似系数达临界范围的最大相似日,如果最大相似日是样本库中有强对流天气的日,则起报强对流天气,否则消空。

与此同时,他们的研究还发现地面图上一定范围内存在气旋、冷锋、切变线和华北小低压与北京地区强对流天气有很好的对应关系,为此又设计了地面形势定型标准(略),凡不满足地面定型标准的,则消空。

4.4.2 用判断树方法选配预报因子

逐型分别构造出数十个(平均 30 个)物理量参数,通过因子初选(点聚图)和精选(逐步回归法),最后筛选出各天气型的最佳因子。

将预报因子按天气学原理和逻辑推理规则构造判断树,具体做法是:①将无漏报且排空次数最多的因子放在首位,将无漏报、排空次数次之且与首位因子有相互排空补充的因子放在第二位,其余类推;②漏报较多的因子放在判断树最后,以降低漏报率;③各因子间要符合天气学原理和逻辑推理规则,如果多个因子间的逻辑关系为"OR",则要求这些因子间应尽量满足:(a)要有一定的互补性,漏报日历尽可能相同;(b)物理意义要一致;(c)在"OR"关系中,有漏报的因子放在最后。

4.4.3 强对流天气落区预报方法集成

(1)条件气候概率预报。根据影响北京地区 5 种环流型的条件气候学分析,发现各环流型强对流天气的地理分布有明显差异。如斜槽型与槽后型,斜槽型的强对流天气主要集中出现在北京的沙河、南苑、西郊,分别占该型强对流天气的 20%~30%,而通县和易县出现强对流天气仅为 7.2%。对于槽后型而言,强对流天气主要集中在延庆、杨村、静海地区。

(2)相似预报。根据历史上最大相似日的强对流天气落区,预报当日强对流天气的落区。

(3)根据地面要素场的落区预报。根据预报区内 15 个测站地面要素 3 h 变化(ΔT、ΔT_d、Δp),分别建立各环流型下各预报区的预报方程(略)。

对以上 3 种方案的预报结果,用投票法作出落区预报决策。

该方法对北京地区有无强对流天气的预报有比较高的准确率,实际预报 CSI 在 0.4 以上,但强对流天气落区预报方法比较粗糙。

4.5　Bayes 判别分析、Logistic 回归判别和神经网络方法

Bayes 判别分析、Logistic 回归判别和神经网络等方法都可用于制作强对流天气预报。判别分析法是在已知研究对象分为若干类并已取得各类样本数据的基础上,根据某些准则建立判别函数,再将要进行分类的样本的相应值代入判别函数,然后对未知类型的样本进行判别分类。Bayes 方法的基本思想是利用对判别影响较大的先验概率来判断样本属于哪一类。神经网络法的优点在于多层神经网络可以解决线性与非线形之间的矛盾。下面介绍柴瑞等(2009)用这些方法如何制作闪电预报。

4.5.1　选取的资料及因子

选用 2006—2008 年南京站($118°48'$E,$32°$N)6—8 月的探空资料、江苏省气象局闪电定位资料和南京龙王山雷达站提供的雷达资料。将以南京站为中心、50 km 半径范围内每次探空后 12 h 内发生的闪电(在该范围、该探空时段内有闪电发生,就认为在该探空时段内南京有雷暴发生)与该次探空资料进行配对,作为一个完整的样本进行分析。3 a 的完整样本总数为552 个。

经过对因子的筛选分析,K 指数、沙氏指数 SI、对流有效位能 $CAPE$、粗里查森数 BRN、累积可降水量 $PWFES$ 5 个因子对雷暴有较好的预报意义。

4.5.2　Bayes 判别分析法

判别分析模型中随机向量的维数不宜太高(即预报因子的个数不宜太多),维数高了,方差阵可能是病态或接近病态,从而导致计算逆矩阵时会有较大误差,使参数估计不正确、误判概率增大,因此选择逐步选择法对预报因子进行筛选,将对模型的判别能力贡献达不到留在模型中的标准的因子剔除掉,逐步选择法对因子的增减采用了 F 检验法,原则为设置阈值 F_{in}、F_{out},拟合模型,当模型中因子系数的 F 统计量小于 F_{out},将该因子剔除出模型,当因子系数的 F 统计量大于 F_{in} 时,将该因子选入模型,再次拟合模型,依上述方法继续筛选因子直至无因子入选模型,停止筛选。

将 552 个完整样本利用逐步选择法进行筛选后,其中 K、SI、$CAPE$、BRN、$PWFES$ 入选模型,并通过 F 检验发现 5 个预报因子对模型贡献均为极显著。

利用 2006 和 2007 年两年的 368 个样本和这 5 个预报因子,以 Bayes 判别分析法建立雷暴预报方程:

$$L_1 = -3.65192 + 0.03595X_1 + 0.00296X_2 + 0.000\,3417X_3 + 0.000\,0231X_4 + 0.10968X_5$$
$$L_2 = -6.73749 + 0.08258X_1 + 0.00504X_2 + 0.000630\,5X_3 + 0.000\,0879X_4 + 0.12325X_5$$

其中,L_1、L_2 分别为雷暴、非雷暴的预报函数;$X_1 \sim X_5$ 分别代表 K、SI、$CAPE$、BRN、$PWFES$。利用上述预报方程对 2008 年 184 个探空样本做预报,该方法对雷暴的预报准确率为70%,误报率为 7.6%,由于该方法计算简单,便于应用,所以在雷暴潜势预报上具有一定的应用价值。

4.5.3　Logistic 回归判别法

Bayes 判别分析法只能给出雷暴是或否出现，无法给出雷暴出现的概率，利用 Logistic 回归判别法可以给出雷暴的预报概率。

logistic 回归模型如下：

$$P=\frac{\exp(a_1+b_1x_1+b_2x_2+\cdots)}{1+\exp(a_2+b_1x_1+b_2x_2+\cdots)}$$

其中，P 为雷暴的预报概率；a_1、a_2 为截距项，x_1、$x_2\cdots$ 为预报因子，b_1、$b_2\cdots$ 为预报因子系数。利用建立的回归模型对未知的样本做预报，给出雷暴的预报概率及误报率。

将对流参数利用逐步回归法进行筛选后，K、$CAPE$ 入选模型，下面利用这两个预报因子，通过 Logistic 回归判别法建立预报模型进行雷暴预报。

利用 2006 和 2007 年两年的 368 个完整样本建立如下模型：

$$P=\frac{\exp(3.9877-0.1001x_1-0.00024x_2)}{1+\exp(3.9877-0.1001x_1-0.00024x_2)}$$

其中，x_1、x_2 分别代表 K、$CAPE$。

由于该方法采用 score 检验，发现 2 个因子的 $P_r>$chisq 值都很小，说明预报因子的影响非常显著，同时模型 Akaike 信息量和 Schwarz 信息量都很小，说明该模型拟合较好。利用此预报模型对 2008 年 184 个样本进行预报。该方法可以给出雷暴发生的概率，以 2008 年 7 月 18 日第 2 次观测样本为例，当天的实际情况为有雷暴，模型给出当天发生雷暴的概率为 79%，无雷暴概率为 21%。该方法对雷暴的预报准确率为 78%，误报率为 16.7%。

4.5.4　神经网络法

采用 3 层前馈神经网络的 BP(Back Propagation)算法训练数据，隐含层采用 4 个神经元，输出层采用 3 个神经元。此神经网络的输出由下面的公式确定：

$$y=f_0\left(\beta_0+\sum_{j=1}^{I}w_jh_j\right);h_j=f_j\left(\beta_j+\sum_{i=1}^{I}w_ix_i\right)$$

其中，I 表示预报因子 X_i 的总数；h 表示隐含层神经元个数；ω 和 β 分别为神经网络的权值和阈值；f 为传递函数，采用 purelin 函数。首先利用 2006、2007 年两年的 368 个完整样本来训练网络，2008 年的 184 个样本做模拟预报，网络的初始权值都是随机设置的并通过训练数据优化这些权值，争取达到最小的误差。

选取相关系数绝对值均在 0.25 以上的 K、SI、$CAPE$ 和 $PWFES$ 做为预报因子。将筛选出来的预报因子完整样本输入网络进行训练，训练后的 M_{se}（标准误差平方根）为 0.1723。将 2008 年的样本输入训练完成的网络进行模拟预报，该方法的预报准确率为 68%，误报率为 33%，预报准确率较低，而误报率偏高。

通过对比 3 种预报方法发现，Bayes 判别分析法简单，使用方便，但无法给出雷暴的预报概率；Logistic 回归判别法可以给出雷暴的预报概率，但无法解决线性与非线性之间的矛盾；神经网络法既能给出雷暴的预报概率又解决了线性与非线性之间的矛盾，但预报准确率较低，误报率偏高。综合三者的预报准确率与误报率，Logistic 回归判别法较另外两种方法更适合南京地区的雷暴预报。

4.6　指标加权集成法

指标叠套法是将每一个指标都视为必要条件,并未考虑每一个指标的相对重要性,指标加权集成法则根据每一个指标的相对重要性,赋于指标不同的权重,然后带权重集成:

$$Y = \sum_{i=1}^{I} w_i x_i$$

式中,x_i 为第 i 个预报指标,当其达到和超过阈值时赋值为 1,否则赋值为 0;w_i 为 x_i 的权重,其确定的方法有多种,既可以单指标的历史拟合率作为权重,也可以强对流天气实际出现的面积与指标围成面积之比作为权重等。

指标加权集成后,以历史拟合率最高为原则选择 Y 的阈值 Y_c,当 $Y \geqslant Y_c$ 时,则预报强对流天气。指标加权集成法可以视为广义的指标叠套法。

赵培娟等(2010)用指标加权集成法建立了河南省强对流天气诊断分析预报系统。

4.6.1　预报对象和预报因子的确定

赵培娟等(2010)根据 1995—2004 年 5—9 月河南省 118 个气象站的观测资料,确定强对流天气样本。观测站出现冰雹或报表备注中有冰雹记录的作为一个冰雹样本;观测站出现 ≥17 m/s 或自记中出现 7 级以上大风纪录定为一个大风样本;观测站满足 1 h 雨量 ≥ 20 mm 作为一个短历时强降雨样本。规定河南省相邻 5 站以上出现冰雹或有 3 站连片或连线出现冰雹为一次区域性冰雹(10 a 共有样本 22 个);某片区域内有较为集中的 6 站出现了 7 级以上大风确定为一次区域性大风(10 a 共有样本 40 个);满足在某片区域内有 8 站连片出现短历时强降雨确定为一次区域性短历时强降雨(10 a 共有样本 54 个)。

然后用 08、20 时探空资料(插值到 70 km×70 km 的网格点)进行诊断分析,得到冰雹、大风、短历时强降水的预报因子、临界值和权重系数。由于不少预报因子用的是差动平流、变率、梯度等物理量,因此,可以部分克服探空时间与强对流天气不临近的问题。下面仅以大风预报、短历时强降雨为例予以说明(表 4.5、4.6)。

表 4.5　大风预报因子、临界值与权重系数

物理量名称	单位	临界值		权重系数	
		20 时	08 时	20 时	08 时
大气排熵指数	10^{-4}K/s	≤0	≤0	3	2
高低空湿熵差动平流	10^{-5}K/s	≤−10	≤−10	1.5	1.5
		≤−16	≤−15	4	4
高低空热成平流最大不稳定能量变率	10^{-2}J/(kg・s)	≤−60	≤−50	2	2
		≤−120	≤−90	4	3
条件—对流稳定指数(CCI)	K	≤−9	≤−10	2.5	3
			≤−26		4
SWEAT 指数	/	≥200	≥140	4	2
			≥280		4

续表

物理量名称	单位	临界值		权重系数	
		20 时	08 时	20 时	08 时
低层水平螺旋度(1000—700 hPa)	$m^2 \cdot s^2$	≥30	≥30	2.5	2
		≥65	≥65	4	4
垂直风切变(850—500 hPa)	$10^{-5} m/(s \cdot hPa)$	≥20	≥20	2.5	2.5
		≥40	≥35	4	4
1000 hPa 高度梯度	$10^{-5} \cdot gpm/m$	≥6	≥6	1.5	2
风暴风力热力学估算	m/s	≥40	≥40	2	2
1000—700 hPa 差动涡度平流	$10^{-10} \cdot s^{-2}$	≤−20	≤−20	2.5	2.5
		≤−33	≤−33	4	4

表 4.6　短历时强降雨预报因子、临界值与权重系数

物理量名称	单位	临界值		权重系数	
		20 时	08 时	20 时	08 时
大气排熵指数	$10^{-4} K/s$	≤−10	≤−10	3.5	3.5
高低空湿熵差动平流	$10^{-5} K/s$	≤−10	≤−10	2.5	2.5
		≤−15	≤−20	4	4
高低空热成平流最大不稳定能量变率	$10^{-2} J/(kg \cdot s)$	≤−10	≤−10	2	2.5
		≤−40	≤−40	4	4
条件—对流稳定指数(CCI)	K	≤−8	≤−8	1	2
		≤−12	≤−14	3.5	3
可降水 24 h 变量	mm	≥15	≥15	7	7
低层水平螺旋度(1000—700 hPa)	$m^2 \cdot s^2$	≥50	≥60	4	4
垂直风切变(850—500 hPa)	$10^{-5} m/(s \cdot hPa)$	≥20	≥20	1	1
		≥33	≥24	3	4
低空平均 w	$10^{-1} Pa/s$	≤−10	≤−10	3	3
高空平均 w	$10^{-1} Pa/s$	≤−10	≤−10	3	3
700—300 hPa 差动涡度平流	$10^{-10} s^2$	≤−10	≤−10	3	1
700—200 hPa 非地转风涡度差值	$10^{-5} s$	≤−3	≤−3	3	3

4.6.2　指标加权集成方法

由于每个物理参数对强对流天气的作用大小是不同的,因此在指标集成时应当给予不同物理量不同的权重。物理量权重赋值的原则是:强对流天气落区大小与物理量临界值范围的比值越大赋值越高。对于对流性大风、短历时强降雨,各因子的权重见表 4.5、4.6 的最后两列。

对每个物理量权重赋值后,就可以建立预报方程:

$$Y = a_1 x_1 + a_2 x_2 + \cdots + a_n x_n$$

式中,x_i 为第 i 个预报因子,a_i 为第 i 个预报因子的权重,n 为预报因子数,对于对流性大风、短历时强降雨,n 分别等于 10、11。

当某个物理量达到其临界值时记为 1,否则为 0。根据方程对历史个例的回报结果,取拟

合率大于 70％,则 Y≥19 围成的区域为预报强对流天气将出现的区域。

4.6.3　预报效果检验

2006 年 6—8 月,该系统用于业务试验,区域性对流性大风和短历时强降水有无预报准确率为 85.1％、61.5％,4 次区域性大风以及两次局地大风预报效果较好。8 次区域性强降水报对 6 次,漏报 1 次,1 次对、漏报各半。2007 年 5—8 月对对流性大风和强降水的预报亦有较好的指示性。7 月下旬和 8 月中旬,有两次天气形势表现出有利强降水的特征,主观预报有区域性暴雨过程,但实况为空报。而这两次过程该方法均未报区域强降水,与实况一致。

4.7　聚类相似法

聚类法常用来做灾害性天气落区预报。聚类分析是数据挖掘中的一类重要技术,是分析数据并从中发现有用信息的一种有效手段。它将数据对象分组成为多个类或簇,使得在同一个簇中的对象之间具有较高相似度,而不同簇中的对象差别很大。最简单的聚类方法是点聚图,在气象上常用的聚类方法还有模糊聚类、k-近邻法、自组织特征映射网络算法 SOM(Self-Organizing Feature Map)聚类分析等。下面我们介绍 k-近邻法(kNN 方法)和自组织特征映射网络算法 SOM(Self-Organizing Feature Map)聚类分析。

4.7.1　k-近邻法

(1)kNN 方法简介

基于实例的学习和推理分析,是通过研究历史档案中的实例实现对未来相似情况的推测。此方法已被广泛应用于那些不存在或还没有比较严谨的理论,但积累了大量范例样本的领域。基于实例的学习方法,不需要建立具体的参数模型,它只需预先存储大量的历史样例。学习过程只是简单地存储已知的训练数据,每当遇到一个新的查询实例时,学习器分析这个新实例与以前存储的实例的关系,从历史样本数据库中取出一系列相似的实例,并据此把目标函数值赋给新实例。因为它们把繁杂的检索工作推迟到必须分类新的实例,所以通常也被称为懒惰学习方法,并逐渐形成了一类相对独立的学习方法:Lazy Learning。

基于实例的学习方法中最常见的就是 k-近邻法(k-Nearest Neighbor)。k-近邻算法首先将所有的实例样本一一映射到 N 维空间 $\Re^V$ 中的不同点,待测实例点的最近邻是根据其在这个 N 维空间 $\Re^V$ 中与历史样本点的标准欧氏距离定义的。把任意实例 x 表示式(4.1)的特征向量:

$$< a_1(x), a_2(x), \cdots a_n(x) >, \tag{4.1}$$

其中,$a_r(x)$ 表示实例 x 的第 r 个属性值。那么两个实例 x_i 和 x_j 间的距离定义为

$$d(x_i, x_j) = \sqrt{\sum_{r=1}^{n}(a_r(x_i) - a_r(x_j))^2}. \tag{4.2}$$

在近邻学习中,目标函数数值可以是离散值,也可以是实数值。先考虑学习以下形式的离散目标函数 f: $\Re^V \rightarrow V$。其中 V 是有限集合 $\{v_1, v_2, \cdots v_s\}$,表示目标类别空间。对目标做"有"或"无"的判别时,属于 2 分类问题,S=2。算法 1 给出了逼近离散目标函数的 k-近邻算法。算法的返回值 $\hat{f}(x_q)$ 就是对 $f(x_q)$ 的估计。它是距离最近的 k 个训练样例子集中最普

遍的 f 值。

算法 1：

1）把 n 个训练样例及对应类别 $<x, f(x)>$ 统一存储，构成历史样本库。

2）对于要分类查询的新实例 x_q。

①在历史样本数据中选取最靠近 x_q 的 k 个实例，并用 x_1，x_2，$\cdots x_k$ 表示；

$$②返回 \hat{f}(x_q) \leftarrow \underset{v \in V}{\operatorname{argmax}} \sum_{i=1}^{k} \delta(v_i, f(x_i)) \tag{4.3}$$

其中，如果 $a=b$，那么 $\delta(a, b)=1$ 否则 $\delta(a, b)=0$。

上述算法是典型的分类算法。如果需要将其用于逼近连续值目标函数 $f: \Re^V \rightarrow \Re$，处理回归问题，则只需要计算出 k 个近邻的平均值，而不是 k 个近邻的最普遍类别。这样式（4.3）将变形为下式：

$$\hat{f}(x_q) \leftarrow \frac{\sum f(x_i)}{K} \tag{4.4}$$

这类方法在概念上虽然很简单，但根据著名的"奥坎姆剃刀"原理，简单的理论往往优于非常复杂的理论。此种方法最大的特点就是可以为不同的待分类实例建立不同的目标函数逼近。事实上，这种方法只建立目标函数的局部逼近，将其应用于与新查询实例近邻的实例，而从不建立在整个实例空间上都表现良好的逼近。当目标函数很复杂但却可以用不太复杂的局部逼近描述时，这样做有显著的优势。这类方法的一个不足是，分类新实例的时间开销可能很大。这是因为需要在可能是海量的历史样本数据库中遍历所有样本，计算其与待测样本的相似度（距离），从中搜索出规定数目的样本，形成近邻子集。几乎所有的计算都发生在需要分类新目标样本的时刻，预先能做的工作只能是将历史样本存储起来。

近邻法是统计模式识别中的一种重要方法，其错误率介于 Bayesian 错误率和两倍 Bayesian 错误率，因而具有良好的性质。

（2）kNN 方法冰雹预报试验及结果分析

燕东渭等（2009）用 kNN 方法预测铜川 5 月份冰雹。预报冰雹的结果只有"有"或"无"两种情况，从机器学习的角度看，这是一个最基本的二分类问题，可以使用 kNN。

根据铜川历史降雹分布时段来看，降雹多出现在午后到傍晚，主要影响天气系统有西北气流型和冷涡型。西北气流型中，直接的影响系统就是沿西北气流下滑的冷温度槽，配合低层有利的温度和湿度条件，造成不稳定层结而产生强对流天气以至降雹；低涡型常是造成较大范围和连续几日冰雹的天气形势，雹区常出现在低涡的第三象限或低槽的后部，那里既有冷平流，又有水汽，还有不稳定能量。

基于上述分析，作者主要从降雹前 12 h 的高空形势场中选取冰雹预报的因子，根据冰雹产生的物理机制选取了当日 08 时的 7 个高空因子，预测目标是午后到傍晚是否出现冰雹。7 个因子分别是格尔木与西安 500 hPa 高度差、延安 500 hPa 的温度、铜川地面气温与延安 500 hPa的温度差、延安 850 hPa 与银川 500 hPa 温度差、格尔木与银川 500 hPa 高度差、银川与西安 500 hPa 温度差、银川 300 hPa 温度。为了消除不同因子绝对数值大小过度差异对 N 维空间距离的影响，预先对所有因子的数值做了归一化处理。将每个样本依据各自 7 个因子映射到一个 7 维的空间中，再利用 kNN 方法进行试验。从历年 5 月份的高空数据中整理出连续 8 a 的完整的数据样本 248 个，其中冰雹个例 54 个。在后续试验中，用前 200 个数据作为历史样本数据库(遴选近邻集),对后 48 个数据的类别进行测试(已知这些数据中包括 7 个冰雹个例)。

kNN 方法唯一的可调参数就是 K,即所选取近邻子集的大小。由于预测点的类别是依靠最邻近的 K 个点中类别占优势的点决定,所以 K 必须取奇数,从而避免训练样本中两种类别个数恰好相等时无法决策这种情况。为了研究不同 K 值对预报结果的影响,K 理论上取值的范围应该是 3—199 的所有奇数。

因为从 K 为 59 开始,就没有命中一次冰雹,所以试验进行到 K 为 69 就没有再继续下去。从结果看,K 较小和较大时效果都不太好,只有适中时才可能达到最佳效果。因为当 K 较小时,意味着目标点的类别仅仅由最近的很少几个点决定,这时噪声点的影响则是灾难性的,而且分类面易受局部特征的影响。以 K 取值较小时预测的效果不稳定,TS 评分也有波动。当 K 取 3 和 5 时,空报失误明显多于漏报,这是由于选取的近邻太少,离理想分类面较近的预测样本都被仅有的几个冰雹近邻误导了,造成了空报。当 K 的取值逐步增大时,漏报次数显著稳步增多,直至全部漏报,而空报次数则明显减少,直至零,TS 也减小到零。这是由于预测样本中冰雹个例的数目很少,而非冰雹个例数目很多,当选取近邻的个数无限制增多时,所有预测点的非冰雹近邻数必然会多于冰雹数,从而导致将所有目标样本预测成非冰雹。由此可见,选择合适的 K 非常重要,也必然存在最优的 K。遗憾的是目前还没有科学地选择 K 的方法,只能从初步试验结果中择优。

初步预测试验结果表明,kNN 方法还是不错的,K 取值在 7~25 时,TS 均达到 0.3 以上。

为了进一步检验此方法的实际预测能力,作者选取了 2005 年和 2006 年 5 月份共 62 d 的数据(其中包括 5 个冰雹日),以前面的 248 个数据作为历史样本数据库,进行预测检验。K 取前面试验得出的 4 个最优值 7、9、11 和 17,结果如表 4.7 所示。可以看出,虽然 TS 评分不及前面试验的最高值 0.444,但已明显优于实际业务工作中预报人员用传统方法做预报的成绩(表 4.8)。TS 评分之所以较前期试验阶段低,可能是因为这两年的降雹日较历史同期明显偏少,62 d 中只出现冰雹日 5 个,仅占 8%,而历史数据库中的比例是 22%,所以空报的潜在可能增大。

表 4.7　2005—2006 年 5 月 62 d kNN 预测结果

近邻个数	报对次数	漏报次数	空报次数	TS 评分
7	3	2	3	0.375
9	3	2	3	0.375
11	3	2	3	0.375
17	2	3	2	0.286

表 4.8　2005—2006 年 5 月 62 d 实际业务预报结果

报准次数	漏报次数	空报次数	TS 评分
1	4	2	0.143

作者针对以上资料,用支持向量机(SVM)和人工神经网络(BP)两种方法进行了对比试验(两种方法参数的调优训练数据选取同 kNN),结果如表 4.9 所示。对比表 4.7 可以看出,在铜川 5 月冰雹预报试验中,kNN 方法的预报效果要优于这两种气象领域应用较多的统计

方法。

表 4.9 2005—2006 年 5 月 62 d 其他几种方法预报结果

方法	报准次数	漏报次数	空报次数	TS 评分
SVM(RBF)	2	3	6	0.182
BP	2	3	7	0.167

注意到作者所选用的预报因子都是天气图上的气象要素,面太窄,且物理意义不很清楚,如果能选用物理意义更加清楚的预报因子,例如第 3 章统计分析得到的因子,还可以提高 kNN 方法的预报准确率,选取有物理意义的预报因子可能比建模的方法更加重要。

4.7.2 SOM 聚类的天气分型

采用自组织特征映射网络算法 SOM(Self-Organizing Feature Map)进行聚类分析。其学习过程可分为两步:

(1)神经元竞争学习过程。对于每一个输入向量,通过输入向量值 x_i 与权重值 w_j 之间的比较,在神经元之间产生竞争。权重向量与输入模式最相近的神经元被认为对输入模式反映最为强烈,将其标定为获胜的神经元,并称此神经元为输入模式的"像",相同的输入向量会在输出层产生相同的"像",即为同一种类型。

(2)神经元侧反馈过程。应用侧反馈原理在每个获胜神经元附近形成一个"聚类区"。学习的结果总是使聚类区内各神经元的权重向量保持向输入向量逼近的趋势,从而使具有相近特性的输入向量聚集在一起,这个过程被称为自组织。与传统的模式聚类方法相比,SOM 是一种模式分离方法,这种聚类毋须知道样本的属性,而是通过自组织的方法将输入样本在指定的相似测度下,按样本间的相似程度将其映射到输出层的某个节点中。SOM 分为输入和输出两层,输入层用于接受输入样本,而输出层完成对输入样本的分类。

设网络的输入模式为 $P_k = (P_1^k, P_2^k, \cdots, P_n^k)$,$k$ 表示第几个输入模式,$k = 1, 2, \cdots, q$;n 是输入向量的维数。竞争层神经元 j 与输入层神经元之间的连接权矢量为:

$$W_j = (W_{j1}, W_{j2}, \cdots, W_{jn}),$$
$$i = 1, 2, \cdots, n; \quad j = 1, 2, \cdots, M$$

输出层分布着网络的 M 个神经元。

SOM 方法应用在天气分型中,可将物理量(如高度场、风场等)格点场中每个格点值视为输入层的一个节点,然后根据聚类目的而确定分类数目,通过 SOM 算法,输出层的节点存在一个权值与输入的节点最接近,该节点就是此次迭代中竞争获胜的节点。随着邻域在迭代过程中线性减小,最终对该输入产生最大的响应附近形成一个聚类区,由此可将物理量场分为几种不同类型。

陈豫英等(2008)为了预报宁夏各站日最大风,考虑到风与大形势下的高度场和风场关系密切,由于宁夏地势较高,经过反复对比试验,最后确定 700 hPa 高度场及 u、v 风场作为聚类的基本背景场。反映物理量格点场之间的相似,一要考虑两个场之间数值的差异,二要考虑格点场分析出的等值线形状之间的差异,也就是说,既考虑值的相似又要考虑形的相似,根据预报经验,高度场形的相似更为重要。而高度距平场为该场各格点高度值都减去该场的平均高度值,即 $x_{i,k} = x_{i,k} - E_k$,其中 $E_k = \frac{1}{n} \sum_{i=1}^{n} x_{i,k}$,$n$ 为全场格点总数。这样得到的空间距平高度场就可以反映高度场的槽脊位置(负值为低槽,正值为高脊),因而取距平值聚类就是将形相似的物理格点场聚为一类。对同一类型样本的高度场和风场分别进行平均,得到四种不同类型的平均高度场和风场的分类结果。

　　冬半年影响西北地区的天气形势主要有四种:第一类为平直气流型,中高纬度地区气流较平,青藏高原到河套南部有小股弱冷空气活动;第二类为西高东低型,河套以西高度场较高,为反气旋控制,河套东部有一明显的低涡;第三类为强西北气流型,整个中高纬度地区处在乌拉尔山脊前西北气流控制;第四类为蒙古高脊型,95°E 到河套东部被蒙古高压脊控制,从新疆低槽底部有扩散的冷空气影响西北地区。四种天气形势对宁夏日最大风速的影响不同,其中在第二、三类天气形势下,宁夏日最大风速≥6 m/s 的正样本比例超过 60%,而在第四类天气形势下不到 50%。可见,冬半年影响宁夏大风的环流形势以西高东低型和强西北气流型为主。

4.8　动力预报方法

　　将冰雹云模式应用于实际业务预报,我国曾作过尝试。20 世纪 80 年代初毛节泰曾采用 Simpson 模式制作北京地区的冰雹预报。1998 年伍志方采用许焕斌的一维冰雹云模式制作新疆地区冰雹预报,此后,伍志方等又应用二维冰雹云模式,根据大气层结稳定度,选择不同的热扰动强度,制作新疆地区冰雹预报,结果表明,空报次数明显减少,预报准确率提高到 69.3%。邹光源建立了二维准弹性对流云模式,并利用其对百色、河池两地区 1971—1998 年的冰雹天气进行了事后模拟,结果表明该模式对桂西北地区冰雹天气具有一定的预报能力。

　　李江波等(2005)采用中国科学院大气物理研究所研制的完全弹性三维冰雹云模式制作冰雹落区预报,该模式的动力学框架是一个非静力可压缩的完全弹性方程组,云—降水微物理过程采用双参数谱方案。模式中包含了水汽、云水、雨水、冰晶、雪花、霰、冻滴、冰雹等 8 种微物理过程,能够比较完善地描述强对流云的宏观动力学特征和微物理机制。模式计算域为水平范围 36 km×36 km,垂直高度为 18.5 km,网格距为 1 km×1 km×0.5 km。采用湿热泡方式启动对流云。

　　第一方案:模式的初始场为单站探空资料,河北省境内包括张家口、北京和邢台三个探空站,选择这三个站制作河北省 0~12 h 的冰雹区域预报,三个站分别代表的预报区域为河北省的西北部、中东部和南部。

　　对于冰雹的预报,采用两种方法,一种根据模式的直接输出结果,当地面的累计降雹量>10.2 mm 时,预报该站降雹;另一种是根据模式输出的逐分钟的最大上升速度、云中含水量等来综合判断是否降雹。当最大上升速度 W≥12 m/s,地面的累计降雹量>10.1 mm 时,预报该站降雹。实验证明,第二种方法较好。评定冰雹预报质量规定:张家口、保定西北部为张家口站的预报区域,在此范围内有一个站点出现冰雹,即视为该站出现冰雹天气;同理,承德、唐山、秦皇岛、京津、保定、廊坊为北京站预报范围;石家庄、邢台、邯郸、沧州、衡水为邢台站预报范围。

　　2003 和 2004 年 6 月的冰雹预报正确率、漏报率和空报率分别为 18.8%、42.0% 和 78.1%。与河北省气象台 1996—1998 年 6 月 0~12 h 冰雹区域主观预报结果对比(预报正确率为 15.2%,漏报率为 48.6%,空报率为 82.5%),预报正确率有所提高,漏报率和空报率也略有下降,两年来的业务应用表明,该方法在强对流预报中有一定的参考价值。

第二方案:以 MM5 中尺度模式预报的垂直 11 层的温、压、湿、风、高度等资料作为三维强对流云模式的初始场。对河北省 2003 和 2004 年 6—7 月 11 个地市的冰雹客观预报进行检验,仍采用前面所用 TS 评分办法。规定某地市所辖区域内有一个站点出现冰雹,即视为该市出现相应冰雹天气,为一个冰雹日。

2003 和 2004 年 6 月河北省各地市的冰雹预报 TS 评分平均为:正确率 10.6%,漏报率 44.1%,空报率 83.7%。2003 和 2004 年 7 月河北省各地市的冰雹预报 TS 评分平均为:正确率 19.6%,漏报率 30.7%,空报率 90.7%,除空报率较高外,预报效果明显好于 6 月。在河北省冰雹发生概率较高的张家口和承德地区漏报率较高,空报率低,而其他地市恰好相反,漏报率较低,空报率较高。

应用三维冰雹云模式,制作河北省冰雹区域客观预报采用的是 08 时探空资料;制作 11 地市冰雹客观预报应用的是 MM5 中尺度模式提供的 12 h 预报层结资料,那么这两种资料对同一站点的预报效果有什么不同呢? 以张家口站(54401)2003 和 2004 年 6 月为例做一下简单的分析,采用 08 时探空资料制作冰雹客观预报 TS 评分分别为:正确率 23.3%,漏报率 22.2%,空报率 75.0%;采用 MM5 中尺度模式提供的预报场制作冰雹预报的 TS 评分分别为:正确率 17.3%,漏报率 55.6%,空报率 77.8%。前者比后者的正确率高 6.0%,漏报率低 33.4%,空报率低 2.8%。可见,前者的预报效果明显好于后者,尤其是漏报率明显降低。这是 MM5 中尺度模式的预报误差造成的。

在对三维冰雹云模式参数进行模拟和调试时发现,漏报率和空报率成反比,即经参数调整使漏报率减小,则空报率增加;空报率减小,则漏报率增加。可见,在现阶段,对于冰雹等强对流天气的预报,单纯使用一种方法,并不能使预报准确率有明显的提高。要使预报准确率进一步提高,应当多种方法综合应用,把漏报率控制在一定范围的同时,减少空报率。如采用历史经验消空,多指标叠套法消空等。

4.9　强对流天气概率预报

4.9.1　国家区域集合预报系统

强对流天气概率预报主要依托中尺度区域集合预报系统。目前数值预报中心业务运行的中尺度区域集合预报系统预报模式采用 WRF(Weather Research Forecast)。WRF 侧边界和下边界条件来自 T213 全球集合预报系统,因此全球集合预报系统的预报性能对区域集合预报系统起着至关重要的作用。全球集合预报系统的初值扰动技术采用了增长模繁殖法,该方法模拟了气象分析场处理的过程,既考虑了实际资料中的可能误差,又保留了快速增长的动力学结构。中尺度区域集合预报系统的过程扰动是在全面了解模式中包含的积云对流参数化和微物理过程方案、边界层方案、陆面过程方案的预报性能的基础上,考虑采用三种积云参数化方案(KF-ETA,BMJ,GRIL),两种边界层方案(MYJ,YSU),两种陆面过程方案(Noah,SLAB),进行不同的搭配。个例试验表明物理过程扰动对集合预报发散度的影响比初值的扰动更为显著,能有效的增加成员的发散度。据此设计了如下集合预报扰动方案(表 4.10)。

表 4.10　中尺度集合预报扰动设计

集合成员	成员标号	积云对流参数化	边界层和陆面过程
Ctrl	1	Kfeta	MYJ-Noah
	2	BMJ	YSU-Noah
	3	GD	SLAB
Pair 1+	4	Kfeta	MYJ-Noah
	5	BMJ	YSU-Noah
	6	GD	SLAB
Pair 1−	7	Kfeta	MYJ-Noah
	8	BMJ	YSU-Noah
	9	GD	SLAB
Pair 2+	10	Kfeta	MYJ-Noah
	11	BMJ	YSU-Noah
	12	GD	SLAB
Pair 2−	13	Kfeta	MYJ-Noah
	14	BMJ	YSU-Noah
	15	GD	SLAB

　　目前国家级中尺度集合预报系统提供的集合预报产品的类型有:集合平均、离散度、面条图、概率、邮票图、时序图等,具体预报的要素见表 4.11,空间分辨率为 15 km,预报时效为 60 h。

表 4.11　国家气象中心中尺度集合预报产品

类别	名称缩写	要素	集合预报产品	概率阈值
三维变量 (100,150,200, 250,300,400, 500,600,700, 850,925,1000 hPa)	HGT	高度	平均,离散度	
	QVAP OR	比湿		
	RH	相对湿度		
	UV	U、V 分量风		
	TCTD	温度,露点温度		
	THETASE	假相当位温		
	DBZ	雷达综合反射率(−30)	平均,离散度,概率	1,10,30
二维变量	RAIN_3HR	3 h 累计降水量	平均,离散度,概率	0.1,3,10,20,50 mm
	RAIN_6HR	6 h 累计降水量		0.1,4,130,25,60 mm
	RAIN_12HR	12 h 累计降水量		0.1,5,15,30,70 mm
	RAIN_24HR	24 h 累计降水量		0.1,10,25,50,100 mm
	RAINC_3HR	3 h 对流降水量		0.1,3,10,20,50 mm
	T2M	2 m 温度		35,38℃
	CAPE	对流有效位能		500,1000,1500,2000 J/kg
	UV10M	10 m 风速		8,12,16 m/s
	SLP	海平面气压	平均,离散度	
	RH2M	2 m 相对湿度		
	SAUN	桑拿指数		
	CIN	对流抵制		
强对流综合计算量	RISK_PRB1	对流风险概率	概率	
	RISK_PRB2	对流风险概率	概率	

4.8.2　WRF 中尺度集合降水预报能力检验

　　世界气象组织 2008 年北京奥运会研究示范计划（B08RDP）项目组对 2008 年参加该项目的中外 6 个区域集合预报系统性能进行了检验比较（2008 年 7 月 25—8 月 23 日），由图 4.5 可见，国家气象中心基于 WRF 的中尺度集合预报系统与国际同类系统相比，中尺度区域集合预报系统预报能力与其他国际同类系统相近。

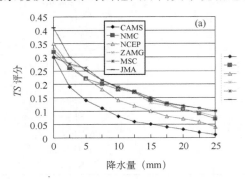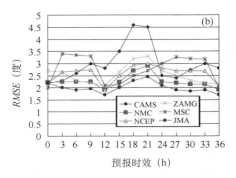

图 4.5　2008 年参加 B08RDP 项目中外 6 个区域集合预报系统性能比较（2008 年 7 月 25—8 月 23 日）
（a. 降水量预报，b. 气温预报）

　　将 WRF 中尺度集合预报系统的预报范围扩大到全国，并增加地面要素扰动后，经 2010 年 9 月 26 日至 10 月 25 日共 30 d 的检验表明：中尺度区域集合预报系统对各要素预报均有一定技巧，集合预报离散度随预报时效增加表现出增加的特征，表现出较好的对中尺度数值预报模式不确定性的描述能力，具有一定的可靠性和分辨率；与控制预报相比，中尺度区域集合预报系统集合预报平均值预报评分高于控制预报，预报误差小于控制预报，集合预报评分高于单一确定性预报（RMSE）。特别是 36—60 h 时效对于 10 mm 以上降水，区域集合预报系统 TS 评分相对于控制预报的提高幅度高于全球系统（图 4.6）。

　　对于 24 h 累积降水预报，区域集合预报系统（REPS）的分辨能力和全球集合预报系统（GEPS）差别不大（ROC 面积），可靠性优于全球集合预报系统（Reliability Diagram），区域集合预报系统小雨、中雨和暴雨的预报技巧高于全球集合预报系统（BSS 评分）。

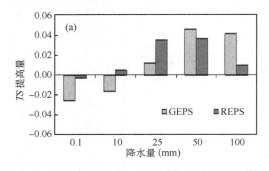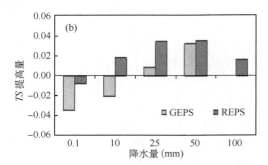

图 4.6　2010 年 9 月 26—2010 年 10 月 25 日（共 30 d）区域 EPS 和全球 EPS24 h 累积降水 TS 评分提高量
（a. 12—36 h，b. 36—60 h）

　　对于 6 h 累积降水预报，区域集合预报系统 TS 评分在小雨（0.1～4.0 mm/6 h）、中雨（4.1～13 mm/6 h）量级上的提高幅度高于全球系统，在大雨（13.1～25 mm/6 h）和暴雨（>25 mm/6 h）量级上二者相当（图 4.7）；从分辨能力来看，随着降水量级增大，区域集合预报的分辨能力逐步超过全球模式,特别是大雨和暴雨预报优势明显(图略)。

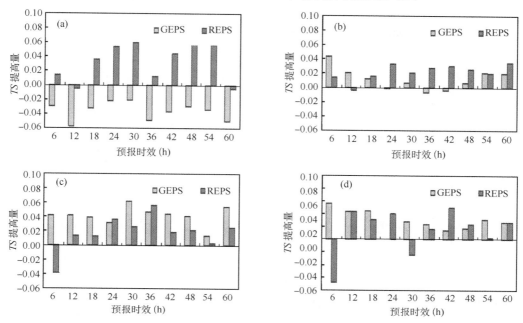

图 4.7　2010 年 9 月 26—2010 年 10 月 25 日(共 30 d)区域 EPS 和全球 EPS
6 h 累积降水集合平均相对于(VS)控制预报的 TS 评分提高量

(a.≥0.1 mm,b.≥4.0 mm,c.≥13.0 mm,d.≥25.0 mm)

4.9.3　集合预报产品应用个例

(1)"2009.6.3"河南飑线过程

2009 年 6 月 3 日中午到 4 日 05 时,山西、河南、山东、安徽北部、江苏北部先后出现了雷暴大风等强对流天气。其中 3 日下午 15 时 46 分到 23 时,河南郑州、开封、商丘以及山东菏泽出现了呈东北—西南走向的强飑线系统。3 日 21 时左右在商丘境内发展到最强。20 时 41 分至 23 时扫过河南商丘,宁陵、睢县出现 9—10 级大风,永城县出现 11 级大风(图 4.8)。

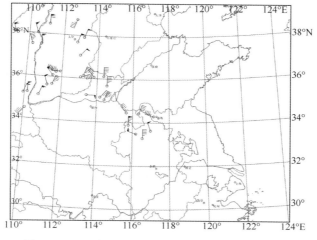

图 4.8　2009 年 6 月 3 日中午到 4 日 05 时大风实况

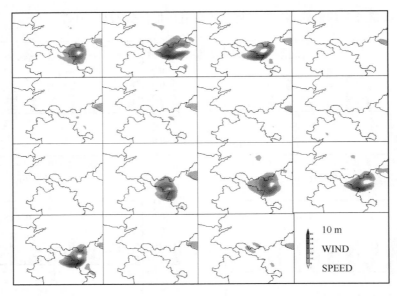

图 4.9　2009 年 6 月 3 日 20 时集合预报成员 10 m 风速预报邮票图

　　比较图 4.8 和 4.9,可以看出集合预报的 15 个成员中有 7 个成员预报出商丘地区的大风,概率达 0.47。图 4.10 是 2009 年 6 月 3 日 11—23 时 500 hPa 反射率因子集合预报平均大值中心演变图,可以看出预报的反射率大值中心的演变与大风的路径也较吻合,说明集合预报产品对预报员制作短期对流性大风预报是有重要的参考价值的。

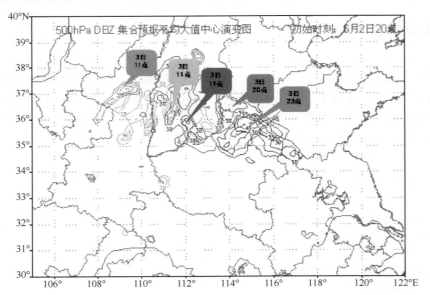

图 4.10　2009 年 6 月 3 日 11—23 时 500 hPa 反射率因子集合预报平均大值中心演变

　　(2)2010 年 7 月 9 日长江流域的强降水和冰雹大风天气过程

　　2010 年 7 月 8 日 08 时至 9 日 08 时长江流域出现大暴雨和冰雹、雷雨大风天气(图 4.11a、b、c)。

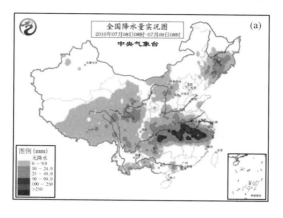

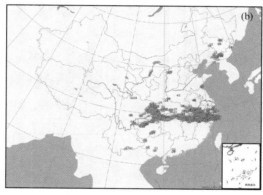

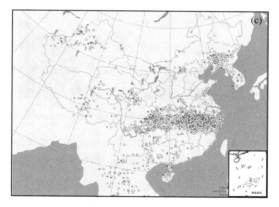

图 4.11　2010 年 7 月 8 日 08 时至 9 日 08 时降水量(a)，
1 h 雨量≥20 mm 的短时强降水(b)，
雷暴、冰雹、雷雨大风(见图中的天气符号)(c)

　　从图 4.12a 可以看出，2010 年 7 月 7 日 00 时(世界时)48 h 时效 24 h 累积降水量≥50 mm 的预报概率分布与暴雨的实况很吻合(图 4.11a)，≥100 mm 的预报概率图(图 4.12b)与大暴雨的落区有偏差(图 4.11b)。2010 年 7 月 7 日 00 时(世界时)48 h caps、cin、风险指数 1 的预报图(平均和离散)(图 4.12c、d、e)与图 4.11c 的冰雹、雷雨大风的落区也是比较吻合的，说明集合预报对强降水和冰雹大风天气也是具有一定的预报能力的。

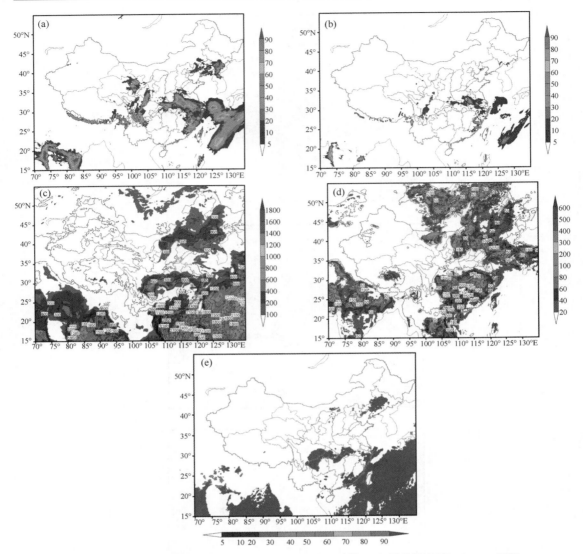

图 4.12　2010 年 7 月 7 日 00 时(世界时)48 h 时效 24 h 累积降水量≥50 mm 预报
概率分布(a);100 mm 预报概率分布(b);48 h caps 预报平均和离散(c);48 h cin 预报平
均和离散(d);48 h 风险指数 1 预报(e)

在目前的天气预报业务中,由于产品分发和培训等方面的原因,预报员基本没有使用集合
预报产品,实为一件憾事。因为强对流天气预报难度大,不确定性高,大力发展强对流天气集
合预报产品解释应用业务已成为当务之急,它可以减少强对流天气的漏报,提高强对流天气预
报准确率。

第 5 章　强对流天气分类识别和临近预报

　　由第 4 章可以看出,在目前气象科技水平下,强对流天气短期(即便是 24 h)落区预报水平不高,不分类强对流天气 24 h 区域预报 TS 评分一般不会超过 0.2,任何客观预报方法和预报员的经验预报,空报和漏报率都在 0.75 以上,分类的强对流天气预报水平就更低了。而气象防灾减灾需要比较高的预报准确率和时空分辨率,为了防灾减灾的需要,加强强对流天气的临近预报是十分必要的。强对流天气分类识别是强对流天气临近预报的基础,因此,本章 5.1—5.5 节我们将分别介绍如何用新一代天气雷达等资料识别龙卷风、冰雹、对流性大风、强降水和雷电,然后介绍一些客观临近预报方法和自动临近预报系统。

5.1　龙卷风的识别和临近预报

　　美国是发生龙卷风最多的国家,对龙卷风进行了全面深入的研究,取得了许多成果。

5.1.1　龙卷风雷达回波特征

　　研究表明,龙卷分为超级单体龙卷和非超级单体龙卷两类。多数的强烈龙卷都是超级单体龙卷,但是并非所有超级单体风暴都产生龙卷。Marwitz(1972)提出将超级单体风暴作为局地对流风暴的一种类型,超级单体一词开始被广泛使用。超级单体风暴一词是由 Browning(1962)首先提出的,并且指出超级单体一个重要的雷达回波特征是存在一个弱回波区(WER)或有界弱回波区(BWER),并发现超级单体风暴的另一个雷达回波特征是低层存在钩状回波。Fujita(1973)指出,钩状回波大多数情况下都是由风暴主体向着低层入流方向伸出的一个突出物,并给出了常见的超级单体钩状回波的 5 种类型。但并不是所有超级单体都有典型的钩状回波,Markowski 等(2002)指出在龙卷超级单体和非龙卷超级单体的钩状回波并没有非常明显的区别。

　　多普勒天气雷达的径向速度场为识别龙卷提供了有利条件。Donaldson(1970)首次利用多普勒天气雷达观测到了超级单体中的"龙卷气旋"。Fujita(1963)提出"中气旋"(mesocyclone)概念。随后的雷达观测进一步证明超级单体风暴总是与中气旋相伴随,因此雷达气象界以具有深厚持久的中气旋作为超级单体风暴的定义。中气旋在径向速度图上呈现为一沿方位角方向相隔不远的正负速度对,其尺度通常 <10 km,平均值在 5 km 左右。Brown 等(1978)利用位于美国 Oklahoma 州 Norman 市的国家强风暴实验室的多普勒天气雷达资料,发现了一个可能伴随龙卷过程的比中气旋尺度更小的多普勒雷达速度场涡旋特征,它们被称为龙卷式涡旋特征(Tornadic Vortex Signature,简称 TVS)。TVS 表现为径向速度图上沿方位角方向两个紧挨着的象素之间的强烈速度切变,其尺度通常在 2 km 以下。

　　Doswell(2001)对美国中气旋与龙卷的关系进行了统计分析,发现产生龙卷的中气旋仅占中气旋总数 20% 左右。在探测到强中气旋的同时探测到龙卷涡旋特征(TVS),则发生龙卷的概率提高到 50% 以上。Trapp(2005)超过:如果探测到中等强度以上的中气旋其底到地面的距离<1 km,龙卷产生的概率可超过 40%。所以当观测到强中气旋时发布龙卷警报,此时探测概率会大大增加,但漏报和空报还是时有发生。尽管如此,结合超级单体的反射率因子回波特征和速度场中气旋特征对龙卷预警,无论在预警技巧评分还是在预警提前时间方面都大大超过单凭反射率因子特征作出的龙卷预警。产生于非超级单体中的龙卷的母气旋(通常称做微气旋,misocyclone)一般局限于大气边界层内,因此几乎不可能在 50 km 以外为天气雷达探测到。加之这种微气旋生命史很短,所以这种龙卷的预警相当困难。

　　中国龙卷风较美国少得多,研究也较少。郑媛媛等(2009)在分析了 3 次发生在中国的 F2—F3 级龙卷后,指出在龙卷发生前、发生时在多普勒雷达上都探测到强中气旋和龙卷涡旋特征 TVS。与强冰雹超级单体风暴相比,导致强龙卷的中气旋底高明显偏低,基本在 1 km 以下。同时风暴结构也有所不同,造成龙卷天气的超级单体风暴最大反射率因子与风暴质心高度接近,基本在 3 km 左右,反射率因子在 50~60 dBZ。从龙卷预警的角度来看,特别要关注 1 km 以下中气旋的发展。由于低层中气旋只有在离雷达较近的距离内才探测得到,所以龙卷的预警通常是建立在雷达探测到强中气旋的基础上。在天气条件有利于龙卷生成,而且在龙卷多发地区探测到中气旋生成时,则雷达探测到中等强度的中层中气旋也可以发布龙卷警报。

5.1.2　龙卷风雷达回波特征的统计分析

　　以上引述的反射率特征(钩状回波和弱有界回波等)和中气旋、龙卷涡旋特征等对中国的龙卷风的识别和预警是否具有普遍性? 为了回答这个问题,我们从已发表的文献中收集到 18 个龙卷风个例,将龙卷风雷达特征参数列于表 5.1 中。由于一些文章没有给出中气旋和龙卷涡旋特征资料,因此表 5.1b 个例少于 5.1a 的个例。

表 5.1a　龙卷雷达特征参数

日期和地点	龙卷出现时间	反射率特征		速度场特征	
		时间	特征	时间	特征(切变单位:$10^{-2}\,s^{-1}$)
1983—09—04 陕西咸阳,伴有短历时强降水和姆指大冰雹	15:30 瞬时风速 36 m/s	12:45~15:00 15:30 16:00	弓状回波维持了近 4 h,强对流单体出现前悬回波,云顶高 12 km,龙卷出现在弓状回波尾部(北端),高度 14 km;在卫星云图上为南北云系交绥处发展旺盛的中尺度涡旋云团,呈新月状弓状回波仍很明显,龙卷移至弓状回波的南端		(雷达没有速度场)
1995—04—19 广州市番禺区洪奇沥镇	17:00 降水 100 mm/h,冰雹直径 5 mm	13:51 13:00~14:42 15:00 15:06 15:12~16:24 17:00	55~60 dBZ 南北两块回波迅速发展且合并成巨型回波,合并处形成"V"型缺口;出现"钩状"回波,钩状断裂消失两臂回波与主体回波相接;巨型超级单位相对稳定强回波顶高达 19.8 km(全盛期),达最强盛		人工计算龙卷涡度为 1

续表

日期和地点	龙卷出现时间	反射率特征		速度场特征	
		时间	特征	时间	特征(切变单位:$10^{-2}s^{-1}$)
1999—09—06 上海松江、闵行、奉贤以及南汇到浦东	A/06:50~58,B/07:00~07:10,C/07:40~07:50,D/07:50~07:55	06:09 06:59 7:02 07:17 07:49	45 dBZ 以上回波南端排列,北块 60 dBZ 以上,强回波面积明显扩大,回波顶高 16 km,55 dBZ 集中在 7 km 以下,60 dBZ 在 6 km 以下,其下 1.5 km 衰减达 20 dBZ;60 dBZ 以上强回波面积明显缩小,60 dBZ 以上的强回波中心数减少,但位于南汇四团和浦东白龙港附近的 60 dBZ 强回波面积却有所扩大	6:00 7:00 8:00	青浦和长宁区之间有一辐合区,辐合区接近长宁区,完整涡旋辐合中心在外滩黄浦公园附近;风廓线仪 05:05~05:40,3000 m 以下主要是 S-SW 风,06:05 1200 m 突然出现风向逆转 360 度
2001—07—02 吉林舒兰市上营镇	12:30	09:32 10:32	中心 51 dBZ、顶高 11 km(713 雷达) 平均 50 dBZ、顶高 13 km(713 雷达)		
2002—05—14 湖南桃源县泥涡潭	20:20	18:27 20:13	55 dBZ,19:23 加强到 70 dBZ 出现三体散射,低层弱回波和中高层回波悬垂	20:13	正负速度对(-16/16 m/s)
2003—07—08 安徽无为县百胜和六店 F2—F3	22:30	21:12 21:36 22:09	一条南北向的线状对流雨带形成线状对流雨带前沿出现一条明显的速度切变线,沿切变线出现若干 γ 中尺度涡旋扰动线状对流南端尺度涡旋扰动大大加强,>50 dBZ,	22:09 22:49~ 23:18	风垂直切变底高 0.7 km,0.5°、1.5°仰角旋转速度为 16 m/s,达到中等中气旋标准风垂直切变 0.2 左右,高度 0.7~3 km VAD 切变 1.39(0.3~1.8 km)
	23:20	22:55 23:12	最大反射率>55 dBZ,0.5°入流缺口清楚,回波前倾明显,但钩状结构不清楚 低层弱回波、中高层回波悬垂,但界弱回波区(穹窿)不很明显,质心和最大反射率高度在 4 km 以下	22:49 22:55	线状对流南端 0.5°仰角又新生一 γ 中尺度涡旋,旋转速度为 13 m/s,2.4°只有 9 m/s;涡旋迅速发展,旋转速度 0.5°、15°分别为 16、12 m/s,介于弱和中等中气旋之间
2004—07—12 上海闵行区华漕镇	17:54~ F1	15:04~ 17:37	弱线状回波交汇发展,人字形回波快速演变成嵌在线状回波中的弓状回波,龙卷母云 60 dBZ,高 17~18 km	17:08~ 17:13 17:54	出现正负速度对,旋转速度 18.2 m/s 旋转速度 18 m/s,距离 2 km,切变 1.1
2004—08—25 宁波鄞州区高桥镇	01:50 (F2) 无冰雹	00:48 01:00 01:24 随后 4 个时次 01:49	48 dBZ 53 dBZ 58 dBZ,回波前进方向左侧"V"形无回波区,钩状回波清楚, "V"形无回波区加大,强度达 60 dBZ,风暴、强回波顶高从 8 km→6 km,从 5.5 km→3.3 km,底降到 1 km; "V"形无回波区延伸到 1 km	01:00 01:19 01:31 1:30 1:43 1:49	2.4°、3.4°、4.3°开始出现辐合,在 2.4°出现气旋性辐合,3.4°都出现气旋性辐合,4.2°~6.2°未闭合深对流辐合区,9.9 度也辐合 组合切变 CS 为 9.0 组合切变 CS 为 13.9 组合切变 CS 为 18.9,VAD2.4~2.7km 有明显的风向切变且风向逆转

日期和地点	龙卷出现时间	反射率特征		速度场特征	
		时间	特征	时间	特征(切变单位：10^{-2}s^{-1})
2005—05—25 赤峰市敖汉旗大甸子乡	14:09	12:54 13:21 13:49 14:09	块状超级单体40 dBZ； 发展为弓形回波,41 dBZ,回波梯度强5 km内从9 dBZ增至37 dBZ； 35 dBZ； 单体只有一个35 dBZ强中心	12:54 13:21 13:49 14:09 14:36	只有零星正速度,负速度中心－10.6 m/s 正负速度对:20.2 m/s,－15.2 m/s 负中心－24.1 m/s； 出现两个速度对,一个－24.5/22.9 m/s,另个－23.9/23.7 m/s； 正负速度中心距离拉开
2005—07—30 安徽灵璧县韦集镇	11:26~32 F2~F3	10:35 10:50 11:11 11:20 11:32	平均65 dBZ, 低层入流缺口之上明显的回波悬垂两单体合并呈椭圆,没有前倾结构2.4°入流缺口外呈现明显螺旋状结构,超级单体反射率呈现"S"形	10:13 10:25 10:50 11时	涡旋在5 km高度首先出现向上下发展(7 km高最强)旋转速度21 m/s(接近强中气旋,3 km高最强)VAD0.3～1.2 km 垂直风切变1.3
2005—08—10 营口市东南部6个乡,伴随短时强降水,无冰雹	16:10~20	15:50 15:56 16:02 16:14	强回波 超级单体 低层弱回波上高层强回波,56 dBZ,底、顶高0.5,15 km,存在明显三体散射,高反射率区在6 km以下倒"V"字结构开始减弱	16:02 16:08 16:14	弱的中小尺度涡旋正负速度差36 m/s,距离7~8 km 正负速度差44 m/s,距离3～4 km
2006—06—29 安徽泗县长沟等乡	06:45	02:28 05:25 06:00	A弓状回波,B,C处于发展阶段 C形成典型弓状 B、C合并,风雹强烈发展	04:54 06:31	B上开始探测到中气旋 B上出现TVS
2007—07—03 安徽天长市秦栏和仁和	16:30 F2—F3	15:48 16:18	回波梯度大40～58 dBZ,顶高17 km；>50 dBZ,回波顶高、风暴质心高度和最大反射率高度龙卷发生前急增、发生时急降 超级单体	15:23 16:00 16:18 16:30 16:42	探测到中气旋 4个中气旋 最大切变/高度:0.8/2.9 km VAD切变1.24/(0.3~1.8 km) 最大切变/高度:3/1.9 km
2007—07—27 洛阳市孟津县城关镇	12:33 F0,无冰雹	11:47 12:11 12:17 12:29 12:35	弱回波生成 2个强中心的块状回波,50 dBZ 50 dBZ,高3.6 km,30 dBZ高5.7 km 50 dBZ,高1.8 km,30 dBZ高3.8 km 52 dBZ,高3.8 km,30 dBZ高5.9 km	12:29 12:35 12:41	逆风区,微气旋,VAD0.9~1.2 km由6 m/s东风顺转为10 m/s东南风 发展成辐合带,VAD1.2 km东南风增加到14 m/s 发展成小涡旋
2007—8—18 浙江苍南龙港镇	23:01 F2~F3	21:35 22:18 22:50 23:01	A、B对流单体40～50 dBZ A、B加强至55 dBZ A、B合并达60 dBZ 加强至65 dBZ	22:43 22:49 22:55	开始出现正负速度对 风垂直切变底高1.5 km 风垂直切变底高0.7 km

日期和地点	龙卷出现时间	反射率特征		速度场特征	
		时间	特征	时间	特征（切变单位：10^{-2}s^{-1}）
2008—05—23 黑龙江五常市兴盛乡	19：20 F2	18：48 19：04 19：14 19：20 19：25	55 dBZ，以后半个小时，稳定少动 >45 dBZ，回波带中有数十个强度 >55 dBZ 的对流单体；回波明显加强，内部结构密实，呈现"V"字形；强度变化不大，但结构松散超级单体 62 dBZ	19：14 19：20	在"V"形缺口处存在两个距离很近的正负速度中心，水平尺度约为 10 km， 1.5°"V"形缺口附近有一清晰的 γ 中尺度的正负速度对，旋转速度 22.1 m/s
2008—07—30 高邮（直径 50 m）	16：22	15：21 15：20 15：39 15：45 16：09 15：27～ 16：28 16：54	高邮洋汉村龙卷 3 产生于弓状回波上，大于 55 dBZ 宝应龙卷 2 产生于超级单体中，大于 50 dBZ，旋转速度 19 m/s，高 0.9 km 最强回波顶高 3.3 km 最强回波顶高 3.1 km 最强回波顶高 3.7 km 大于 45 dBZ 回波顶维持在 6 km 左右 东台龙卷产生于飑线回波中大于 60 dBZ	15：21 15：20 15：39 15：45 16：03， 16：09 16：22	多个微气旋及低空切变，旋转速度 15 m/s，高 2 km 旋转速度 19 m/s，高 0.9 km 0.5°风速差 15 m/s 速度差 24 m/s 速度差 29 m/s，切变 1.9 中气旋，切变 1.8 风速差 36 m/s，TVS，切变 3.9
2009—07—20 承德市平泉县黄土梁子镇	13：59～ 14：35 F1	13：06 13：36 13：54 14：06 14：36 14：48 15：30	单体 1 呈椭圆形 60 dBZ，向下羽毛状伸展，单体 2 产生 单体 1 呈肾状，60 dBZ 以上，单体 3 产生；回波顶高 10 km 以上 单体 2 与单体 3 合并；回波顶高 10 km 以上，单体 1 与单体 2、3 分离 开始减弱 基本消散	14：06	自低层到 6.8 km 存在强烈的气旋性涡旋

表 5.1b　龙卷雷达特征参数（续）

年—月—日	龙卷出现时间	VIL（kg/m^2）	中气旋					龙卷涡旋特征		
			时间	强度（最大高度）（10^{-2}s^{-1}）	底高（km）	顶高（km）	提前时间（min）	时间	强度（10^{-2}s^{-1}）	提前时间（min）
02—05—14 湖南桃源县泥涡潭	20：20— 20：30		20：13	正负速对度对（— 16 m/s—16 m/s）			7	20：13	4	7
2003—07—08 安徽无为县百胜和六店	22：30 23：20	23：03 以后，基于单体 20 左右、最大反射率 55dBZ	22：09 22：49	2 2	0.7 0.7	5 4.5	21 29	22：21 23：01	3.2→6.3	9 19
2004—07—12 上海闵行区华漕镇	17：54 F1		17：08	中等			46	无		

续表

年—月—日	龙卷出现时间	VIL(kg/m²)	中气旋					龙卷涡旋特征		
			时间	强度（最大高度）(10⁻²s⁻¹)	底高(km)	顶高(km)	提前时间(min)	时间	强度(10⁻²s⁻¹)	提前时间(min)
2004—08—25 宁波鄞州区高桥镇	01:50 F1~F2 无冰雹	01:49 仅为 11	01:37~ 01:43	成熟中气旋，速度对距离小于 4 km，0.53（旋转速度 20 m/s，速度对距离 3.8 km）			13			
2005—05—25 赤峰市敖汉旗大甸子乡	14:09		13:21				38			
2005—07—30 安徽灵璧县韦集镇	11:20		10:25 10:38 10:50 11:20	0.8(7 km) 1.5(3 km) 1.5(3.5 km)	2.7 0.8 1.3	3.9 5.5 3.3	42 30	10:56	4.6	24
2006—06—29 安徽泗县长沟等乡	06:45		04:54 06:13 06:19 06:25 06:31 06:38 06:44	B 上中气旋 C 上 3 个中气旋 1 个中气旋 2 个中气旋 1 个中气旋 中气旋直径 25.8 km，中气旋直径 23.8 km			111 32	06:31	B 上 TVS	14
2007—07—03 安徽天长市秦栏和仁和	16:30	16:18 为 14，16:36 为 41	16:18	2	0.7	3	12	16:42		—12
2007—07—27 洛阳市孟津县城关镇	12:33 F0，无冰雹	12:17 为 17，12:29 为 11，12:35 为 14		距离雷达 122 km（最低仰角高达 2.8 km）过远，没有观测到中气旋				没有观测到 TVS		
2007—8—18 浙江苍南龙港镇	23:01		22:49	2	0.7	4.2	12			
2008—05—23 黑龙江五常市兴盛乡	19:20 F2		19:14				6	没有识别出 TVS		
2008—07—30 高邮（直径 50 m）	16:22		16:09	1.8			13	16:22	3.9	0
2009—07—20 承德市平泉县黄土梁子镇	13:59~ 14:35 F1	13:36 为 20 14:06 跃增至 40 仅维持 1 个体扫		C 波段雷达速度模糊较多，导致中气旋和 TVS 误判						

　　由表5.1a可以看出,龙卷风发生前,反射率一般都有迅速增强的特征,龙卷发生前30 min前后,回波强度都大于40 dBZ,绝大多数大于50 dBZ;最强回波一般在6 km以下。在一些个例中出现钩状回波,但是钩状回波并非发生龙卷的必要条件;同样,在一些个例中出现弱(有界)回波,但是存在弱(有界)回波区与否既不是发生龙卷的必要条件也不是充分条件。

　　从速度场上看,龙卷风发生前一般都会出现气旋性辐合,旋转速度一般都大于13 m/s,大多数龙卷都伴有中气旋。表5.1b中除了3例没有速度场观测之外,其余14例中有12例在龙卷发生前都出现中气旋,占85.7%,中气旋可提前预警龙卷风的时间从6~111 min,平均为29 min。14例中仅7例出现TVS,占50%,可提前预警时间12~19 min。由此可见,用中气旋可以作龙卷风的临近预报,而TVS出现时龙卷风可能已经发生了。

　　郑媛媛等(2008,与作者的个人通信)对2005—2008年4—11月25个龙卷个例资料及江苏雷达资料的中气旋和龙卷涡旋特征产品进行了分析。他们首先对中气旋和龙卷涡旋特征产品进行质量控制,剔除距离雷达站146 km附近探测到的中气旋、底高和顶高一样的中气旋、距离雷达站20 km内探测到的龙卷涡旋特征,得到预警指标如下:(1)中等强度以上中气旋;(2)探测到龙卷涡旋特征且风暴反射率因子>40 dBZ。用这两个指标对龙卷风进行预警,临界成功指数在0.2~0.3(具体数值和中气旋与雷达站之间的距离有关,下同),命中率在0.3~0.45,空报率、漏报率在60%左右。漏报原因:(1)F0或F1级龙卷,在雷达上没有探测到中气旋或龙卷涡旋特征;(2)探测到中气旋但没有达到中等以上强度;(3)探测到中气旋但底高和顶高一样。

5.1.3　龙卷风识别指标

　　(1)风暴反射率强度≥40 dBZ,最强回波一般在6 km以下。
　　(2)龙卷风发生前一般都会出现气旋性辐合,0.5°旋转速度一般都大于13 m/s。
　　(3)探测到中气旋且底高≤1 km可作为龙卷预警的充分但非必要条件。
　　(4)探测到TVS可作为龙卷预警的充分但非必要条件,然而有时TVS在龙卷产生后出现,因此没有预警时间提前量。
　　(5)出流边界与其他辐合系统相交点上有利于产生龙卷风。

5.2　大冰雹识别和临近预报

　　大冰雹是指降落到地面时直径≥2 cm的冰雹。中外研究表明产生大冰雹的强对流风暴在反射率因子垂直剖面图上的最显著的特征是高悬的反射率因子高值区、其下的弱回波区(WER)或有界弱回波区(BWER)、高的垂直累积液态含水量、三体散射和速度图上低层气流辐合和风暴顶辐散等。

5.2.1　高悬的强反射率中心和弱回波区(WER/BWER)

　　(1)高悬的强反射率中心
　　从雷达上看,异常强盛的上升气流最重要的特征就是具有比初生阶段的普通风暴更高更强的反射率中心,尤其是45~55 dBZ的反射率因子位于-20℃温度层之上表明冰雹的存在。具体地讲,如果-20℃等温线对应的高度之上有超过45 dBZ的反射率因子核,则有可能产生大冰雹。Witt 等(1998)指出相应反射率因子核心的值越大,相对高度越高,产生大冰雹的可能性和严重程度越大。很显然,在相同的环境下,上升气流越强,高悬的反射率因子中心的强度就越强,伸展高度也越高,大冰雹的发生概率也越大。因此,冰雹云识别首先应当分析冰雹云的回波强度和强回波的高度。

1)冰雹云的回波强度

李金辉和樊鹏(2007)通过多年数字化雷达(711)观测分析,发现宝鸡雷达回波强度不大于 40 dBZ 时没有降雹,冰雹云的强度绝大部分不小于 45 dBZ,因此,在宝鸡地区用雷达回波 45 dBZ 识别冰雹云较合适。

应冬梅等(2001)对江西省 1970—1999 年 88 个冰雹雷达(5 cm 波长)回波样本进行分析,将回波强度分为 40~42 dBZ、43~47 dBZ、48~52 dBZ、53~58 dBZ、58 dBZ 及其以上 5 档,出现冰雹的雷达回波强度都在 40 dBZ 以上。出现冰雹最多的是 43~47 dBZ 这一档,其次是 40~42 dBZ 和 43~47 dBZ 这两档,这 3 档占总数的 88.6%。3—7 月出现冰雹的雷达回波高度最低值是 9 km,最高值为 16 km。

张素芬等(1999)使用河南省气象台站 1982—1997 年 4—8 月地面报表和同时期雷达(714CD)回波资料统计分析了 40 次区域性冰雹过程(相邻 3 站以上降雹)的回波参数特征时发现:降雹时回波强度均≥40 dBZ,最大的可达 60 dBZ,所以 40 dBZ 可以作为有无冰雹天气的判据之一。

黑龙江省(2010)研究总结 5 月 20 日到 9 月出现的冰雹条件时指出:当回波强度大于 45 dBZ 时易出现冰雹(一般在 55 dBZ 左右),冰雹云强回波中心(大于 45 dBZ)结构紧密,面积较大,一般大于 20 km²,强中心成条状较多。

为什么冰雹的回波强度都大于 40 dBZ,绝大多数大于 45 dBZ 呢?根据 Smith 等(1975)提出的云内最初冰雹增长为中数体积水汽凝结体的直径是 0.4~0.5 cm 的理论,使用通用的雷达气象方程和马歇尔—帕尔马(1948)雨滴谱指数分布关系式推导得出:冰雹云初期等效雷达反射率因子为 44 dBZ。

当然,仅利用雷达回波强度不能将冰雹云和普通对流云区分开来。这是因为当对流云中出现等效雷达反射率因子 45 dBZ 值时,只说明云内存在 0.4 cm 直径的中数体积水汽凝结体,并不能认定为冰雹云。在 0℃层以下出现 45 dBZ 时,该强回波区是中数体积直径大于 0.4 cm 的大水滴组成,地面只会出现降雨,在 0℃层以上出现 45 dBZ 值,是由中数体积直径大于 0.4 cm 的冰粒子和水粒子混合存在,若云内上升气流较大时,45 dBZ 高度继续升高,当伸到云体的中上部时,才有可能成雹。也就是说,强回波必须具有相当的高度才有利于降雹。李金辉等(2007)对降雹造成灾害的雷达回波分析表明:雷达强回波的 45 dBZ 平均底部越高、提前识别的时间越长。因此,掌握强反射率因子的高度也非常重要。

2)强反射率因子的高度

樊鹏(2005)根据旬邑雷达站 1992—1994 年 57 次风暴的雷达 RHI 观测资料分析,有 34 次风暴地面出现了降雹,经资料统计分析,降雹单体的 45 dBZ 顶高平均为 9.3 km(海拔高度,下同),强降水单体的 45 dBZ 顶高平均为 6.2 km;降雹单体的 45 dBZ 顶高在 0℃层以上的平均高度为 4.6 km,而强降水单体的 45 dBZ 顶高在 0℃层以上的平均高度仅为 1.3 km。雷达用此模型识别冰雹云的准确率可达 90%左右,一般不会产生漏报现象。陕西省宝鸡市雷达站用此模型识别冰雹云的准确率达 89.7%。

表 5.2　旬邑冰雹云识别判据

云型	$H_{45\,dBZ}$（km）	$T_{45\,dBZ}$（℃）
强冰雹云	≥8.0	≤−20.0
弱冰雹云	7.0～8.0	−14.0～−20.0
雷雨云	<7.0	>−14.0

　　李金辉等（2007）试验了多种高度，发现 45 dBZ 的强回波在 0℃以上 2.9 km 时，即：$H_{45\,dBZ}$ ≥ H_0＋2.9 时（约为 6.9～7.8 km 高）识别冰雹云准确率最高。在他统计分析的 231 块对流云中，符合上述降雹判据的雷达回波 121 个，其中实况降雹 117 个；空报 4 个，漏报 4 个（无灾害）。另外还有 32 块对流云从雷达上识别为冰雹云，但因没有相应的地面降雹反馈资料，无法确定而不统计在内。用地面降雹前被识别为雹云的 45 dBZ 回波顶高 $H_{45\,dBZ}$ 和对应的环境温度 $T_{45\,dBZ}$ 作点聚图（图 5.1），可见二者有很好的线性关系，由此可以得到表 5.2。因此，也可以用 $T_{45\,dBZ}$ 作为冰雹的识别指标，当 $T_{45\,dBZ}$ ≤ −20.0℃ 时可识别为强冰雹云。该识别冰雹云方法对单体降雹平均提前识别 12 min，而对超级单体平均提前识别 18 min，对多单体、飑线中超级单体的降雹具有提前预警的作用，平均提前预警时间为 22 min。

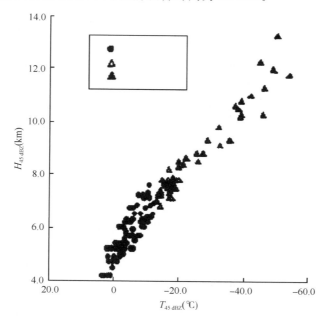

图 5.1　冰雹云、雷雨云 45 dBZ 回波顶高 $H_{45\,dBZ}$ 和其对应的环境温度 $T_{45\,dBZ}$ 的关系
（图中黑点为雷雨云，空三角为弱冰雹云，实三角为强冰雹云）

　　许爱华等（2007）通过分析江西 6 次大冰雹天气过程中南昌的探空曲线发现：6 次大冰雹天气过程强回波顶高都在 0℃ 等温线以上，45～55 dBZ 强反射率因子的高度都大于 −20℃ 等温层高度，甚至有 5 次过程的 45～55 dBZ 强反射率因子高度大于 −25℃ 等温层高度。另外，冰雹云的最大反射率因子值都大于 65 dBZ，而且都位于 0℃ 等温层高度之上。

　　张素芬等（1999）亦指出：雹云回波的初始高度一般在 9～12 km，降雹时 ≥30 dBZ 的回波高度在 12 km 以上，最强中心顶高 ≥8 km。所以她把最强回波中心顶高 ≥8 km 作为冰雹云判断的又一必要条件。云顶温度的高低也是形成冰雹胚胎和冰雹增长的必要条件之一，云顶温度应该达到或超过自然冻结温度才有利于冰雹的生成。统计得出,10 km 以下的回波高度,云顶温度≥－27℃,降雹时回波云顶温度均≤－45℃,表明云顶温度越低,越有利于冰雹的生成。所以,云顶温度≤－27℃作为预报冰雹产生的参考条件,≤－45℃时作为预报冰雹产生的必然条件。

河南省(2010)总结产生冰雹的条件之一是回波强度≥40 dBZ 且高度≥8 km。黑龙江总结的回波顶高大于 10 km,强回波中心顶高大于 6 km 时易出现冰雹。郑媛媛等(2009)指出造成强冰雹的超级单体风暴在冰雹产生前,风暴最大反射率因子高于风暴质心的高度;当风暴开始降雹时,最大反射率因子高度开始降低,而风暴质心的高度变化不大,高于最大反射率因子高度,基本保持在 5 km 左右,反射率因子在 60～70 dBZ。

天津市的统计分析表明:0℃层(2～3 km)以上有大于 48 dBZ 回波,地面有冰雹产生;－20℃(大约 6 km)层以上有超过 53 dBZ 回波,冰雹直径大于 10 mm。

张鸿发等(2002)分析了平凉(3 cm 波长的常规雷达)200 多例冰雹云的回波特征,指出:(1)平凉冰雹云的最大反射率区主要出现在 5～6 km 高度上,这高度层的回波强度是 0℃层回波值的 2 倍,其次在 6～8 km 高空,这层的回波强度与上下层有显著的差别。最强反射率回波以下到 0℃层是快速减弱区,0℃层附近有明显回波强度逆增强层。(2)平凉不同降雹云发展成熟到降雹阶段≥30 dBZ 强回波顶高与其环境温度有较好的对应关系。对判别冰雹有一定改进,特别对识别强到中等降雹有明显优势。

各省总结得到的冰雹云强回波的最低高度在 5～8 km,之所以出现这种跨度,是因为使用了强回波的海拔高度的缘故。如果强回波的高度从 0℃层开始起算,用 $H_{45\ dBZ} \geq H_0 + 2.9$ 表示 45 dBZ(3 cm 波长雷达回波强度阈值可降为 40 dBZ)以上回波的高度(式中 H_0 为 0℃层高度),则等式右边的取值范围为 5～8 km,包含了各省的结论。因此,用该阈值识别冰雹云的高度更合适;或者采用另外一种表述方式:≥45 dBZ(3 cm 波长雷达为≥40 dBZ)强反射率因子高度大于－20℃层高度。

(2)弱回波区/弱有界回波(WER/BWER)

弱有界回波(BWER,传统上称为穹窿)是被中层悬垂回波所包围的弱回波区,是一个强上升气流区,大冰雹落在与 BWER 相邻的反射率因子的高梯度区。Lemon(1979)指出,WER 或 BWER 是冰雹云的有效判别指标,并且通过雷达回波的三维结构分析可以识别出 WER 或 BWER 特征。他对近 80 个雷暴的雷达资料进行检验分析后发现,WER 或 BWER 作为冰雹指标的探测率达到 0.98,平均时间提前量为 23 min,空报率为 0.29(但是 16 个空报个例中有 4 个出现了龙卷,所以有可能产生了冰雹但是没有收到报告,即实际的情况空报率可能更低),临界成功指数达 0.70。总之,这个特征是非常有效的冰雹识别和预警指标。

因此,在强反射率因子之下的弱回波区(WER)特别是弱有界回波区(BWER)表明有冰雹存在。大的 WER 或 BWER 意味着悬挂的冰雹在降落之前具有一个长时间维持的大范围的增长区。持续的 WER 有利于冰雹的增长,而大部分大冰雹都伴随 BWER。

在中等以上垂直风切变环境中,在满足高悬的强回波和 0℃层到地面的距离比较适宜的情况下,如果回波形态再呈现出弱回波区和回波悬垂特征,则产生强冰雹的可能性会明显增加,若出现有界弱回波区,则出现大冰雹的概率几乎是 100%。

图 5.2 是 2011 年 4 月 17 日 10 时 48 分广州雷达反射率垂直剖面,从图中可以看到 75 dBZ 的强回波的高度超过 9 km,其下 5 km 以下存在明显的有界弱回波区,肇庆市德庆县所

属九市 10 时 46 分出现冰雹,持续时间约 20 min;10 时 57 分德庆悦城出现冰雹,最大直径 50 mm,持续时间约 30 min;从图中也可以清楚地看出冰雹是在强垂直风切变的环境中产生的。

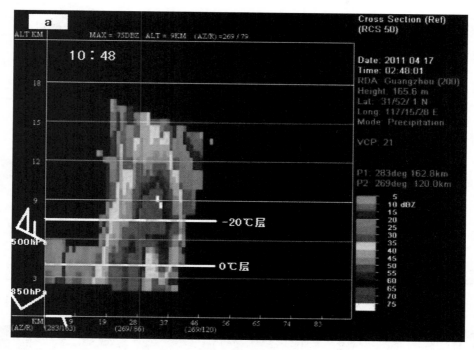

图 5.2　2011 年 4 月 17 日 10:48 广州雷达反射率垂直剖面

图 5.3 是中等到强垂直风切变下雹暴回波的三维立体结构,从平面图上看,入流一侧的反射率因子梯度大,中层反射率因子高值区的一部分在低层高值区之上,低层入流一侧延伸到低层反射率因子大梯度区和弱回波区的上空,形成悬垂回波。风暴顶位于反射率因子大梯度区之上。左边的非超级单体强雹暴平面和垂直结构上有弱回波区,超级单体强雹暴平面和垂直结构上出现有界弱回波区。图 5.3 平面右边上反射率因子平面和剖面中出现了 BWER,左面两个平面和剖面图则出现了 WER。

许爱华(2007)发现,6 次大冰雹过程中每次都有回波墙、穹窿、悬垂体和宽阔的弱回波区或有界弱回波区存在,上方又都存在强反射率因子(图 5.4)。

其他可以用于识别冰雹回波的还有钩状回波和“V”形缺口(张素芬等,1999;上海市气象局,2010;汪应琼,2009)。钩状回波是指位于对流性强回波一侧出现的一个弯曲的钩状回波,它是一个超级单体风暴。“V”形缺口是超级单体中由于强烈的入流或出流造成“V”形无回波区或弱回波区。前侧“V”形缺口回波表明强的入流气流进入上升气流;后侧“V”形缺口回波表明强的下沉气流,并有可能引起破坏性大风。

有利于识别雹云回波形态结构的还有块状、带状、指状、人字形、弓状等回波。冰雹云回波在 PPI(z)上常表现为边沿光滑、结构密实的块状和由块状组成的带状;RHI(z)上为粗大密实的柱状和纺锤状回波。冰雹云回波在形成前,表现为孤立小单体,然后逐渐发展加强,成为结构密实的大块状回波,有时回波出现指状或钩状。有的是由两块或多个小单体快速发展壮大、汇集合并加强,形成了"人"字形、带状或弓状回波。对于这些迅猛发展、未来合并加强的单体回波,最易产生冰雹等强天气。

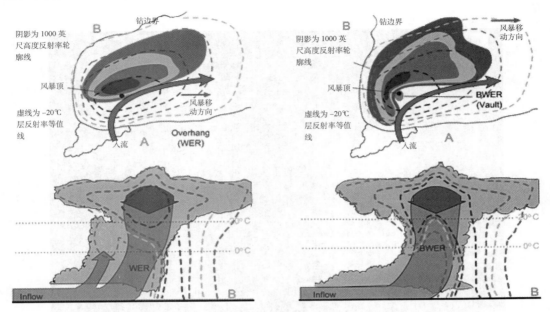

图 5.3　中等到强垂直风切变下的非超级单体强雹暴和超级单体强雹暴三维立体结构(Lemon,1977)

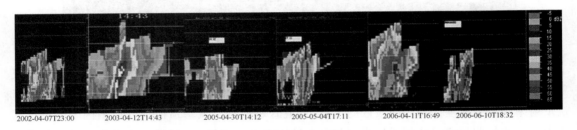

图 5.4　江西 6 次大冰雹过程的 WER 或 BWER 特征(许爱华,2007)

5.2.2　垂直累积液态含水量(*VIL*)

用来判断对流风暴强度的一个十分有用的参量是垂直累积液态含水量(*VIL*),其定义为液态水混合比的垂直积分。液态水混合比是通过雷达测量的反射率因子和雨滴之间的经验关系:

$$M = 3.44 \times 10^{-3} z^{4/7}$$

进行计算的。对上式进行垂直积分即可得到 *VIL*。*VIL* 如果大大高于相应季节的对流风暴的平均 *VIL* 值,则发生大冰雹的可能性很大。根据美国 Oklahoma 州的统计,5 月对应于出现大冰雹的 *VIL* 的阈值为 55 kg/m²,6—8 月的相应阈值为 65 kg/m²。美国对 400 多个冰雹事件统计发现(Edwards,*et al*,1998),冰雹直径随着 *VIL* 的增大而增大,45 kg/m² 以上的 *VIL* 一般产生 1.9 cm 以上的冰雹,55 kg/m² 以上一般产生 3 cm/m² 以上的冰雹。Cerniglia 和 Snyder(2002)在对美国 89 例脉冲风暴的研究指出,基于格点的 *VIL* 超过 30 kg/m² 时,冰雹预报的探测率、误报率、临界成功率分别达到 89%、12%、70%。因此,*VIL* 值为判断风暴中大粒子特别是冰雹的生成与降雹提供了有用的信息。

许爱华等（2007）指出，区域性大冰雹的 $VIL \geqslant 56$ kg/m²，局地雹暴的 VIL 值从 40 kg/m² 到 80 kg/m² 不等，大部分都小于区域性大冰雹。分析还发现，VIL 跃增的特性，对于判断冰雹的增长非常有效。降雹前风暴的 VIL 最大值往往会出现明显的跃增，而当大量的大冰雹降落时，VIL 也迅速减小。

河南省（2010）统计出现冰雹的 VIL 阈值为 50 kg/m²，出现冰雹的 VIL 最大值大于 70 kg/m²。

Amburn 和 Wolf(1997)指出，使用 VIL 密度，即 VIL 除以回波顶高所得的商（VIL 密度＝ VIL/ET），可以很好地指示大冰雹。因为大的反射率因子值表明强上升气流的存在，而冰雹生长区更低则使得冰雹落地之前的融化过程缩短。图 5.5 给出了一个计算实例，图中的 2 个风暴差别很大，却具有相同的 VIL 密度值。他们的研究还发现，90% 冰雹风暴的 VIL 密度 $\geqslant 3.5$ g/m³，而几乎所有 VIL 密度 $\geqslant 4.0$ g/m³ 的风暴都会产生大冰雹（$\geqslant 20$ mm）。许爱华等（2007）分析也发现，对于局地强对流天气，VIL 密度比 VIL 具有更好的指示意义。VIL 密度 $\geqslant 2.8$ g/m³ 可以作为局地强对流天气预警的临界指标，VIL 密度 $\geqslant 3.2$ g/m³ 可以作为局地冰雹预警的临界指标，而 VIL 密度 $\geqslant 4.0$ g/m³ 可以作为较大冰雹（$\geqslant 10$ mm）预警的临界指标。汪应琼（2009）分析也指出 VIL 密度 $\geqslant 4.0$ g/m³ 可以作为大冰雹（$\geqslant 20$ mm）预警的临界指标。

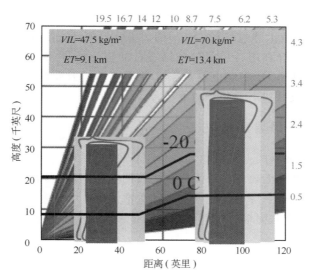

图 5.5　两个不同风暴的 VIL 密度值计算示意图
（最终的 VIL 密度都为 5.22 g/m³）

刁秀广等（2008）利用 2002—2005 年济南 CINRAD/SA 雷达资料，统计分析了基于网格的对流云的垂直累积液态含水量（VIL）分布特征，同时对 VIL 密度（$VILD$）及 0℃ 层以上的 VIL 值（$VIL\ H$）也进行了分析，结果表明，冰雹云和非降雹对流云的 VIL、$VILD$ 和 $VIL\ H$ 值有明显差异。降雹单体特别是强降雹单体在成熟前期有明显的 VIL 跃增现象，强降雹单体的 VIL 跃增量达 15.4 kg/m²。冰雹云的最大 VIL、$VILD$ 和 $VIL\ H$ 平均值比非降雹对流云的最大平均值分别高出 20 kg/m²、1.7 g/m³ 和 16 kg/m²。不同月份的 VIL、$VILD$、$VIL\ H$ 阈值对冰雹特别是大冰雹的识别具有很好的指示意义。基本上是在 VIL 达到最大值后开始降雹，5—7 月降雹时间分别滞后于 VIL 跃增后的体扫时间约 4.8、11.4 和 12.3 min。

王炜等(2003)使用天津市 2000 年汛期的 11 次天气过程资料，其中包含 4 次冰雹过程、3 次大—暴雨过程和 4 次中雨天气过程的资料，分析了 VIL 与强对流天气的关系，指出：垂直累积液态含水量数值的大小对于是否产生小雨、中雨、大雨、暴雨反映并不十分敏感，但是垂直累积液态含水量数值大的区域出现大的降水过程的可能性大，当 VIL 大于 20 kg/m² 时，出现冰雹天气的可能性极大。他们用 2000 年汛期的雷达观测资料，选取了 62 组数据，其中冰雹过程为 18 组，冰雹数据占 29%。选取了 4 个因子作为预报变量。预报量为 y，在建立回归方程的样本中，中雨以下无降雹的天气过程规定 y 为 0，对大到暴雨无降雹的天气过程规定 y 为 0.5，对于降雹过程规定 y 为 1。利用多元回归方法，建立下面的方程：

$$y = 0.287 - 0.0000189 VIL_{WGT} + 0.0299 VIL_{11} - 0.0548 VIL_{15} + 0.008 VIL_{20}$$

式中：$VIL_{WGT} = Max\ VIL \times Size$，$Size$ 为对流单体核的 VIL 大于 5 kg/m² 以上的值占有像素点个数，$Max\ VIL$ 为对流单体核中的最大 VIL 值；VIL_{11} 为 VIL 取值在 11 kg/m² ≤ VIL < 15 kg/m² 的像素点个数，VIL_{15} 为 VIL 取值在 15 kg/m² ≤ VIL < 20 kg/m² 的像素点个数，VIL_{20} 为 VIL 取值为 VIL ≥ 20 kg/m² 的像素点个数。规定 y 值大于 0.7 将会有降雹出现。从 4 次冰雹天气过程中抽取了 15 组数据，对上述方程进行了验证，验证结果如下：TS = 63.6%，空报率 = 30%，漏报率 = 12.5%。

综合以上研究结果，可以将 VIL ≥ 45 kg/m²、VIL 密度 ≥ 4.0 g/m³ 和强降雹单体的 VIL 跃增量达 15.4 kg/m² 作为大冰雹(≥ 20 mm)的预警临界指标。需要注意的是，由于新一代雷达测高存在先天的局限性(利用各层 PPI 扫描进行插值计算得到)，而 VIL 和 VIL 密度都是高度的函数，所以 VIL 和 VIL 密度也继承了这种局限性。因此建议结合其他指标而不要单独使用 VIL 或 VIL 密度来进行冰雹预警。

5.2.3　中气旋特征和风暴顶辐散

因为产生冰雹需要强盛的上升运动，因此，风暴底辐合和风暴顶辐散是必不可少的。与此同时，雹云在多普勒速度场上表现出对流扰动比较明显的特征，常常可以分析出中尺度气旋、大风区、辐合系统和强辐合带等中尺度系统。冰雹常发生在中尺度气旋上、大风区一侧的风速辐合区内以及辐合系统上和强辐合带上。

(1)中气旋特征

江西省气象局(2010)对 2002—2007 年江西省 15 个局地雹暴的多普勒天气雷达产品资料特征进行统计后发现，除了 2 个风暴因为距离雷达较远(超过 150 km)产生了距离折叠而无法判断外，其他局地雹暴都在基本速度(V)或风暴相对平均速度(SRM)上出现了中气旋特征。可见，中气旋特征与冰雹天气有非常好的相关性。但是，在 CINRAD/SA PUP 程序提供的中气旋特征(M)产品上只有 3 个风暴出现了中气旋特征报警。图 5.6a、b 和 c 分别为 2004 年 6 月 18 日、2005 年 4 月 30 日和 2006 年 6 月 28 日的局地雹暴的径向速度场，他们具有典型的中气旋特征且伴有中气旋特征报警；而图 5.6d、e 和 f 分别是 2004 年 4 月 11 日、2004 年 4 月 21 日和 2006 年 8 月 1 日的局地雹暴的径向速度场，它们没有中气旋特征报警，但在径向速度产品上可以分析出明显的中气旋特征。这种情况下应通过分析径向速度产品来判断中气旋特征。

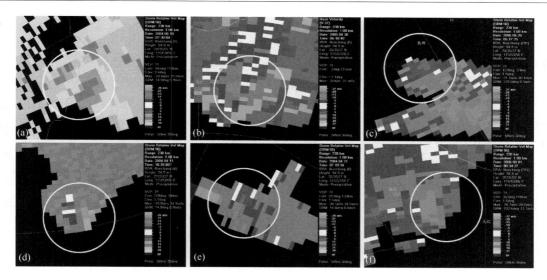

图 5.6　局地强对流风暴的中气旋特征,图中的白色圆圈标出了中气旋特征所在位置

(江西省气象局,2010)

(a.2004 年 6 月 18 日的中气旋特征,b.2005 年 4 月 30 日的中气旋特征,c.2006 年 6 月 28 日的中气旋特征,

d.2004 年 4 月 11 日的中气旋特征,e.2004 年 4 月 21 日的中气旋特征,f.2006 年 8 月 1 日的中气旋特征

朱君鉴等(2005)对 2002 年济南雷达覆盖区内 15 次风暴产生的冰雹进行分析,也只在 3 次风暴中探测到了中气旋(3/15),与许爱华等(2010)得到的比率几乎相同。另外,他们对济南和滨州雷达 2001—2002 年探测到的 15 次中气旋产品作了详细分析,发现中气旋最大厚度 >2.5 km 的风暴都产生了冰雹,中气旋维持时间长(1.5 h 以上)的超级单体必定产生冰雹。

张素芬等(1999)对 1993—1998 年 13 次冰雹过程多普勒速度场分析发现,冰雹天气的多普勒速度场上对流扰动比较明显,常常可以分析出中尺度气旋、大风区、辐合系统和弧形密集速度线(即强辐合带)等中尺度系统。冰雹常发生在中尺度气旋上,大风区一侧的风速辐合区内以及辐合系统上和强辐合带上。而且,在一次过程中的同一时刻多普勒速度场上可分析出两种或两种以上的中尺度系统活动。这些中尺度系统一旦出现就表明着冰雹天气将要发生或正在发生。因此这些中尺度系统是冰雹天气识别和预报的好指标。

汪应琼(2009)分析宜昌市 17 次冰雹过程时发现:15 例相对运动速度表现出相同的相对风场发展趋势,相对速度非常大,有 13 例正负最大速度极值在 12 m/s 以上,8 例出现速度模糊,此时风场既有表现为气旋性的,也有表现为反气旋性的。在风场发展趋势上,基本速度(V)主要表现为风速增大和辐合,仅有两例出现中气旋。

河南、上海等省(市)(2010)亦指出:多普勒速度场上出现中尺度气旋或辐合系统之一时,应当预报有冰雹。

另外,也有一些个例出现中气旋但没有产生冰雹,如表 5.1 所示,2004 年 8 月 25 日在宁波市鄞州区高桥镇出现 F2 级龙卷,但没有出现冰雹;2005 年 8 月 10 日在营口市东南出现龙卷,也不伴随冰雹,这两个个例都出现了中气旋。可见中气旋既不是产生冰雹的必要条件也非充分条件。只有当中气旋达到一定厚度或维持较长时间时才有利于冰雹的产生,这是因为只有较深厚的对流、对流维持较长时间才能产生大冰雹。

（2）风暴顶辐散

用来判断大冰雹的另一个指标是风暴顶辐散。Witt 等（1984）给出了风暴顶正负速度差值与地面降雹尺寸之间的经验关系。产生大冰雹的正负速度差值的阈值为 38 m/s。

风暴顶辐散（$|V_{out}|+|V_{in}|$）中心代表上升气流的顶部位置，辐散强度与上升气流的强度正相关。Witt 和 Nelson（1984）指出强风暴顶辐散（即 $|V_{out}|+|V_{in}|>75$ kts）可用于估计冰雹潜势和冰雹大小（表 5.3）。他们（1991）还计算了 49 个风暴的风暴顶辐散与冰雹大小的线性相关系数达 0.89，其中 95％置信度的相关系数为 0.81～0.94。

表 5.3   风暴顶辐散与冰雹大小的关系（摘自 Witt and Nelson,1984）

辐散值	最大冰雹尺寸
110～135	高尔夫球
136～175	网球
176～225	棒球
＞225	垒球

应冬梅等（2007）的研究也证明江西风暴顶辐散与冰雹有较好的相关性。他们对江西省 4 次大冰雹天气过程进行分析的结果表明，所有大冰雹过程都有强的风暴顶辐散特征（图 5.7）。但是，由于观测风暴顶辐散要求查看高仰角的速度场，由于各种因素的影响，风暴顶辐散常常观测不到。所以，强风暴顶辐散只能作为冰雹预警的一个辅助指标。

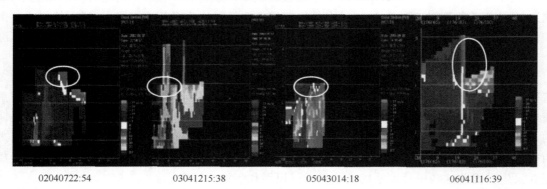

02040722:54   03041215:38   05043014:18   06041116:39

图 5.7   江西冰雹天气过程的风暴顶辐散特征（应冬梅等,2007）
注：白色椭圆形区域为风暴顶辐散区

5.2.4   三体散射

三体散射（TBSS）是雷达强度图上径向方向一个长钉状回波，是指由于云体中大冰雹散射作用非常强烈，由大冰雹侧向散射到地面的雷达波被散射回大冰雹，再由大冰雹将其一部分能量散射回雷达，在大冰雹区向后沿雷达径向的延长线上出现由地面散射造成的虚假回波，称为三体散射回波假象，其产生原理如图 5.8 所示。该虚假回波位于从强反射风暴核沿着雷达径向向外一定距离，通常具有较低的反射率因子值（一般小于 20 dBZ），是识别大冰雹的重要判据之一。Lemon（1998）指出：三体散射的出现是大冰雹存在的充分条件但非必要条件，三体散射出现后 10 到 30 分钟地面有可能出现大于 2.5 mm 的降雹，同时往往伴随有地面灾害性大风。实际上，只有 S 波段雷达回波中三体散射的出现才是存在大冰雹的充分条件而非必要条件。C 波段雷达回波中出现三体散射的机会更多一些,但并不表明大冰雹的存在。在 C 波段条件下,小冰雹甚至是大雨滴都有可能产生三体散射。

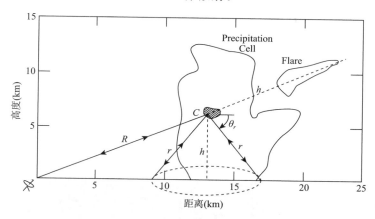

图 5.8 三体散射示意图(Zrnic,1987)

图 5.9 是 2011 年 4 月 17 日 10 时 48 分广州雷达仰角 2.4°(a)、3.4°(b)的反射率图从图中都能看到在德阳有沿雷达径向明显的向外伸出的三体散射长钉,德庆九市 10 时 46 分出现冰雹,持续时间约 20 min;10:57 德庆悦城出现冰雹,最大直径 50 mm,持续时间约 30 min。从图中都能看到在德阳有沿雷达径向明显的向外伸出的三体散射长钉。

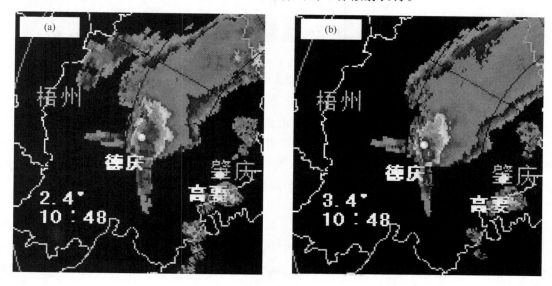

图 5.9 2011 年 4 月 17 日 10 时 48 分广州雷达仰角 2.4°(a)、3.4°(b)的反射率

郭艳(2010)对江西省 2002—2007 年的地面观测和雷达资料进行普查后得到 28 个风暴样本,对这 28 个风暴样本进行统计,28 个样本中有 11 个是冰雹直径≥19 mm 的大冰雹事件,15 个小冰雹事件。所有的小冰雹事件都没有出现 TBSS。11 个大冰雹事件中有 9 个伴有 TBSS 特征,其他两个产生大冰雹的风暴没有观测到 TBSS 特征;还有两个样本是没有冰雹记录但是观测到 TBSS 特征的风暴。以 TBSS 作为≥19 mm 的大冰雹的预报指标,其命中率:$POD=0.818$,误报率:$FAR=0.182$,临界成功指数:$CSI=0.692$。利用 TBSS 进行大冰雹预警的时

间提前量,最小为 0 min,最大达到 77 min。

　　这 11 个 TBSS 风暴样本在多普勒天气雷达资料上的统计特征表明,TBSS 可以出现在雷达 10～180 km 探测半径范围内,出现 TBSS 的风暴中心强度普遍大于 60 dBZ。TBSS 一般首先出现在中高层(4～9 km),然后逐渐降低,最低可达 1.0 km。不同距离处观测 TBSS 特征的最佳仰角有很大差异。距离雷达 50 km 以内的最佳观测仰角为 6.6°以上,距离雷达 50～150 km范围内的最佳探测仰角为 1.5°～3.4°。距离雷达 150 km 以外比较难观测到明显的 TBSS 特征,而 200 km 以外则几乎无法观测到 TBSS 特征。如图 5.10 所示为 2006 年 6 月 10 日出现在吉安的雹暴,图 5.10a 为距离该雹暴约 230 km 以外的南昌雷达所探测到的回波,图中没有 TBSS 特征,且回波结构粗糙。图 5.10b 为距离它约 40 km 的吉安雷达探测到的回波形态,图中可见清晰的 TBSS 特征和钩状回波结构。

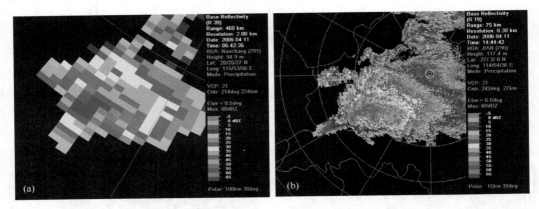

图 5.10　2006 年 4 月 11 日吉安雹暴在不同雷达上的回波形态
(江西省气象局,2010)
(a.在南昌雷达上的回波形态,b.在吉安雷达上的回波形态)

　　因此,TBSS 特征对大冰雹的产生有很好的指示意义,但由于探测方位和风暴环境的影响会导致这种特征被掩盖。如图 5.11a 为 2004 年 4 月 11 日产生鹅蛋大小的冰雹(约 60～100 mm)的局地强对流风暴,在降雹前约 1 h 就探测到明显的 TBSS 特征。图 5.11b 是 2004 年 7 月 22 日的局地强对流风暴,TBSS 特征出现后 8 min 地面产生了直径 20 mm 的冰雹。但是,图 5.11c 中南面的风暴产生了直径 20 mm 的冰雹,由于在该风暴的北面,即远离雷达的方向上有另外一风暴单体,使得我们无法判断该雹暴是否产生了 TBSS 特征。河南、上海等省(市)(2010)亦指出三体散射长钉是出现冰雹的充分条件。

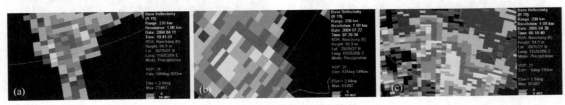

图 5.11　雹暴的 TBSS 特征
(江西省气象局,2010)
(a.2004 年 4 月 11 日的 TBSS 特征,b.2004 年 7 月 22 日的 TBSS 特征,c.2005 年 4 月 30 日的雹暴)

根据三体散射长钉的物理成因分析和以上统计结果,我们可以将三体散射长钉作为冰雹预警的充分条件但非必要条件。

5.2.5 冰雹指数 *HI*

WSR-88D 算法的一个导出产品是冰雹指数 *HI*(Hail Index),*HI* 是风暴反射率因子廓线的垂直热力权重积分,包括冰雹概率 *POH*(Probability of Hail)、强冰雹(直径≥1.9 mm)概率 *POSH*(Probability of Severe Hail)和最大可能的冰雹尺寸 *SMEH*(Maximum Expected Hail-Size)。*POH* 和 *POSH* 是根据 0℃和−20℃层以上的反射率积分量来判断冰雹潜势。*POSH* 是利用−20℃层以上 45 dBZ 反射率因子的垂直积分量(Witt,*et al*.,1998)。

0℃和−20℃层高度默认设置分别为 3.2 km 和 6.1 km,应每天根据探空资料进行重新设置。重新设置 0℃和−20℃层高度后冰雹指数的空报情况明显减少。由于它们是根据强的垂直风切变环境下设计的,所以对弱风切变环境下产生的脉冲风暴会高估,而对高原地区的风暴会低估。

冰雹指数对中国南方的强对流明显高估,即空报较多。不过,当 *POSH* 值比较大时,即使不产生冰雹,往往也会产生雷暴大风等其他强对流天气。

邵玲玲等(2006)研究了冰雹指数在冰雹和短历时强降水预报中的应用,指出结合 *HI* 和 *VIL* 产品预报冰雹和局地暴雨可以提高预报准确率。在上海地区,当 $VIL \geqslant 55$ kg/m² 、 $POSH \geqslant 70\%$ 、$SMEH \geqslant 318$ cm 时,出现冰雹的可能性较高,而当 $VIL \geqslant 35$ kg/m², $POH \geqslant 80\%$ 就要考虑强降水的预报了。

5.2.6 地闪与降雹的关系

中外的研究表明(冯桂力等,2007,2001;Donald,*et al*.,1996;周筠君等,1996),闪电与降雹的关系密切:

(1)在雹云的发展和减弱阶段,闪电频数低,负闪电占总闪电的 80% 以上,明显多于正闪电。而在成熟阶段闪电频数明显增大。在整个降雹阶段正地闪活动非常活跃,在正地闪频数增加的过程中通常伴有负地闪频数的下降,降雹天气过程的正地闪比例较高,平均值为 45.5%(冯桂力等,2007),正闪电所占比例基本和负闪电相当,在强降雹前的短时间内可超过负闪电所占比例。在雹暴的减弱消散阶段,地闪频数显著减少。

(2)在雹云快速发展阶段(降雹开始前的 20~30 min 内),地闪频数存在明显的"跃增",增加速率和降雹的强度存在较好的正相关。降雹起始时刻基本和总闪电、负闪电频数出现极值时刻一致,而正闪电则提前 5 min 出现极值。周筠君等(1996)指出:在降雹前 30 min 左右时,每 5 min 地闪频数陡然上升,到开始降雹前 18 min,每 5 min 地闪频数平均上升为 3.5,每 5 min地闪数极大值一般是出现在开始降雹前 16 min 到前 6 min,因此地闪数可作为提前指示冰雹云发展的指标。

(3)闪电的形成与冰相粒子有一定的正相关关系。在冰雹云发展、成熟、减弱三个阶段中,冰雹云中心的冰相粒子由少变多,再由多变少,与之相应的闪电也同样有由少变多,再由多变少的过程,从而间接表明冰雹云起电机制是以非感应起电机制为主。

(4)在雹云的演变过程中,大多数闪电出现在强回波移动的前方,且正闪和负闪都集中在 0~30 dBZ。降雹发生时,存在明显的闪电集中区。

5.2.7 强冰雹的预警指标

由上面的分析可见,各地的研究结论基本是相同的,因此,可以概括出冰雹识别指标如下:

(1)冰雹云的最大反射率因子值都大于 45 dBZ(C 波段雷达为 40 dBZ),一般大于 55 dBZ(C 波段雷达为 50 dBZ),而且都是高悬回波,即≥45 dBZ(C 波段雷达为≥40 dBZ)强反射率因子高度大于−20℃层高度或 $H_{45\ dBZ} \geqslant H_0 + 2.9(\text{km})$;

(2)以上高悬回波下面存在宽阔的弱回波区或有界弱回波区,是最有效的冰雹预警指标之一;

(3)反射率图上出现"V"形缺口、钩状回波,亦是有效的冰雹预警指标之一;

(4)VIL 密度≥3.2 g/m³ 可以作为冰雹预警的临界指标,而 VIL 密度≥4.0 g/m³ 可以作为较大冰雹(≥19 mm)预警的临界指标;1 个体扫 VIL 激增 10 kg/m²、达到 40 kg/m² 以上也可以作为冰雹的预警指标,由于雷达测高的局限性,建议结合其他指标使用该指标;

(5)冰雹常发生在中尺度气旋、大风区(正负最大速度极值在 12 m/s 以上)一侧的风速辐合区内以及辐合系统上和强辐合带上。当中气旋最大厚度>2.5 km 或维持时间>1.5 h 可以作为产生冰雹充分但非必要条件;

(6)S 波段雷达反射率图上出现三体散射长钉(TBSS)是产生大冰雹的充分但非必要条件;

(7)冰雹云总是存在底层辐合、顶层辐散,但是由于雷达观测本身的局限性,不一定能观测到风暴顶层辐散;

(8)冰雹发生概率指数 POH 虽然空报率高,但是它基本概括了冰雹个例,可以作为一个起报条件;

(9)在雹云快速发展阶段(降雹开始前的 20~30 min 内),地闪频数存在明显的"跃增",地闪频数增加速率和降雹的强度存在较好的正相关。

5.3 对流性大风识别和临近预报

对流性大风在中国台站预报业务中常被称为雷雨大风。廖晓农等(2009)利用 1998—2007 年地面观测、探空和 NCEP/NCAR 再分析资料,统计了出现在北京及周边地区的 134 个雷暴大风过程地面强阵风爆发时降水和冰雹的气候特征,得到如下结论:(1)在北京地区,绝大多数雷暴大风过程有降水发生,但是降水量大小不一。在所研究的个例中,77.99% 的雷暴大风发生在地面降水区中,22.01% 的个例雷暴大风爆发超前于地面降水。在这些超前的个例中,有 29 个个例(占总个例数的 13.88%)在雷暴大风爆发和持续期间没有降水;14.22% 个例的降水持续时间在 30 min 以下。(2)11.8% 的雷暴大风过程伴有地面降雹,降雹区也是雷暴大风发生概率较高的区域。

对流性大风包括龙卷和直线型大风,5.1 节我们已经讨论过龙卷风的识别和临近预报,这一节我们来讨论直线型对流大风。直线型对流大风到底对应什么类型的雷达回波?余小鼎等(2005)强调下击暴流和弓形回波这两种类型;江西省气象局(2010)将直线型对流大风分为弓形回波、飑线和阵风锋三种类型;王彦等(2009)应用 2002—2007 年天津共 46 次雷暴大风天气过程的新一代天气雷达资料,并结合灾情报告和地面自动气象站资料,根据雷达基本反射率回波特征,将影响渤海西部雷暴大风的雷达回波形态分为以下四种类型:弓状回波、阵风锋、带状回波和零散椭圆状回波,其中弓状回波对应的雷暴大风天气最为强烈,特别是弓状回波的前部和顶端突起部分;同时弓状回波主体维持时间与雷暴大风维持时间基本一致。

实际上,这些回波类型既有区别又可能相互转化。例如,弓形回波既可以单独出现,也可以作为线性波状回波的一部分出现。线性波状回波是指回波为正弦形式的波状飑线,当直线型飑线的一部分演变为弓形回波时,其两端所形成的气旋式/反气旋式切变往往导致原来的直线型飑线变成波状飑线,飑线演变为弓形回波又可能伴随下击暴流;强烈的下沉气流(下击暴流)及其导致的地面冷池对弓形回波的初始发展至关重要,但是弓形回波一旦形成将进一步加强地面大风的强度和持续时间等。因此,下面我们重点讨论超级单体、弓形回波、飑线、阵风锋、下击暴流的特点及可能带来的大风。

5.3.1　超级单体

超级单体可以产生地面大风。Lemon 和 Burgess(1993)指出超级单体中下沉气流和上升气流的交界面附近存在深厚的辐合区(DCZ)可以产生地面大风。Lemon 和 Parker(1996)在分析一个产生了 55 m/s 的地面大风和 15 cm 尺寸冰雹的强超级单体中发现的深厚辐合区(DCZ)有 10 km 厚、50 km 长,他们推论地面强风是由 DCZ 中相伴随的气流加速与负浮力的结合产生的。

5.3.2　弓形回波

显著弓形回波往往出现在层结不稳定和中等到强的垂直风切变的环境中。当垂直风切变局限于 0—2.5 km 的低层大气时,对弓形回波的形成最为有利,更深厚的垂直风切变层倾向于产生超级单体。在弱的垂直风切变的环境下,也能模拟出弓形回波,其主要特征是后侧入流急流,但两端的涡旋不明显(Przybylinski,1995)。弓形回波在反射率图上是容易识别的,下面讨论弓形回波的那些特征容易产生地面大风及其原因。

实际上,强回波区汇合基本形成一窄带回波,然后形成典型的弓状特征,即回波带的中心略向前凸,后侧出现"V"形弱回波区,即"入流槽口",形成弓状回波。回波带的前凸特征越明显,一般对流性大风越大。后侧入流急流产生地面大风的原理是向下沉气流提供干燥和高动量的空气,通过垂直动量交换和增加的雨水蒸发,增加地面出流的强度。

Fujita 在 1978 年曾经假定,与灾害性的下击暴流风相伴随,一定存在一个强烈的后侧入流急流,它的核心位于弓形回波中央的顶点。在一个强的下击暴流爆发时,中层气流加速进入对流体,导致在系统中心部位的对流单体更快速地向前运动,有助于弓形回波的形成。20 世纪 80 和 90 年代的观测研究继续阐明了弓形回波的特性。这些研究表明,低层弓形回波前沿的强反射率因子梯度和回波顶位于低层强反射率因子区之上是对流线风暴演变为弓形回波的共同特征。这些研究首次强调弓形回波后面一个"弱回波通道"的出现或许意味着下击暴流和可能的下击暴流导致的龙卷(Przybylinski 和 Gery,1983)。后来的研究进一步表明弱回波通道是后侧入流急流(Smull 和 Houze,1985,1987),它向下沉气流提供干燥的和高动量的空气,通过垂直动量交换和增加的雨水蒸发,增加地面附近出流的强度。后来,这一特征又被确定为"后侧入流槽口",简称为 RIN(Przybylinski,1995)。

图 5.12 为广州雷达反射率图,09 时 48 分在封开强回波区形状开始呈现弓形,核心区位

于弓形回波下部凸出处,中心强度 55 dBZ,在弓形回波回波后方开始出现后侧入流缺口,封开县城。09 时 46 分出现 26.9 m/s 的西北大风;10 时 48 分弓形回波移到德庆,后侧入流缺口更加明显,10 时 46 分以后德庆多处出现大于 24 m/s 的大风。

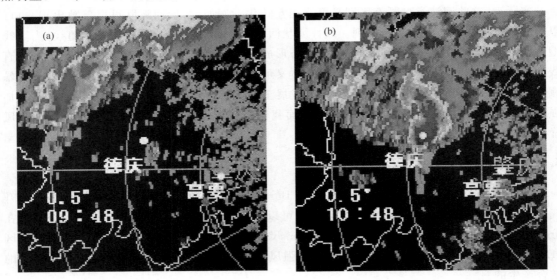

图 5.12 2011 年 4 月 17 日广州雷达反射率图

(a.9 时 48 分,b.10 时 48 分)

从反射率因子图上看,弓形回波前沿(入流一侧)存在高反射率因子梯度区,在弓形回波早期在回波入流一侧存在弱回波区(WER),回波顶位于弱回波区或高反射率因子梯度区之上,弓形回波的后侧存在弱回波通道或 RIN,表明存在强的下沉后侧入流急流(图 5.13)。

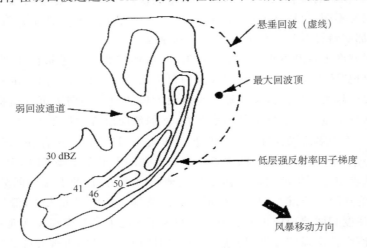

图 5.13 显著弓形回波的反射率因子特征

Przybylinski(1995)提出中层径向辐合(MARC)的概念,它被定义为一个对流风暴中层(通常 3～9 km)集中的径向辐合区。MARC 特征代表由前向后的强上升气流和后侧入流急流之间的过渡区,是与弓形回波、飑线或超级单体相联系的预示地面大风的径向速度特征。如果在 3～7 km 的范围内速度差值达到 25 m/s 以上,则认为 MARC 特征是显著的。Schmocker 等

(1996)指出:利用 MARC 预报地面大风的提前时间在 10~30 min。

　　图 5.14 是 2007 年 4 月 17 日 10 时 48 分广州雷达平行入流方向并通过径向速度核心区的径向速度垂直剖面,从图中可以看出在 3~7 km 范围内速度差值达到 30 m/s,存在显著中层径向辐合。德庆九市 10 时 46 分、风村 10 时 51 分、悦城 10 时 57 分都出现了大于 24 m/s 的大风。

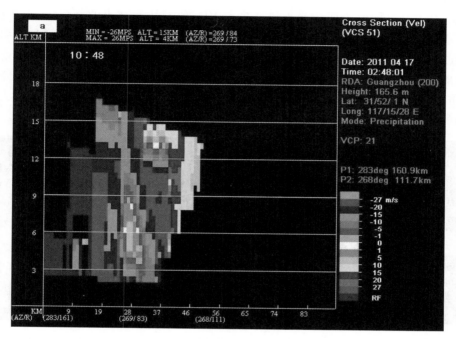

图 5.14　2007 年 4 月 17 日 10 时 48 分广州雷达平行入流方向并通过径向速度核心区的径向速度垂直剖面

　　从速度图上看,弓形回波对应的既可以是正负径向速度辐合(即风向辐合),也可以是强的风速辐合,即弓形回波后侧与前沿之间具有很大的风速梯度,从而形成了一条非常强的风速辐合带。很显然,径向风向/风速辐合越大,对流性大风越强。随着风向/风速辐合的减弱,弓形回波也逐渐瓦解,灾害性天气也随之结束。低层中尺度辐合线对弓形回波的发展加强具有很大的促进作用。

　　王彦等(2009)分析了渤海西部 46 次雷暴大风天气过程,其中有 12 次雷暴大风天气过程是由弓状回波造成的,弓状回波对应的雷暴大风造成的灾害最为严重。弓状回波基本反射率产品的一般特征是:0.5°的 PPI 产品中,弓状回波一般为镶嵌在飑线回波中的对流单体,形状呈弓状,水平尺度维持在几十千米,强度一般为 50~55 dBZ,回波前缘梯度很强,一般在 5 km 范围内基本反射率强度从 20 增加到 50 dBZ,并且边界十分光滑;有时到成熟阶段还能产生阵风锋。1.5°的 PPI 产品中,弓状回波强度也维持在 50~55 dBZ,回波前缘梯度较强,一般在 10 km 的范围内基本反射率强度从 20 增加到 50 dBZ,但是弓状形状不如 0.5°产品明显,回波面积范围也在缩小。同样能够看到阵风锋。再抬高仰角,回波则为椭圆状结构,一般会有羽毛状云砧现象。弓状回波主体维持时间与雷暴大风维持时间基本一致。

　　弓状回波基本速度产品的一般特征有三种。一是 0.5°的 PPI 产品中,带状回波中出现速度大于 15 m/s 的入流速度区域,有时甚至会出现速度模糊。出现速度模糊区域范围一般与地面出现雷暴大风范围基本一致。出现这种特征意味着地面雷暴大风即将出现,它能提前 3～5 min 被探测到,这种特征对预警雷暴大风有指示作用。二是呈现中尺度气旋特征,它位于弓状回波的顶端或中间突起部分。三是呈现大于 10 m/s 的辐合区域。王令等(2004)研究北京地区雷暴的速度产品特征时得到了相同的结果。

王彦等(2009)还发现雷暴大风产生前 VIL 持续维持高值水平,达到或超过 40 kg/m² 的比例为 90.3%(42/46),同时表明雷暴大风产生前 VIL 值有快速减小的趋势,减小幅度为 5～15 kg/m²,VIL 减小趋势维持时间一般为 2～3 个体扫后,地面有雷暴大风出现。这表明:VIL 值达到或超过 40 kg/m² 后快速减小意味着地面将出现灾害性大风,一般能够提前 10 min。

弓形飑线往往包含着多个超级单体,而且这些超级单体常常位于弓形的凸起部分,也是产生冰雹、雷雨大风和短历时强降水等强烈对流天气的主要部位。如图 5.15b 中 2 个弓状凸起部位对应的就是 2 个超级单体,这 2 个超级单体所经之处都产生了冰雹和雷雨大风。

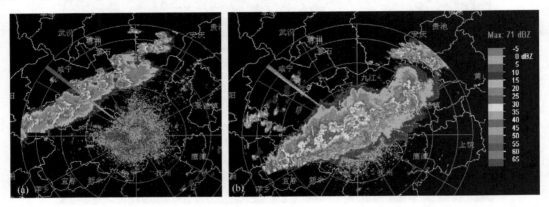

图 5.15　2009 年 3 月 21 日 19 时(a)和 21 时 50 分(b)南昌雷达组合反射率图

(江西省气象局,2010)

5.3.3　飑线

"飑"是强阵风的意思。"飑线"又称不稳定线或气压涌升线,是气压和风的不连续线,是由多个雷暴单体或雷暴群所组成的狭窄的强对流天气带。这个带长约几十到二三百千米,宽度一般为几到十几千米,是比普通雷暴影响范围更大的中尺度天气系统。飑线上的雷暴通常由若干个雷暴单体组成,少则 4～5 个,多则十几个或几十个,生消此起彼伏。所以飑线比个别雷暴单体带来的天气变化要剧烈得多。飑线过境时,常会出现风向突变、风速猛增、气温陡降、气压骤升等剧烈的天气变化,可以出现雷暴、暴雨、大风、冰雹、龙卷等强对流天气。北半球温带地区,飑线前多偏南风,飑线后转偏西或偏北风,飑线后的风速一般为每秒十几米,强时可超过 40 m/s。

飑线发展演变阶段具有相似的流场结构特征:前侧暖湿气流倾斜上升,然后主体部分向后倾斜,后部有冷空气注入,形成下沉气流。下沉气流在地面附近辐散,与前侧入流形成低层阵风锋,阵风锋是造成地面破坏性大风的主要因素。飑线前部深对流是反射率高值中心,飑线前沿清晰的前边界是高反射率梯度区,飑线后部层状拖曳降水区是反射率低值区。飑线回波中心强度一般都大于 45 dBZ,顶高都大于 10 km(应冬梅和郭艳,2001)。飑线回波除了具有线状分布、移速快等特点外,反射率最大值和径向速度最大值长时间相伴,也是识别飑线的一个重要指标(伍志方,2003)。

基本速度图和速度剖面图上反映了低层的气流辐合上升运动,风暴高层为辐散气流;飑线后期出现中层径向速度辐合(MARC),出现 MARC 后,受飑线强回波影响的测站均出现大风天气,而同时伴有冰雹天气的风灾产生在飑线达到最强至开始减弱的时段(李淑玲等,2009)。

例如,2002 年 4 月 5 日 11—23 时,江西省出现了 39 站次雷雨大风,最大风速达 42 m/s,另外还出现 3 站次短历时强降水和 1 站次冰雹。这是一次典型的飑线天气过程,系统在初生期就表现出明显的线性特征,线上的对流单体排列整齐,前边界清晰,在向东南方向移动过程中,飑线不断与周围的单体合并发展,最后形成一条长约 250 km 的强飑线(图 5.16a),造成大范围的灾害性天气。在图 5.16b 上可以看见,飑线回波的前沿对应有一条明显的中层径向辐合带。

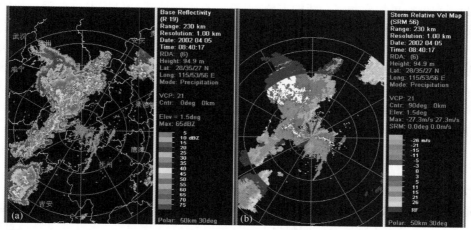

图 5.16　2002 年 4 月 5 日 16 时 40 分南昌雷达 1.5°的基本反射率(a)和风暴相对速度(b)
(江西省气象局,2010)

另外,伍志方(2003)还指出当飑线回波上的单体进入"逆风区"时,发展更加旺盛,不仅造成灾害性大风,而且还会产生强降水。

5.3.4　下击暴流

在反射率因子场上,无法直接识别下击暴流。下击暴流可出现在任何类型的对流风暴中,但更经常出现在超级单体钩状回波附近或弓形回波的顶点附近,其中后者更为常见。弓形回波前沿为强的低层反射率因子梯度区。后侧的弱回波通道代表干冷的向前下沉的气流。

下击暴流也可以在阵风锋上产生。当阵风锋上空有新单体生成合并进入原风暴,将导致合并风暴剧烈发展、核心高度上升;当核心高度下降,下击暴流产生。产生下击暴流的多单体风暴反射率因子初始高度高于 $-20℃$ 层,比其他雷暴单体核高度更高。

在径向速度场上,下击暴流主要表现为低层(通常在边界层内)的辐散。由于与下击暴流相应的辐散只局限于低层,因此对于下击暴流的有效探测距离只有 50~60 km。探测到低层辐散意味着下击暴流已经发生,因此没有时间进行预警。Roberts 等(1989)在研究了 31 个发生在美国科罗拉多州的微下击暴流及其相应的风暴后,发现下降的反射率因子核同时伴随雷暴云中某一高度处(3~7 km)或云底附近不断增加的径向辐合是重要的下击暴流预报线索;若同时伴有雷暴云的旋转和侧向入流槽口,则可以更加肯定地预报下击暴流,预报提前时间为 0~10 min。受到 Roberts(1996)的启发,Eilts 等(1996)做了类似的工作。他们研究了发生在美国 Florida,Oklahoma,Arizona 和 Colorado 州的下击暴流,得到的下击暴流预兆与 Roberts 等(1989)的结果类似。这些预兆是:(1)一个迅速下降的反射率因子核;(2)强并且深厚的中层径向辐合(3~9 km MARC);(3)产生下击暴流的反射率因子核往往开始出现在比其他雷暴单体核更高的高度。上面三点是最重要的。其次还有两点:(1)中层旋转;(2)强烈的风暴顶辐散。他们根据上述发现,开发了一个称为灾害性下击暴流预报和探测算法(DDPDA),该算法平均提前 6 min 作出下出现下击暴流辐散的预报。

中国的学者(俞小鼎等,2006;王楠等,2009;毕旭等,2007;吴芳芳等,2009;王珏等,2009)的研究同样指出了下击暴流以上强度场和速度场上的特征。

研究表明下击暴流总是与低空风切变相联系。王楠等(2007)研究了利用多普勒雷达径向速度资料识别低空风切变和辐合线的方法,讨论了不同的计算"窗口"大小对资料预处理效果和梯度计算的影响,并对几次强对流天气进行识别、分析。结果表明:预处理采取先中值滤波后滑动平均,选择合适的"窗口"能在有效去除库间脉动的同时保持中尺度信息;经过资料预处理后,从径向速度计算的切变结果与径向速度中反映的中尺度结构比较一致,能够从这些资料中自动提取辐合和切变的中尺度信息;强降水回波与风切变高值区位置、变化趋势一致;垂直切变能够提供径向风场的高低层配置信息;利用径向速度资料可以实现对风切变和辐合线的自动识别,可为灾害性天气特别是下击暴流预警报提供客观依据。

5.3.5　阵风锋

在雷暴的成熟期,由于降水的拖曳和中层干冷空气的夹卷作用等原因,会产生强的下沉气流,下沉气流出流与其前方的暖湿空气入流之间会形成一条辐合边界,称为阵风锋,也称为出流边界(图 5.17)。由于阵风锋的前侧为上升气流,后侧为下沉气流,所以阵风锋经过的地方,往往伴有明显的气压下降、风向变化和温度降低(类似于冷锋)。阵风锋也可能仅仅伴有弱的风向变化,甚至为晴好天气,它是否造成灾害性大风主要看它的强度,强的阵风锋经常与下击暴流相联系。

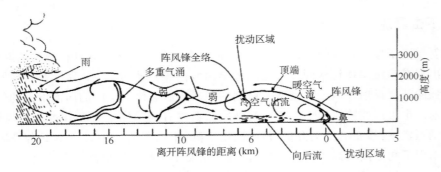

图 5.17　雷暴出流和阵风锋的垂直结构示意图

(Klingle, *et al.*, 1987)

(1)反射率图上的特征

多普勒天气雷达是探测阵风锋的有效工具。在雷达基本反射率图像上,阵风锋表现为一条弧状或带状的弱回波窄带,因此阵风锋产生大风的强度一般弱于弓状回波对应雷暴大风的强度,因而带来的灾害轻于弓状回波带来的灾害。雷达所探测到的窄带回波表现为一条细线状或弧状弱而窄的带状回波,它既可以是对流风暴强的出流造成,也可以是近地层环境风的辐合造成。窄带回波对应近地层存在辐合现象。不过,由于阵风锋是发生在近地层的一种中尺度天气系统,所以只有当它距离雷达站较近时通过低仰角扫描才可能被观测到。张一平等(2005)利用 2002—2004 年 5—8 月郑州 714CD 多普勒雷达资料分析雷暴外流边界,发现只有在合适的低仰角(一般 0.5°～3°)时才能观测到,外流边界线相对于强回波弱得多,易被忽视。王彦等(2009)分析了渤海西部 9 次产生雷暴大风的阵风锋过程,发现阵风锋的雷达回波强度产品在 0.5°的 PPI 产品中,表现为强回波主体前部的一种窄带弱回波,一般呈弧状,强度维持在 15～25 dBZ,宽度约 3～7 km,长度范围在 30～100 km,与回波主体保持最远距离约 50 km,生命史约 1～3 h。它一般产生于强回波的强盛阶段。在 1.5°以上的高仰角 PPI 产品中,阵风锋是探测不到的。

　　2006 年 6 月 23 日下午赣北发生了一次阵风锋触发新生对流单体的过程,当日 13 时之后,九江南部的德安和永修县之间,有一块东移的雷暴产生了一条长约 20 km 的阵风锋,随着阵风锋的不断南移,在其北端一个小的对流单体迅速发展起来,至 13 时 23 分,对流单体的回波强度超过了 45 dBZ(图 5.18),之后在整条阵风锋上又有三个对流单体陆续发展起来,随着对流单体的发展,阵风锋也得到了进一步加强,长度明显增加,其后部有更多个对流单体新生发展(图 5.18c),之后阵风锋进一步向南远离雷暴区,雷暴主体也逐渐减弱。

　　(2)速度图上的特征

　　在多普勒径向速度图上,阵风锋表现为风向、风速急剧变化的辐合带区域,具有明显的线性径向风切变,速度图中的风辐合最强处与强度图中阵风锋回波位置相符,并且与风速演变曲线中的峰值有很好对应;而在多普勒谱宽图上,它则对应一条线性大值区。阵风锋移向和移速提前预示了主体对流回波传播方向、强对流天气的强弱以及短时大风的时空分布。

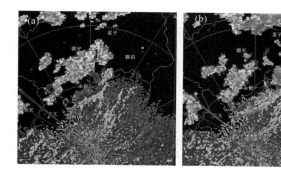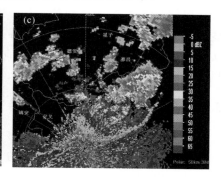

图 5.18　2006 年 6 月 23 日 13 时 23 分(a)、13 时 47 分(b)和 15 时 08 分(c)
南昌雷达基本反射率图(仰角 0.5°)
(江西省气象局,2010)

　　(3)阵风锋与主体回波的关系

　　统计分析表明,主体回波与阵风锋的距离远近与雷暴的强弱有关系,当两者距离较近时,雷暴强度较强;当距离较远时,雷暴强度也在逐渐减弱。张一平等(2005)还得到可以用于预报的统计结果:(1)自北向南向郑州移动的强回波在距郑州约 50 km 以外,其前方出现外流边界线和主体回波相距 10 km 以上,这类回波一般会使郑州出现飑、雷阵雨或阵雨,雨量不大,强风的持续时间很短,不足以引起灾害;当回波离郑州约 20～50 km 出现外流边界时,此回波距离郑州近,且外流边界和主体回波移速相近,回波高度无明显降低,外流边界到达郑州时,和主体回波相距≤10 km,这类回波一般会使郑州出现雷雨大风和短时强降水。(2)郑州西南、南部 40 km 以外的强回波前方若出现外流边界,郑州一般只有飑,伴有或不伴有阵雨、雷阵雨,母体回波对郑州的影响不大。

但是,极少数远离雷暴主体的阵风锋在环境条件适宜时也会造成强风灾害。例如,2009年 6 月 5 日 23 时后,受局地强对流影响,九江市彭泽县出现持续将近 1 h 的大风天气,造成大量农作物受损和部分住房倒塌,在彭泽长江段小孤山附近一艘货轮因突遇强风而沉船。中尺度气象站的观测资料显示,5 日 23 时 35 分彭泽县棉船乡出现偏北瞬间大风 31.1 m/s,23 时49 分彭泽测站出现东北偏东瞬间大风 21.6 m/s,此后鄱阳湖流域的大部分中尺度气象站上都出现了 8 级以上大风。造成这次大风的阵风锋距离雷暴主体比较远,阵风锋的回波强度很弱,而且发生强风灾害的地区没有降水,这给预报员及时发现它和做出及时的预警带来了很大的难度。我们将在下一章讨论这次灾害性大风的成因。

(4)阵风锋上的天气

阵风锋是位于冷出流与暖湿入流之间的一个辐合区域,实际上是一条边界层辐合线,因此,在合适的环境条件下,阵风锋能强迫温湿空气上升,从而产生新的对流单体。外流边界的出现,反映了强对流回波后部下沉气流较强,是灾害性大风的前兆。李淑玲等(2009)指出:外流边界影响时 62.5%出现大风;当最大反射率因子≥50 dBZ、垂直液态含水量≥35 kg/m²、出现中气旋时,发生冰雹大风的百分比分别为 69.6%、72.7%和 87.5%。

出流边界的叠加,或者出流边界与环境辐合带的叠加可促使边界层辐合上升运动加强,在不稳定大气状态下激发强风暴的形成并维持其发展,产生较为剧烈的强天气。局地环境风的辐合在不稳定大气状态下产生的对流天气强度弱于前者。高时空分辨率的多普勒雷达能获得近地层辐合线信息,为强对流天气临近预警提供了关键性的判断依据,但不是所有边界层辐合线在雷达产品上都有表现,出流边界或窄带回波或近地层辐合带不一定都能产生对流天气,在实际应用中需要根据窄带回波的走向和环境物理量进行具体分析,风暴初始位置、初始时间和风暴类型具有不确定性,是强对流天气短时临近预警的难点(刁秀广等,2009)。

5.3.6　雷达回波形状和速度特征与雷雨大风的关系

广东省研究了回波形状特征、多普勒速度特征与雷雨大风的关系(表 5.4、5.5),在回波形状特征中,线状回波出现雷雨大风的几率最高,达 40%,其次为带状回波,为 26%。在多普勒速度特征中,大风区型出现的几率最高,达 56%;其次为近地层辐散型,占 15%。大风区是指50 km 范围内、1.3 km 高度以下、径向风速大于 13 m/s 的区域,近地层辐散型是指 100 km 范围内、1 km 高度以下、沿径向排列的、正负速度中心相距不远(<10 km)的速度偶,指向雷达的负速度位于靠近雷达一侧,而离开雷达的正速度位于远离雷达的一侧。

表 5.4　回波形状特征与雷雨大风的关系

雷达回波形状特征	线状	带状	块状	弓形或飑线	"V"形或钩状	合计
个例数	69	44	25	19	15	172
比率(%)	40	26	14	11	9	100

表 5.5 多普勒速度特征与雷雨大风的关系

多普勒速度特征	合计	大风区型	近地层辐散型	逆风区型	气旋型	中尺度辐合型	中气旋型	其他
个例数	172	97	25	12	16	7	8	7
比率(%)	100	56	15	7	9	4	5	4

5.3.7 对流性大风(不含龙卷风)的识别指标

根据上面的讨论,我们可以将直线型对流性大风的识别因子归纳如下。

(1)超级单体中存在深厚的辐合区(DCZ)

(2)弓形回波

①弓形回波前沿(入流一侧)存在高反射率因子梯度区,一般在 5 km 范围内基本反射率强度从 20 dBZ 增加到 50 dBZ,并且边界十分光滑;

②在弓形回波回波入流一侧存在弱回波区(WER),回波顶位于弱回波区或高反射率因子梯度区之上,弓形回波的后侧存在弱回波通道或 RIN,表明存在强的下沉后侧入流急流;

③从速度图上看,带状回波中出现速度大于 15 m/s 的入流速度区域,出现速度模糊区域范围一般与地面出现雷暴大风范围基本一致。它能提前 3~5 min 预警雷暴大风;

④弓形回波对应的既可以是正负径向速度辐合(即风向辐合),也可以是强的风速辐合,即弓形回波后侧与前沿之间具有很大的风速梯度,从而形成了一条非常强的风速辐合带。如果在 3~7 km 的范围内速度差值超过 25 m/s,则认为 MARC 将征是显著的,利用 MARC 预报地面大风的提前时间大约在 10~30 min。

⑤出现中尺度气旋特征亦是地面发生大风的预警指标之一。

(3)产生下击暴流的因子:

①一个迅速下降(一个体扫下降 0.7 km,1 h 下降 6 km)的反射率因子核;

②强并且深厚的中层径向辐合(3~9 km MARC);

③多单体风暴出现高悬强反射率因子,产生下击暴流的反射率因子核往往开始出现在比其他雷暴单体核更高的高度;

④中层旋转;

⑤强烈的风暴顶辐散。

(4)阵风锋

①速度图中的风辐合最强处与强度图中阵风锋回波位置相符,并且与风速演变曲线中的峰值有很好对应;

②主回波与阵风锋的距离≤10 km;但是在强的环境不稳定条件下,阵风锋即使远离主回波也会产强风;

③当 VIL 值不低于 40 kg/m² 时,随后 VIL 值的快速减小 10 kg/m²,对于预警雷暴大风天气有指示意义,这种信息一般能够提前 10 min 出现;

④出流边界的叠加,或者出流边界与环境辐合带的叠加可促使边界层辐合上升运动加强,在不稳定大气状态下激发强风暴的形成并维持其发展,产生较为剧烈的强天气;

⑤快速移动的单体(移速≥60 km/h)容易产生大风。

5.4　短历时强降水识别和临近预报

5.4.1　短历时强降水的天气雷达回波特征

短历时强降水是由相对高的降水率持续较长时间造成的,可用下式表示:

$$P = R\Delta T$$

式中,R 为降水率,ΔT 为降水持续时间。

一般来说,反射率因子越大,雨强越大。但是反射率受 0℃ 层亮带和冰雹影响很大,在定量估测降水时需要进行质量控制。

(1)强降水与回波强度的关系

在反射率图上,强降水的回波强度的最低阈值低于冰雹的雷达回波。根据陈秋萍等(2002)对 1982—1996 年福建北部前汛期 65 个暴雨雷达回波系统初期、加强维持期、减弱消散期三个阶段回波的强度统计,各阶段回波强度最大频数出现依序为初期 35~39 dBZ、维持期 40~44 dBZ、消散期 30~34 dBZ。40 dBZ 以上强回波,维持期明显高于初期和消散期,各为 64.2%、38.7% 和 25.4%。但是热带和半热带系统的降水回波一般都很强,产生强降水的回波强度都在 50 dBZ 以上;强对流引发的局地强降水回波也很强,一般也在 50 dBZ 以上。

一般来说,强降水的回波高度也低于冰雹回波,冰雹要求回波高悬,强降水的回波则没有这个特征。许爱华等(2007)分析江西 12 次典型强对流天气过程,发现冰雹云中 45~55 dBZ 和 56~65 dBZ 强回波平均高度分别比短历时强降水回波高 5.7 和 5.2 km。但是,高耸(但不是高悬)的强回波也有利于产生强水,强降水的回波与冰雹回波的主要差别是强降水回波不像冰雹回波那样在高悬强回波下面存在弱回波区。强降水的回波顶高差异很大,低的回波顶高仅 4 km,高的可超过 12 km。很显然,回波越强,降水率越大,即降水强度越大。

很显然,降水持续时间越长,降水量越大。冰雹、雷雨大风这类强对流天气的雷达回波移动速度快,所以伴随的降雨少;若强雷达回波移动速度慢甚至静止则会产生强降水。例如,2005 年 6 月 10 下午,黑龙江省牡丹江市天气雷达观测到沙兰镇上空 70 dBZ 的强回波持续达 3 h 之久,结果下了 120 mm 的强降雨,引发山洪,造成沙兰镇重大人员伤亡。一般来说,大于 35 dBZ 的强回波在同一地点维持超过 1 h,很容易产生 20 mm/h 的降雨量。

所谓"列车效应"也是产生强降水的一种机制,即强降水单体先后经过同一地点,导致大的雨量。董加斌等(2010)分析了 2009 年"莫拉克"台风给浙江省带来的罕见持续强水,从雷达回波分析主要是列车效应造成的。虽然这次过程回波强度一般在 30~50 dBZ,不是特别强,对应的实况降水率也以每小时 20~30 mm 为主,但是由于台风移动缓慢,回波也无明显北移,并且不断有回波从海上随台风环流向西移动影响浙南及沿海地区,列车效应表现得十分明显,回波强度相对稳定时间达几十个小时,是造成这次浙江省破纪录的过程降水量的主要原因。以最大降水中心泰顺九峰(浙南地区)为例,降水集中在 8 月 7 日傍晚到 9 日(台风在台湾及台湾海峡期间),尽管最大 1 h 雨量只有 62 mm,但强降水在同一区域持续时间之长在影响浙江的 TC 中实为少见,期间有 45 h 的逐小时雨量都在 10 mm 以上,使该站的过程雨量达破纪录的 1250 mm。

曹晓岗等(2008)总结了在不同降水类型下不同回波强度造成每小时 20、35 mm 降雨所需要的时间,列于表 5.6 之中。

表 5.6　回波强度产生 20、35 mm/h 降水所需要的时间(min)

降水型	42.5 dBZ		45.0 dBZ		47.5 dBZ	
	20 mm/h	35 mm/h	20 mm/h	35 mm/h	20 mm/h	35 mm/h
对流型降水	56	97	37	65	25	44
混合型降水	49	86	32	56	21	36
稳定型降水	42	74	26	46	17	30
热带型降水	29	50	18	31	11	19

广东省气象局(2009)研究了回波形状特征与强降水的关系(表 5.7),在强降水回波中,块状回波出现的几率最高,达 42%,其次为带状回波,为 34%。

表 5.7　回波形状特征与强降水的关系

雷达回波形状特征	合计	线状	带状	块状	弓形或飑线	V 形或钩状
个例数	180	18	61	75	11	15
比率(%)	100	10	34	42	6	8

伍志方等(2009)统计分析了不同回波强度、移速和液态含水量下强降水和雷雨大风的出现几率(图 5.19),发现回波强度为 50~59 dBZ 强降水几率最高,超过 70%;雷雨大风出现的几率也最高,近 50%。回波移速为 20~39 km/h 时强降水几率最高,超过 55%,几乎不出现雷雨大风;移速为 40~49 km/h 时强降水几率次之,超过 35%,雷雨大风出现几率仍然很小,小于 3%;当回波移速达到 50~59 km/h 时,强降水几率急剧下降,小于 3%;雷雨大风的出现几率上升到 10%;当回波移速达到 60~69 km/h 时,雷雨大风出现几率急剧上升,超过 55%,强降水几率维持很低的值。

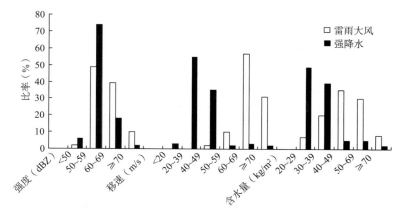

图 5.19　不同回波强度、移速和垂直累积液态含水量下强降水和雷雨大风的出现几率

(2)强降水与速度场的关系

在径向速度图上,"逆风区"是判识短历时强降水的一个重要指标。短历时强降水就出现在逆风区前沿、径向速度辐合最大的区域。所谓逆风区,即在径向速度负速度区包含着正速度区,或在正速度区中包含着负速度区,正、负速度区之间有一个零速度过渡带。它们之间谁包

含谁,受当地环境风、天线仰角的高低等因素的影响。由于缺乏相应的地面水平风观测资料,目前还很难确定它的中尺度系统的性质。但可以认为逆风区是中尺度辐合辐散共轭系统风场在多普勒速度图上的表现形式。张沛源等(1995)利用 1989—1992 年实际雷达观测资料反查,共发现 22 个逆风区个例。逆风区生命史长的可达 6 h,短的仅有 0.5 h,平均为 2 h。逆风区的面积平均可达到 600 km²,最大可达 3200 km²。逆风区中的多普勒速度,大的为 13 m/s,小的为 3 m/s。在 22 个个例中,日降水量大于 300 mm 的有 2 次,大于 140 mm 的有 4 次,大于 70 mm 的有 10 次,大于 50 mm 的有 19 次。22 个个例的日降水量都大于 25 mm。由于逆风区先于强降水出现,因此,它可以作为短历时强降雨监测和临近预报的一个判据,其准确率为 86%。

重庆市气象台(2011)收集了 93 个逆风区个例,统计了逆风区与雷达估测的降水(用自动雨量站雨量校准的 QPE 的关系,得到表 5.8。

表 5.8　重庆市逆风区与降水的关系

小时降雨量(mm)	10	20	30	40	50	60	70	80	90
出现次数	93	92	79	67	51	34	18	9	5
所占比例(%)	100.0	98.9	84.9	72.0	54.8	36.6	19.4	9.7	5.4

由表 5.8 可见,逆风区 100% 都产生 10 mm/h 以上降水,产生 20 mm/h 以上降水的占 98.9%,产生 50 mm/h 以上降水的超过一半(54.8%)。

另外,逆风区附近存在着强回波中心,观测仰角不合适,可能观测不到实际存在的逆风区;还需要特别注意的是不要把速度模期区域误识为逆风区,这都是在实际使用中应当注意的问题。

除了逆风区外,与强降水密切相关的多普勒速度特征还有气旋式辐合型、中尺度辐合型。广东省研究了多普勒速度特征与强降水的关系(表 5.9),在强降水的雷达回波中,逆风区型、气旋式辐合型、中尺度辐合型出现几率分别为 28%、30%、23%,三者合计高达 81%。气旋式辐合型是指尺度在 2～20 km 的纯气旋、纯辐合和气旋式辐合,中尺度辐合型是指尺度在 20～200 km 的辐合,或零速度线向内气旋式弯曲、正速度区在内凹处、负速度在外凸出处。

表 5.9　广东省多普勒速度特征与强降水的关系

多普勒速度特征	合计%	大风区型	近地层辐散型	逆风区型	气旋式辐合型	中尺度辐合型	中气旋型	其他
个例数	180	11	7	51	54	42	8	7
比率(%)	100	6	4	28	30	23	5	4

速度图上其他有利于短历时强降水的特征包括具有"S"形暖平流,且有表现强低空急流的"牛眼",或者有小尺度的辐合系统。在风廓线产品图上,短历时强降水天气则呈现出对流层中低层湿度大,低空急流更强盛的特征。

(3)强降水与 VIL 的关系

王炜等(2003)指出:垂直累积液态含水量数值的大小对于是否产生小雨、中雨、大雨、暴雨反映并不十分敏感,但是垂直累积液态含水量数值大的区域出现大的降水过程的可能性大。根据河北省统计,当回波强度≥35 dBZ,回波顶高≥8 km,垂直累积液态含水量 VIL≥25 kg/m² 时,将有利于短历时强降雨的发生。

（4）强降水与闪电的关系

强降水与闪电关系也比较密切。雷暴中强烈的电活动与强降雨成正相关,而与一般性降雨对应关系较差;对流降水区发生闪电的几率约是层云降水区的 20 倍以上,可以利用闪电与对流降水的相关性来有效地识别对流降水区(冯桂力等,2007)。

地闪频数与降水量正相关,可以利用地闪数反演估测对流性天气中的降水,周筠君等(1999)由非线性回归近似拟合得到平均雨强 R 与对应时段内的地闪数 F 的回归方程 $R=1.692\ln F-0.273$,相关系数为 0.8641。李建华等(2006)进一步指出负闪占总地闪的比例越高,降水越强。局地地闪频数与雨强随时间的变化也有很好的相关性,负地闪的出现及其频数的增加意味着影响该地区的对流风暴正在发展并向本地移来,地闪频数峰值的出现表示雨强峰值的迅速到来,正地闪的出现表示该对流风暴对本地区的影响即将结束(苗爱梅等,2008)。

地闪频数和性质与对流的类型有关。1 h 地闪频数强暴雨远大于雷雨大风冰雹类。大风冰雹类天气以正闪为主,正闪比例在 50% 以上,暴雨正闪比例在 6% 以下;最大正、负闪强度可以出现在强雷暴过程的开始、持续、结束时段。块状单体回波出现或出现前,地闪已经出现,移动过程中的强回波带,少量地闪出现在强回波移动方向的前方 20～30 km,此地闪能很好地预示强回波未来的移动方向;雷雨大风冰雹和暴雨持续阶段其正闪密集区和负闪密集区都同40 dBZ 的强回波区有很好的对应关系。雷雨大风持续阶段地闪数频数突增,整个时段地闪频次具有单峰特征;暴雨整个时段地闪频次具有双峰或多峰值特点以及高频数地闪持续性特点(张一平等,2010)。

对于是否可以用地闪做强降水的预报,不同的研究得到不同的结果。张义军等(1995)认为闪电峰值可提前 20 min 左右来预报强降雨。苗爱梅等(2008)认为:利用地闪频数峰值预报强对流风暴产生的局地强降水有 30～45 min 的提前量,而对于混合性强降水的预报则可有1—2 h 的提前量。而张一平等(2010)则认为:对于暴雨类天气,地闪不能很好预示降水的开始,地闪频数的增加预示强暴雨进入持续阶段,地闪减弱比暴雨回波减弱有明显的提前量。实际上,这两种情况都存在,地闪频数峰值既可以在强降水之前出现也可能伴随强降水出现。

5.4.2　雷达定量测量降水

（1）雷达定量测量降水方法

雷达降水测量主要根据反射率因子 Z 和降水强度 R 的关系:

$$R=A \cdot Z^{b}$$

降水估计误差包括 Z 值的误差,例如地物杂波、云下雨滴蒸发、标定误差等和 Z-R 关系误差(即系数 A 和 b 的估值误差)。

在应用 Z-R 关系时还存在层状降水中的 0℃层亮带和冰雹回波的降水高估的问题,因此,在定量估测降水之前应当对雷达资料进行质量控制。

降水测量的另一个挑战是波束中心高度随距离的增加而增高。对于 50 km 以外的降水,通常采用最低仰角 0.5° 的反射率因子进行计算,即便如此,0.5° 波束大约在 150 km 左右的距离与 0℃层相交。而 Z-R 关系只对于水滴适用,即只在 0℃层以下有效,这就限制了测雨的范围只能到距雷达 150 km 左右。

Z-R 关系对雨滴谱非常敏感,因此,对于不同类型的降水应当给予 A、b 不同的赋值。上海市气象局(2009)对 Z-R 关系的参数设置如下:

对流型降水：$A=200,b=1.46$

混合型降水：$A=254,b=1.33$

稳定型降水：$A=263,b=1.26$

热带型降水：$A=200,b=1.20$

在雨量计和雷达作比较时，从表面上看是同点比较，但实际上存在着巨大差异。因为二者的取样完全不同，前者为地面某点（雨量筒面积约为 0.12 m²）取值，而后者是该点上空某个波束取样体积约为 $105\sim1010$ m³ 中 Z 的平均值，两者在取样体积上的差别竟如此之大，以至于二者相应的瞬时实测值在点聚图上常呈十分分散的状态，表示受随机因素影响相当严重。若想使二个量值互相能比较，首先必须各自将其中随机的不稳定成分尽可能地消除掉。因此，绝对不能把两者的瞬时降水强度直接比较。一个十分重要的原则和方法应该是，必须首先各自在时间上求积分（或平均），然后才能作比较。1 h 的样本长度是最小的，原则上是越长越好。Germann 和 Joss（2002）指出，必须要在一个长时期的基础上进行 G（雨量筒雨量）和 R（雷达估测降雨）比较，这个时间累积要达到和超过 $10^2\sim10^4$ h。当然另一个增加样本数的办法是求面积积分或平均。当用经过积分（平均）后的二者数值比较时，其间偏差或差距就表达了二个量值存在的系统性偏差。

雷达自动定量测量降水目前比较流行的技术思路是雷达和雨量计结合，具体表现为两大技术路线，即同步和非同步结合，区别于 Z-R 转换和雨量计调整是同步进行还是先转换后再调整。在非同步结合中，利用相对固定的 Z-R 关系进行雨强转换，然后用变分方法或卡尔曼滤波方法对雷达估算的地面降水进行校准；在同步结合中，一是二者数据的同步对应，二是指在每小时反射率因子向地面降水累积量的转换，与雨量计对雷达估算作调整（校准）是同步结合在关系中进行的。"灾害性天气短时临近预报系统建设项目"（以下简称 SAWN）采用的是武汉暴雨所研究的雷达—雨量计实时同步结合估算小时降水量的方法 RASIM（RAdar-rain-gauge Synchronously Integrated Method in real-time）。（详见临近预报培训教材（湖北，2008））。

（2）雷达定量测量降水的精度

为了使读者了解不同定量估测降水方法的精度，下面介绍 SWAN 项目组 2008 年对 RASIM、卡尔曼最优插值（KOP）和平均集成（EAV）等雷达定量降水估算算法的检验评估方法和结果。取值法为"Best-fit"方法和"Best-match"方法，无论雨量计为何值，雷达估算降水取 9 点平均值，其目的就是削减随机误差。比较三种取值法的优劣。雨量计取整点小时测量值，雨量值保留到 0.1 mm。雷达-雨量计对的时间均取整点 1 h，一个有效的小时雷达-雨量计降水数据对是两者均不小于 1 mm，这是因为 1 mm 以下降水两者具有很大的不确定性，同时 1 mm 以下降水并不重要。

检验评估选用的资料：广州雷达体扫资料和广州雷达半径 200 km 范围内的雨量站资料（共 446 个），对 2007 年 4 月 24 日、5 月 4—5 日、5 月 20—21 日、8 月 8—15 日、9 月 2—4 日和 9 月 24—25 日等发生在广东的 6 个天气过程进行评估。选用武汉雷达体扫资料及其探测范围内的常规自动站雨量资料对 2004 年 6 月 18 日、2005 年 6 月 26—27 日和 2004 年 7 月 18—19 日发生在湖北的 3 个过程进行评估。检验前没有对雷达资料进行质量控制，雷达-雨量计数据对取整点逐小时对应，实况小于 1 mm 的雷达-雨量计数据对不参加估算和检验评估。

依照其他国家在雷达测量降水评估方面的通用做法，评估参量主要是两个：

①评估因子：$E = \dfrac{Q_R}{Q_G}$，式中 Q_R 为雷达估算的降水量，Q_G 为雨量计测量的降水量；

②误差率：$F = \dfrac{|Q_R - Q_G|}{Q_G} \times 100\%$。

按不同雨强等级评估：将 1 h 实况雨量划分为 1.0～9.9、10.0～19.9、20.0～29.9、30.0～39.9、≥40.0 mm 5 个等级，考察不同方法对于不同雨强的估算精度。

按不同距离档评估：随着距离增大，波束有效照射体积也增大，这必然对雷达降水估算精度产生影响，因此按照四个距离档（0～49、50～99、100～149、≥150 km）分别进行评估，考察在不同距离处雷达估算降水的精度。检验评估的结果如下：

1）利用武汉资料评估的结果

利用武汉雷达体扫资料、武汉雷达范围常规雨量站资料，进行检验评估，结果显示（表 5.10）：RASIM 方法平均误差率为 0.31，KOP 方法为 0.16，EAV 方法为 0.29。

表 5.10　雷达定量估测降水的误差

过程时间	评估因子			误差率		
	RASIM	KOP	EAV	RASIM	KOP	EAV
2004 年 6 月 18 日	1	1.04	0.93	0.25	0.1	0.26
2004 年 7 月 18 日	1	0.97	0.82	0.34	0.12	0.29
2005 年 6 月 25 日	1	0.93	0.77	0.31	0.16	0.32

以下为用广东省资料的检验结果：

2）分雨强等级评估

随机抽取 4 个过程，分别为：2007 年 6 月 6 日、6 月 26 日、8 月 8 日、8 月 20 日，按 5 级雨强对雷达降水估算进行雨强分级评估。

表 5.11　分雨强等级评估结果

过程时间（年—月—日）	方法	雨强分级（单位：mm）									
		1.0～9.9		10.0～19.9		20.0～29.9		30.0～39.9		≥40	
		评估因子	误差率	评估因子	误差率	评估因子	误差率	评估因子	误差率	评估因子	误差率
2007—6—6	RASIM	1.35	0.70	0.87	0.40	0.74	0.37	0.69	0.40	0.67	0.36
	KOP	1.01	0.36	0.95	0.22	0.91	0.18	0.88	0.18	0.94	0.13
	EAV	0.87	0.56	0.74	0.42	0.72	0.36	0.71	0.35	0.74	0.30
2007—6—26	RASIM	1.23	0.64	0.82	0.42	0.72	0.41	0.62	0.39	0.61	0.39
	KOP	0.95	0.36	0.90	0.25	0.89	0.25	0.79	0.24	0.90	0.16
	EAV	0.92	0.5	0.79	0.40	0.77	0.36	0.71	0.33	0.73	0.32
2007—8—8	RASIM	1.22	0.61	0.88	0.4	0.79	0.34	0.72	0.35	0.61	0.43
	KOP	1.18	0.62	1.02	0.39	0.95	0.27	0.96	0.21	0.95	0.17
	EAV	1.12	0.65	0.94	0.47	0.87	0.39	0.86	0.36	0.7	0.4
2007—8—20	RASIM	1.44	0.79	0.9	0.42	0.72	0.39	0.67	0.36	0.26	0.74
	KOP	1.11	0.47	0.98	0.28	0.89	0.23	0.94	0.12	0.41	0.59
	EAV	1.17	0.58	0.91	0.37	0.81	0.32	0.87	0.24	0.35	0.66

从表 5.11 可知，RASIM 和 KOP、EAV 方法 10 mm 以内的小雨段误差率均偏大，并且随着雨强增大，误差率均有减小的趋势，但是，2007 年 8 月 20 日过程三种方法在≥40 mm 雨强的误差率偏大很多，可能是雷达资料的质量存在问题（下同）。KOP、EAV 方法在各雨强段的误差率均为最小。由评估因子 R/G 的结果看：RASIM 方法在小于 10 mm 的雨强段为高估，在 10 mm 以上则为低估，并且随着雨强增大，低估稍显著；KOP、EAV 方法则有些不一样，在 6 月 6 和 26 日两个过程中，10～40 mm，随着雨强增大低估越显著，而大于 40 mm 时低估程度则降低，其他 2 个过程则随着距离增大低估程度增大。

3）分距离档评估

评估的过程同（2），评估结果见表 5.12。

表 5.12　分距离档评估结果

过程时间（年—月—日）	方法	距离档（单位：km）							
		0～49		50～99		100～149		≥150	
		评估因子	误差率	评估因子	误差率	评估因子	误差率	评估因子	误差率
2007—6—6	RASIM	1.06	0.5	1.01	0.5	0.95	0.53	0.93	0.53
	KOP	1	0.31	0.96	0.24	0.94	0.22	0.9	0.23
	EAV	0.81	0.43	0.83	0.42	0.79	0.48	0.69	0.54
2007—6—26	RASIM	1.08	0.51	1.03	0.53	0.96	0.52	0.85	0.57
	KOP	1	0.34	0.92	0.26	0.9	0.25	0.81	0.35
	EAV	0.95	0.39	0.85	0.42	0.81	0.45	0.72	0.54
2007—8—8	RASIM	1.04	0.47	1.03	0.47	0.95	0.53	0.9	0.55
	KOP	1.17	0.49	1.09	0.41	0.98	0.42	0.94	0.52
	EAV	1.03	0.51	1.05	0.49	0.94	0.56	0.84	0.63
2007—8—20	RASIM	0.95	0.56	1.06	0.52	0.96	0.63	1.07	0.66
	KOP	0.95	0.42	0.98	0.29	0.93	0.28	0.94	0.35
	EAV	0.92	0.46	0.97	0.41	0.89	0.47	0.94	0.52

从表 5.12 可以看出：RASIM 方法的误差率随着距离越远，误差率越大；而 KOP 和 EAV 方法则表现为，在 50 km 以内时，误差率较大，而 50 km 以外时，则随着距离越远误差率增大。但是，在 2007 年 8 月 20 日过程中，三种方法在 50 km 以内的误差率均较大。通过评估因子 R/G 的结果分析，RASIM 方法、KOP 和 EAV 方法均与距离有关，在 100 km 以内，评估因子均较接近于 1，而在 100 km 以外，随着距离增大，评估因子减小，低估程度增大。但是，在 2007 年 8 月 20 日的过程中，三种方法均与距离关系不密切。

4）评估结论

RASIM 方法与 KOP 和 EAV 方法的评估结果大体相当。在独立样本检验下，RASIM 方法优于 KOP 和 EAV 方法（表略）；在非独立样本检验下，KOP 和 EAV 方法的误差率比 RASIM 方法要低。由于湖北用的是气象站内的自动气象站的资料，雨量资料质量较高；而广东省 446 个站绝大多数是区域自动气象站，雨量资料质量较差，因此，用湖北省的雨量资料所做的检验评估结果应当更加可靠。另外，在用雷达资料进行估测降水之前，应当对雷达资料进行质量控制，质量控制之后的定量测量降水的精度应当高于以上的评估结果。SWAN 在定量估测降水之前已经对雷达资料进行了质量控制，因此，定量估测降水的误差率应当小于 0.3。

5.5　雷电识别和临近预报

近年来,由于闪电定位系统的应用,人们对地闪与雷达回波的相关性进行了大量的研究,发现地闪与雷达回波有正相关(Holle,*et al.*,1983;Geotis,*et al.*,1983),负地闪与上升气流区位置有关(Ge Zhengmo,*et al.*,1992);北京地区大部分正地闪起源于云下部正电荷区(Yan Muhong,*et al.*,1992);地闪与地面降雨有很好的对应关系(Raul,*et al.*,1992;Paul,*et al.*,1992)。

不同云系由于背景条件不同,其电特性、对流及回波特性有很大差异。不稳定能量不是促使对流发展的唯一因子,-10 和 $0℃$ 层高度以及二者之差和 $0℃$ 层高度与云顶高度之差,都是表征雷暴动力和电活动的重要物理量;雷暴云中起电过程对冰相作用有较强的依赖性(张义军等,1995)。地闪主要分布在地面相对位温和对流不稳定能量均达到高值的区域(刘冬霞等,2010)。

绝大多数闪电发生在对流区,有少数闪电出现在层云区域。雷暴中的电活动与对流活动关系密切,尤其在雷暴发展阶段有很好的正相关;闪电多数出现在 30 dBZ 强回波高度大于 $-10℃$ 层高度的时段内(张义军等,1995)。在 6 km 高度上,闪电发生附近的最大雷达反射率因子主要集中在 $35\sim50$ dBZ,峰值频数在 $40\sim45$ dBZ,35 dBZ 以下较少(袁铁和郄秀书,2010)。$30\sim35$ dBZ 回波区均无闪电发生,大多数闪电与 45 dBZ 以上的回波区相对应(李建华等,2006)。负地闪主要密集地分布在大于 40 dBZ 的回波范围内;正地闪则稀疏地分布在 $30\sim40$ dBZ 的回波范围内。在低于 $-40℃$ 的温度区域内地闪分布较多,而密集的地闪分布在温度梯度大的区域内。

结合单多普勒雷达的水平风场反演,发现地闪集中出现在气流表现为气旋性切变或水平风呈现切变的区域。该区域与 MCS 的强回波区相对应,并且地闪易发生在上升气流达到最大并开始出现下沉气流的阶段(刘冬霞等,2010)。苗爱梅等(2008)进一步指出:在对流风暴中,负地闪出现在强度达 40 dBZ 且与径向速度图的逆风区或附近正速度的大值区相重叠的区域内,正地闪出现在强度达 30 dBZ 风暴后部的正速度小值区。马中元等(2009)指出:当回波强度≥50 dBZ、回波出现不断合并现象、强回波水平尺度较大、具有"指状"或"弓状"回波结构,以及出现陡直"零值线"和 *VIL* 超过 50 kg/m² 时,最易发生强雷电天气;有时局部强单体凭着自身的发展,当强度≥50 dBZ 和 *VIL* 超过 50 kg/m² 时,也有可能出现局地强雷电天气。

袁铁和郄秀书(2010)对闪电与微波亮温的关系进行了研究,表明:大多数闪电发生在低亮温区域,特别是低于 200 K 亮温区,而在 $240\sim260$ K 的区域也可观测到少量闪电,这一般对应于飑线的层云区域。一般来说,雷击事故发生时,雷击点位于该时次闪电密度最大的区域,并位于 FY-2C 红外云图上云顶亮温最低值区内亮温梯度较大的一侧,表明该区对流发展旺盛。10 min 闪电密度极值中心的移动路径和红外亮温梯度较大的区域对雷电预报具有一定的意义。

5.6　强对流天气临近预报方法

强对流天气识别和临近预报可以有多种方法,例如指标叠套法,即以上各节得到的识别指标叠套,诸识别指标共同围成的区域便是强对流天气出现的区域。除此之外,本节还介绍回归模型、指标加权法、聚类法和神经元网络方法。

5.6.1　逐步消空法在雹云识别中的应用

逐步消空法实际上是一种指标叠加法,是指标叠套法的变种。它是针对某一固定地区,寻找有利于产生强对流天气的指标,多指标集合(叠加)组成强对流天气预报方法。刘子英等(2000)利用赤峰市气象台 1988—1997 年的历史天气图,对赤峰地区雹日 08 时(北京时,下同)天气形势的进行分析和统计,发现有以下一些降雹天气型(以 500 hPa 天气图为主划分):西北气流型(46.5%)、前倾槽型(23.9%)、冷涡型(25.4%)、槽线后倾或垂直型(4.2%)。与这些高空形势相配合的地面系统主要有冷锋和气旋。这里所说的赤峰地区雹日是指:赤峰市 14 个地面观测站中一天内有 1 站或多于 1 站降雹,1988—1997 年 4—9 月共出现 228 个雹日,各月所占的百分率分别为:4 月为 0.4%、5 月 13.2%、6 月为 32.5%、7 月为 25.0%、8 月为 15.8%、9 月为 13.2%。可以看出,赤峰地区的雹日有近一半来自西北气流型,主要集中在 6 月。因此,本节以西北气流型 6 月份的雹日为例进行说明。

(1)利用天气型消空

西北气流型是指:08 时 500 hPa 等压面图上,赤峰地区处于槽后西北气流里,有冷平流,而在 850 hPa 是低压槽前的西南暖湿气流。这样的高低空形势配置,既有利于层结不稳定的进一步发展,又有利于出现抬升作用。

在 1988—1997 年 6 月的 300 d 内,共 74 个雹日,雹日几率为 $74/300 \approx 24.7\%$。而西北气流型共有 44 d,在西北气流型下共出现 31 个雹日,雹日几率为 $31/44 \approx 70.5\%$。空报次数为 $N=13$(d),由此可以看出,增加西北气流型的条件后,雹日几率增加了 45.8%,其消空作用及使小概率事件变为大概率事件的效果非常明显。其他天气型处理方法类似,不再一一讨论。

(2)利用深厚对流指数(DCI)消空

深厚对流指数
$$DCI = (T+T_d)_{850} - LI$$
其中右边第一项为 850 hPa 上露点与温度之和,第二项为地面至 500 hPa 的抬升指数。

由 1988—1997 年 6 月所有西北气流型雹日的深厚对流指数看出,它们的 DCI 均不小于 15.4。于是,选取 $DCI \geqslant 15.4$ 作为一个预报因子,并记为 x_1。

1988—1997 年 6 月满足 x_1 的西北气流型共有 43 d,而且该 43 d 中雹日共出现 31 d,降雹几率为 $31/43 \approx 72.1\%$。由此得出,增加预报指标 x_1 后,降雹几率增大了 2 个百分点左右,使空报次数从上一次的 13 d 减少为 12 d,显示出 x_1 在消空方面有一定作用。

(3)利用云体负正温区厚度比 $h-/h+$ 消空

Cb 云冷、暖区厚度的比率($h-/h+$)也可用于确定冰雹的发生。随着比率的增大,降雹的概率也明显增加。当然,其比率受到地区、季节和天气形势的影响。云体负正温区厚度比 $h-/h+$ 的表达式为:
$$h-/h+ = (h-h_0)/(h_0 - \text{CCL})$$
其中,h 为云顶高度,h_0 为 0℃层高度,CCL 为对流凝结高度(本节用其代替对流云的云底高度)。

根据赤峰地区 1988—1997 年 6 月所有西北气流型雹日的 711 雷达观测资料和探空资料计算得出,它们的 $h-/h+$ 均不小于 2。因此,选取 $h-/h+ \geqslant 2$ 作为一个预报因子,并记

为 x_2。

同时满足 x_1 与 x_2 的西北气流型共有 38 d,其降雹几率为 31/38≈81.6%。由此得出,增加降雹指标 x_2 后,降雹几率增大了 10 个百分点左右。使空报次数从上一次的 12 d 减少为 7 d,x_2 的消空作用非常明显。

(4)利用较强回波顶高度 Hs 消空

较强回波顶高度(本文取衰减 20 dBZ 以后的回波顶高度代表 Hs)能很好地反映出强回波区所在的高度。因此,采用较强回波顶高度识别雹云比直接用回波顶高度识别雹云效果更好。

根据 1988—1997 年 6 月所有西北气流型降雹日的 711 雷达观测资料统计得出,它们的较强回波顶高 Hs≥8.8 km。这就是说,可以选取 Hs≥8.8 km 作为另一个预报因子,并记为 x_3。需要指出的是,当某日有几块雹云时,x_3 是指所有的雹云都满足 Hs≥8.8 km。统计得出,同时满足 x_1、x_2、x_3 的西北气流型共有 33 d,其降雹几率为 31/33≈93.9%。因此,增加较强回波顶高指标 x_3 后,降雹几率比仅考虑西北气流型与 x_1 和 x_2 时又增加了近 12 个百分点,使空报次数从上一步的 7 d 减少为 2 d,x_3 的消空作用也非常明显。

(5)利用回波强度 Z 消空

由理论和雷达实际观测可知:雹云回波的最大反射因子通常大于一般雷雨云。因此,回波强度 Z 值也是判识雹云的又一个重要指标。

由赤峰地区 1988—1997 年 6 月所有西北气流型雹日的雷达观测资料得出,雹云的 Z 值均不小于 50 dBZ(当某个雹日有几块雹云时,所有的雹云都满足 Z≥50 dBZ)。因此,可以选取 Z≥50 dBZ 作为一个预报因子,并记为 x_4。同时满足 x_1、x_2、x_3、x_4 的西北气流型共有 31 d,其降雹几率为 31/31=100%。

由此得出,增加降雹指标 x_4 后,降雹几率又增加了近 6 个百分点,使空报次数从上一步的 2 d 减少为 0,x_4 具有一定的消空作用。

由上述结果得出,西北气流型日期与 x_1、x_2、x_3、x_4 为赤峰地区 6 月份西北气流型下雹云识别的指标集合。

(6)效果检验

为了检验上述雹云识别指标集合的使用效果,用 1998 年 6 月的资料做了回报检验。1998 年 6 月赤峰地区共发生 8 d 降雹天气,其中西北气流型 4 d,其他天气型 4 d。利用逐步消空法找出的雹云识别指标集合,分别识别出了 9、14、16、21 日共 4 d(4 个雹日)的所有雹云,没有漏报和空报,$CSI=4/(4+0+0)=100\%$。

1999 年 6 月试报情况。1999 年 6 月赤峰地区共出现 9 d 降雹天气,其中西北气流型 4 d,其他天气型 5 d。利用逐步消空法找出的雹云识别指标集合,分别识别出了 2、9、17、25 日共 4 d(4 个雹日)的所有雹云,没有漏报,只有 1 d(8 日)根据指标集合识别为雹云,但实际不是雹云,属于空报,$CSI=4/(4+0+1)=80\%$。

逐步消空法同时使用了天气分型、环境指标(深厚对流指数、云体负正温区厚度比)和雷达参数(强回波顶高、回波强度),实际上是一个比较完整的冰雹预报方法,由于仅涉及赤峰市范围内有无冰雹的预报,因此有比较高的准确率。在此基础上,还应当做冰雹落区预报,这时还需要增加新的预报因子。另外,该方法对回波强度指标要求较高(Z≥50 dBZ),高于 5.2 节总结的冰雹回波强度指标,这可能是因为在西北气流下平均回波强度高于其他天气型的缘故。

5.6.2　指标加权法

指标加权法是对以上各节得到的指标,根据其不同的重要性给予不同的权重,带权重指标的集合便构成了识别和预警模型。

廖玉芳等(2006)通过对常德雷达探测到的各类强对流天气(雷雨大风 20 次,冰雹 6 次,龙卷 1 次)的多普勒雷达回波特征分析发现,国外(主要是美国)强对流天气多普勒雷达回波特征均适用于中国,并根据统计结果增加了低层强径向速度雷雨大风型。因此,结合中外应用多普勒雷达产品制作灾害性天气预报的经验,选取了强度回波特征(块状、弓状、线性波状、飑线、V形缺口、钩状回波、弱回波或有界弱回波、三体散射、回波中心强度及发展趋势)、VIL 产品、速度回波特征(TVS、中气旋、阵风锋、低层辐合高层辐散、强回波区对应的 0.5°最大径向速度)等因子建立强对流灾害性天气预警方法。

(1)因子特征值的确定

1)回波发展趋势特征值(echoqd)

回波发展趋势分为三级(加强、少变、减弱),"加强"echoqd 取值 1;"少变"echoqd 取值 0;"减弱"echoqd 取值−1。

2)回波中心强度特征值(dbzx)

根据回波强度与产生灾害性天气可能性的大小,将回波中心强度值定义为 4 档:回波中心强度<55 dBZ,dbzx 取值 0;60 dBZ>回波中心强度≥55 dBZ,dbzx 取值 1;65 dBZ>回波中心强度≥60 dBZ,dbzx 取值 2;回波中心强度≥65 dBZ,dbzx 取值 3。

3)垂直积分液态含水量特征值(vilx)

垂直积分液态含水量是冰雹预报中一个重要的参考产品,根据其高低赋予不同的特征值:当垂直积分液态水含量 $VIL<40$ kg/m² 时,vilx 取值 0;45 kg/m²$>VIL\geqslant40$ kg/m² 时,vilx 取值 1;50 kg/m²$>VIL\geqslant45$ kg/m² 时,vilx 取值 2;$VIL\geqslant50$ kg/m² 时,vilx 取值 3。

4)强对流天气回波特征值(m)

V 形缺口、钩状回波、有界弱回波均是强对流天气的特征回波,根据其有无取相应的特征值为 0 或 1。则,m=V 形缺口特征值+钩状回波特征值+有界弱回波特征值。

5)强对流天气速度场特征值

龙卷涡旋特征、中气旋、阵风锋、低层辐合高层辐散是强对流天气在速度场上的表现特征,分别用 TVSx、supercell、wind、hail 代表龙卷、超级单体、雷雨大风、冰雹出现的可能性。

TVSx:当有龙卷涡旋特征时,TVSx 取值 1,否则 TVSx 取值 0。

Supercell:有中气旋,且 $m\neq0$,supercell 取值 3;有中气旋但 $m=0$,supercell 取值 2;无中气旋存在但 $m\neq0$,supercell 取值 1;无中气旋且 $m=0$,supercell 取值 0。

Wind:有阵风锋,wind 取值 1;否则 wind 取值 0。

Hail:有低层辐合高层辐散,hail 取值 1;否则 hail 取值 0。

6)低层(0.5°仰角)最大径向速度

强回波区所对应的 0.5°仰角最大径向速度对地面大风有极强的指示作用。当径向速度>11 m/s 时,原大风特征值(wind)加 1;否则 wind 取值不变。

7)三体散射现象

三体散射现象是标示大冰雹的一个重要指标,当出现三体散射现象时,定义大冰雹特征值

bighail＝3；否则 bighail＝0。

8）回波形状特征值（comb）

将回波形状特征分为块状、弓形、线形、飑线等 4 种，不同的回波形状产生的灾害性天气的侧重点不一样，特征值（comb1 表示大风、comb2 表示冰雹、comb3 表示龙卷）分别定义为：

当回波为"块状"时：comb1＝1，comb2＝1，comb3＝1；

当回波为"弓形"时：comb1＝1，comb2＝0，comb3＝0；

当回波为"线形"时：comb1＝1，comb2＝0，comb3＝0；

当回波为"飑线"时：comb1＝1，comb2＝0，comb3＝0。

（2）预警方法

根据不同类型的强对流天气建立不同因子组合的数学表达式，预警指数分为 4 级。无（0）、可能有（1）、有（2）、强（3）。预报指数取决于数学表达式值在组合因子项数中所占的比例，比例值不到 40％时，预报级为 0；40％～69％预报级为 1；70％～99％预报级为 2；＞99％预报级为 3。

1）冰雹预警方法

设冰雹预报指数为 hailforecast，Y 为各类特征值综合值，其预报模型有：$Y＝vilx＋echoqd＋dbzx＋bighail＋m＋hail＋comb2$

hailforecast＝0　　$Y<3$

hailforecast＝1　　$5>Y\geqslant3$

hailforecast＝2　　$8>Y\geqslant5$

hailforecast＝3　　$Y\geqslant8$

2）雷雨大风预警方法

设大风预报指数为 windforecast，$Y1$、$Y2$ 为特征值综合值，有：

$Y1＝vilx＋echoqd＋dbzx＋bighail＋m＋hail＋comb1$

$Y2＝comb2＋wind＋dbzx＋comb1$

windforecast＝0　　$Y1<3$

windforecast＝1　　$5>Y1\geqslant3$

windforecast＝2　　$8>Y1\geqslant5$

windforecast＝3　　$Y1\geqslant8$

windfroecast＝0　　$Y2<2$

windforecast＝1　　$3>Y2\geqslant2$

windforecast＝2　　$5>Y2\geqslant3$

windforecast＝3　　$Y2\geqslant5$

（3）拟合效果

对已有的雷雨大风、冰雹、龙卷资料进行拟合，结果见表 5.13。

表 5.13　0—1 h 强对流天气预报质量

类型	雷雨大风	冰雹	龙卷
TS	10/12＝83.3％	3/4＝75.0％	未出现也未预报

5.6.3　回归模型

回归模型首先要做相关分析,找到相关性好、物理意义明确的识别和预警因子,在此基础上建立回归模型。

对于地面直线型强阵风,廖晓农等(2009)所做的相关分析的结果表明:VIL、最大反射率高度、7 km 以上最大反射率、θ_{emin} 高度最大反射率、1~6 km 最大(辐合)速度差、单体的移动速度等 6 个与雷达观测和环境有关因子与地面短时强阵风有较好的对应关系,相关系数见表 5.14。

表 5.14　地面极大风速与预报因子的相关系数

因子	相关系数	因子	相关系数
VIL	0.61	0℃ 层最大辐合	0.43
最大反射率(PPI_{max})	0.62	θ_{emin} 最大辐合	0.44
最大反射率高度	0.43	单体移速	0.53
7 km 以上最大反射率($PPI_{max(7\ km)}$)	0.69	1~6 km 最大辐合($\nabla \cdot \vec{V}_{1~6\ km}$)	0.56
θ_{emin} 高度最大反射率($PPI_{max(\theta_{emin})}$)	0.54	θ_{emin} 高度环境风速	0.32
θ_{emin} 以上最大反射率	0.43		

然后,依据相关分析的结果建立如下临近预报回归方程:

$$Y = 0.369 - 0.017VIL + 0.24PPI_{max} + 0.113PPI_{max(7\ km)} + 0.03PPI_{max(\theta_{emin})}$$
$$+ 0.077\nabla \cdot \vec{V}_{1~6\ km} + 0.363V_{storm}$$

对于贝加尔—蒙古或蒙古低涡低槽、东北低涡横槽或横槽、西来槽和西北路径槽等环流背景下出现的对流性大风,回归方程的历史拟合率为 94.4%,有效的预警时间为 4~21 min。对于出现在 500 hPa 偏南气流中的雷暴大风(例如:副高边缘),该回归方程预报能力有限。要解决这类大风的预报问题,首先需要对其产生机制作进一步的研究,在此基础上提取识别和预警因子,然后才能建立回归模型。

5.6.4　相似演变聚类方法

相似分析与聚类分析都是利用样品之间的相似性进行分类。聚类分析要求将样本集分成若干子集(类),而相似分析后要求找出与预报样本最相似的一个或数个个例来。周叶芳和朱拥军(2007)则将二者结合起来用于识别冰雹云,下面介绍他们的方法。

(1)资料选取及处理

根据天水多普勒雷达责任区内各县气象台站、各气象哨和民政局提供的资料统计,2004年 5—8 月,天水多普勒雷达责任区共出现了 35 次降雹个例。但由于停电、设备故障、通信线路故障等因素影响,只有 15 次冰雹过程的回波资料比较完整,因此,该研究选用这 15 次冰雹过程资料。根据雷达责任区内气象站的观测记录,选用了这两种情况下 21 次非冰雹对流云的资料,记为强雷雨过程资料。根据雷达责任区内气象站的观测记录,选取 10 次雷阵雨(未出现冰雹)资料,记为普通雷雨过程资料。上述 15 个冰雹过程资料、21 个强雷雨过程资料、10 个普通雷雨过程资料,共计 46 个对流回波资料,组成该研究的对象。

（2）回波生命周期的划分和参数的选择

1）回波生命周期的划分

将一个对流回波的生命周期，划分为 35、40、45、50、55、60 dBZ 六个阶段，强度 Z 的范围相应为：35 dBZ$\leqslant$Z$<$40 dBZ、40 dBZ$\leqslant$Z$<$45 dBZ、45 dBZ$\leqslant$Z$<$50 dBZ、50 dBZ$\leqslant$Z$<$55 dBZ、55 dBZ$\leqslant$Z$<$60 dBZ。每个阶段的标准定义为：当该阶段最低值所示的对流回波云体积超过 600 m^3 时，确认对流云已进入该生命阶段。例如当对流云回波中出现强度为 40 dBZ，且大于 40 dBZ 回波体积超过 600 m^3 时，认为对流回波进入 40～44 dBZ 演变阶段等。

对于参数因子的选择，先进行初选。根据多次对比识别试验，以最少的因子达到最好的识别效果进行复选。因子参数分为回波参数和潜势参数两种。当冰雹回波的生命周期小于 6 个阶段时，以最后一个阶段的参数值补充剩余阶段的参数值。例如，当对流发展到 52 dBZ 后，便开始消散，则 55～59 dBZ、$\geqslant$60 dBZ 阶段的参数值空缺，用 50～54 dBZ 参数值代替。

2）潜势参数

对于冰雹潜势参数，采用雷达责任区 08 时的探空资料进行计算提取。初选的冰雹云 5 种潜势参数为：SSI（冰雹潜势强度指数）、WBZ（环境湿球温度 0℃层高度）、SI（沙瓦特指数）、Ic（对流不稳定指数，$Ic=\theta_{se}$（上）$-\theta_{se}$（下））、Hc（对流触发指数）。

3）回波参数

初选的回波参数为 9 个，即：回波（10 dBZ）顶高 H_{10}、回波（10 dBZ）顶温度 T_{10}、最强回波高度 H_{max}、最强回波顶温度 T_n、$H_{10}-WBZ$、$H_{max}-WBZ$、累积带（当回波强度$<$50 dBZ 时，比最强的雷达回波小 10 dBZ 的回波围成的空间；当回波强度$\geqslant$50 dBZ 时，比最强的雷达回波小 5 dBZ 的回波围成的空间）顶高 Ha、累积带顶层温度 Ta、$Ha-WBZ$。一般而言，回波（10 dBZ）顶高 H_{10} 反映了对流云发展强度，该参数对冰雹识别具有很好的指示性。

（3）相似聚类分析

1）相似分析

由于表征大气状态的物理量有气压、气温、湿度、降水、风向、风速等，即有 $x=(x_1,x_2,\cdots,x_m)^T$，因此寻找两个状态的相似，也就是寻找当前时刻与历史上某个时刻的相似，即：

$$x_t\infty x_s \tag{5.1}$$

这是两个向量间相似。依据某个气象要素的时间变化去寻找相似，称为过程相似或演变相似，即：

$$x_{t,i}\infty x_{s,i} \tag{5.2}$$

其中，$x_{t,i}=(x_{t,1},x_{t,2},\cdots,x_{t,\tau})^T$，$\tau\ll n$。从数学上看仍然是两个向量的相似。还有依据某个气象要素随空间变化去寻找相似，叫做场相似，即有式（5.1），此时向量的维数 m 是空间场的格点数。显然，当多个要素也取一段时间的相似，这时问题变成两个矩阵的相似，即：

$$x_{t,i}=x_{s,i}\quad i\in(1,\tau)\quad \tau\ll n \tag{5.3}$$

为此，有必要引进矩阵理论中贴近度和贴近度向量。假设有 n 维向量 a 和 b，则它们的欧氏距离 $x=\|a-b\|$，它们的夹角余弦 $y=a^Tb/\{\|a\|\cdot\|b\|\}$。若 $a=b\neq0$，则 $x=0,y=1$。就 $a\neq b$ 来说，令 $S=(x,y)$，它表示 a 与 b 的差异。其中，x 的值域为 $[0,M]$，M 是个足够大的正数；y 的值域为 $[-1,1]$。

如果对它们 L 等分，即得两个长度为 L 的序列 $\{x\}$：$x_1,x_2,\cdots,x_L$ 和 $\{y\}$：$y_1,y_2,\cdots,y_L$，且约定 $x_1=M,x_L=0;y_1=-1,y_L=1;x_p>x_p+1,y_p<y_p+1$。这样向量 a 和 b 之间贴近度 S

可定义为：

$$S = \begin{cases} 2p-1 & x \leqslant x_p, y < y_p \\ 2p & x \leqslant x_p, y \geqslant y_p \end{cases} \tag{5.4}$$

式中，$p \leqslant L$。显然，当 $x \leqslant x_L = 0$ 且 $y \geqslant y_L = 1$ 时，即 $a = b$ 时，$S = 2L$ 为其最大值。式(5.4)的定义是通过对 $\{x\}$ 和 $\{y\}$ 数字对序列 $\{(x_1, y_1), (x_2, y_2), \cdots, (x_L, y_L)\}$ 逐项比较，当数字对 $x > x_p$ 或 $y < y_p$ 时，所取得的 p 的累计。在比较过程中，如果 S 为奇数，则它适用于欧氏距离，否则适用于夹角余弦。通常比较的项数越多，p 的值越大，S 表示的两个向量相互关系越密切，它们的区别也就越小。进一步，可以定义贴近度向量：

$$S = (s_1, \cdots, s_m)^T \tag{5.5}$$

式中，分量 s_i 是 n 维向量 b 对 n 维向量组 $\{ai | i = 1, m\}$ 即矩阵 $\boldsymbol{A}^{m \times n}$ 中每个行向量 a_i 的贴近度。因此，贴近度向量式(5.5)表示向量 b 对矩阵 $\boldsymbol{A}^{m \times n}$ 的关系密切程度。

　　对于两个 $m \times n$ 阶矩阵 $\boldsymbol{A}^{m \times n}$ 和 $\boldsymbol{B}^{m \times n}$ 的贴近度，通过降维方法来定义。为增加信息量，先对矩阵延拓 $\boldsymbol{A}^{m \times n} \rightarrow \boldsymbol{A}^{(m+n) \times m}$，$\boldsymbol{B}^{m \times n} \rightarrow \boldsymbol{B}^{(m+n) \times m}$（暂设 $m > n$），即把它们转置矩阵放在原矩阵之下，其中空隙之处用零填满。无疑地，延拓后两矩阵的贴近度将包含原两矩阵的贴近信息。于是，$\boldsymbol{B}^{m \times n}$ 和 $\boldsymbol{A}^{m \times n}$ 的贴近度向量定义为：

$$S = (s_1, \cdots, s_{m+n})^T \tag{5.6}$$

由定义式(5.4)知道 $S_{\max} = 2L$，最大 $m+n$ 维最大贴近度向量 $S_{\max} = (2L, 2L, \cdots 2L)^T$。若记 S 为 $S_{\max}$ 的贴近度，也反映了 $\boldsymbol{B}^{m \times n}$ 对 $\boldsymbol{A}^{m \times n}$ 的贴近度特征，且当 $\boldsymbol{B}^{m \times n} = \boldsymbol{A}^{m \times n}$，$S = 2L$。这样实现由 $(m+n)$ 维贴近度向量降维为一个元素 S。

　　设定矩阵 $\boldsymbol{B}^{m \times n}$ 为预报的因子样本，而矩阵组 $\{\boldsymbol{A}_j^{m \times n} | j = 1, k\}$ 相同因子的历史样本，那么表示 $\boldsymbol{B}^{m \times n}$ 矩阵对 $\{\boldsymbol{A}_j^{m \times n} | j = 1, k\}$ 矩阵组的贴近度的量定义为：

$$S = (^\vee S_1, {}^\vee S_2, \cdots, {}^\vee S_k)^T \tag{5.7}$$

式中，分量 S_I 是 $\boldsymbol{B}^{m \times n}$ 对 $\boldsymbol{A}^{m \times n}$ 的贴近度。按上述方法延拓有：$\{\boldsymbol{A}_j^{m \times n} | j = 1, k\} \rightarrow \{\boldsymbol{A}_j^{(m+n) \times m} | j = 1, k\}$ 和 $\boldsymbol{B}^{m \times n} \rightarrow \boldsymbol{B}^{(m+n) \times m}$，此时前 m 行分别是 m 个因子在 n 个不同时刻的观测值，而后 n 行分别是 n 个不同时刻的 m 个因子的观测值，由 $\{\boldsymbol{A}_j^{(m+n) \times m} | j = 1, k\}$ 可以得到 $\{\boldsymbol{A}_i^{k \times m} | i = 1, m+n\}$，它们的关系是后者第 i 个元素 $\boldsymbol{A}_i^{k \times m}$ 由前者每个元素的第 i 行（共 k 行）向量组成。根据定义式(5.4)和式(5.5)得到 $\boldsymbol{B}^{(m+n) \times m}$ 对 $\{\boldsymbol{A}_i^{k \times m} | i = 1, m+n\}$ 的贴近度矩阵：

$$S = \begin{bmatrix} S_{1,1} & S_{1,2} & \cdots & S_{1,k} \\ S_{2,1} & S_{2,2} & \cdots & S_{2,k} \\ \cdots & \cdots & \cdots & \cdots \\ S_{i,1} & S_{i,2} & \cdots & S_{i,k} \end{bmatrix} \tag{5.8}$$

式中，元素 $S_{i,j}$ 是 $\boldsymbol{B}^{(m+n) \times m}$ 中的第 i 个行向量对 $\{\boldsymbol{A}_i^{k \times m} | i = 1, m+n\}$ 中 i 个分量 $\boldsymbol{A}_i^{k \times m}$ 中的第 j 个行向量的贴近度，上式依据式(5.6)改写为：

$$S = (S_1, S_2, \cdots, S_k)^T \tag{5.9}$$

这里，$S_j = (S_{1,j}, S_{2,j}, \cdots, S_{m+n,k})^T$，$j = 1, k$。若对贴近度向量 S_j 降维为一个元素 $^\vee S_j$，便得到表示 $\boldsymbol{B}^{m \times n}$ 矩阵对 $\{\boldsymbol{A}_j^{m \times n} \times n | j = 1, k\}$ 矩阵组的贴近度的向量式(5.7)，元素 $^\vee S_j$ 表示预报对历史样本的贴近程度，于是选择其中最大者 $^\vee S_j$，说明预报样本与第 j 个历史样本有最大的相似。

2)冰雹云的演变相似聚类识别的移动方案

每个对流回波按其生命周期分为 6 个阶段,分别是:35、40、45、50、55、60 dBZ,每个阶段由回波(10 dBZ)顶高 H_{10}、回波(10 dBZ)顶温度 T_{10}、强回波高度 H_{max}、累积带顶 Ha、$H_{10}-WBZ$、$(H_{max}-WBZ)\cdot SSI$ 等 6 个组合参数描述其阶段状态。取 35、40 dBZ 为第 1 演变过程,40、45 dBZ 为第 2 演变过程;45、50 dBZ 为第 3 演变过程;50、55 dBZ 为第 4 演变过程;55、60 dBZ 为第 5 演变过程。历史样本和预报样本的演变过程定义标准一致。这样,12 个演变参数组成第 1 演变过程的 6×2 阶矩阵 $\boldsymbol{X}_{6,2}$。

①演变矩阵的组成根据矩阵相似的数学原理,将 $\boldsymbol{X}_{6,2}$ 延拓成 8×6 阶矩阵 $\boldsymbol{A}$:

$$\boldsymbol{A}=\begin{bmatrix} x_{1,0} & x_{1,1} & 0 & 0 & 0 & 0 \\ x_{2,0} & x_{2,1} & 0 & 0 & 0 & 0 \\ \cdots & \cdots & \cdots & \cdots & \cdots & \cdots \\ x_{6,0} & x_{6,1} & 0 & 0 & 0 & 0 \\ x_{1,0} & x_{2,0} & x_{3,0} & x_{4,0} & x_{5,0} & x_{6,0} \\ x_{1,1} & x_{2,1} & x_{3,1} & x_{4,1} & x_{5,1} & x_{6,1} \end{bmatrix} \tag{5.10}$$

其余演变过程(第 2~5 演变过程)的矩阵 $\boldsymbol{X}_{6,2}$ 中的元素组成方法相同,只是用不同演变阶段的参数值代替。

②预报样本六种参数的提取。根据当日 08 时兰州探空站的探空资料,计算 WBZ 和 SSI 参数,作为靠近兰州探空站的各县风暴潜势值。同样,计算出平凉探空站、武都探空站各自的 WBZ 和 SSI 参数,作为靠近探空站的各县风暴潜势值。

雷达监测到的对流云回波强度出现 40 dBZ 值并达到第 1 演变标准时,记为第 1 演变过程开始,开始进行判别。启动计算软件包,根据探空资料和体扫回波资料,计算出第 1 演变过程:35、40 dBZ 等各阶段 (t_0,t_1) 12 个演变参数值。这样,12 个对流云参数(实时)组成第 1 演变过程的 6×2 阶矩阵 $\boldsymbol{Y}_{6,2}$,将 $\boldsymbol{Y}_{6,2}$ 延拓成 8×6 阶矩阵 $\boldsymbol{B}$:

$$\boldsymbol{B}=\begin{bmatrix} y_{1,0} & y_{1,1} & 0 & 0 & 0 & 0 \\ y_{2,0} & y_{2,1} & 0 & 0 & 0 & 0 \\ \cdots & \cdots & \cdots & \cdots & \cdots & \cdots \\ y_{6,0} & y_{6,1} & 0 & 0 & 0 & 0 \\ y_{1,0} & y_{2,0} & y_{3,0} & y_{4,0} & y_{5,0} & y_{6,0} \\ y_{1,1} & y_{2,1} & y_{3,1} & y_{4,1} & y_{5,1} & y_{6,1} \end{bmatrix} \tag{5.11}$$

③寻求与当前对流回波最相似的历史样本。计算预报样本矩阵 $\boldsymbol{B}$ 对历史样本矩阵 $\boldsymbol{A}$ 的贴近度矩阵 $\boldsymbol{S}=(S_{i,j})_{8\times j}$,再降维便得到贴近度向量:

$$\boldsymbol{S}=({}^{\vee}S_1,{}^{\vee}S_2,\cdots,{}^{\vee}S_{46})^T$$

选取 $S_{j.}=\max\{S_j\}$,$1\leqslant j\leqslant 46$。确定第 $j\cdot$ 个历史样本是和当前预报样本最相似的样本,从而确定对流云是否为冰雹云。

④动态判定对流云。根据雷达监测到的对流云实时演变情况,重复以上步骤,进行下一次演变过程的识别计算,进一步确定对流云的性质。第 2—5 演变过程出现时的判别方法同第 1 演变过程方法相同。

冰雹云的演变聚类相似识别的累积方案(略)

　　(4)分析结果

　　从分析结果看,移动方案优于累积方案。第 2 演变过程为最佳识别阶段,最适合对冰雹云进行识别。第 1 演变过程中,识别的不确定性较大,容易造成冰雹的空漏报。第 3、4、5 演变过程中,冰雹大多已形成并开始降落,在冰雹预警和防雹工作中已失去实际意义。此外,第 3、4、5 演变过程的识别性能与第 2 演变过程相比,有些识别性能基本接近,有些甚至不如第 2 演变过程。这样的结果进一步证实了 5.2 节中将回波强度≥45 dBZ 作为冰雹预警指标是恰当的。

表 5.15　第 2 演变过程相似聚类移动方案的历史拟合结果

识别天气	冰雹		雷雨	
	个例相似	类相似	个例相似	类相似
样本数	15	15	31	31
CSI	0.65	0.83	0.74	0.90
POD	1.00	1.00	0.74	0.90
FAR	0.35	0.17	0	0

　　由表 5.15 可见:第 2 演变过程中,冰雹的 POD 指数均为 1.00,没有出现冰雹漏报,只是将一些强雷雨误报为冰雹云。个例相似和类相似的 CSI 指数分别为:0.65、0.83,POD 指数均为 1.00,FAR 指数分别是 0.35、0.17。CSI 和 POD 指数是 5 个演变过程中最高的,FAR 指数是 5 个演变过程中最低的。第 3 演变过程中,个例相似和类相似的总体识别准确率分别是 0.83、0.93,是 5 个演变过程中最高的。

　　在 15 个冰雹样本中用 10 个样本建模,5 个样本检验(分组识别),结果发现识别结果与 15 个样本拟合结果有类似之处,也有明显差异。相似之处是:第 2 演变过程中,相似个例识别的 CSI 和 POD 指数是 5 个演变过程中最高的,而 FAR 指数是 5 个演变过程中最低的。冰雹没有出现漏报,只是将 1 次强雷雨误报为冰雹云。第 2 演变过程中,个例相似的总体识别准确率是 0.93,是 5 个演变过程中最高的。不同之处是:类相似识别能力和个例相似识别能力差异显著。对 46 个历史样本的拟合中,类相似识别的 CSI 和 POD 指数比个例相似识别的 CSI 和 POD 指数高,差值较小。但在分组识别中,类相似识别的 CSI 和 POD 指数远小于个例相似识别的 CSI 和 POD 指数。

5.6.5　基于神经网络 B-P 算法的雹云识别模型

　　由于雹云识别的复杂性,多元回归、逐步回归、综合概率法和判别分析等数理统计方法对因子和样本资料都有较高的要求等局限性,李祚泳等(1994)应用 B-P 网络和雷达回波参数资料判别雹云,得到了一些有意义的结果。

　　(1)因子选取和资料处理

　　1)资料选取

　　本文选取了 3 个雷达站 711 雷达探测得到的雹云等强对流天气的回波资料(见表 5.16),所用雷达经过标定,其波长和型号均相同。前一时段的回波资料作为建模的训练样本,后一时段的回波资料作为模型的检验样本资料。

表 5.16　雷达回波资料样本分布

雷达站	训练样本集			检验样本集		
	样本总数	雹云数	雷雨云数	样本总数	雹云数	雷雨云数
成都站	143	70	73	30	15	15
内江站	69	43	26	10	5	5
内江和泸州站	102	60	42	20	10	10

2)因子选取和数据标准化处理

要求选取的因子有明确的物理意义,且因子之间相关性要小。从降雹的物理机制考虑,强回波顶高和雷达回波形态因子是区分雹云和雷雨云的良好指标,但因雷达站未进行该两项指标的观测,且后一项指标定量化困难,因此,本节未选取上述两指标作为判别因子,而只好选取如下 4 个指标作判别因子:①回波顶高 $H(\mathrm{km})$;②负、正温区厚度比 $H-/H+$;③等效雷达反射率因子 $Ze(\mathrm{dBZ})$;④稳定度 $\Delta\theta_{se(500-850)}$ (℃)。其中稳定度需用地面探空资料。每个因子的原始数据按下式进行标准化处理

$$x_{ij} = \frac{x'_{ij} - \overline{x'_i}}{s_i}$$

式中,$\overline{x'_i}$ 和 s_i 分别为第 i 个因子的均值和标准差。

(2)用于雹云识别的 B-P 模型

通常雹云识别常采用三层 B-P 网络模型。该模型由一个有 M 个节点的输入层,H 个节点的隐层和一个节点的输出层组成。B-P 网络的学习过程由正向传播和反向传播组成。在正向传播过程中,输入一个样本的 M 个判别因子值 $x_a(k,i)$ 到输入节点,经作用函数后,向前传播到隐节点,得到隐节点输出值 $x_b(k,j)$,$j=1,2,\cdots,H$

$$x_b(k,j) = f\Big[\sum_{i=1}^{M} w_a(k,i,j)x_a(k,i) + R_b(k,j)\Big] \tag{5.12}$$

再经过作用函数后,传播到输出节点,得到输出结果 $x_c(k)$

$$x_c(k) = f\Big[\sum_{j=1}^{H} w_b(k,j)x_b(k,j) + R_c(k)\Big] \tag{5.13}$$

式(5.12)、(5.13)中的作用函数常采用 S 函数

$$f(x) = \frac{1}{1+e^{-x}} \tag{5.14}$$

式(5.12)中的 $w_a(k,i,j)$ 为输入层 i 节点对隐层 j 节点的权值,$x_a(k,i)$ 为第 k 个样本的第 i 个判别因子输入值,$R_b(k,j)$ 为隐层阈值。式(5.13)中的 $w_b(k,j)$ 为隐层 j 节点对输出层节点的权值,$R_c^{(k)}$ 为输出层阈值。网络的输出误差定义为

$$D(k) = x_c(k) \times [1-x_c(k)][C-x_c(k)] \tag{5.15}$$

其中,C 为期望输出,其取值为

$$C = \begin{cases} 1 & \text{雹云} \\ 0 & \text{雷雨云} \end{cases}$$

如果输出误差小于指定精度,则输出此刻的权值和阈值,并结束。否则,转入反向传播,将误差信号 $D(k)$ 沿原来的连接通路返回,按下述一系列公式从输出层到输入层依次反向修正权值和阈值,减少误差信号,使得网络对于一个给定的输入 x_a 所产生的实际输出值 x_c,与期望

输出值 C 十分接近或完全相同。在误差反向传播过程中,输出层阈值增量为

$$W\ WC(k) = A \cdot D(k) \tag{5.16}$$

隐层误差定义为

$$E(k,j) = x_b(k,j)[1 - x_b(k,j)]\Big[\sum_{j=1}^{H} w_b(k,j) \cdot D(k)\Big] \tag{5.17}$$

则隐层阈值增量为

$$W\ WB(k,j) = B \cdot E(k,j) \tag{5.18}$$

上面两式中的 A、B 均为学习参数,一般取 $0.2 \sim 0.5$。为了得到最佳权值,当每一个训练样本输入网络时,用下述递推公式修正各层的权值和阈值

$$w_b(k+1,j) = w_b(k,j) + x_b(k,j) \times W\ WC(k) \tag{5.19}$$

$$w_a(k+1,i,j) = w_a(k,i,j) + x_a \times W\ WB(k,j) \tag{5.20}$$

$$R_b(k+1,j) = R_b(k,j) + W\ WB(k,j) \tag{5.21}$$

$$R_c(k+1) = R_c(k) + W\ WC(k) \tag{5.22}$$

当训练样本集中的第一个样本进入网络时,先随机赋予权重和阈值一个初值,网络按式 $(5.19) \sim (5.20)$ 产生下一个权值和阈值,并将其又赋予进入的第二个样本,依次往复。若训练样本集中所有样本都已学完一遍,输出结果还未达到指定精度,则将最后一个样本产生的权重和阈值再赋给第一个样本,将训练样本集重复学习,直到达到要求的精度为止。

(3)B-P 网络用于雹云识别的几个实例

将 B-P 网络用于表 5.16 中所示三站的雹云识别建模。对每一地区又分别建立 3 参数(回波顶高、负正温区厚度比以及等效雷达反射因子)和 4 参数(以上 3 参数再加上稳定度)两种模型。选取所有 6 个 B-P 模型的学习参数 $A = B = 0.3$,赋予初始权值和阈值为随机小量。建模时,为了避免 B-P 网络可能产生的局部最小问题,考虑到样本集中、样本输出误差的平均效应,我们采用当样本集中样本全部学完一遍以后,以均方误差 $\frac{1}{N}\sum_{k}^{N}(C_k - x_c(k))^2 < \delta_i$ 来控制迭代次数。其中 δ_i 为指定的某一精度,N 为训练集的样本数。对成都 3 参数和 4 参数 B-P 网络建模,设置网络的初始权值和阈值为 $(-1,1)$ 间的随机小量,经网络分别学习 24310 次和 10010 次后输出了满足精度 $\delta = 1 \times 10^{-3}$ 要求的最佳权值。用最佳权值作 3 参数和 4 参数的雹云识别的拟合和效果检验(表 5.17)。

表 5.17　成都地区 B-P 模型的最佳拟合及检验效果

	训练样本集		检验样本集	
	3 参数	4 参数	3 参数	4 参数
雹云		70		15
雷雨云		73		15
漏报数	10	7	1	2
空报数	9	12	1	2
拟合率(%)	86.7	86.7	符合率 93.3	86.7
漏报率(%)	14.3	10.0	6.7	13.3
空报率(%)	12.3	16.4	6.7	13.3
雹云报准率(%)	87.0	84.0	93.1	86.7

用 B-P 络对内江、内江和泸州两地的 3 参数和 4 参数雹云识别的拟合和效果检验表略。

（4）分析比较

比较成都、内江、内江和泸州三地的 B-P 网络雹云识别结果可以看出，增加了稳定度指标作为判别因子的 4 参数 B-P 网络模型比 3 参数的 B-P 网络模型对雹云的漏报率要小，但空报率、拟合率和雹云报准率没有明显差别。所建立的三个地区的某些雹云识别模型，有的效果检验指标优于训练样本的同类指标。这可能是检验样本数目较少而具有偶然性，并非检验效果比拟合还好。

无论从训练样本集还是检验样本集的检验效果看，用内江和泸州异地资料合计建模的效果均不如单站建模的效果好。其原因之一是降雹的局地性强，存在着地区性差异。

B-P 网络具有自组织、自学习和自适应的能力，不需确定雹云和雷雨云的判别指标阈值，而只要把样本指标数据输入 B-P 网络，学习结束后，就可以得出判别结果。该方法用于成都、内江及内江和泸州等地的雹云识别，在缺少强回波顶高和回波形态因子这样一些判别雹云的重要指标情况下，仍有较好的拟合和检验效果。若能补充这些显著指标，效果会获得改进。如果再加进探空资料，例如 0℃、−20℃ 层的资料，效果会进一步改善。

5.7　强对流天气自动临近预报系统简介

中外客观自动临近预报系统目前仍然主要是针对风暴和降水的，分类强对流天气的临近预报正在发展之中，实际上，在分类识别的基础上，应用下面介绍的风暴追踪和外推技术（例如 TITAN），便可以制作分类强对流天气临近预报。

雷暴或降水的临近预报系统的基础是跟踪和外推。主要分为两种类型：（1）单体质心跟踪和外推。它将雷暴或降水单元视为三维单体加以识别、跟踪和外推。典型的例子有 WSR-88D 和 WDSS 中的风暴单体识别与跟踪算法 SCIT 及雷暴识别跟踪与临近预报 TITAN 等。（2）区域跟踪和外推。对反射率因子超过某一阈值的二维区域进行跟踪和外推。典型的例子有 TREC 外推等。

外推技术主要是根据过去的演变规律外推未来的变化，没有考虑系统本身在外力作用下的变化，因此它的可用时效较短，一般只有 1 h，变化快的系统不到 1 h，变化慢的系统可以超过 1 h。如果要延长预报时效，需要用到融合技术，需要与数值预报相结合，特别是应用快速分析预报系统（RAFS）的产品，这样便进入短时预报领域了。本节主要介绍雷暴和降水系统的客观自动临近预报系统，主要以外推方法为主。

5.7.1　回波位移矢量（TREC）方法

交叉相关追踪矢量（Tracking Radar Echoes by Correlation，简称 TREC 矢量）是一种比较成熟可行的算法，目前被广泛应用于各类临近预报系统中，例如参加北京 2008 奥运会预报示范项目（B08FDP）的各国临近预报系统的主要算法都是基于 TREC 的回波外推。SWAN 采用 TREC 矢量外推雷达反射率，进行定量降水临近预报。

（1）TREC 矢量

TREC 基本原理在许多学者如 Rinehart 和 Garvey（1978）以及 Li 等（1995）的文献中已有较详细的阐述。就是利用相邻 Δt 时间的两个时刻（t_1 和 t_2）雷达回波图，对 t_2 时刻的雷达回波,以某一小区域 a 为单位,在 t_1 时刻的雷达回波图上以 a 的中心位置为圆心,一定的扫描半径 R 内寻找与 a 相关最好的同面积 b,认为从区域 a 的中心到区域 b 的中心就是雷达回波区域 a 在 Δt 时间内的平均移动距离。遍历 t_2 时刻所有雷达回波单位 a_n,在 t_1 时刻雷达回波图上找出最好的相关,就可以得到所有小面积回波单位 a_n 的移动距离,其中 n 是划分单位的个数,也就是 TREC 矢量的个数。移动距离除以时间间隔 Δt 可得 a_n 的移动速度,从而得到 t_2 时刻雷达回波移动矢量。

所用的雷达资料为 3 km 高度 CAPPI 雷达反射率因子拼图,分辨率为 $0.01° \times 0.01°$(约为 1×1 km),时间分辨率为 6 min。

由于计算面积 a 的截取、地形影响等原因,直接由 TREC 方法得到的移动矢量与实况有一些不可避免的偏差,在实际应用中发展了多种在 TREC 方法基础上订正和调整的扩展方法。SWAN 系统中也是在 TREC 方法的基础上采用多种有效的调整方法和插值手段来获得高精度平滑的雷达回波移动矢量,并采用带补偿的差分格式实现雷达回波的 1 h 移动预测。

对风速绝对值大于周围格点非缺省风速均值 1.5 倍的格点,其风向风速由周围 4 点的非缺省均值来代替。因为风速绝对值大于周围格点非缺省风速均值 1.5 倍意味着该格点的风速可能是极端值或异常值。这通常是由于单位面积 a 内存在回波边界或强度间的分界线,使得 TREC 方法计算相关的过程中寻找到的面积 b 内也有类似的分布,但 a 和 b 间不存在前后移动的关联性从而产生明显误差。

对风向与周围 4 点非缺省风向有大于 30°偏差的格点,风向风速将由周围格点的非缺省均值来代替,从而消除 TREC 计算过程中引起的某些随机误差。

对 0 风速的格点,取周围 4 点非缺省的均值来代替,若周围 4 点都是缺省值则用缺省值代替。通过这一步的调整,一些由于局地地形作用或计算误差造成的个别 0 风速将被调整,但有一定面积的回波在发展期少动的情况由于周围格点也是 0 风速而被保留。

对雷达拼图范围的移动风矢量场,参考 Li 等(1995)的算法,引入变分技术,以二维无辐散的连续方程为限定条件,求解泛函 J 的极值问题,以期得到比较平滑的满足质量连续原则的风矢量场。其中:

$$J(u,v) = \int_{\Sigma} \left[(u - u^0)^2 + (v - v^0)^2 \right] \mathrm{d}x \qquad (5.23)$$

要求满足二维的连续方程

$$\frac{\partial u}{\partial x} + \frac{\partial v}{\partial y} = 0 \qquad (5.24)$$

式中,$u^0(x,y)$ 和 $v^0(x,y)$ 分别是上述经过调整的 TREC 移动风矢量的纬向 x 和经向 y 风分量,$u(x,y)$ 和 $v(x,y)$ 则是变分分析所求的订正纬向和经向风分量。

假设 TREC 矢量就是雷达回波移动的真实引导风矢量,则在计算区域内每一个格点都应该存在一个潜在的雷达引导风矢量,即使在没有回波或回波尚未移到的区域也应有引导风矢量。因此,需对已有的 TREC 矢量进行空间插值来获得计算区域内每个格点的引导风矢量的缺省值。

空间插值采用了 Akima(1978)水平拟合方法。经过空间插值可以得到雷达拼图范围的 TREC 矢量场。对变分调整后的 TREC 矢量分解 u、v 风分量,再分别进行一次空间的 Akima 水平拟合,得到雷达回波资料分辨率(即 1 km × 1 km)的 TREC 矢量场,从而得到与雷达回波资料在空间上分辨率一致的移动风矢量,即每一个格点上都同时存在一个移动风矢量和雷达回波值。

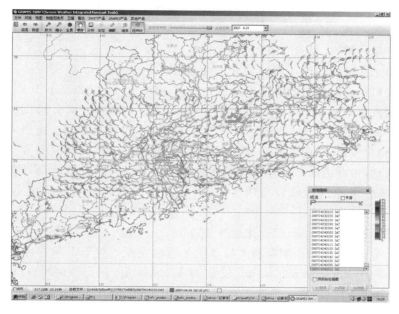

图 5.20　TREC 矢量

（2）差分格式和补偿算法

雷达回波的移动预测方案是基于如下的假设进行的,即雷达回波的整体移动在很短的时效内保持不变的移向和移速,不存在明显的突变。对于 0—1 h 的雷达回波移动的临近预报,利用当前导出的 TREC 矢量对未来 1 h 雷达回波进行外推。

采用 Germann 和 Zawadzki（2002）的后向外推格式对雷达回波进行外推计算。后向外推格式可表示为：

$$Z_{i,j}(t+n)=Z_{i-\Delta i,j-\Delta j}(t+n-1) \tag{5.25}$$

其中,Z 是雷达回波值（dBZ）,t 是移动风矢量场的计算时刻,也就是外推的起始时刻,n 是每隔 Δt 时间的外推次数,$n=1,2,\cdots$,这里 Δt 取 10 min,则 n 取 6 时是 1 h 的外推,依此类推。$\Delta_i=u_{t,i,j} \cdot \Delta t$,$\Delta_j=v_{t,i,j} \cdot \Delta t$,其中 i 和 j 是雷达回波分辨率的格点坐标,u 和 v 分别是移动风矢量的纬向和经向风分量。

对于格点化的数据,每进行一步后向格式的外推都希望 $i-\Delta_i$ 和 $j-\Delta_j$ 落在格点上。但经过调整处理后,Δ_i 和 Δ_j 都不一定是整数。因此,每一步都存在后向外推不落在格点上的问题。一般四舍五入取整来消除这种情况。但经过一段时间如 30 min 或 1 h 的外推就会发现,有的回波明显偏快有的则明显偏慢,整体回波的平流移动变形很大,甚至会与实况相差甚远。因此,引入取整补偿方案。

取整补偿就是在每一步的外推过程中,Δ_i 和 Δ_j 都四舍五入取整,同时把取整后的值与原值的差保存下来,逐步累计,当累计到绝对值大于 1 个格点时,将累计值取整一次性地补偿到 Δ_i 或 Δ_j 中。取整补偿过程中,单取一个 Δt 时间步长来看,与单纯的四舍五入方法一致,但经过一定步长的累积计算,由四舍五入引起的累积误差将清 0 或接近于 0,从而使得一段时间的平流移动不会偏离实际太远。

（3）参数选择

雷达回波 0—1 h 的移动预测采用了 TREC 矢量作为引导风场。引导风场的精度依赖于 TREC 算法的有效实现,而 TREC 算法的精度与面积 a 的大小、雷达资料空间分辨率、计算 TREC 矢量的空间分辨率、时间间隔 Δt、最小回波值等参数的有效选择有关(Rinehart,1981)。下面分别对在广东区域内实现 TREC 算法的参数选择进行分析。

雷达拼图资料已经过严格的质量控制预处理,只对大于 10 dBZ 及小于 80 dBZ 的回波进行计算。雷达回波资料 2 km×2 km 的空间分辨率(简称为回波分辨率)和 10 min 的时间分辨率决定了移动风矢量只能是 3.33(3.33＝2000 m/600 s)m/s 的倍数。由于采用的是拼图资料,空间分辨率相对较粗,相应地时间分辨率也粗,因此 10 min 的间隔时间将会无法捕捉到快速生消的对流活动,由此造成的误差将会延续到下一步的雷达回波移动预测结果中。但考虑到 10 min 内快速生消的雷达回波比较少见,由其造成的影响天气只能在实时监测中予以警报。

Rinehart 等(1981)认为 a 面积最优选择是边长 5～15 km 的正方形较为合适,增大 a 的面积会得到比较平滑的效果,缩小则会增大移动风矢量的误差。对于广东省目前的资料精度,a 分别取了 10 km×10 km、22 km×22 km 以及 31 km×31 km 进行个例的分析,表明 22 km×22 km 的 a 选择效果最优,因此 a 选取了 0.2°×0.2°,约为 22 km×22 km。

扫描半径 R 一般取雷达回波的最大可能移速 V_{max} 与时间间隔 Δt 的乘积(Wilson,2001),其中 V_{max} 可以从当地的气象、气候信息中或实践经验中得到。在广东区域内取约 100 km/h 的速度,这是接近 2005 年 3 月 22 日飑线的移动速度,也几乎是影响广东的系统性天气的极端移速。

计算过程中采用了滑动扫描,滑动步长取 2～7(格点),从而决定了移动风矢量的空间分辨率(简称为风场分辨率)为 0.04°×0.04°～0.14°×0.14°。计算的区域范围大小和滑动步长的选择决定了计算时间的长短,计算区域越大,扫描步长越小,则运算时间越长。考虑到业务运行的实时性和快速响应要求,实际的业务运行中扫描步长选择 5(格点)。

图 5.20 为广东省 2007 年 4 月 24 日 02:10UTC 的 TREC 矢量场。

（4）回波外推预报效果评估

图 5.21 给出的是 2006 年 11 月 18 日 23 时 30 分预报未来 30 和 60 min 的雷达回波位置及相应时间的实况雷达回波图。由图可见,30～60 min 的雷达回波移动预测与实况有很好的吻合,但随着预报时效的延长,预报位置逐渐偏离实况。

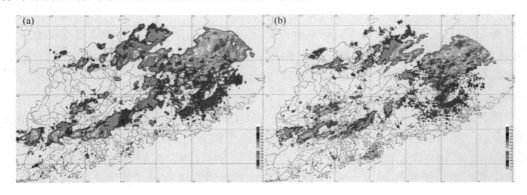

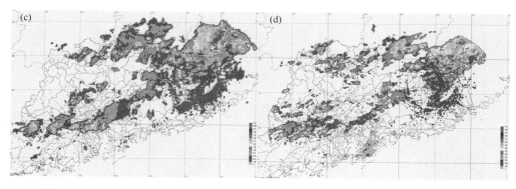

图 5.21　2006 年 11 月 18 日 22 时预报未来 30 和 60 min 的雷达回波(a 和 b)及相应时刻的实况雷达回波(c 和 d)

　　图 5.22 为雷达回波预报与实况对比的散点图。从图中可见,0—1 h 预报时效内,预报与实况的线性拟合相关系数很高,但随预报时效的延长系数逐渐减少,1 h 的相关系数为 0.62,但相关仍然显著。残差平方和则逐渐加大,表明预报时效越长,预报相对于实况的离散度越大。对于随着预报时效的延长预报效果变差的现象,除了由于预报问题本身存在的不可预测性外,也因为该方案只纯粹考虑雷达回波的移动,没有考虑雷达回波生消发展对移动和强度的影响,因此,随着预报时效的延长,预报位置将不可避免地逐渐偏离实况位置。

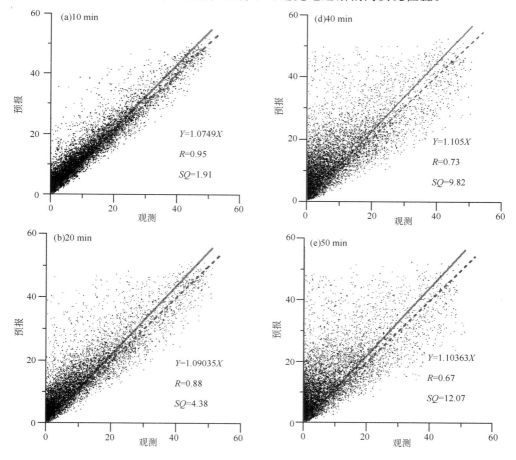

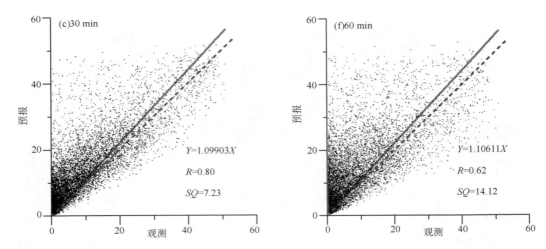

图 5.22　2006 年 11 月 18 日 22 时—19 日 01 时 0～1 h 预报时效内雷达回波强度预报和实况的散点图、线性拟合方程、相关系数及残差平方和，其中实线表示线性拟合曲线，虚线表明最优拟合曲线 $y＝x$。

除了制作散点图，还利用了国际通用的评分对 TREC 矢量的雷达回波外推算法进行评估。

取广东 2007 年 3—10 月发生的 12 个样本个例，样本总长度 120 h，资料间隔 6 min，资料水平区域 400 km×400 km，预报时次为 6 min 间隔，外推 60 min，将预报的雷达反射率与实况雷达反射率格点对格点检验，将雷达反射率分为 1～5，5～15，15～30，30～45，45～55，55～65 dBZ 6 个等级进行检验。计算以下评分：

$$POD＝X/(X+Y)；FAR＝Z/(X+Z)；CSI＝X/(X+Y+Z)$$

其中，POD 为命中率，FAR 为空报率，CSI 为成功指数；X 为预报正确的次数，Y 为漏报次数，Z 为空报次数。X，Y，Z 的算法如下：

	实况值	
	不在取值区间	在取值区间
预报值	不在取值区间		Y
	在取值区间	Z	X

评估结果是，预报技巧随着时效延长明显降低（图 5.23）；回波越强技巧越低，大于 50 dBZ 几乎没有技巧，这是由于检验方法过于苛刻（1 km×1 km 格点对格点检验）造成的，如果将检验的区域从格点扩大到 4 km×4 km 的区域，那么强回波的外推至少在 30 min 的时效上是可用的，这已经为台站使用 SWAN 的实践所证明，这种精度对气象防灾减灾仍然是很有效的。

（5）1 h 定量降水预报（QPF）

QPF 主要技术流程包括：1）收集整理多普勒雷达和自动站资料，建立资料质量控制系统，去掉地物杂波和异常反射的影响；2）建立 CAPPI 雷达拼图；3）确定雨团移动矢量，并进行回波移动外推；4）利用精密自动站雨量的动态校准技术建立多普勒雷达定量估测降水算法；5）利用雷达定量估测降水关系式对外推的回波进行定量降水估算，给出未来 1 h 降水量的临近预报，更新周期 6 min。雷达资料质量控制和三维雷达资料拼图请读者参考 SWAN 培训教材。

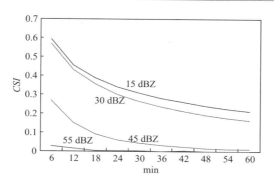

图 5.23　TREC 矢量回波外推算法评分结果

　　在实际操作中,利用上述 0—1 h 雷达回波移动预测结果,通过最优插值将 Z-I 关系估出的雨量误差值订正到站点上,再用 OI 分配到网格点上。最优插值法中,格点的分析值由格点的初估值加上订正值得到,格点的初估值是用 3 km 高度的 CAPPI 回波强度经 Z-I 关系换算得到格点的降水初估值;格点的订正值为自动站观测值与初估值的差。QPF 的计算是把上一时刻格点的 $\sum_{i=1}^{N}(A_{ob,i}-A_{g,i})P_i$(误差)作为本时刻的误差代入计算。并将校正系数应用在后一个预报时刻的降水回波定量降水上,以次类推,可估测 0~1 h 的定量降水。

5.7.2　风暴识别、追踪、分析和临近预报算法

　　(1)雷暴单体识别与跟踪算法 SCIT

　　SCIT 算法(Johnson,$et\ al.$,1998)是 WSR-88D 的一个算法,它由四个子功能模块组成:风暴单体段、风暴单体质心、风暴单体跟踪和风暴位置预报。风暴单体段模块识别反射率因子的径向排列,并输出这些段上的信息到风暴单体质心子功能模块中。风暴单体质心子功能模块将段组合成二维分量,并使这些分量垂直相关构成三维单体,再计算这些单体的属性。单体及它们的属性被输出到风暴单体跟踪及风暴位置预报子功能模块中。风暴单体跟踪子功能模块是通过将当前体积扫描发现的单体与前次体积扫描的单体作匹配来监视单体的移动。风暴位置预报子功能模块是依据风暴移动的历史来预报风暴将来的质心位置。SCIT 算法按照一个径向接一个径向的顺序处理来自雷达基数据的体扫反射率因子。算法不处理速度数据。不做特殊的数据平滑。SCIT 算法的详细介绍请见章国材等(2007)主编的《现代天气业务的技术和方法》。

　　(2)TITAN 算法简介

　　TITAN(Dixon 和 Wiener,1993)的最早版本完成于 1986 年,在 20 世纪 90 年代中后期得到改进和完善。它与 SCIT 类似,是一个基于三维质心追踪的雷暴临近预报系统,但算法较 SCIT 复杂,不但可以给出雷暴质心未来的位置,还可以给出雷暴的形状、体积及其变化。

　　风暴识别、追踪、分析和临近预报使用单体质心算法来识别和追踪一个被看作三维实体的风暴。单体质心法将风暴视为三维单体进行识别、追踪和外推预报,其优点是可以对单个的风暴体进行追踪,并能够给出风暴单体随时间变化的各种物理属性数据,典型的算法如 TITAN(风暴识别、追踪、分析和临近预报)。

　　在风暴的检测上,TITAN 使用类似三维聚类技术识别风暴,没有考虑风暴的虚假探测和

漏测的问题。TITAN 算法采用三维直角坐标,由各个仰角上极坐标的反射率因子基数据内插得到三维直角坐标中每一个格点的反射率因子值。定义雷暴为体积超过 50 km^3,反射率因子超过 35 dBZ 的至少具有一个共面的反射率因子格点的集合。在识别了雷暴之后,确定每个雷暴的以下特征:

1)反射率因子为权重的雷暴质心坐标;

2)雷暴的体积;

3)雷暴水平投影的形状,最早的版本是用一个椭圆拟合,目前是用任意多边形拟合雷暴水平投影的形状。

T_1 时刻识别的单体如图 5.24 中无色的椭圆所示,而 T_2 时刻识别的单体如图中阴影的椭圆所示。雷暴跟踪就是将 T_1 和 T_2 两个时刻识别的雷暴一一对应起来,同时考虑雷暴的新生和消亡。

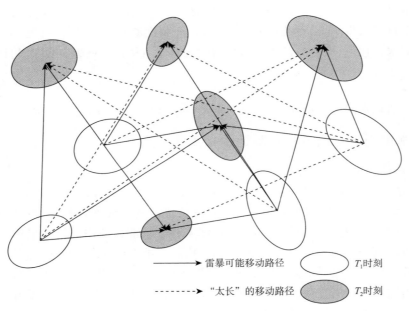

图 5.24　在两个相继的时间间隔可能的雷暴路径

在图 5.24 中给出了相继两个时刻 T_1 和 T_2 对应的雷暴和它们之间各种可能的路径,问题在于如何确定一个最可能的路径。如果类似的匹配对每一个相继的时间间隔都能做到,则雷暴在其整个生命史中一直可以被追踪。确定图 5.24 中的匹配时按照以下三个原则:

1)在一个时间间隔中可能的路径宁短勿长。相继的时间间隔通常是一个体扫间隔,即 5~6 min,因此短的路径比长的路径更有可能是实际的路径;

2)匹配的雷暴应该特征相似,例如体积和水平投影的形状;

3)在相继的时间间隔 Δt 内,一个雷暴移动的距离有一个上限,由预期的雷暴最大移动速度确定。

上述雷暴跟踪的问题在算法中被处理为一个数学中的最优化问题。首先构造一个代价函数,将追踪问题转化为组合最优化问题来计算相邻两个雷达图像内风暴体的匹配关系,然后在一定的约束条件下求目标函数的极小值,得到最可能路径。并且通过一种特殊的、基于风暴体质心位置的几何方法来识别风暴的分裂、合并。

对于风暴体位置的预报，TITAN 使用风暴体在不同时刻的质心位置进行外推预报。一般情况下，TITAN 可以取得较好的追踪结果。当一个雷暴首次被识别，它没有历史，无从外推作预报。在这种情况下，所有变化率假定为零，做持续性预报。以后所有时间间隔的预报基于一个带有双指数平滑的线性趋势模式。简单地讲，这是一个线性回归模式，过去的历史值的权重呈指数减小。

1997 年 Brown 选择了 12 个雷暴个例对 TITAN 外推法进了测试，30 min 预报的试验结果：$POD=0.37$、$FAR=0.66$、$CSI=0.22$。

SWAN 项目组利用天津、北京、广州雷达的 12 个个例（天津：2005 年 05 月 31 日；北京：2006 年 06 月 24 日；广州：2007 年 06 月 10—16 日、2007 年 08 月 10—12 日），按 1 km×1 km 分辨率对 TITAN 外推法进行严格的检验，评分结果如下：30 min 预报，$POD=0.48$、$FAR=0.56$、$CSI=0.29$；60 min 预报，$POD=0.33$、$FAR=0.76$、$CSI=0.16$。

SWAN 项目组还同时利用广东省 2007 年的 12 个个例（6 月 8 个、8 月 4 个），对 WSR-88D 和广州（GZ）两种追踪外推方法进行检验评估。每个个例 6 min 取样一次，共得到 977—8743 个样本，不同时效样本数见图 5.25。

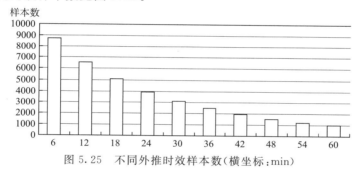

图 5.25　不同外推时效样本数（横坐标：min）

项目组采用的检验评分办法有如下三种：

平均 χ − 绝对距离误差 $\dfrac{1}{n}\sum |x_{\mathrm{obs}}-x_{\mathrm{fcst}}|$

平均 y − 绝对距离误差 $\dfrac{1}{n}\sum |y_{\mathrm{obs}}-y_{\mathrm{fcst}}|$

平均距离误差 $\dfrac{1}{n}\sum \left[(x_{\mathrm{obs}}-x_{\mathrm{fcst}})^2+(y_{\mathrm{obs}}-y_{\mathrm{fcst}})^2\right]^{\frac{1}{2}}$

检验评估结果：平均距离误差见图 5.26，平均绝对距离误差见图 5.27。由图 5.26 可知，广州的方法距离误差小于 WSR-88D，预报时效 60 min，距离误差也只有 15 km。从图 5.27 可知，X 方向的绝对距离误差（上线）略大于 Y 方向（下线）。

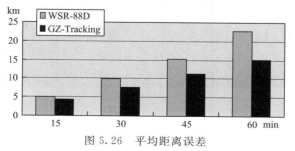

图 5.26　平均距离误差

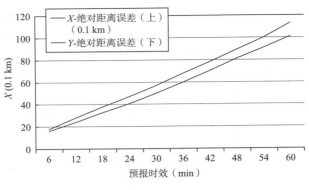

图 5.27　平均绝对距离误差

5.7.3　自动临近预报系统 ANC

ANC(AUTO-NOWCASTER)是由美国大气研究中心研制的雷暴自动临近预报系统,它的基础部分是基于 TREC 的外推,同时综合考虑边界层辐合线、大气稳定度、大气低层垂直风切变、TITAN 关于雷暴增长和减小的信息来预报雷暴的生成和演化(移动过程中增强、移动过程中维持强度不变和移动过程中的衰减)。

图 5.28 为一个例子。(图 5.28a)所示有两条辐合线趋于相碰,因此 ANC30 min 预报其中一条辐合线后面的回波加强,这一点被事后的实况所证实(图 5.28b)。ANC 还预报北边的几块回波衰减,事后证明是预报错了(图 5.28b)。

5.7.4　其他的临近预报系统

英国是开展临近预报比较早的国家,它比较有代表性的临近预报系统是 NIMROD (Golding,1998),该系统利用外推和中尺度天气预报模式结合的办法做 0～6 h 的降水(包括降水率和累积雨量)、云量和能见度的预报。

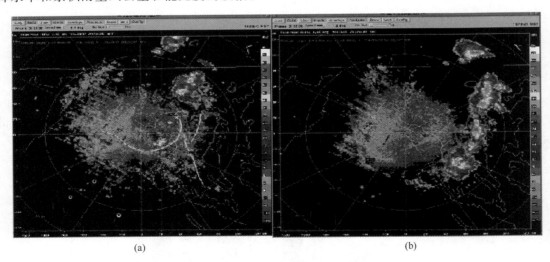

(a)　　　　　　　　　　　　　　　　　　(b)

图 5.28　ANC 30 min 预报(a)与实况(b)

对于降水预报,首先根据雷达回波和地面雨量计观测得到降水场分析,然后将分析的降水场划分为一个个目标,然后确定每个目标的移动向量。确定移动向量可以在两种方法中选择:或者通过交叉相关分析确定移动向量,或者利用中尺度模式提供的风场来确定移动向量,从两种方法中选取最优的移动向量进行降水目标的外推。将中尺度模式预报与上述外推预报进行结合。在结合中需要注意:1)填补外推方法下的数据空白区;2)将数值模式中增长和衰减的因子引入;3)保证预报产品之间的连续性。上述降水预报的分辨率为 5 km×5 km。

云量的预报与上述方法类似,只是云分析需要利用云图和地面观测。能见度的分析也是利用地面观测和云图。能见度预报的分辨率也是 5 km×5 km,而云量预报的分辨率为 15 km×15 km。除了降水、云量和能见度外,NIMROD 还可以预报地面大风,主要依靠中尺度数值预报模式。

除了 NIMROD,澳大利亚的 STEPS 是与 NIMROD 非常类似的一个系统,也是通过结合外推和数值预报模式制作 0~6 h 降水预报。同时 STEPS 还考虑到降水的随机性带来的不确定性,制作 0~6 h 的降水集合预报。此外,日本气象厅正在发展 0~6 h 的临近预报系统 VS-RF,它也是将外推和非静力平衡的中尺度数值模式结合起来。首先是降水场分析,利用大量雨量计数据订正雷达降水估计形成降水分析场,对降水分析场进行外推,外推过程中考虑地形对降水的增强和减弱作用,然后将外推结果与非静力平衡的中尺度模式预报结合,最后进行一定程度的平滑,形成最终的预报场。日本的临近预报系统主要用来制作 0~6 h 梅雨和台风降水预报。

5.7.5　延长强对流天气临近预报时效的方法

TREC 矢量外推方法和 TITAN 外推法都没有考虑回波的生消,影响了回波和降水预报的能力,随着预报时效的延长,无论是强回波还是强降水的预报技巧下降都很快。雷达回波的生消问题是短时临近预报技术中的难点问题之一,延长强对流天气预报时效必须将雷达回波外推与数值预报有机地结合起来。

中小尺度天气系统的生消变化总是受到环境场的动力和热力条件的影响,第 3 章的研究表明环境场中的对流有效位能(CAPE)、K 指数、垂直风切变等物理量对强对流天气有很好的指示意义,从环境场与对流系统的这种动力和热力影响关系出发,寻找中小尺度天气系统(雷达回波)的变化与环境物理量场之间的对应关系,由已知的环境物理量场动态地决定雷达回波生消变化,是今后算法改进的一种可能的研究思路。

(1)建立平均雷达回波变率与物理量之间的关系

广州中心气象台(2007)在这方面做了一些探索,他们建立了平均雷达回波变率与物理量之间的逐步回归方程,然后利用快速分析预报产品逐小时更新入选回归方程的物理量,代入回归方程求得单位 a 的平均雷达回波变率,最后,将雷达回波变率量叠加在外推后的雷达回波上,从而实现雷达回波的生消预报。例如,利用 2006 年 11 月 18 日 15 时的资料建立了如下回归方程:

$$Y = 0.2153220 \times U_{850} - 0.1822716 \times U_{200} - 500 - 0.085088678 \times DIV_{500}$$
$$- 0.1890428 \times RH_{850+700+500}$$

表 5.18 给出了不同预报时效没有考虑回波生消与考虑回波生消的效果对比,可以看出,考虑回波生消,相关系数 30 min 后便高于未考虑回波生消,2 h 后效果更加明显,3 h 后考虑回

波生消相关系数仍达到 0.52,而未考虑回波生消的相关系数只有 0.32,已不可用了。

表 5.18　雷暴单体生消算法效果对比

预报时效(min)	没有考虑回波生消		考虑回波生消	
	残差	相关系数	残差	相关系数
10	2.14354	0.94	2.00914	0.94
20	4.97109	0.87	3.48909	0.84
30	8.04738	0.78	4.77673	0.84
40	11.0396	0.71	6.04219	0.73
50	13.7611	0.64	7.3742	0.68
60	16.3914	0.58	8.57065	0.64
120	26.3331	0.42	9.38691	0.58
180	35.0659	0.32	11.4315	0.52

(2)雷达回波的移速与高空风结合

山义昌等(2003)将雷达回波的移速与高空风速结合起来考虑,综合进同一个回归方程之中。他们通过对鲁北 21 次强对流云过程分析,确定强对流天气的起报标准为:在雷达观测范围内,对流云团标准为回波顶高 $H \geqslant 7.0$ km 以及回波强度 $Z \geqslant 25$ dBZ。冰雹云的判别标准为:回波顶高 $H \geqslant 10.0$ km,回波强中心 $Z \geqslant 35$ dBZ。回波移速在 X 和 Y 方向分别为:$u = V\sin\alpha$,$v = V\cos\alpha$。α 为回波强中心移动方向,单位:度。

通过对鲁北 21 次强对流云过程的统计分析,制作了强对流中心的任意时刻所处经、纬度的预报方程。

1)经度值预报方程

$$E = E_0 + 0.129u + 0.192U \qquad (\alpha = 0.05)$$

式中,E 为未来强对流云团中心所在经度值;E_0 为强对流云团初始经度值;u 为初始回波移速向量在 x 方向的分量,单位 km/h;U 为当日 08 时济南 700 hPa 风速在 x 方向的分量,单位 km/h。方程复相关系数 $R = 0.63$。

2)纬度值预报方程

$$W = W_0 + 0.148v + 0.221V \qquad (\alpha = 0.05)$$

式中,W 为未来强对流云团中心所在纬度值;W_0 为强对流云团初始纬度值;v 为初始回波移速向量在 y 方向分量,单位 km/h;V 为当日 08 时济南 700 hPa 风速在 y 方向的分量,单位 km/h。当移速向量和 700 hPa 风速向量在 y 方向分量为非负值时,$v \geqslant 0$,$V \geqslant 0$;否则 $v < 0$,$V < 0$。方程复相关系数 $R = 0.68$。

1999—2002 年的应用情况表明,对鲁北强对流天气的临近预报,效果较好,在误差为 ±0.5°准确率要求下,准确率达 90%。

雷达回波外推法似乎已经走到了尽头,但是强对流天气临近—短时预报正面临广阔的发展天地,重点是如何将实况外推与数值预报有机结合起来,期待有志之士投身其中,为提高强对流天气临近—短时预报准确率和精细度而不懈地努力。

第 6 章　　强对流天气预报

第 1 章至第 5 章分别讨论了强对流天气的气候特征、天气形势、环境条件、中短期客观预报方法、强对流天气分类识别和临近预报方法，这一章要讨论如何应用这些知识和方法去做强对流天气预报，并通过若干个例具体阐述之。

6.1　强对流天气预报思路和预报技术流程

在做强对流天气预报时，我们常常需要考虑以下几个问题：

(1)强对流天气会发生吗？

(2)发生的是强风暴还是非强风暴？

(3)最可能出现什么类型的强对流天气？

(4)强对流天气最可能出现在什么地方？

为了回答以上问题，需要了解强对流天气时空分布特征，分析影响天气系统、强对流天气发生的环境条件、触发机制，分类进行诊断分析，然后才能做出强对流天气的落区预报。

由于目前用于短期强对流天气分析所依据的高空地面资料，仍属于天气尺度或次天气尺度的资料，国家级全球和有限区域数值预报模式的分辨率也只有十几千米到三十千米，有些省在运行更高分辨率的数值模式，但是由于没有解决好局地资料同化问题，高时空分辨率模式产品的预报准确率不一定高于国家级的数值预报产品，因此，目前强对流天气短期预报的时间分辨率能精细到 3 h、落区能明确到县级已属不易了。

为了进一步提高强对流天气落区预报的时空分辨率，还需要发展强对流天气短时预报业务。短时预报依据的产品主要有高空地面资料、中尺度数值预报产品，特别是正在发展的快速分析预报系统(RAFS)的产品，如果 RAFS 发展得好，RAFS 产品的解释应用工作也做到家了，强对流天气短时预报的空间分辨率有可能达到乡镇，目前制作 0～3 h、3～6 h、6～9 h、9～12 h 3 h 间隔的强对流天气预报是可能的。

鉴于目前的预报水平，突发性强对流天气的短时预报准确率不可能很高，为了气象防灾减灾的需要，应当大力发展强对流天气临近预报业务，并尽可能延长预报时效，提高强对流天气临近预报准确率。

强对流天气发生的充分必要条件是：1)大气层结不稳定；2)水汽条件；3)抬升触发机制。三者缺一不可，在上述三个条件能够同时满足的地方，就会有强对流天气产生。因此，在短期、短时预报业务中，应当特别注意这三个条件的分析。

6.1.1　强对流天气气候学

强对流天气气候学对于预报员做好强对流天气预报是必要的背景知识。

　　强对流天气是冷暖空气激烈交绥的结果。因此,一个地区只有在一定的季节才会出现强对流天气。从全国来看,由于暖空气2月开始在华南地区活跃起来,华南地区强对流天气就开始出现了;3—4月冷暖空气激烈交绥在华南和江南地区,这些地区进入强对流天气频发季节;到了5月,华南地区由于0℃层的抬高,除强降雨外其他强对流天气减少,但是江南地区强对流天气仍然频发。进入梅雨期,冷暖空气在长江流域交绥,华南地区强对流天气便很少出现了;又由于天气形势比较稳定,长江流域及江南地区以暴雨天气为主,其他强对流天气大为减少;而中国北方由于迅速回暖,则进入强对流天气多发期。随着7月中旬副高进一步北抬,季风涌影响中国北方,北方强对流天气频发;江南地区为副高所控制,除了在副高控制下也会出现局地的热雷雨之外,台风和东风带系统也会给华南和江南地区带来强对流天气,特别是华南又进入一个强降雨的高发期。到9月份,全国强对流天气都较少出现。11月—次年1月,全国罕见强对流天气了。

　　以上所述只是一般的气候特点,但是也有例外。例如,1996年12月31日江苏地区有40多个站出现雷雨大风、7个站还降了冰雹,江苏在隆冬季节出现强对流天气是罕见的,但是这一天江苏地区确实具备了产生强对流天气的条件。又如,东北地区一般将7—8月定义为汛期,这是一般的气候情况,但是6月也可能出现强降水,例如2005年6月10日黑龙江省牡丹江市沙兰镇出现了罕见的短历时强降水。因此,不能机械地理解强对流天气气候学,气候学只能作为一种背景,需要真正掌握的是产生强对流天气的条件,特别是我们在第3章中阐述的环境条件。

6.1.2　影响天气系统分析

　　在第2章中详细讨论了产生强对流天气的天气系统,并进行了分类,给出了每类天气型的概念模型。这些天气型仅是为强对流天气的产生提供了一种天气尺度的背景,实际触发强对流天气产生的是中尺度系统,因此,应当特别注意分析高空的短波槽、对流层低层的切变线、中尺度低压、气旋性环流(辐合、风速切变等)、干线、地面的辐合线等。

　　在做影响天气系统分析时,预报员通常关注500 hPa的天气系统,在500 hPa没有明显的影响系统甚至在副高内部出现强对流天气时,常常感到困惑。例如,副高内部并非都是下沉气流,副高控制区域低层往往高温高湿,虽然500 hPa甚至700 hPa都为高压(脊)控制,但是在850或925 hPa有低值系统,只要有冷空气侵入,便有可能产生强对流天气。500 hPa没有明显的影响系统,不等于就没有影响系统,强对流天气常常与对流中低层(700、850、925 hPa等)的低值系统相联系,因此,应当特别注意分析对流层中低层的影响系统,例如短波槽、切变线、小低压、低空急流等。

　　另一方面,预报员也不能为低层影响系统已过境所迷惑。本章将介绍一个个例(见6.14节),虽然地面冷锋、850 hPa切变线已移过石家庄,但是700、500 hPa的影响系统位置适当,低层的湿度大且有水汽辐合,石家庄也产生了短历时强降雨。

　　因此,在强对流天气分析和预报中,应当重视高、中、低层的相互作用。强对流天气的发生既离不开中低层的辐合系统,也离不开对流层高层的辐散,高层的辐散对于强对流天气的发生也是必要的。在预报业务中也应当分析对流层高层的天气系统和相关物理量。由于对流上升运动可以可达很高的层次,因此,建议分析300、200 hPa天气图。

　　需要注意的是,产生强对流天气的往往是不起眼的高空小槽,在适宜的条件(例如正涡度平流)下它发展引发强对流天气。因此,在预报业务中不能忽视这些小低值系统的分析。另外,在影响系统不明显时,应当特别注意数值模式的预报,例如副高后部天气型,当数值模式预报副高东退、引导其西部的弱冷空气南下时,如果此前低层高温高湿,满足短历时强降水的条件,就应当预报强降水了。

虽然我们并不能确定不同天气型下可能出现的强对流天气是什么,换句话说,同一影响系统或触发系统可能产生各种强对流天气,但是在某一类天气型下不同种类强对流天气出现的频率是不同的。因此,进行不同天气型下不同种类强对流天气的出现概率分析对预报员制作强对流天气预报也是十分有用的信息。例如,北京市 2000—2002 年各种天气型下出现不同强对流天气的频率见表 6.1(北京市气象局,2010)。由表 6.1 可见,贝加尔湖低涡、蒙古低涡和西北气流下出现冰雹和对流性大风频率高,而东高西低和西来槽则出现对流性暴雨的频率大。

表 6.1　北京 5 类天气形势冰雹、大风、对流暴雨、雷击出现频率(2000—2002 年)

天气形势	出现次数	冰雹出现频率(%)	大风出现频率(%)	对流暴雨出现频率(%)	雷击出现频率(%)
贝加尔湖低涡、蒙古低涡	9	78	67	22	44
西北气流	17	47	65	19	35
西来槽	9	11	44	56	67
东高西低	15	27	47	80	60
切变、涡	14	21	29	29	57
总计	64	36	42	50	52

6.1.3　环境条件分析

第 3 章我们详细讨论了产生不同种类强对流天气的环境条件,这只是初步的结果,从初步结果看,分类识别强对流天气是可能的。由于各地天气气候差异很大,产生强对流天气的环境条件可能有所不同,这就需要各地建立短历时强降水、对流性大风、冰雹、雷电、龙卷等批量个例库,计算各种物理量,找出与以上强天气关系最好的物理量,并求出其阈值,作为预报指标。将多个关系好的预报指标叠加,这些预报指标围成区域的重叠区即是强对流天气的落区,调整预报因子(物理量)的个数和阈值,使得强对流天气的概括率最大、预报准确率最高;也可以根据预报指标的相对重要性赋予其不同的权重,多预报指标带权重叠加,根据拟合率最高的原则确定叠加后的阈值,超过阈值的区域即为强对流天气的落区。叠加(套)法既可以用 PP 法,也可以用 MOS 法。我们也可以用其他方法建立强对流天气预报模型,第 4 章和第 5 章已经作了系统介绍,此处不再赘述。

强对流天气分类识别和预报指标需要在大批量个例分析总结研究的基础上才能得到,这是目前的薄弱环节,作者在做环境条件分析时,每类强对流天气也只检索到 20 个左右的个例,这些个例虽然有较好的代表性,但数量仍显不足,需要各级台站大力加强这方面的工作。分析总结各类强对流天气产生的气象条件,一方面是为了提高预报员对强对流天气形成条件的认识,以便在预报业务中有针对性地开展分析工作;另一方面是为建立强对流天气客观预报方法奠定基础。

客观预报方法为预报员做强对流天气预报提供了一个较好的基础。但是,强对流天气落区预报最终还是要依靠预报员做出的,因此,形成科学的分析预报着眼点是必要的。就环境条件而言,应注意分析预报如下天气条件。

(1)大尺度的过程是否使得大气变得更加对流不稳定。例如低层暖湿平流和中高空干冷平流会使大气从原来的对流稳定变为对流不稳定,从原来的中性或弱不稳定变为强烈不稳定。短波槽强迫的缓慢上升运动也可以使原来对流稳定的大气层结变为对流不稳定。

(2)垂直风切变的分析。弱的垂直风切变情况下只会出现一种强风暴——脉冲风暴,其强烈天气包括下击暴流、冰雹和偶尔的非超级单体龙卷。强的垂直风切变情况下可以出现多单体风暴、飑线和超级单体风暴等形式的强风暴。

在预报业务中,除了分析每次探空的垂直风切变之外,如果有可能还应当分析风廓线仪资料中的垂直风切变。虽然数值模式风的预报有较大的误差,但是仍然有必要在分析误差并进行必要订正的基础上,分析数值模式预报的风切变;即使没有对模式风的预报误差进行订正,如果模式预报出明显的垂直风切变,这种信息对于强对流天气仍然是很有价值的。

(3)水汽条件的分析。强烈的对流风暴需要充足的水汽供应。短历时强降水更是需要快速的水汽补充,如果存在低空急流是有利于水汽供应的。但是,对于局地性很强的短历时强降雨(例如2004年7月10日北京城区强降雨),由于目前天气图的时空分辨率低,往往分析不出明显的水汽供应,常常导致对这类过程的漏报。这时,分拆稠密的GPS水汽资料可能提供时空密度更高的水汽供应线索。例如,用常规资料不能模拟(用MM5模式)出北京2004年7月10日城区强降雨过程,但是加入GPS水汽资料之后便可以模拟出这次过程便是一个例证。另外,分析风廓线仪的资料,可以得到低空急流发生发展的有用信息,虽然这些信息大多数已经临近强对流天气发生了,但是对临近预报还是很有用的。

在实际预报业务中,预报员还需要重点考虑以下几个环节:首先分析强对流天气的实况,包括逐时、逐3、6、24 h天气实况,分析强对流天气的强度、范围、均匀(局地或大范围)程度、移动方向和移动速度;其次分析各种强对流天气与大尺度环流背景场、三维影响系统的配置关系,分析各种强对流天气与相应天气现象的物理参数的配置关系以及是否达到产生强对流天气的阈值。分析的目的是总结、归纳天气概念模型、物理模型。与此同时,还需要分析各种数值预报模式的性能或能力,检验各数值预报模式产品(包括重点考虑层次的高度场、风场、温度场、降水场和物理量等)的预报能力,检验各种数值预报模式的物理参数预报能力,分析预报误差。根据客观检验的结果,选择一种预报能力较强的模式,并依据检验结果对物理参数进行订正,在此基础上,运用叠套法或配料法制作强对流天气落区的潜势预报。

在预报业务中,每次探空曲线及其物理量的分析是十分必要的,为了弥补绝大多数探空站只有08、20时两次探空的缺陷,建议采用如下流程,分析强对流天气所需要的环境条件:

(1)分析08时的T-$\ln p$图,如果由探空资料计算的对流参数(MICAPS能自动生成T-$\ln p$图和这些物理参数)满足前述的环境条件,则可以应用第4章介绍的任何方法(例如叠套法)制作分类强对流天气落区预报产品;

(2)如果用08时的探空资料计算的对流参数不符合前述的环境条件,则采用4.2.2节中介绍的基于地面资料的探空曲线重构(平流不明显时用之)(方法1)、基于风廓线仪和微波辐射计的资料反演(方法2)、基于温湿平流的方法(方法3)计算当时(方法1和2)或未来(方法3)的对流参数,然后应用第4章介绍的任何方法(例如叠套法)制作分类强对流天气落区预报产品;其中方法 1 和 3 各地都可以选用。

（3）在对数值模式物理参数预报误差检验的基础上,对模式输出的基本物理量进行订正,构建模式探空,然后计算各预报时次的强对流参数;或者直接检验并修正模式输出的对流参数,然后应用第 4 章介绍的任何方法(例如叠套法)制作分类强对流天气落区预报产品。

以上工作思路同样适用于短时预报,只不过短时预报更多地依赖于快速分析预报系统(RAFS)的产品罢了。

为了提强对流天气预报的概括率,尽可能减少强对流天气的漏报,还需要充分利用集合预报产品,大力发展中短期强对流天气概率预报业务,我们在 4.8 节中已经作了介绍,此处不再赘述。

6.1.4　触发条件分析

适宜的环境条件只为强对流天气的发生提供了一种潜在的环境,即所谓"潜势",将"潜势"转化为强对流天气还需要强对流触发条件。

6.1.2 节提到的影响天气系统为触发条件提供了动力背景,因为天气图表现的是气象要素场,它们都是零级场,预报员往往是根据天气学知识去判断产生强对流天气的动力条件,但是对于反映不明显的系统往往容易漏判,因此有必要借助气象要素场的微商,例如涡度及平流、辐合和辐散、水汽通量和散度、垂直运动场等来判断动力条件。

真正触发强对流天气的系统可分为深厚的对流系统、干冷空气、边界层辐合系统和地形抬升等几类。深厚的对流系统包括台风、高空冷涡和西南涡这样的暖性涡旋等,它们依靠自身提供的动力产生对流运动。如果遇到与其他系统的相互作用,则产生的对流运动会更加强烈。

冷(和或干)空气的入侵是造成不稳定能量释放的重要条件。冷(和或干)空气一般是在对流层中低层入侵的。因此,在预报业务中应当仔细分析干(冷)空气的来源、路径及可能影响的地区。湿位涡是分析冷(干)空气及其与暖湿空气相互作用的较好的工具。在斜压大气中,位涡能准确地反映斜压天气系统的演变特征。平流层低层及对流层高层具有高位势涡度的大气在对流层高层高空急流的输送下移动,可以导致对流层中低层的抽吸,使得地面气旋性环流辐合加强,暴雨增幅。对流层高层、对流层顶以及平流层的大值位涡下传,使得具有高位涡的干冷空气叠加在低层扰动所对应的 PV 中心之上,对于位势不稳定能量的储存和释放十分有利。在低空急流的引导下,从北方来的弱冷空气与从东南沿海来的暖湿气流相遇,形成湿斜压锋区,产生湿斜压不稳定,而弱冷空气的侵入又触发了不稳定能量的释放(于玉斌和姚秀萍,2000)。

触发对流的系统通常是中尺度系统。天气尺度系统的上升运动一般不足以触发对流,但是它们是产生触发系统的背景场,在触发系统启动对流后又使得大气变得更加对流不稳定。边界层辐合线是风暴发生发展的动力条件之一,是强对流风暴发生、发展临近预报的关键。第 3 章我们已经指出,所谓的边界层辐合线,可以是冷锋、暖锋和静止锋,也可以是中尺度的辐合线、海陆风辐合带,包括雷暴的出流边界(阵风锋)和其他辐合系统等。大多数风暴都起源于边界层辐合线附近,在两条边界层辐合线的相交处,如果大气垂直层结有利于对流发展,则几乎肯定会有风暴在那里生成。如果边界层辐合线相交处本来就有风暴,则该风暴会迅速发展。

因此,在强对流多发季节和汛期,建立 1 h 一次(强对流天气发生前夕和过程中应当加密到 10 min 一次)地面天气图(包括区域自动站)中尺度天气分析业务是十分必要的。为了减少预报员的分析工作量,能定量的物理量绘图尽可能由计算机完成,预报员只需要在关心的区域内分析锋面、辐合线、露点锋、海陆风辐合带、中低压、中高压,湿舌和高能舌就行了。另外,在雷达资料分析中要注意分析出流边界(阵风锋)及与其他回波的交叉等。

在触发条件中,地形的作用不可忽视。很多地方强对流天气都发源于山区。例如,北京市东北、北、西三面是山、东南部是平原的特殊地形,西南方向的回波沿西部山前向北抬,当东南风加大时,地形使气流抬升,在西部山区的山前形成较强的回波,造成山前暴雨。当西北气流冲下山坡时,风速加大,辐合加强,容易产生冰雹天气(王令等,2004)。我们在第 2 章给出的 1983 年 6 月 27 日一次华北强飑线例子,数值模拟表明,如果没有华北西北部的山区,飑线将难以在华北地区形成。太行山地形对河北省的冰雹、雷雨大风及暴雨过程都有明显影响。我们还将在 6.14 节给出一个发生在 2008 年 9 月 22—26 日四川盆地的特大暴雨的例子,这次过程期间 500 hPa 无明显低值系统,其主要触发系统是副高西北侧持续的东南低空急流,这支急流与四川西部山区几乎垂直,它带来的丰沛水汽在地形强迫下抬升,形成强降雨。

6.1.5　强对流天气临近预报

强对流天气中短期落区预报无论是精细度还是准确率都不能很好地满足气象防灾减灾的需求,需要在强对流天气中短期落区预报的基础上,利用卫星、雷达、地面自动站等资料制作强对流天气临近预报和警报。

第 5 章详细讨论了各类强对流天气的天气雷达识别,并归纳出一些识别指标,各地同样需要根据大批量的个例资料修订、补充和完善这些指标。在强对流天气临近预报业务中,除了建立客观预报方法之外,预报员应当特别关注这些指标的识别和分析。

由于临近预报时效短,必须建立一个快速简洁的分析流程,在此引用俞小鼎(2010)在《现代天气业务》一书提出的在业务中如何使用雷达资料的技术流程建议。

(1)首先检验 1 km 分辨率的组合反射率因子产品(37 号产品),上面叠加冰雹指数和中气旋产品,这样可以确定在雷达监视的区域内有哪些可能的强对流风暴(图 6.1)。选取图中 14 号对流风暴单体作为进一步考察的对象。

(2)找到每一个潜在的强对流风暴的位置,将其置于画面的中心,在同一幅画面上显示 4 张该风暴单体的回波图,选择分别代表低层和中层的两幅反射率因子和两幅径向速度图,每幅图放大相同的 2 或 4 倍。在环境垂直风切变较大的情况下,若反射率因子垂直结构出现向入流一侧倾斜,则可以判断是强对流风暴,有产生地面大风、龙卷、冰雹的潜势。从反射率因子图可以大致确定对流风暴是多单体风暴、飑线还是超级单体风暴。如果低层和中层径向速度显示出强烈中气旋,则无疑是超级单体风暴,可以考虑龙卷警报;如果显示中层明显的辐合,可以考虑地面大风警报;反射率因子回波若呈现弓形回波,也可以考虑地面大风警报。中层的反射率因子的核心若超过 50 dBZ,需要进一步检验其垂直剖面以考察在强回波下面是否存在(有界)弱回波,如果存在,则需要考虑大冰雹预警。具体例子如图 6.2 所示。如果必要,可以在反射率因子图上叠加冰雹指数产品和风暴路径信息,在反射率因子径向速度图上叠加中气旋和龙卷涡旋特征(TVS)产品。

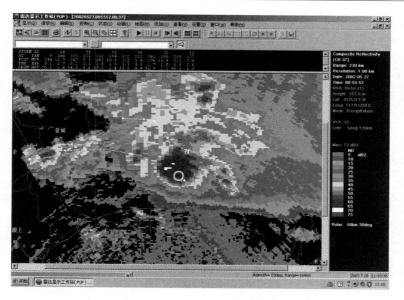

图 6.1　2002 年 5 月 27 日 16 时 55 分合肥 CINRAD-SA 雷达的组合
反射率因子,叠加冰雹指数、中气旋和风暴路径信息

　　(3)作适当的垂直剖面。反射率因子垂直剖面主要用来判断垂直结构,看 0℃ 和 −20℃ 等温线的高度以上是否有超过 50 dBZ 的反射率因子结构,从而判断大冰雹的可能性。径向速度垂直剖面可以判断中层辐合区的存在与否,从而判断地面大风的可能性。图 6.3 是图 6.2 中超级单体风暴的垂直剖面,由附近探空曲线得到 −20℃ 等温线位于 6.5 km 高度,而图中垂直剖面显示在该等温线高度以上有超过 65 dBZ 的反射率因子,因此该超级单体风暴有极大的可能降大冰雹。

　　事实上,如果前两个步骤已经可以确定会出现什么种类的强对流天气,则第三步就可以省去。如果这三步还不能确定对流风暴的特征和可能产生的天气,可以进一步用 4 幅图显示的方法考察你认为必要的反射率因子、径向速度、相对风暴径向速度和垂直累积液态水分布图。4 幅图显示是一个十分有用的功能,WSR-88D 的 PUP 上装备了这个功能,在中国新一代天气雷达的 PUP 上也有 4 幅图平铺的功能,但不是很便捷,需要开发一个适合于中国新一代天气雷达的有效便捷的 4 幅图显示功能。

　　需要注意的是,在以上操作步骤中,还应当增加识别指标(例如第 5 章所总结的指标)的判别,以利于快速做出强对流天气正确的识别和预警。

　　下面通过一些个例,应用上面的思路和流程对强对流天气过程进行分析和预报。选用的个例都是近几年发生的。个例选择原则如下:(1)分析比较全面,包括天气形势、环境条件、触发系统和雷达回波分析等;(2)尽可能选择局域性的强对流天气过程,没有选择台风和区域性暴雨过程个例;(3)东、西、南、北、中尽可能都有个例,以反映全国的情况;(4)尽可能选取预报难度较大,容易漏报的个例。本章共选择了 19 个个例,其中龙卷个例 2 个,对流性大风个例 4个,冰雹大风个例 2 个,短历时强降水个例 6 个,湿对流过程 1 例,混合对流过程 3 个,雷击个例 1 个。这些个例预报难度都较大、大多数预报业务上都漏报了。我们希望通过个例分析,寻找出一些可能的预报线索。

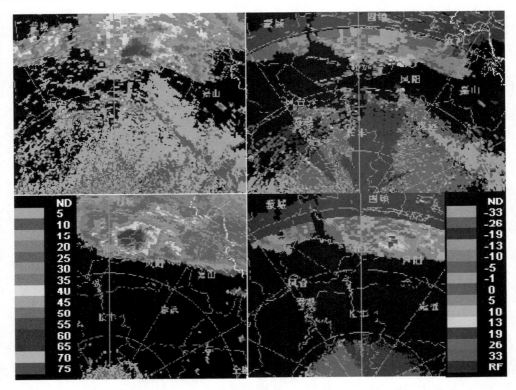

图 6.2　2002 年 5 月 27 日 16 时 55 分合肥 CINRAD-SA 雷达的
0.5°和 2.4°仰角的反射率因子和径向速度

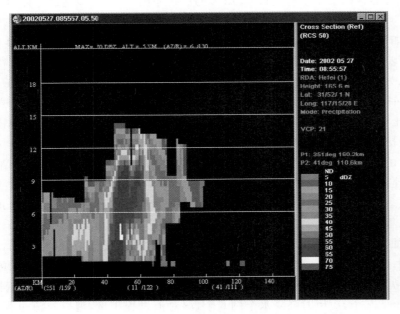

图 6.3　图 6.2 中所示超级单体风暴的反射率因子垂直剖面

6.2　2009 年 6 月 3 日河南东北部、5—6 日江西北部对流性大风分析

2009 年 6 月 3—6 日飑线横扫河南东北部、安徽北部、江苏大部分地区和江西北部,沿途造成雷暴大风和局地冰雹。本节重点分析 6 月 3 日豫北、豫东雷雨大风和 5—6 日江西九江地区的无降水大风天气的成因。

6.2.1　2009 年 6 月 3 日豫北、豫东的雷雨大风天气分析

6 月 3 日下午到夜里,豫北、豫东出现了雷雨大风天气。开封、商丘等地在 20—23 时遭受强飑线袭击,飑线长约 140 km,并以 50～60 km/h 的速度快速向东南方向移动。这次过程以雷雨大风为主,有 18 个站出现大风天气,其中永城县 22 时 42 分最大风速达 29 m/s(11 级)(图 4.8)。这次过程降雨量不大,超过 20 mm 的只有 6 个站,其中最大的杞县也只有 34 mm。因雷击和大风造成的树倒、房塌致 24 人死亡,据不完全统计,河南省直接经济损失超过 15 亿元。

(1)天气形势

6 月 3 日 08 时,500 hPa 中高纬度为两槽一脊形势,巴尔克什湖附近有高空槽缓慢东移,高压脊位于贝加尔湖附近,切断冷涡中心位于东北地区北部,位置少动,其后部有短横槽位于内蒙古中部,不断引导涡后冷空气南下,横槽北部为明显的冷平流,属于典型的 500 hPa 西北气流型天气形势;700 hPa 形势场与 500 hPa 相似,在陕西西部到四川北部有一风切变辐合区,山西南部、河南大部分地区呈反气旋环流形势。河北中部至内蒙古中部存在冷平流,河南上空为西伸的暖脊控制,有暖平流;850 hPa 图上在陕西西部、山西中部到河北与河南交界处有弱低涡切变存在,河北及以北地区位于冷槽中,河南位于暖中心附近。显著湿区位置偏南,在江南中部到华南地区(图 6.4)。

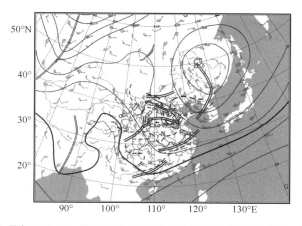

图 6.4　500 hPa 图上叠加 850 hPa 低压切变线、暖脊(标有 N 的虚线区)和湿区、干线(空点点划线)

3 日 20 时,500 hPa 中高纬度仍为两槽一脊形势,切断冷涡中心位置少动,强度略有减弱,08 时的短波槽南移至山西中南部,冷空气跟随南下,在河北中南部有一个 −16℃ 的冷中心;700 hPa 上 08 时在陕西西部到四川北部的风切变辐合区东移至河南和湖北两省西部,切变线两侧风速均比 08 时明显增大。河南东部和湖北东部为反气旋环流。河南仍位于暖脊之中,西

部和中部有明显的暖平流;850 hPa 图上的切变线东移到河南中部至陕西南部,东端位于商丘附近。河南仍受暖脊控制,暖脊比 08 时略有加强。显著湿区位置变化不大,稳定在江南中部到华南地区,北方水汽条件较差(图略)。

这次过程主要影响系统为高空冷涡后部的干冷空气,它随短波槽东移南下,低层存在切变辐合,并伴有强的暖空气,但暖空气湿度较小,所以造成以雷暴大风而非强降水为主的强对流天气。

这次过程河南前期升温明显,豫北和豫东 6 月 3 日 08 时 850 hPa 超过 20℃,925 hPa 超过 24℃,与此同时,东北冷涡后部横槽引导高层冷空气南下,加强了河南北中部上冷下暖的对流不稳定层结(图 6.5)。

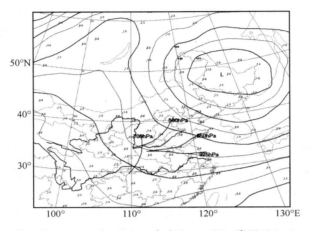

图 6.5　2009 年 6 月 3 日 20 时 500 hPa 高度和 700 hPa 降温区(−1.0～−7.0℃)

(2)环境条件

分析离雷雨大风发生地最近的徐州探空资料发现,3 日 20 时徐州站(表 6.2)K 指数为 38℃、沙氏指数为 −10.2℃、$\Delta\theta_{se850-500}=22℃$,CAPE 值为 734.4 J/kg,表明测站上空附近有较强的不稳定能量。同时,中低层风为顺时针旋转、400 hPa 以上风呈逆时针旋转,说明低层有暖平流、高层有冷平流,这些特征均有利于强对流天气的发生发展。这些条件都符合第 3 章分析得到的雷雨大风的指标,但 CAPE 较小,不会产生大冰雹;中低层湿度较小,不利于产生强降水。

表 6.2　6 月 3 日 20 时阜阳、徐州、郑州三站探空计算得到的物理量

站名	0℃层高度(m)	−20℃层高度(m)	−30℃层高度(m)	CAPE(J/kg)	Sweat	KI(℃)	SI(℃)	$\Delta\theta_{se850-500}$(℃)
阜阳	4158.2	6698.3	8024.4	1408	17.5	−7	2.88	
徐州	4049.1	6636.3	7957.4	734.4	509.2	38	−10.02	22
	(3952)	(6613)	(7871)	(0)	(231)	(21)	(−2.8)	(9.7)
郑州	3406.3	6537.8	8030.8	53.0	224.5	35	−2.22	
	(4143)	(6516)	(7742)	(100.1)	(39.4)	(1)	(0.4)	

* 括号内为 08 时的物理量。

但是,08 时徐州站的很多物理量,例如对流有效位能(CAPE)、Sweat、K 指数都很小(表 6.2 括号中的数值),说明对流的环境条件是在天气系统移近时建立起来的。

（3）雷暴出流边界与地面辐合线交叉可能是飑线的触发机制

6 月 3 日白天，由于辐射增温，11 时陕西、河南局部地区的气温达到 30℃，14 时局部气温超过 35℃。位于低压中心和低压槽区的陕西中部和山西中部的弱风场辐合区产生了由局地热对流引发的零散雷暴，雷暴位于干线的北侧。14—17 时华北和华中地区的气温都在 30℃以上，河南北部达到了 35℃。近地面层温度升高，加剧了气层的不稳定度。14 时以后，雷暴区迅速扩大，并向东南方向发展。

17 时，辐合线南移与干线近于重合，山西南部、陕西中部和甘肃南部出现三片雷暴区，呈东北—西南向排列，雷暴区正变压明显，河南北部出现东—西向的干线和弱的风辐合线（图 6.6）。雷暴出流边界与地面辐合线交叉触发飑线的生成。17—20 时在郑州到商丘一线维持中尺度辐合线，20 时 925 hPa 明显加强略南压的辐合线与许昌、开封、商丘一带强天气区有很好的对应，是强对流天气的触发系统。对流不稳定的大气层结与近地层的辐合线共同作用，导致了此次飑线的形成和雷暴大风的发生发展。

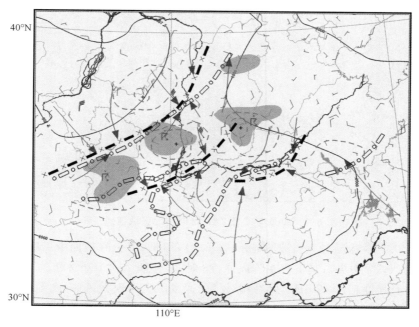

图 6.6　2009 年 6 月 3 日 17 时地面中尺度综合分析

（注：实线为等压线，虚线为等 3 h 变压线，粗空心线为干线，细箭头线为流线，粗实心虚线为风辐合线，阴影区域为雷暴出现的区域）

20 时，飑线前沿的风辐合线经过商丘横穿河南，干线北移，到达河北南部，河南北部的湿度明显增大。此时，飑线已进入河南北部地区。由于河南北部低层高温高湿和低压倒槽内的风场辐合有利于对流发展，飑线中的雷暴单体在商丘附近迅猛发展，产生雷暴大风。在地面形成中尺度高压（图略），中尺度高压向东南方向移动，其前沿的飑锋横扫河南东北部、安徽北部和江苏大部分地区，沿途造成雷暴大风和局地冰雹。

（4）雷达回波特征

从华北雷达拼图可以看到（图略），6 月 3 日 11 时左右，孤立的回波在吕梁山区开始形成，此后回波不断发展加强并向东偏南移动，越过太行山时（约 14 时 40 分前后）有一个加强的过程,并形成东北—西南走向的带状回波,此带状回波向东南方向移动,带状回波在下山过程中略有减弱,18时前后在其前部(郑州北部的平原地区)激发出新的对流单体,该单体发展加强并沿黄河河谷东移,19时位于开封的强回波达到55 dBZ,造成该地区的强对流天气。与此同时在其北面地区的菏泽附近产生新的对流单体,单体东移加强,3日19时前后两个单体合并加强,形成条形回波带(图略),并以50~60 km/h的速度快速向东南方向移动,20时40分前后到达商丘,21时前后在商丘境内发展到最强,最强回波强度达到65 dBZ。2 h后(22时前后)移过商丘(图6.7),并形成典型的弓状回波,22时30分东移减弱,移出河南开始影响安徽和江苏两省的北部。

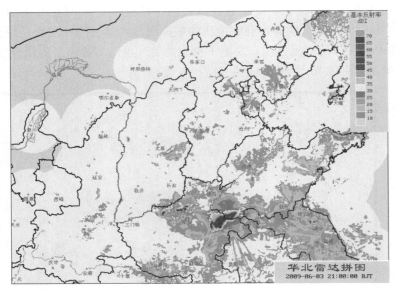

图6.7　2009年6月3日22时华北区域雷达拼图

郑州雷达0.5°基本反射率回波图显示(图6.8),18时18分在地面中尺度辐合线上新生两个对流单体(图6.8a中央),其下存在阵风锋;18时43分两个对流单体迅速发展加强合并(图6.8b),回波中心强度超过45 dBZ,风暴相对径向速度图上出现大风区(图6.8c红圈所示);19时44分回波(图6.8d)中心强度达65 dBZ,高度在14 km以上,在基本反射率图上可见前侧入流槽口和后侧下沉气流,这里正是地面强风所在地。

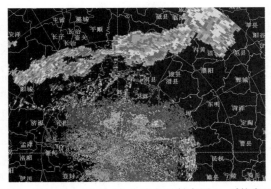

图6.8a　郑州雷达18时18分基本反射率图(0.5°仰角下同)

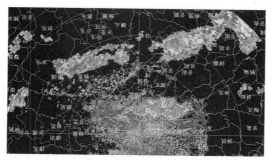

图 6.8b　郑州雷达 18 时 43 分基本反射率

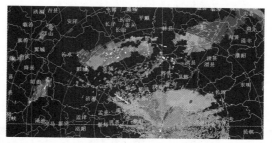

图 6.8c　郑州雷达 18 时 43 分风暴相对径向速度

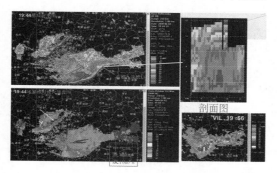

图 6.8d　郑州雷达 19 时 44 分基本反射率、风暴相对径向速度、垂直剖面和 19 时 56 分 VIL

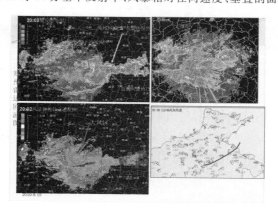

图 6.8e　郑州雷达 20 时 02 分基本反射率（左上）、风暴相对径向速度（左下）、商丘雷达 20 时 01 分
基本反射率（右上）和地面 2 min 平均风向风速（右下）

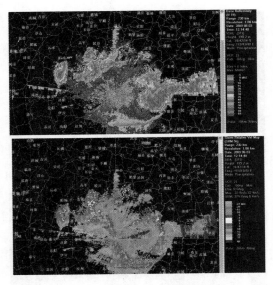

图 6.8f　郑州雷达 20 时 14 分基本反射率(上)、风暴相对径向速度(下)

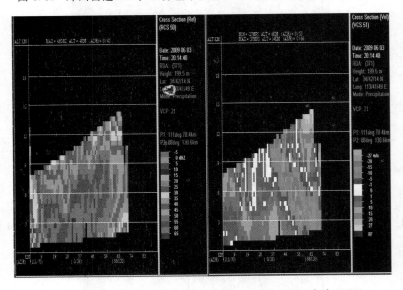

图 6.8g　郑州雷达 20 时 14 分垂直剖面(左为 RCS,右为 VCS)

　　在风暴相对径向速度图上,对应于前侧入流槽口存在中气旋,旋转速度达到 18 m/s。VIL 在 60 kg/m² 以上。且阵风锋明显。因此可以预报大风出现在前侧入流槽口和后侧下沉气流区以及中气旋生成处。20 时 02 分(图 6.8e)飑线回波"S"形旋转强烈,前侧入流槽口更加明显,对应速度图上出现多个中气旋;后侧下沉气流区出现两处,对应速度图上的大风区。20 时 14 分回波的以上特征仍然维持,在垂直剖面图上(图 6.8g)可以明显看出中层径向辐合(MARC)特征,据此亦可预报地面大风。

　　从图 6.9 可见,郑州雷达组合反射率从 17 时 36 分的 33 dBZ 一直增加到 18 时 31 分的 65 dBZ,此强度一直维持到 20 时 02 分,回波顶高从 17 时 36 分的 6.1 km 一直增加到 17 时 54 分的 13 km,然后维持到 19 时 01 分才增加到 14 km,此后在这个高度上波动。

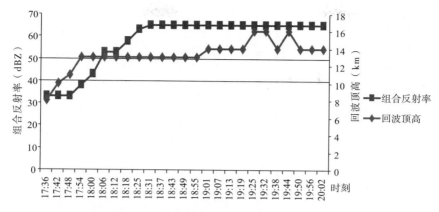

图 6.9　郑州雷达组合反射率和回波顶高随时间的变化

对河南商丘雷达资料的分析表明(图略),19 时在开封的强回波达到 55 dBZ,该回波顶高约 8 km。中尺度对流系统(MCS)中有两个发展比较强盛的对流风暴,其中右边的对流单体更强,该对流单体中又包含了强度更强、尺度更小的强风暴单体,正是这些中尺度对流系统造成该地区的强对流天气。21 时对流云团在商丘发展最强,回波顶高约 10 km,对流系统(MCS)中镶嵌多个对流单体(M_βCS),每个对流单体又包含多个 M_γCS(图略),正是这些中尺度对流系统造成该地区的雷暴大风、冰雹等强对流天气,商丘的宁陵、睢县、永城等地出现 8~10 级、阵风达 11 级的大风。

6.2.2　2009 年 6 月 5—6 日阵风锋引发的大风分析

2009 年 6 月 5—6 日在江西九江地区出现的由阵风锋引发的大风天气与上一个个例同属一个过程。致灾大风 5 日 23 时 35 分从彭泽县棉船镇开始,瞬间风速达到 31.1 m/s,彭泽站 23 时 49 分风速达到 21.6 m/s,路经下游湖口、九江、庐山、星子等地,几乎都出现 17 m/s 以上大风,6 日 00 时 50 分在都昌县吉山结束,历时 75 min。鄱阳湖区域狮子山、皂湖、吉山和矶山 4 个风能观测铁塔(10 m 高度)也记录了这次大风过程。

这次过程来得很突然,当时皖南中尺度对流云团正在减弱,雷达回波也逐渐消散,无降水致灾大风就发生在这种对流云团看似减弱消亡的背景下。这次大风过程另一明显特点是只出现大风而没有降水,过境时风向突转,温度、湿度同时下降,表现为干冷空气的冲击。气压变化不大,没有"高压鼻",这与一般雷雨大风、下击暴流和冷空气混合大风有明显不同。

(1)天气形势

分析 5 日 08 时 500 hPa 高空图(图略)发现,中国东北地区有冷涡,其南侧 122°E 附近有一深槽,槽底伸到 25°N,鲁、苏、皖、浙、赣均处在槽后西北气流中,有明显的干冷平流,和上一个个例一样,500 hPa 属于西北气流型。这一地区的 24 h 变温 $\Delta T_{24} < 0℃$,杭州为 −6℃,南昌为 −3℃。700 hPa 环流形势(图略)类似,中层干冷平流造成了强烈位势不稳定。5 日 20 时低槽东移,槽后出现了正变温,强对流天气开始减弱。图 6.10 给出了 5 日 20 时红外云图与 500 hPa 高度场、925 hPa 风场叠加图。可以看出,这次过程发生在 500 hPa 冷涡槽后,由于 500 hPa 槽后西北干冷气流位于低层暖湿平流之上,形成对流不稳定形势,低层具有强烈辐合,在云图上表现为中尺度对流云团强烈发展。但是,从 5 日 20 时的红外云图上我们分析不出任何将造成九江地区大风的云系来。

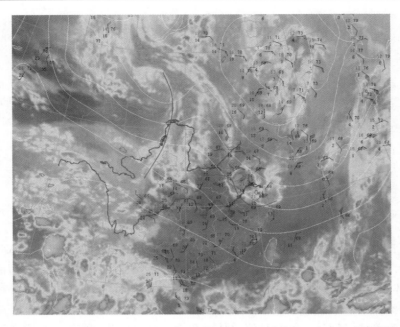

图 6.10　2009 年 6 月 5 日 20 时红外云图与 500 hPa 形势场、925 hPa 风场叠加图

　　分析 5 日 08 时 925 hPa 高空图（图 6.11）发现，低涡在河北南部到山东半岛，低槽从环流中心伸到郑州附近，苏、皖、浙、赣均处在 925 hPa 低槽前的暖平流中，ΔT_{24} 为 1～4℃，低层的暖平流和中高层冷平流有利于位势不稳定加大（图 6.11a）。20 时随着高空低槽东移，925 hPa 低槽转横切变，在切变线附近皖南到浙北形成了强辐合（图 6.11b），其北侧南京和杭州偏北风分别达到 20 和 16 m/s。苏、皖、浙三省强对流天气发生在 925 hPa 强辐合线建立过程中，也就是云图上中尺度对流云团发展旺盛阶段。但是，江西九江地区仍然分析不出明显的影响系统。

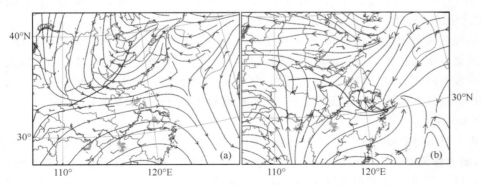

图 6.11　2009 年 6 月 5 日 925 hPa 风场、流场分布
（a. 08 时 925 hPa 风场和流场，b. 20 时 925 hPa 风场和流场）

　　下面分析中尺度对流云团的演变过程。由图 6.12 可以看出，19—22 时，对流云团维持少变，东段分裂不断减弱，西段对流云团造成安徽境内大范围强对流天气。23 时后，对流云团更趋减弱，云顶亮温区已逐渐消散，我们仍然看不出任何将造成九江地区大风的云系来。

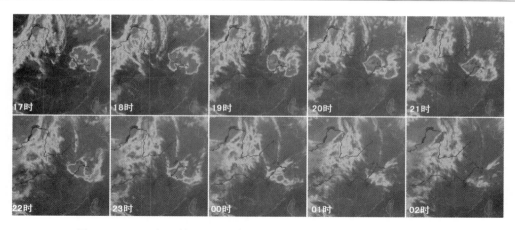

图 6.12　2009 年 6 月 5 日 17 时—6 日 02 时逐小时红外云图动态演变

　　那么造成九江地区大风的触发系统到底是什么呢？ 地面图（图 6.13）上有弱冷锋携带弱冷空气沿华东地区及近海南下，5 日 08 时安徽境内飑线后部由下沉气流造成的雷暴高压引起的变压风尚未影响到九江地区（见图 6.13a），20 时雷暴高压前缘最大 3 h 变压 Δp_3 在安徽定远，达到 10.3 hPa；23 时雷暴高压继续向南移动，安庆 Δp_3 也达到 9.8 hPa，变压梯度指向九江地区的（图 6.13b），由强变压梯度造成的变压风触发了彭泽、湖口、九江、庐山、星子等地出现 8～11 级大风。

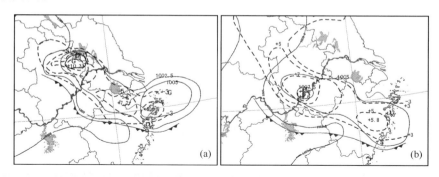

图 6.13　2009 年 6 月 5 日锋面、雷暴高压（实线）和 Δp_3（虚线）分布
(a)20 时；(b)23 时

　　综上所述，中高层干冷空气侵入造成强烈位势不稳定是这次致灾大风天气发生的重要环境条件，飑线后部由于下沉气流造成的雷暴高压形成的强变压梯度造成的变压风是这次致灾大风的触发机制。

　　（2）环境条件分析

　　2009 年 6 月 5 日 20 时南昌的探空曲线（图 6.14）表明，南昌上空整层都很干（$T-T_d >$ 10℃），但垂直温度递减率和垂直风切变都很大，$\Delta T_{850-500} \geqslant 29℃$，$\Delta V_{700-250} \geqslant 4.6 \times 10^{-3}\,\mathrm{s}^{-1}$。计算得到的物理量，$K=-10℃$，$SI=1.79℃$，但是 CAPE 很大，达到 1481.4 J/kg。这些对流参数表明，九江地区将要出现的强对流天气只能是无降水对流性大风，不会出现冰雹。

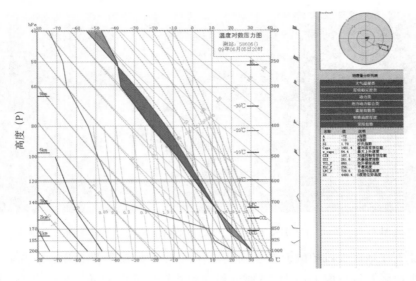

图 6.14　2009 年 6 月 5 日 20 时南昌的探空曲线

（3）窄带回波及所引起的大风分析

下面我们来分析雷达回波，看一看能否找到产生大风天气的线索。由图 6.15 可以看出，安徽飑线回波带于 5 日 22 时 02 分已经形成，强度达到 60 dBZ，造成安徽境内连续出现雷雨大风和瞬间强降水等强对流天气，这时江西北部九江地区却晴空无云。23 时 01 分，飑线回波带开始分裂，并继续向东南方向移动。23 时 37 分，回波带继续减弱，在回波带西侧尾端 30～40 km 处出现窄带回波，这个窄带回波在雷达回波图上十分不清楚，不仔细分析很难发现，它却造成了 23 时 35 分彭泽县棉船镇出现 31.1 m/s 的大风。这个窄带回波在向东南方向移动的过程中略有减弱，但直到 6 日 01 时 01 分仍然依稀可见，窄带回波扫过之处致使九江大部分区域出现致灾大风，历时 75 min，致灾大风的出现时间（5 日 23 时 35 分至 6 日 00 时 50 分）与窄带回波的生命史对应较好。这条细长的窄带回波很不起眼，难以识别，窄带回波上没有降水，这种窄带回波是如何形成的，它会造成致灾大风吗？

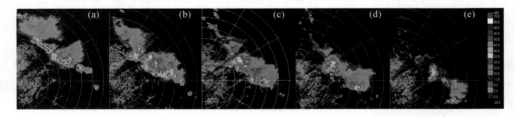

图 6.15　2009 年 6 月 5 日 22 时 02 分至 6 日 01 时 01 分九江雷达回波（每圈 50 km）
（a. 5 日 22:02，b. 23:01，c. 23:37，d. 6 日 00:01，e. 01:01）

这条窄带回波便是雷达气象学上定义的阵风锋或雷暴的出流边界。它是在雷暴消散阶段，由于强烈的下沉气流把中空干冷空气带到地面，形成前面分析得到的雷暴高压，然后气流向四周辐散冲击，下沉的干冷空气和环境场的暖湿空气形成的一个密度不连续面。当这种密度不连续面达到一定程度时，就会发生大气折射率的改变，引起电磁波的散射，被雷达所接收形成窄带回波。前几章我们反复指出这种窄带回波常常会成为强对流天气的触发机制。

　　为了进一步认识这个窄带回波,下面我们分析 2009 年 6 月 5 日南昌多普勒天气雷达回波资料(图 6.16)。图中红色箭头指处就是雷暴出流边界(阵风锋)造成的窄带回波。5 日 23 时 46 分雷达反射率因子、23 时 46 分和 00 时 17 分雷达径向速度场上都有明显的窄带回波特征。阵风锋窄带回波反射率因子在 2~18 dBZ,径向速度在 −5~5 m/s,窄带宽度 5 km 左右,长度 60~70 km,呈线性弧状。这种窄带回波凭单张雷达回波图很难辨别出,往往容易忽视,采用

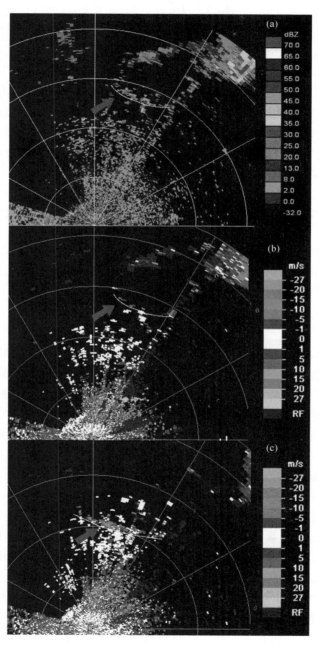

图 6.16　2009 年 6 月 5 日南昌雷达观测的窄带回波(每圈 50 km)

(a. 23:46 反射率因子,b. 23:46 径向速度场,c. 00:17 径向速度场)

雷达回波图连续动画显示,就可以清楚地辨别出阵风锋窄带回波所在位置及移动路径。由雷达反射率因子与径向速度场图可以看出,窄带回波所经之地对应地面是大风天气,窄带回波位置与大风出现时间基本同步。窄带回波移速随时间推移而减弱。在第 5 章我们已经指出,快速移动的阵风锋(所定阈值为 60 km/h)会产生大风天气,5 日 23 时 35 分,阵风锋移速很快,移速达到 110 km/h,所以地面风速达到 31 m/s。23 时 49 分,移到彭泽县时,移速为 90 km/h,地面风速风速达到 22 m/s。6 日 00 时 20 分,移到皂湖(风能铁塔)时,移速下降到 80 km/h,地面风速风速达到 20 m/s。00 时 45 分之后,移速迅速下降,移过都昌县时移速为 30 km/s,地面风速风速只有 8 m/s。最后窄带回波移到新建县附近消散。

由此可见,这次江西九江地区 2009 年 6 月 5 日 23 时至 6 日 01 时罕见的无降水致灾大风天气过程,从天气学上分析是 500 hPa 冷涡槽后强大的西北冷平流造成层结极端不稳定,由地面雷暴高压异常 3 h 变压触发造成的。从雷达回波分析看,中尺度对流云团在消散过程中,强烈下沉气流形成阵风锋,雷达可以从反射率和速度场上探测到这种不连续面的窄带回波。窄带回波移动速度可以定性判断地面大风级别,移速快风力大,移速慢风力小,并可以根据上述特征做出阵风锋大风临近预报。

6.3　2004 年 7 月 10 日北京短历时强降雨、12 日上海飑线大风分析

受同一高空低槽和地面冷锋的影响,2004 年 7 月 10 日下午北京城区出现短历时强降雨,7 月 12 日下午上海却出现了以对流性大风为主的强对流天气,为什么会出现这样的差异?下面我们试图通过这两个个例的对比分析找出一些可能的原因。

6.3.1　2004 年 7 月 10 日北京市短历时强降雨分析

2004 年 7 月 10 日下午,北京部分地区突降大到暴雨,降水主要发生在城区、西南山区及北部平原地区,市区局部出现了特大暴雨。本次降水突发性、局地性非常强,强降水主要集中在 16—18 时。由于瞬时降水量大,降雨时间集中,超过了城市排水能力,造成部分城区道路积水严重,复兴门、莲花桥最深处超过 1.5 m,三环线内交通基本瘫痪。暴雨还造成首都机场 200 多架次航班延误,部分地区电力中断,并在门头沟区引发了泥石流,造成多处房屋倒塌,引起社会各界的广泛关注。毛冬艳等(2005)使用实况和 NCEP1°×1°的再分析资料对这次过程进行了分析。

(1)中尺度雨团分析

分析 7 月 10 日 15—20 时自动站雨量,发现整个降水过程中城区有 3 个中尺度雨团活动,生命史约 2—3 h,具有明显的中尺度系统的特征。它们不断的生消发展,并在小范围内重复出现,造成了北京城区局部强降水:15—16 时北京不仅降水范围小,而且雨区分散,其中在城西有一中尺度雨团(雨团 1),致使门头沟出现 31.0 mm/h 的强降雨,在城东的东直门也出现了 2 mm/h 的降雨;17 时,城区降水范围明显增大,强度增强,城西的中尺度雨团明显减弱,城东生成一范围约 25 km×15 km 的中尺度雨团(雨团 2),最大降水中心出现在位于该雨团中心的天安门,降水强度达 42.2 mm/h;18 时,降水区分为东、西两部分,其中东部降水区的位置偏东偏北,范围有所缩小,降水中心出现在雨团北部的青年湖,强度为 40.5 mm/h,西部又新生一个中尺度雨团(雨团 3),雨团范围虽不大,但强度较强,使丰台 1 h 降雨量达到 51.9 mm,创 1 h 雨量的极大值;19 时,东部降水区的范围进一步缩小,强度减弱,西部中尺度雨团的范围变

化不大,但降水中心北移,在雨团西北部的石景山,1 h 雨量为 33.5 mm;20 时,整个城区降水减弱,南部的大兴县却出现了一个强度为 29.6 mm/h 的降水中心。

(2)天气尺度环流背景场分析

这次暴雨发生前期,500 hPa 图上在西西伯利亚维持一个高空冷涡,从冷涡中不断分裂短波槽沿中纬度锋区东移。9 日 08 时,从冷涡中分裂的本次暴雨影响槽已抵达蒙古国中部到黄河上游地区,并与逐日东移的一高原槽同位相叠加形成一个槽线长达 20 个纬度的大槽。10 日 14 时(图 6.17a),大槽的北端在河套北部生成一个低涡。随着大槽的东移,逐渐替换了原位于中国东部地区的长波槽,此槽北段减弱致使西太平洋副热带高压(副高)西伸加强并北抬,副高西北侧与大槽之间建立了一支低空西南急流,是暴雨水汽主要携带和输送者。在暴雨发生前西南暖湿气流逐渐加强,急流北界由 30°N 伸展至 35°N 附近(图 6.17b),与贝加尔湖大陆高压西南侧的东南气流之间在黄淮北部形成一条暖切变线,切变线北侧的偏东气流为北京局地暴雨提供了有利的东风条件。暖切变线与河套北部低涡相接,10 日 08 时 850 hPa 在华北等地建立低涡切变形势,北京地区处于低涡切变线南侧偏南暖湿气流中,高低层间存在较强的风切变。地面图上,与低涡相配合的有一温带气旋,北京位于气旋冷锋前部暖区中,渤海湾至北京东南部盛行一致的东南气流。至此,500 hPa 上的西风槽、对流层中低层的低涡切变线、地面冷锋是北京暴雨天气尺度的主要影响系统。

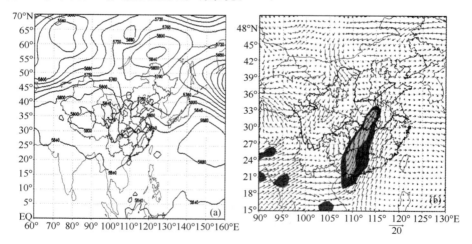

图 6.17　2004 年 7 月 10 日 14 时 500 hPa 高度场(a)和 850 hPa 风矢量场(b)

(图中阴影区表示风速≥12 m/s,等值线间隔 4 m/s)

(3)环境条件分析

从 10 日 08 时 850 和 700 hPa 水汽通量散度的分布看,北京及其西南的河北、山西大部分地区为水汽通量辐合区,显示出有利的水汽通量场。华北西北部有一明显的干区,北京正好位于干湿交界的比湿水平梯度大值区的前部,850 hPa 水汽含量为 11 g/kg(图 6.18a)。从水汽通量的时空剖面(图略)上可以看到,水汽的输送主要集中在 800 hPa 以下层,以 925 hPa 最为明显(图 6.18b),该层上北京的水汽输送主要有两个通道,一支与西南急流相配合,但水汽通量大值区主要位于 35°N 以南,对北京的水汽贡献不大;另一支是暖切变线北侧的东南气流,将北部海区的水汽输送到北京。本次暴雨西南和东南两支气流的水汽输送并不显著,可能是该次暴雨历时短的原因之一。

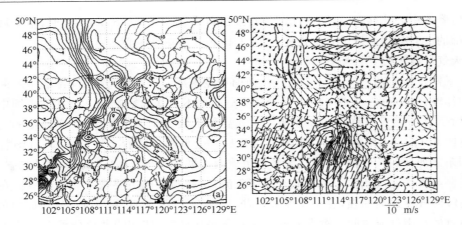

图 6.18　2004 年 7 月 10 日 14 时 850 hPa 比湿场(a)和 925 hPa 水汽通量和风场(b)

(比湿单位:g/kg,水汽通量单位:g/(s·hPa·cm²))

在暴雨发生前,北京上空 θ_{se} 的廓线呈弓形分布(图 6.19a),900 hPa 以下 θ_{se} 随高度变化较小,向上到 750 hPa θ_{se} 明显减小,反映该层次内大气处于不稳定状态,750—600 hPa 基本是能量中性层结。从 θ_{se} 水平分布图上可知,近地面层从山西到北京西部有一舌状凸起,说明该地区的能量和水汽条件较好。

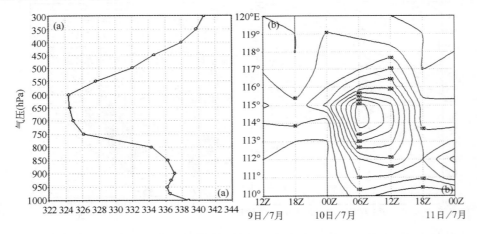

图 6.19　2004 年 7 月 10 日 14 时沿北京附近(116°E,40°N)假相当位温垂直分布(a)

和沿 40°N 对流有效位能时间—经度分布(b)

(假相当位温单位:K,对流有效位能单位:J/kg)

从对流有效位能(CAPE)的分布来看(图 6.19b),10 日 08 时,北京及以西地区的 CAPE 值很小,此后 6 h,该区域 CAPE 值显著增大,14 时达最大,但中心位于北京以西约 1—2 个经度内,而且中心最大值没有超过 500 J/kg。稳定度指数分析表明,北京本站 08 时沙氏指数为 −2.5℃、K 指数为 33.8℃,$\Delta\theta_{se500-850}$ 为 −12.6℃,表明当时具有对流性不稳定的大气层结,如果出现某种触发机制,极易导致不稳定能量的释放。K 指数大而 CAPE 值不大有利于产生降水但不利于产生冰雹大风天气。

(4)动力条件分析

从沿北京附近(116°E,40°N)的涡度时空剖面(图 6.20a)上可看出,降水发生前期,北京上空受高压脊控制,整层都为负涡度。10 日 14 时后,500 hPa 以上逐渐转为弱的正涡度,而中低层的负涡度却略有增强,不利于降水的发生。从散度的变化来看(图 6.20b),降水前,北京整层的散度都较弱,辐合主要发生在 600—700 hPa,低层为辐散区,不利于气流辐合上升;随着降水的发生,辐合区进一步向低层扩展,主要在对流层中低层。由此可见动力条件并不利于降水的发生,这可能与动力条件建立的时间以及资料的时空分辨率相对于降水系统尺度小有关。对流层低层的下沉运动容易给预报员造成错觉,是这次暴雨漏报的重要原因。

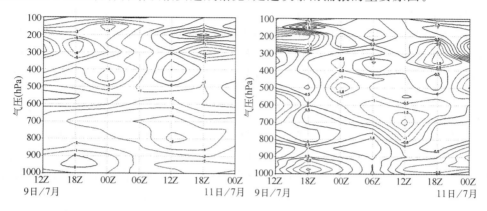

图 6.20　沿北京附近(116°E,40°N)涡度(a)和散度(b)时空剖面(单位:$10^{-5} s^{-1}$)

(5)地面辐合线可能是强降水的触发系统

从地面形势场的演变来看,10 日 14 时强降水发生前(图略),北京南部包括河北保定、天津一带为高温高湿区,存在较强的温度梯度。北京西部为一闭合的中尺度低涡,中心气压低于 1002 hPa。北京南部平原地区为一致的偏东气流,其后,东风气流的偏南分量逐渐增大,在河北西部为一支偏南气流,其北界伸到北京西南部,以东南气流形式与东风汇合;17 时(图 6.21a),在北京南部平原地区形成一条南北向的东南风和西南风的中尺度辐合线,长约 100 km;18 时(图 6.21b),在辐合线南部,即北京南部与河北交界处,产生一个风场上辐合的小低压环流,对应 1 h 最大的降水量。18 时以后,地面转为辐散流场,降水趋于结束。

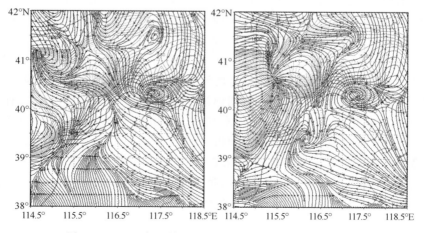

图 6.21　2004 年 7 月 10 日 17 时(a)、18 时(b)地面流场

地面辐合线可能就是本次强降水天气的触发系统。实际上,当影响系统到达北京地区,地面出现辐合线时,近地面的抬升造成的上升运动与中高层已经存在的上升运动区打通,强降水便开始了。说明在预报业务中,当环境条件具备时,预报员应当特别关注边界层的触发系统。

(6)卫星云图及雷达回波分析

从每小时一次的 GMS 红外云图(图略)上可以清晰的看到,直接造成本次城区暴雨的天气系统为一 β 中尺度对流云团。它于 10 日 15 时生成于北京西南部的河北定州、保定一带的偏南暖湿气流中,其水平尺度很小,仅约 50 km。随后,云团分裂成两块,一块在原地减弱并逐渐消失,另一块开始向东北方向移动。16 时云团主体移到河北定兴与北京南部交界处,同时位于对流云团前部边缘的北京城区强降水开始发生。之后,云团移速明显变缓,17 时云团位于北京南部,强度加强,范围也有所扩大,相应的城区强降水继续维持。18—19 时云团主体移到北京城偏东部地区,城区强降水开始减弱。

从北京市多普勒雷达回波图像(图略)上,可以更清楚的看到本次城区局地暴雨的演变过程。15 时,在测站正西约 7 km 处出现一尺度很小、呈细胞状的对流回波,在测站西南方有多个零散的对流回波,这两处回波的最大强度都已达到或超过 50 dBZ;此后,本地的对流回波逐渐发展增强,与中尺度雨团 1 相对应,而西南方向的对流回波则先向西北方向移动,然后转为东北方向,并在移动的过程中合并增长。16 时 05 分,测站的东南方约 8 km 处出现一小的对流回波,并与从廊坊移来的回波合并增强,其最大强度达 50 dBZ,并向西北方向移动,该回波与中尺度雨团 2 相对应。16 时 32 分,从测站西南方移动的回波和本地对流回波合并,并与东南方向的对流回波组成东北—西南向和西北—东南向的两条回波带(图略),西部的回波带逐渐减弱,而东部的则继续加强北上,于 17 时 10 分合并为一条更强的回波带,对应地面 1 h 最大降水量,形成了中尺度雨团 3。16 时 43 分和 17 时 48 分,在河北涿州一带分别有两次对流回波北上,约 1 h 后到达北京西南部开始造成北京降水,但降水均较弱。与回波强度相对应,在径向速度图上,16 时 43 分测站以西约 6 km 处出现一条中尺度辐合线,17 时 10 分达到最强(图略),与此时两条回波带合并增强是一致的。

由上述分析可见,降水过程中虽然在雷达站的东、西方向都有小的局地对流回波生成,但主要以移入型的回波为主,其中自河北省涿州一带先后有三次,廊坊北部有一次回波北上影响北京,以东北—西南向和西北—东南向的两条回波带的合并产生的降水最强,中尺度辐合线为强降水的发生提供了有利的触发条件。

(7)小结

1)10 日 08 时大尺度背景场北京整层都是负涡度、对流层低层的下沉运动容易给预报员造成错觉,业务数值也未预报强降水,给短期预报带来困难。但是,在暴雨发生前北京已经具有对流性不稳定的大气层结,有东南气流的水汽输送但并不显著,分析地面图上的中尺度辐合线(触发系统)有利于做好这类天气的临近预报。

2)直接造成本次北京城区暴雨的天气系统为一 β 中尺度对流云团,它于 10 日 15 时才生成于北京西南部的河北定州、保定一带的偏南暖湿气流中,而且水平尺度很小,仅约 50 km,从对流云团的生成到强降水的发生仅 1—2 h,在移到北京城区发展并停留的 1—2 h,造成了本次强降水过程。

6.3.2　2004 年 7 月 12 日上海市飑线大风分析

2004 年 7 月 12 日 17 时 30 分—19 时 30 分,上海市发生了一次飑线天气过程,造成人员伤亡和严重的经济损失。全市大多数自动站均观测到 12 m/s 以上的大风,其中青浦区商塌镇 17 时 38 分最大阵风达 29 m/s(11 级),闵行华漕地区 18 时前后还出现了局地龙卷风。崇明跃进农场过程降水量最大(28.4 mm);静安次之,为 26.5 mm,过程降水相对较弱。张芳华等(2004)和姚建群等(2005)对这次过程分别进行了分析。

(1)大尺度环流背景和影响天气系统

本次强对流过程的大尺度天气背景是,7 月 11—12 日 500 hPa 副高缓慢北抬加强,致使中国东部低槽与副高之间建立了一支强劲的低空西南急流。在急流西北侧的河南北部生成一个低涡,低涡后部偏北气流与西南急流在中国东部构成低涡切变形势。在副高逐渐向华东南部沿海加强的同时,西风带低槽东移加深,使华东沿海地区中高空西南急流加强,7 月 12 日 08 时 500 hPa(图 6.22)显示,11 日位于 40°N 附近的高空低涡已明显南压至 36°N,槽线也已东移至 112°E 附近,自南向北的西南急流区由前一天的片状分布变为一狭长带状,强度更强,能量更集中。贝加尔湖高压前部横槽中不断有冷空气向西移,而后沿青藏高原东部大举南下与副高西北侧的强西南暖湿气流交汇于黄河下游至长江中下游一带,至 12 日 14 时,冷锋南压至江苏—安徽一带时已有所增强,锋区两侧的温度相差达 10℃左右,较强的冷空气激发暖湿气流产生飑线,导致午后沿急流带有多个强对流云团发展,从而造成华东中南部地区较大范围出现雷雨大风。

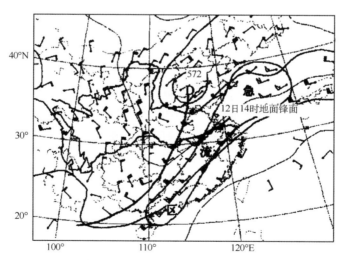

图 6.22　2004 年 7 月 12 日 08 时 500 hPa 风场和高度场及 14 时地面冷锋

(2)环境条件分析

利用 NCEP 1°×1°的逐 6 h 再分析资料计算物理量场,配合 GOES-9 水汽云图,对飑线天气过程进行诊断分析,以探讨其成因。

1)稳定度分析

①K 指数

在本次过程中,沿着低空急流在长江下游地区有一向东北方向延伸的高能舌。12 日 14

时之前,高能舌中心位置略偏北,上海市大部分地区 $K<35℃$,14—20 时则处于高能舌中心区,随后逐渐减小。分析发现,长江三角洲地区的强对流天气出现在 $K>36℃$ 的高能舌中心与 850 hPa 低空急流出口区重合的区域。

②对流有效位能

12 日 08 时位于上海西部的杭州、安庆及射阳的 CAPE 值均在 1000 J/kg 左右,表明这些地区有强的上升气流及有利的对流发展条件。虽然 08 时上海 CAPE 只有 1 J/kg,但考虑到地面日变化的加热升温和湿度变化,根据 14 时宝山地面自动站的温度、湿度估算出 CAPE 高达 1847 J/kg,有较高的对流潜在能量。

③ $\Delta\theta_{se500-850}$

12 日 08 时上海市处于 $\Delta\theta_{se500-850}$ 负大值区的外缘,14 时东南沿海的对流不稳定度迅速增强,形成一条东北—西南向的 $\Delta\theta_{se500-850}<0$ 负大值区,上海正处于负值中心区域。雷雨大风天气过后,上海 $\Delta\theta_{se500-850}$ 负值减小,大气层结趋于稳定。

上海市对流不稳定度增大是由于低空暖湿平流和中空冷平流造成的。12 日 14 时,1000—850 hPa 上从江苏东南部到上海盛行一支强暖平流,15 时上海市区的气温普遍增至 36~37℃,其上空 700—500 hPa 层受低涡后部南下的冷空气控制,盛行明显的冷平流,从而形成上干冷、下暖湿的不稳定层结。高空冷平流冲击低空强暖湿空气区,激发中尺度对流系统飑线形成,产生强对流天气。

2)垂直风切变

在飑线产生之前,上海测站从低层到 200 hPa 均为槽前西南气流控制,风向变化虽小,但风速垂直切变很大。到了 12 日 08 时,地面风速仅为 1 m/s,850 和 700 hPa 上西南风速却分别达 16 和 19 m/s,地面与 850、700 hPa 层之间的纬向风速垂直切变分别为 $9.0×10^{-3}$ s^{-1} 和 $3.9×10^{-3}$ s^{-1},大于形成强风暴的纬向风速垂直切变的阈值 $3.5×10^{-3}$ s^{-1}。

3)水汽条件

从 850 hPa 逐 6 h 水汽通量演变(图略)可见,从 11 日 20 时开始,长江下游沿江地区至江南北部有一东北—西南向的水汽通量大值区,中心值为 20~26 g/(s・hPa・cm²)。从风场和 GOES-9 水汽云图可追溯到低层水汽来源于孟加拉湾和南海。这条水汽输送带的北端与涡旋云系相连,西侧为一“Y”型干区,上海位于其东侧的干区内。12 日午后湿区缓慢向东北方向移动,在东侧干湿交界处偏于湿区一侧有若干个对流云团组成一条东北—西南向的对流云带。在该次过程中,上海位于水汽输送带的边缘,水汽含量不足够充沛,因而降雨相对较弱。

(3)触发机制分析

1)冷锋激发强露点锋上对流扰动发生发展

边界层的强烈辐合抬升是由地面冷锋造成的。12 日 08 时,地面弱冷锋位于高空西南急流带的西部边缘(图略),由 12 日 17 时地面图(图略)可见,移至渤海湾的气旋所携带的冷空气前锋已抵达江南北部,锋后的江苏南部出现了阵雨和雷阵雨,3 h 降温 4~8℃,表明冷空气较强。长江下游沿江一带正处在 $T-T_d$ 等值线密集区中,上海的 $T-T_d$ 等值线梯度最大。正值此时地面冷锋过境,锋后较强冷空气逼近上海,激发了强露点锋上对流扰动发生发展,从而产生雷雨大风强对流天气。

2)边界层辐合上升运动

从(31°—32°N,121°—122°E)上海附近平均散度垂直剖面(图略)可见,7 月 12 日 14 时,

1000—100 hPa 层呈现辐合辐散相间分布,850 hPa 以下为辐合区,辐合中心位于边界层,数值达 -2×10^{-5} s^{-1},850—650 hPa 层是弱辐散区,650—400 hPa 层又为弱辐合区,400 hPa 以上是辐散区,辐散中心在 250 hPa 附近。边界层强烈辐合抬升是对流不稳定能量释放的原因之一,辐合辐散交替出现,揭示了大气运动的复杂性。

数值预报产品显示(图略),7 月 12 日 14 时在上海的西部地区低层 700 hPa 的辐合区以及高层 200 hPa 的辐散区也非常有利于空气的上升运动,这种抬升作用可以使不稳定能量得以释放。

3)干侵入对飑线发生发展的作用

分别用干位涡 PV 和假相当位温 θ_{se} 来表示干冷和暖湿空气。沿 31°N 的 PV 与 θ_{se} 的垂直分布演变表明,12 日 08 时对流层高层的高 PV 柱向东下传至边界层,0.8 PVU 的等值线到达 800 hPa 层并接近 118°E,伴随的 θ_{se} 值为 342 K(图略)。14 时这支高 PV 低 θ_{se} 气柱整体继续向东下传,而 121°E 附近低层的 θ_{se} 超过 356 K(图略),因此这支干冷空气叠加在低层高 θ_{se} 暖湿气流之上,增强了位势不稳定。20 时后,虽然 PV 柱继续向东移动,但由于低层 θ_{se} 减小,使得高低层之间干与湿、冷与暖的对比减小,故难以引发强对流。

(4)雷达回波分析

利用上海 WSR-88D 多普勒雷达探测资料,分析这次飑线过程中中尺度系统发生发展的活动规律。雷达回波特征分析表明:快速移动雷暴单体干冷出流与暖湿环境间的局地强锋区是造成这次飑线大风的原因。

1)反射率的演变

从组合反射率(CR)演变可看出,这次飑线回波以断续线型与后续线型相结合的型式形成。即在低层辐合线上不断有对流单体生成,并逐渐弥合组成带状回波,而且存在一回波发生源,回波不断新生发展相互连接形成飑线。初始阶段(图略):15 时 57 分,从浙江西北部、江苏东南部到东海海面东北—西南向约 330 km 的轴线上共有 5 个对流单体或对流单体群。发展阶段:回波带上的对流单体在移动过程中不断发展。在 17 时 13 分 0.5°仰角基本反射率图上(图 6.23a),可以清楚地分析出四个雷暴单体(从下往上依次为 a、b、d、c),单体呈现“逗点”、“箭矢”和“弓状”等形态,其中矢状回波和弓状回波的后部有明显缺口,前部矢端和弓顶等所经之处正是地面直线大风的主轴区域,造成过程中最严重的灾情发生带。在单体南侧有弧状弱回波线,是爆发冷空气堆与环境暖湿气团的边界,也是判断单体强弱的标志之一,它们距离对流单体很近,表明地面将出现大风。17 时 25 分—48 分,回波带最南端的 A 单体首先发展成弓状,17 时 37 分回波强度增强到 60 dBZ,并出现明显的后侧入流缺口(图 6.24),在上海西部青浦一带造成 22～29 m/s 的强风。同时,各单体逐渐相连形成飑线带状回波。成熟阶段:18 时前后,a、b、c 三个对流单体再次迅速发展,并与新生单体连接,形成明显的弓状回波带,表明飑线发展达成熟阶段。它向东北偏东方向移动,上海市区普遍出现雷雨大风。减弱阶段:19 时 04 分,弓状回波特征仍然很明显,但飑线主体基本移出上海。

影响上海地区的雷暴单体 A 移速极快,达到 60 km/h(约 17 m/s),也是这次过程中以风灾为主而降水累积不大的原因之一。

2)径向速度场分析

从雷达基本径向速度场可看到飑线前沿的阵风锋表现为一条明显的风向切变线,其西北侧是朝向雷达的西北风,对应风暴前沿的阵风,东南侧是飑线前部的弱西南风(图略)。17 时

19分出现速度模糊和低空急流(图6.23b),表明地面出现大风;17时37分出现的后侧入流缺口(图6.24)在径向速度图(图6.23b)上对应的是径向速度中心,即后侧入流急流(RIJ),RIJ是地面大风的来源,还出现了速度模糊,在径向速度值-19 m/s到-25 m/s的区域中出现了26 m/s到32 m/s甚至19 m/s到25 m/s的速度模糊区域(上海WSR-88D的不模糊速度为26.2 m/s),经过一次人工退模糊的径向速度在-27~-33 m/s,最强时达-33~-39 m/s,正是青浦区商塌镇出现最大阵风达29 m/s(11级)的地方。飑线上对应b、c对流单体约在17时出现两个中气旋(图略),17时27分a回波前后一对辐合中心前部出现了明显的中气旋结构(图略)。此后,a回波右侧前部新生若干个对流单体并爆发性发展。19时之后飑线主体移入东海,几个爆发性的小单体迅速消亡,中气旋结构减弱消失,雷雨大风天气结束。

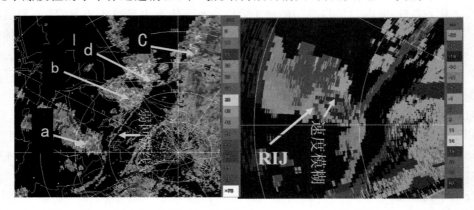

图6.23　上海雷达(a)17时13分0.5°仰角基本反射率图,(b)17时19分单体a的基本径向速度(0.5°)

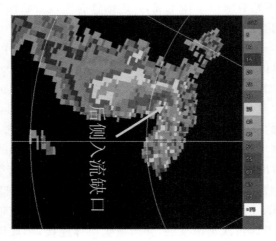

图6.24　上海雷达单体a的17:37反射率图(1.5°)

　　总之,对流层低层强的风垂直切变促使雷暴发生,雷暴内上升气流和下沉气流的正反馈机制对飑线系统的发展和维持起到了一定的作用,使得该过程维持了较长的生命史和强度。MCS上雷暴单体与北侧雷暴出流边界的作用,使得雷暴强度突增,是产生大风的重要原因。

　　(5)结论

　　1)这次飑线天气过程发生在欧亚中高纬度两槽一脊的经向环流形势下,西风槽、低涡切变线和地面冷锋是天气尺度的主要影响系统。冷锋激发强露点锋上对流扰动发生发展,是对流性大风的触发系统。

2）飑线天气过程中,上海市处在上干冷、下暖湿的不稳定大气层结中,对流层高层干冷空气的侵入和边界层的强烈辐合抬升是强对流天气的触发机制。强对流天气出现在 CAPE＞1000 J/kg 和 $K＞36℃$ 的高能舌与 850 hPa 低空急流出口区重合的区域。由于气层中水汽含量不够充足,并且低层风速垂直切变大,故上海市风强而降雨相对较弱。

3）中尺度对流系统飑线以断续线型与后续线型相结合的型式形成,在低层辐合线上不断新生对流单体,部分发展具有中气旋结构,它们弥合组成带状飑线回波带,最终连接成弓状回波带袭击上海。

6.3.3　两次过程对比分析

为什么同一影响系统在北京产生的是强降雨、在上海产生的却是雷雨大风呢?对比分析可以找到以下原因:

第一个原因是水汽条件不同。过程前,近地面层从山西到北京西部有一 θ_{se} 舌状凸起,说明该地区的能量和水汽条件较好。而上海位于水汽输送带的边缘,水汽含量不够充沛,因而降雨相对较弱。

第二个原因是低空风切变的差异。过程前,上海对流层低层存在强的风垂直切变,这是引发雷雨大风的重要环境条件;而北京则缺乏这种垂直风切变。

第三个原因是层结稳定性的不同。上海市 12 日 08 时 CAPE 值已达 1596 J/kg,但是 K 指数却较小,只有 29.7℃,表明上海的对流不稳定性更大,有利于产生雷雨大风;而北京 10 日 08 时 CAPE 值小于 200 J/kg,直到 14 时暴雨发生时 CAPE 值仍然小于 500 J/kg,而 K 值却较大,08 时达 33.8℃,表明北京虽然对流稳定性不如上海,但低层水汽较好,有利于产生强降雨。

6.4　2009 年 6 月 14 日河南省大范围冰雹天气特征综合分析

继 2009 年 6 月 3 日河南商丘等地出现强飑线天气后,6 月 14 日下午到夜里,河南省又出现了一次大范围的雷雨大风、冰雹等强对流天气过程。全省 119 个站有 111 个站出现雷暴,24 个市、县出现冰雹,最大冰雹直径 30 mm,出现在商丘永城;其中周口市 17 时 55 分—19 时 36 分四次降雹,最大冰雹直径 26 mm;开封市市区、通许、尉氏部分乡镇冰雹最大直径 25 mm;21 个县出现 17 m/s 以上雷雨大风;降水量分布极不均,最大降水量出现在周口为 159 mm,西华乡镇雨量站李大庄(位于西华县东南部)降水量达 193.9 mm,开封因灾死亡 1 人,全省直接经济损失 17245 万元。河南省气象台(2010)对这次过程进行了分析。

6.4.1　天气形势

2009 年 6 月份以来位于东北的低涡东移至东北地区东部,其后部有弱冷空气沿西北气流下滑,河南处于河套高压脊前的西北气流里,属于 500 hPa 西北气流型。从 14 日 08 时 500 hPa 温压场配置看(图 6.25a),河南上空有冷平流,河南中部温度梯度明显。850 hPa 图上(图 6.25b),自河北南部经山西到陕西有一东北—西南向切变线,河南处于切变线南侧的西南气流中,有明显的暖平流。925 hPa 图上(图略),豫北到三门峡有一明显辐合线,河南中东部周口附近有一26℃的高温中心。20时辐合线南压至驻马店附近,且由东北—西南向转为东西向,此辐合线对这次对流天气的发生起到了触发作用。

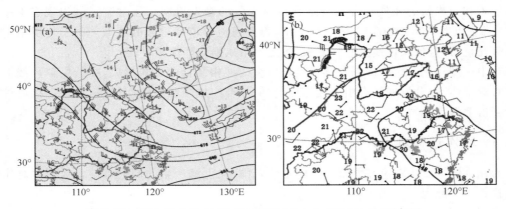

图 6.25　2009 年 6 月 14 日 08 时 500 hPa(a),850 hPa(b)天气图

6.4.2　环境条件

(1)稳定度

从层结稳定度参数来看,14 日 08 时郑州 SI 指数为 -8.02℃,K 指数为 34℃,$\Delta\theta_{se850\sim500}$ 达 20℃,对流有效位能 CAPE 值达 1327.9 J/kg,而对流拟制 CIN 却很小,以上参数值表明,只要稍有触发,就可能出现对流天气,850 和 500 hPa 温差达 32℃,气温直减率达到了 1.34 ℃/100 m,如此大的垂直温度梯度预示未来可能会出现混合对流。

表 6.3　郑州站探空资料和物理量参数

时间	SI(℃)	K(℃)	$\Delta\theta_{se850\sim500}$(℃)	$\Delta T_{850\sim500}$(℃)	CAPE(J/kg)	CIN(J/kg)	$H_{0℃}$(m)	$H_{-20℃}$(m)
14:08	-8.02	34	20	32	1327.9	5.8	4000.7	6859.3
14:20	-5.84	40	19.3	31	389.6	5.5	4197.4	7326.2
15:08	-1.4	31	19.2	29	171.8	701.5	4122.4	7205.2

(2)0℃层和−20℃层高度

这次过程有多个站降雹,分析探空资料,14 日 08 时郑州站 0℃高度正位于 4 km 处,−20℃高度为 6859.3 m,0、−20℃高度之差为 2858.6 m,适宜的 0、−20℃高度和二者之间的厚度为多站降雹甚至一站多次降雹提供了可能。

(3)垂直风和温湿度结构

从垂直风切变看,500 hPa 以下,从地面偏南风 2 m/s 顺转到 500 hPa 北西北风 16 m/s,地面到 500 hPa 的垂直风切变大于 $3.0\times10^{-3}\,s^{-1}$,达到产生冰雹的标准。500 hPa 以上,风向变化不大,稍逆转,但随高度增高,风速逐渐增大,说明上层有冷平流。另外,500 hPa 及其以上温度露点差明显大于 500 hPa 以下。以上分析说明 14 日河南上空为上干冷下暖湿的不稳定层结、垂直风切变大,有利于大风、冰雹等强风暴的发生。

从地面中尺度综合分析图看(图 6.26a),11 时周口附近为 33℃高温中心,14 时周口附近有 37℃高温中心,35℃以上的高温中心位于许昌、漯河和开封、商丘两地区南部以及驻马店北部。分析露点温度,从 13 日夜里到 14 日 14 时,濮阳经郑州到三门峡一直有一露点锋(粗实线)存在,图中细实线为 11 时干线,其西北侧露点温度为 11～13℃,东南侧 17～21℃,其中开封、商丘、周口、许昌、漯河等地区露点温度达 20～21℃,和 35℃ 以上的高温中心位置一致。以上说明河南省上述地区为地面高温高湿的高能区,西华、周口是边界层高温高湿中心,上层又是冷平流最强之处,不稳定能量特别强,而且又处于辐合上升运动最强之处,因此西华、周口同时出现强降水和冰雹大风天气。

6.4.3　触发系统

从 3 h 变压场看(图 6.26a),11、14 时河南全省均为负变压,11 时有两个负变压中心(图中点线),一个位于豫西山区,其值<－1.6 hPa,一个位于东部大部分地区,其值<－1.6 hPa;14 时,<－2.0 hPa 的负变压区(图中虚线)位于豫北大部分地区和洛阳、郑州、开封、许昌;17 时,<－2.0 hPa 的负变压区位于漯河、周口、驻马店、信阳(图中双点划线)。负变压的出现使地面流场上从 11 时到 17 时一直有一条东西向辐合线位于河南中部,图中粗线为 14 时地面辐合线位置,周口地区位于辐合线南侧附近,图 6.26b 是 14 时 35 分河南地面多要素图,从地面中尺度综合分析来看,地面高能中心、3 h 负变压大值中心、地面中尺度辐合线附近有利于对流天气的发生,地面强烈增温加剧了大气层结不稳定,地面场高温高湿中心、负变压场大值区、中尺度辐合线对 14 日的强风暴天气发生的发生起触发作用。

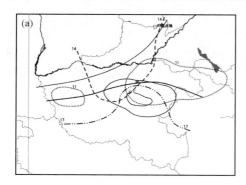 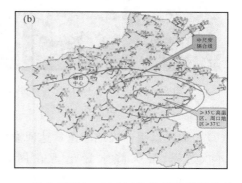

图 6.26(a)　2009 年 6 月 14 日地面中尺度综合图(外闭合线为 35℃ 线,内闭合线为 37℃ 线;点线、虚线、双点划线分别为 11、14、17 时负变压区,细实线为 11 时干线,粗实线为 14 时干线)

图 6.26(b)　14 时 35 分多要素自动站资料图及辐合中心、中尺度辐合线和高温区

6.4.4　雷达回波分析

从雷达回波演变上看,19 时 30 分之前为多个对流单体和超级单体风暴,19 时 30 分后发展成为飑线带状回波。从对流单体回波出现的时间和地点来看,有些杂乱无序,但整体都向南偏东方向移动。

(1)强雷阵雨伴大风冰雹雷达回波特征

本次过程出现冰雹的站数多,特别是 18—20 时开封、许昌、漯河等地区出现了较强的雷阵雨并伴有大风和冰雹。从雷达回波形态看,强雷阵雨伴大风冰雹天气主要由强块状回波、超级单体、弓形回波造成,生命史一般 1～2 h,强度 55～63 dBZ,最大≥65 dBZ,回波梯度大,前侧入流和后侧下沉气流明显(图 6.27a、e 箭头处),反射率因子剖面上≥50～68 dBZ 的强回波伸向 8～10 km,有明显的 WER,其上有强回波高悬(图 6.27m、n 为图 6.27a、e 白线方向剖面图),ET 一般 12～15 km,最大 16～18 km;VIL 梯度明显,一般为 28～68 kg/m²,最大≥70 kg/m²;速度场上有正负速度对中气旋、大风区等,移动速度在 30 km/h 左右,豫西山区强风暴因受地形影响,移动速度慢,呈准静止状态。叠加雷达产品,有多个大冰雹指数和多个中气旋,中气旋大多位于强回波移动方向前侧的弱回波中。

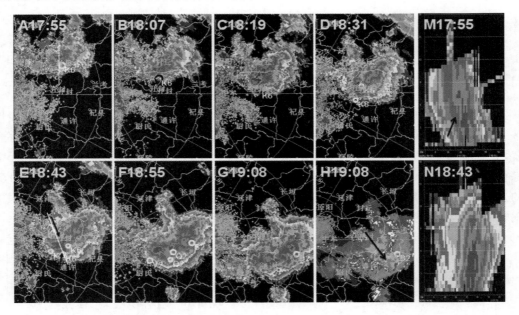

图 6.27　2009 年 6 月 14 日郑州 17:55—19:08 1.5°反射率因子(a-g)、19:08 1.5°
基本径向速度(27)(h)及 17:55(m)、18:43(n)对应 RCS

(2)局地大暴雨伴局地冰雹雷达回波特征

本次过程,最大降水量出现在周口(159 mm),西华乡镇雨量站李大庄降水量达 193.9 mm,周口市区 17 时 55 分—18 时 01 分、18 时 26 分—32 分、18 时 57 分—19 时 13 分、19 时 27 分—36 分先后四次降雹,最大冰雹直径 26 mm,西华 20 时 01 分—19 分先后两次降雹。两地最大风速均为 11 m/s。16 时开始,在西华有对流回波生成,加强并向东南方向移动,在其后侧西华境内不断有对流风暴生成。16—20 时,先后有 9 个单体回波在西华县生成,随后逐渐加强,并以 30 km/h 平均速度向东南方向移动,多次经过西华李大庄和周口市区。周口附近的回波生成向东南方向移动后,其后侧不断有对流回波生成,使得西华、周口多次有强单体经过,"列车效应"是造成西华、周口大暴雨的重要原因。

另外,单体风暴块状结构明显,强度强,发展旺盛。影响西华、周口的单体风暴最大强度一般≥65 dBZ,回波顶 13～16 km,最高 18 km,VIL 最大≥70 kg/m²,雷达产品有多个大冰雹指数和中气旋、三维切变,RCS 垂直剖面上有高悬的 55～65 dBZ 强回波,速度场上有逆风区(图 6.28 白圆圈处),冰雹和降水主要出现在此时段内。用每 6 min 的降水量和基本反射率因子对应分析,发现降水量最大的李大庄并不在回波强度、顶高和 VIL 最大处,而是大都位于回波梯度最大处,而冰雹出现在最强回波处(同样方法分析封丘、开封降水量也是如此结果)。这是因为冰雹粒子大,致使出现超强回波,降水粒子比冰雹粒子小得多,回波相对弱,但降水效率高的缘故。20—22 时,许昌到开封南部的强回波带在向南移动的过程中再次经过西华和周口市先后又有三个单体风暴经过,和前 9 个单体相比,后三个单体移动速度明显快,从强度、顶高、VIL 等特征看,对流没有前者旺盛,但增加了雷阵雨持续时间,增大了累积雨量。从以上分析可见,造成周口大暴雨和多次冰雹天气是由 12 个强单体风暴依次影响造成的。

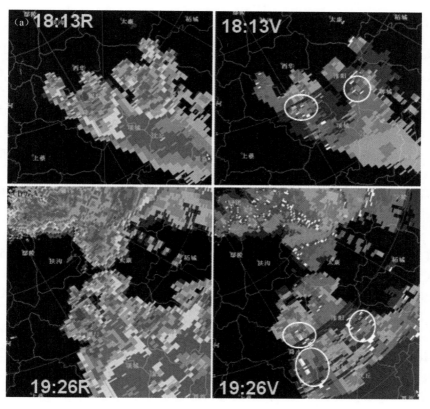

图 6.28　2009 年 6 月 14 日 18:13(a)、19:26(b) 1.5°反射率因子(左)及对应基本径向速度(右)

(3)超级单体向弓形回波的演变

这次过程,开封市市区、通许、尉氏出现局地强降水并伴有冰雹和短时大风,部分乡镇冰雹最大直径 25 mm。分析雷达回波可知,影响以上地区的回波处于超级单体向弓形回波的演变过程中。17 时 30 分单体回波在封丘北部生成,17 时 42 分加强为超级单体(图 6.27a-e),并以 60 km/h 的速度向南移动,产生大风;在基本反射率上叠加中气旋后,中气旋位于超级单体回波移动方向前方的弱回波区,17 时 42 分—18 时 43 分的 10 个体扫伴随这个风暴有 13 个中气旋,2 个三维切变,其中 18 时 43 分、18 时 49 分两个体扫这个风暴前侧有 2、3 个中气旋,一个单体附近出现多个中气旋预示这个单体附近有新单体生成。19 时 49 分后,超级单体向弓形回波演变(图 6.27f-g),前侧向前凸出,速度图上后侧出现大风区(图 6.27h),随后弓形回波两端均有新单体生成,其中部分新单体伴随中气旋的出现加强为弓形回波上的超级单体,这个风暴于 19 时 20 分消亡。18 时 49 分—19 时 32 分弓形回波阶段的 8 个体扫中,出现 16 个中气旋。此弓形回波以 50~60 km/h 的速度向南移动,最终和登封、许昌单体回波连接在一起,形成一条东西向带状回波继续向南移动,影响河南漯河、周口、驻马店、信阳等地区,至 24 时减弱并移出河南。分析对流强盛阶段每 6 min 这个风暴和以上多个中气旋特征参数,可知这个风暴最大回波强度 68~76 dBZ,顶高 11~13 km,最高 15 km,基于单体的 $VIL \geqslant 68$ kg/m²,最大达 93 kg/m²,中气旋底一般在 2~3 km,最低 1.0 km,最高 5.5 km,顶部一般在 5~6 km,最低 4.5 km,最高 7.9 km。

6.4.5　小结

(1)这是一次东北冷涡稳定维持,河南受强西北气流影响下的一次大范围强对流天气。高空有冷平流,近地面层有暖中心,对流有效位能 1327.9 J/kg,郑州 850 和 500 hPa 温差 32℃,大气层结极不稳定。适宜的 0℃ 和 −20℃ 高度为多站降雹甚至一站多次降雹提供了可能。

(2)边界层辐合线是这次强对流天气的触发机制;较大垂直风切变,有利于形成超级单体风暴和对流风暴的持续发展。综合分析地面常规和加密自动站等各种资料非常重要,地面中尺度流场上 3 h 负变压大值中心、辐合线、高能中心对强风暴天气的落区有很好的指示意义。

(3)本次过程不同强对流天气有不同的雷达回波产品特征:

①黄河以北大部分地区雷阵雨回波特征为小块状对流回波群,强度一般 ≤50 dBZ,中心强度有时可达 60 dBZ,$VIL \leqslant 40$ kg/m²,ET 在 ≤11 km,生命史短,移动速度为 30 km/h,平均径向速度图上无气旋、辐合、辐散、大风区。

②冰雹、大风由梯度大的块状强单体、超级单体、弓状回波造成,回波梯度大,前侧入流和后侧下沉气流明显;反射率因子剖面上 ≥50~68 dBZ 的强回波伸向 8~10 km,有明显的 WER,其上有强回波高悬,ET 一般 12~15 km,最大 16~18 km;速度场上有大风区,中气旋大多位于强回波移动方向前侧的弱回波中。

③快速移动的弓状回波、强带状回波路经之处易出现大风,带状回波移动方向前方有明显外流边界,驻马店、信阳大风由带状回波前沿阵风锋造成,强度 55 dBZ 左右;ET 为 10~13 km,最大 14 km;移动速度快,达 50~60 km/h;平均径向速度图上有大片大风区。

④"列车效应"是造成西华、周口两地大暴雨的重要原因。先后有 12 个单体风暴经过两地,最大强度 ≥65 dBZ,回波顶 13~16 km,最高 18 km,VIL 最大 ≥70 kg/m²,速度场上有多个逆风区。

6.5　两次强龙卷过程的环境背景场和多普勒雷达资料的对比分析

安徽省 2005 年 7 月 30 日 11 时 30 分—11 时 50 分灵璧县韦集和 2003 年 7 月 8 日 23 时 20 分左右无为县百胜、六店分别发生了强龙卷过程。灵璧县龙卷发生时,有人看到空中有黑柱状物,两人被卷入空中,造成韦集镇多处房屋倒塌,15 人死亡,多人受伤。无为县发生龙卷时,数人被卷入天空后跌入稻田,有的全村房屋几乎全部倒塌,16 人死亡,162 人受伤。从灾后调查基本可判断这两次龙卷强度都达到 F2—F3 级。姚叶青等(2007)对这两次龙卷过程进行了比较详细的对比分析。

6.5.1　天气形势

分析 2005 年 7 月 30 日和 2003 年 7 月 8 日龙卷发生前的探空和逐时地面自动气象加密观测资料发现:两次龙卷都发生在东北—华北的低槽前,低层 850 hPa 配合有西南风与东南风的暖式切变系统(图 6.29)。从图 6.29 可知,两次龙卷发生前的地面温度露点差值明显偏小,基本为 0~3℃。另外在龙卷发生前几小时都出现过降水,说明两次龙卷过程都产生在低层较湿的环境中。

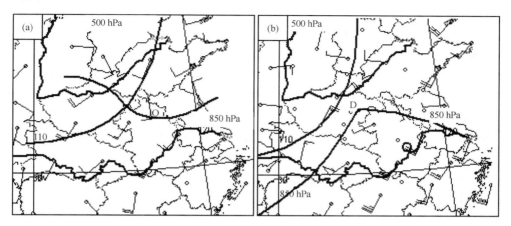

图 6.29　2005 年 7 月 30 日 08 时(a)和 2003 年 7 月 8 日 20 时(b)850 hPa 切变线和
风场以及 500 hPa 低槽分布,大圆圈为龙卷发生地

2005 年 7 月 29 日夜里,鲁南、苏北和安徽北部开始出现雷暴天气并向南移动。对比逐小时地面自动气象加密资料可清楚看到,雷暴中冷的下沉气流导致了出现雷暴地区的地面温度急剧下降,离龙卷发生地不远的固镇 1 h 降温达到 4.3℃,可见雷暴出现的地区在其前部有一明显的类似于冷锋的边界形成。30 日 09 时后这一边界向龙卷发生地靠近,11 时宿州至蚌埠相距 83 km 的温差 7.7℃(图 6.30a 中两实心站点)。相似地,2003 年 7 月 8 日龙卷发生前的地面图上也有一条类似冷锋的边界存在,23 时含山至芜湖相距 55 km 的温差 3.4℃(图 6.30b 中两实心站点)。

通过上述分析可以看出,这两次龙卷产生的天气形势有许多的相似之处:高空存在低槽和切变线系统,低层湿度大;对应地面在龙卷发生前有类似冷锋的边界向龙卷发生地移动。

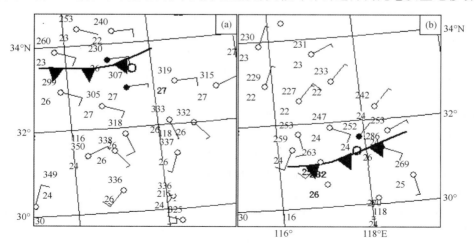

图 6.30　2005 年 7 月 30 日 11 时(a)和 2003 年 7 月 8 日 23 时(b)地面温度(站点的左上方,
单位:10⁻¹℃)、露点(站点的的左下方,单位:℃)与风场分布,说明同图 6.29。

6.5.2　两次龙卷过程大气对流参数的对比分析

下面用两次龙卷发生前的探空资料分别计算大气 CAPE(对流有效位能)、算术平均垂直风切变、BRNSHR(粗理查逊数的分母)和抬升凝结高度,分析龙卷发生前的大气状况。

（1）对流有效位能

两次龙卷发生前其上游的 CAPE 均大于 1000 J/kg(图 6.31)。2005 年 7 月 30 日 08 时,由于龙卷发生地的北部徐州已出现过对流性天气,能量已经释放,故 CAPE 为 0 J/kg,而其上游的阜阳为 1143 J/kg,下游射阳和南京的 CAPE 均大于 3000 J/kg。2003 年 7 月 8 日 20 时,龙卷发生地的北部也由于已出现雷阵雨天气而导致能量释放,其 CAPE 较小,但上游安庆的 CAPE 达到 2380 J/kg。由此可见,在龙卷发生前,龙卷发生地的对流有效位能比较大,均大于 1000 J/kg。

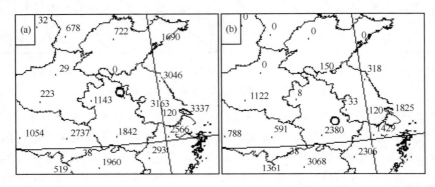

图 6.31　2005 年 7 月 30 日 08 时(a)和 2003 年 7 月 8 日 20 时(b)对流有效位能(CAPE),说明同图 6.29。

（2）垂直风切变

图 6.32a 和 6.32d 分别为 0—6 km 算术平均垂直风切变$(V_6-V_0)/6000$ m,图 6.32b 和 6.32e 分别为 0—1 km 算术平均垂直风切变$(V_1-V_0)/1000$ m。出现对流天气的安徽和江苏0—6 km 的垂直风切变大于其他地方。2005 年 7 月 30 日 08 时(图 6.32a)龙卷发生地附近0—6 km 的垂直风切变在 2×10^{-3} $s^{-1}\sim3\times10^{-3}$ s^{-1},垂直风切变不大,但 0—1 km 的垂直风切变(图6.32b)在最靠近龙卷发生地的徐州站达到 6.4×10^{-3} s^{-1}。2003 年 7 月 8 日 20 时 0—6 km 垂直风切变大约为 4×10^{-3} s^{-1},而离龙卷发生地较近的安庆的 0—1 km 垂直风切变高达12.6×10^{-3} s^{-1}(图 6.32e)。由此可见 2005 年 7 月 30 日虽然 0—6 km 垂直风切变不大,但低层的切变值接近国外统计出现强龙卷的下限,而 2003 年 7 月 8 日龙卷 0—6 km 垂直风切变达到了国外统计的平均值,尤其是低层超出其平均值,非常有利于 F2 级以上强龙卷的产生。

BRNSHR(粗理查逊数的分母)是另一种反映大气垂直风切变的的大气对流参数。由于BRNSHR$=0.5U^2$,Davies 认为直接用 U 反映 BRNSHR 的大小意义更明确,本节中也用 U 反映其大小,具体计算中高度 Z 取 6 km,U 即为地面以上 6 km 平均风与边界层平均风之间的矢量差(密度加权垂直风切变)(图 6.32c 和 6.32f)。从图 6.32c 和 6.32f 明显看出:2005 年 7 月30 日龙卷发生地附近的 BRNSHR 几乎达到 8 m/s,2003 年 7 月 8 日的 BRNSHR 达到15 m/s左右。虽然前者的 BRNSHR 比后者小得多,但两次发生龙卷附近的 BRNSHR 都远远高出其他地区。2003 年 7 月 8 日的 BRNSHR 超出国外统计的发生强龙卷的平均值(13.8 m/s),2005 年 7 月 30 日也达到了发生 F2 级以上强龙卷的阈值(6～22 m/s)。

　　进一步比较 CAPE 和 BRNSHR 发现，BRNSHR 能更好地预示强对流的发生及落区。2005 年 7 月 30 日安徽南部的 CAPE 均比北部大，似乎南部更容易出现强对流，但通过对 BRNSHR 的分析发现，北部比南部的垂直风切变大，实况是北部的对流更剧烈，落区与密度加权垂直风切变大值区吻合得更好。可见能量只是对流发展的一个重要方面，当能量达到一定值后，密度加权垂直风切变对对流的组织和维持起到非常重要的作用。

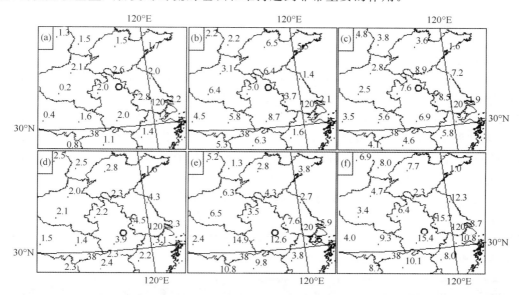

图 6.32　2005 年 7 月 30 日 08 时（上图）和 2003 年 7 月 8 日 20 时（下图）0～6 km(a、d)和 0～1 km(b、e)算术平均垂直风切变、BRNSHR(密度加权垂直风切变，c、f)，说明同图 6.28

（3）抬升凝结高度

　　2005 年 7 月 30 日 08 时和 2003 年 7 月 8 日 20 时的探空资料显示，龙卷发生地附近抬升凝结高度确实都较低，基本在 500 m 以下。2005 年 7 月 30 日 08 时龙卷发生地的上游阜阳的抬升凝结高度为 274 m，下游射阳为 0 m(图 6.33a)。2003 年 7 月 8 日 20 时龙卷发生地的上游安庆的抬升凝结高度为 537 m，下游南京为 0 m(图 6.33b)。这两次龙卷发生地抬升凝结高度较低的事实与国外的研究结果一致。

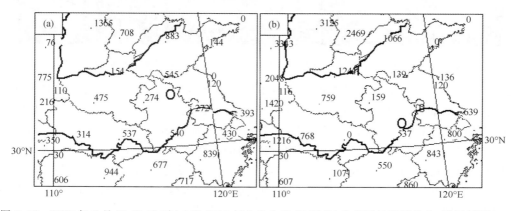

图 6.33　2005 年 7 月 30 日 08 时(a)和 2003 年 7 月 8 日 20 时(b)抬升凝结高度分布，说明同图 6.28

从大气对流参数角度分析得出:两次龙卷过程发生时的抬升凝结高度均较低(小于500 m)。对流有效位能均大于 1000 J/kg,低层算术平均垂直风切变较大;不同的是 2005 年 7 月 30 日大的算术平均垂直风切变仅出现在低层,而 2003 年 7 月 8 日的高、低层算术平均垂直风切变都很大。BRNSHR 即密度加权垂直风切变对龙卷的指示性最好,龙卷发生地附近的 BRNSHR 明显高于其他地区。

6.5.3 多普勒雷达资料分析

(1)两次龙卷过程的回波强度场演变分析

在基本反射率图上,2005 年 7 月 30 日早晨在山东南部和安徽北部就出现了对流回波。9 时在回波的南侧新生出几个对流单体并呈东北—西南向排列,此后这几个对流单体逐渐发展合并,形成对流回波带并向东南方向移动。10 时 35 分回波带中南部的两个单体发展较为旺盛,强度均达到 65 dBZ 以上(最强达 73 dBZ,图略)。11 时 11 分这两个对流单体趋于合并,在回波带的最南端形成一外形略呈椭圆的强回波。11 时 23 分该回波逐渐向"S"形演变,这是内部强烈气旋式旋转的外在表现,到 11 时 35 分这种旋转结构最为清楚(图 6.34a—f,30 dBZ 以下的回波被过滤)。11 时 35 分多普勒径向速度场上中气旋核位于灵璧县韦集镇(龙卷出现的地点),说明韦集的龙卷出现在 11 时 35 分左右,与事后群众反映的时间一致。11 时 41 分开始,"S"形特征逐渐消失,回波变为近似椭圆形。之后回波向东南偏东方向移动进入江苏,在安徽的泗县和江苏北部造成地面大风和短时强降水等灾害性天气。

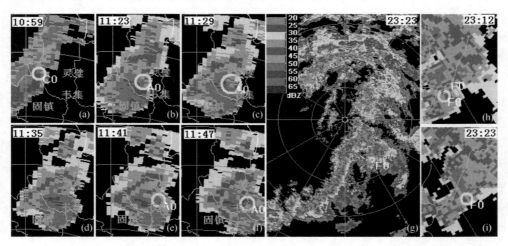

图 6.34 2005 年 7 月 30 日(a—f)和 2003 年 7 月 8 日(g—i)的龙卷母体反射率因子

2003 年 7 月 8 日的龙卷回波演变及形态不同于上述龙卷。2003 年 7 月 8 日长江中下游地区正处于梅雨季节,在梅雨锋上有一江淮气旋发展,而气旋的西南方有一冷锋回波带,回波带中强度超过 30 dBZ 的回波表明,其长度大于 200 km,宽约 30 km,在其前侧 30 km 离气旋中心不远处有一长度约 50 km 的回波,强度和后面的冷锋回波带相当,约 30~53 dBZ,龙卷便产生在这条短回波带的前侧(图 6.34g,20 dBZ 以下回波被过滤)。根据事后灾情报告,龙卷发生在无为的百胜和六店。对比雷达探测到的中气旋位置,基本可以判断百胜的龙卷发生在 23 时 12 分左右,而六店的龙卷发生在 23 时 13—23 分。龙卷发生前后在雷达反射率因子图上回波强度没有明显的变化,龙卷母体与冷锋上降水回波形态和强度基本没有区别,龙卷母体的强度在百胜 23 时 12 分约 48 dBZ(图 6.34h,30 dBZ 以下回波被过滤),六店 23 时 23 分约48~53 dBZ(图 6.34i,30 dBZ 以下回波被过滤)。

这两次龙卷母体的回波强度特征是明显不同的:2003 年 7 月 8 日的龙卷母体的形态和强度与冷锋上降水回波基本相同,而 2005 年 7 月 30 日龙卷母体强度明显强于其他回波,且呈现"S"型,很容易从大片回波中识别出来。

(2)两次龙卷过程的多普勒径向速度特征

这两次龙卷过程在多普勒径向速度场上都存在明显的中气旋(本节中气旋的分析为雷达实际探测结果,没有剔除风暴系统的移动速度)。2005 年 7 月 30 日 10 时 35 分已经探测到正负速度对(之前由于距离折叠原因,有些速度信息无法得知)。伴随强回波正负速度对向东南偏东方向移动,加强为中气旋,按照美国 Oklahoma 统计标准,174 km 处旋转速度[$(V_{max} - V_{min})/2$]达到 18.5 m/s 时可以认为达到强中气旋标准。按此标准,11 时 17 分便出现了强中气旋(最大正速度和最小负速度分别为 17 m/s 和-24 m/s,图 6.35a),11 时 35 分中气旋达到最强(图 6.35b),最大正速度和最小负速度分别为 32 m/s 和-24 m/s,且正负速度对相距约6 km,垂直涡度($2 \times (V_{max} - V_{min})/D$,$D$ 为最大正速度和最小负速度之间的距离)达到 1.87×10^{-2} s^{-1},即达到 1.87 个中气旋单位。虽然龙卷出现地点离雷达相距 174 km,无法识别龙卷涡旋特征,但可明显看出龙卷产生于一个很强的中气旋内且垂直涡度较大。

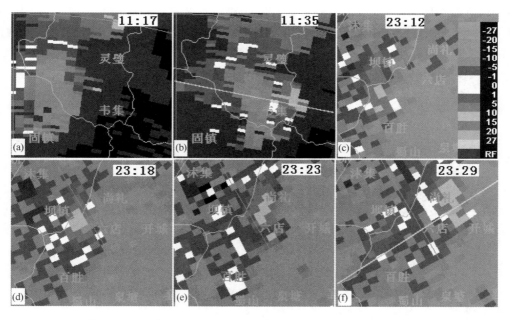

图 6.35　2005 年 7 月 30 日(11 时 17 分(a)、11 时 35 分(b),雷达位于图的下侧偏左)和 2003 年 7 月 8 日　　(23 时 12—29 分(c—f),雷达位于图的左上侧)龙卷发生地附近的多普勒雷达径向速度

2003 年 7 月 8 日在梅雨锋回波带上一直伴有一个或一个以上的正负速度对或中气旋,并不断生消。这些中气旋除了夜里在安徽造成龙卷外,白天在湖南和湖北也出现了龙卷。23 时12 分前后安徽百胜出现龙卷时中气旋的最大正速度和最小负速度分别为 17 m/s 和-24 m/s,相距 2.58 km(图 6.35c),垂直涡度达 3.2×10^{-2} s^{-1}。随后中气旋向西北方向移动。强度时强时弱,在到达六店之前的 23 时 18 分时中气旋正负速度对仅相距 1.29 km,垂直

涡度增加到 6.3×10^{-2} s^{-1},23 时 23 分中气旋有所减弱,最大正速度和最小负速度分别为 12 m/s 和 -24 m/s,23 时 29 分气旋再次加强(图 6.35d—f),但此时气旋经过的乡镇没有接收到龙卷报告,也许龙卷从无人居住的田野等地经过。

对比两次龙卷过程的多普勒径向速度,龙卷均产生于强的中气旋和较大的垂直涡度环境中,且 2003 年 7 月 8 日的中气旋垂直涡度比 2005 年 7 月 30 日的更大。

(3)龙卷风暴的结构分析

对比 2005 年 7 月 30 日龙卷发生前后不同仰角的雷达反射率因子图可发现,这次超级单体不同于经典超级单体,没有前倾结构,在入流一侧低层的弱回波区对应上层也是弱回波区,而上层的强回波中心对应低层同样也是强回波中心(图 6.36a—d)。但韦集北部中低层的入流缺口比较清楚(图 6.36a)。而 2003 年 7 月 8 日的龙卷反射率因子图上虽然龙卷母体易于与一般降水回波相混淆,但对比不同仰角明显看出这次龙卷母体结构类似于经典超级单体。0.5°仰角图上(图 6.36e)的入流缺口处对应 1.5°仰角的强回波中心(图 6.36f),继续向上与 3.4°仰角的回波后部相对应(图 6.36h),可见回波的前倾非常明显,且 0.5°仰角上入流缺口很清楚(图 6.36e 中黑色三角形右侧),配合中气旋出现在入流缺口一侧,所以说这次龙卷母体结构类似经典超级单体,但钩状结构不太清楚。沿着中气旋正负最大速度中心对多普勒径向速度进行垂直剖面(图 6.37,垂直剖面位置见图 6.35b 和 6.35f 两幅图中的白线)。2005 年 7 月 30 日的中气旋伸展到 6 km 以上的高度,而 2003 年 7 月 8 日的中气旋高度较低,约为 3 km。但中气旋中垂直涡度最强的核都较低,都出现在雷达可探测的最低高度上,这或许正是地面出现龙卷的风暴内在机理之反映,有待进一步积累资料深入研究。

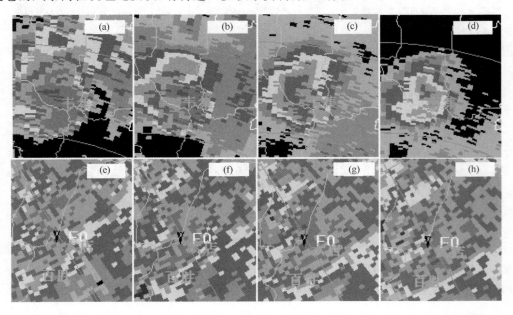

图 6.36　2005 年 7 月 30 日 11 时 35 分(a—d)和 2003 年 7 月 8 日 23 时 18 分(e—h)的 0.5°(a、e)、
1.5°(b、f)、2.4°(c、g)、3.4°(d、h)仰角的反射率因子

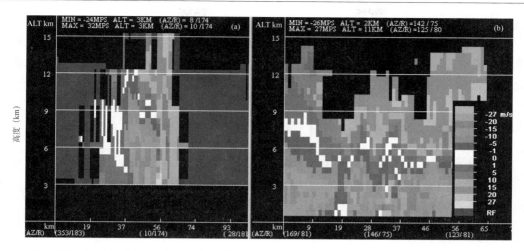

图 6.37　2005 年 7 月 30 日 11 时 35 分(a)和 2003 年 7 月 8 日 23 时 29 分(b)沿中气旋的
最大正负速度方向的多普勒径向速度垂直剖面

(4)雷达导出产品在龙卷监测中的应用

中国新一代多普勒天气雷达除了提供雷达基本产品之外,还提供一些导出产品,如中气旋识别、龙卷涡旋特征、风暴结构等。下面介绍这些导出产品在这两次龙卷过程中的应用。

2005 年 7 月 30 日 10 时 59 分在韦集的西北部开始识别出中气旋(图 6.34 中白圈,图中反映中气旋的多普勒径向速度场没有剔除风暴的移动速度),直到 11 时 59 分以后中气旋消失。从雷达导出产品 10 时 59 分开始识别出中气旋到龙卷发生(约 11 时 35 分)之间相隔 36 min。2003 年 7 月 8 日 22 时 43 分在百胜的西南部就识别出中气旋,但随后时有时无。从雷达导出产品 22 时 43 分开始识别出中气旋到百胜龙卷发生(约 23 时 12 分)之间相隔 29 min。

通过这两次龙卷过程中导出产品之一(中气旋识别)的应用可看出,中气旋产品对监测龙卷这类强对流天气很有帮助,说明中气旋超前于龙卷出现约 30 min,这对龙卷的预警非常有意义。

6.5.4　小结

通过对安徽两次 F2 级以上龙卷的环境背景场、大气对流参数和多普勒雷达资料的分析可以得到以下结论:

(1)两次龙卷过程天气形势的共同特征是:高空有低槽和切变线,地面较为暖湿,尤其是龙卷发生前,地面有类似冷锋的边界向龙卷发生地方向移动。

(2)在大气层结方面,两次龙卷发生时抬升凝结高度均较低(小于 500 m),对流有效位能较大(大于 1000 J/kg),BRNSHR 在龙卷发生地附近明显大于其他地方。无论是深层(0~6 km)垂直风切变还是低层(0~1 km)垂直风切变大都有利于龙卷的生成。最强的对流出现在密度加权垂直风切变(BRNSHR)较大的地方,而并非出现在对流有效位能最大的地方。当对流有效位能达到一定值后,密度加权垂直风切变对对流的组织结构和维持起到非常重要的作用。

(3)两个龙卷在低层入流缺口一侧径向速度场上有很强中气旋相对应,中气旋内垂直涡度较大。两次龙卷的中气旋强核都出现在雷达可探测的最低高度上。反射率因子形态是否前倾、是否存在弱回波区、强度是否大于 53 dBZ,都不是龙卷母体的本质特征。

（4）导出产品对监测龙卷这类强对流天气很有帮助,尤其是"中气旋识别"产品对龙卷预警有重要应用价值。两次龙卷发生前半小时左右,雷达上便已识别出中气旋,中气旋的出现和中气旋的强弱对识别龙卷非常有意义。

6.6 2006 年 4 月 28 日山东省对流性大风分析

2006 年 4 月 28 日 13—20 时,山东省聊城、济南、泰安、济宁、枣庄、临沂六市遭受飑线袭击,先后出现雷雨大风,风力 8～9 级,济南和临沂两市的局部地区风力达 10～11 级。局部地区出现冰雹。杨晓霞（2009）对这次过程进行了分析。

6.6.1 天气形势分析

从 2006 年 4 月 28 日 08 时 500 hPa 形势图（图 6.38a）可以看出,山东西部已经处在西北气流控制之下,但是冷平流明显。850 hPa 图上（图 6.38b）,陕西北部到山西中北部有一横槽,陕西南部到河南省为一暖中心,28 日 08 时地面图上（图略）,低压槽从东北经河北伸向河南,到 14 时,在山东西部到河北中部出现明显气旋性环流,并能分析出两个低压中心（图 6.38c）。这种形势属于第 2 章归纳的 500 hPa 西北气流型,显然是有利于产生强对流天气的。

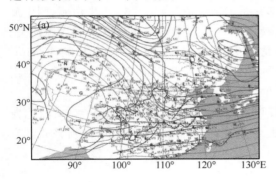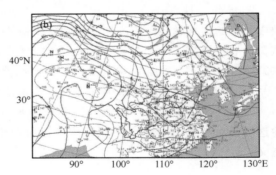

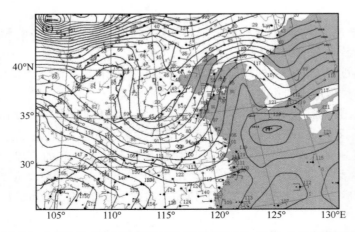

图 6.38 （a）08 时 500 hPa 形势;（b）08 时 850 hPa 形势;（c）14 时地面图

6.6.2　环境条件分析

（1）稳定度

分析 4 月 28 日 08 时邢台、济南、徐州的探空曲线,除了郑州、徐州 $\Delta\theta_{se500-850}$ 分别为 -5.9、-4.6℃外,这些站的 K 指数都不大,沙氏指数也都为正值。但是,4 月 28 日 08 山东西部到山西大部分地区 500 与 850 hPa 温度差 <-30℃,大气层结出现绝对不稳定。在 08 时 T213 分析场上,925 hPaθ_{se} 高能舌从湖南指向河北,14 时(预报图)高能舌已移到山东(图略)。从 θ_{se} 36°N 的纬向剖面图(图 6.39)可以看出:14 时近地层与 600 hPa 的 θ_{se} 垂直差大于 12℃,径向剖面图(图略)亦是如此。强的温度和假相当位温垂直递减率和低 K 指数,表明这次过程出现的强对流天气将是大风而不是短历时强降雨。

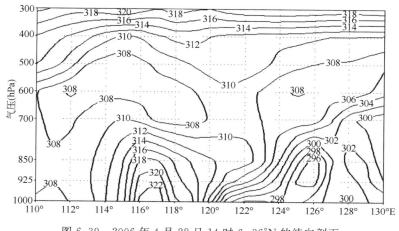

图 6.39　2006 年 4 月 28 日 14 时 θ_{se} 36°N 的纬向剖面

（2）垂直风切变

08 时 850—300 hPa 的垂直风切变为 3×10^{-3} s^{-1},属于中等强度的深层垂直风切变,到 14 时山东西部垂直风切变不但没有增大,反而减小到 $2\times10^{-3}\sim3\times10^{-3}$ s^{-1},但仍然达到中等强度的深层垂直风切变的要求,与此同时,14 时 $\Delta\theta_{se0-600}=12$℃,满足对流性大风的第三类环境条件:中等强度垂直风切变和中等强度假相当位温梯度,因此,这次过程出现了对流性大风天气。

6.6.3　动力条件分析

山东西部 08 时,850 hPa 还处于辐散区之中(图略),300 hPa 也处于辐合区;但是,由正涡度平流引发 500 hPa 有较弱的上升运动发展。10 时有对流云生成(图 6.41a)。到 14 时,850 hPa 已变为辐合中心,300 hPa 也转为辐散中心,500 hPa 则变为上升运动中心(图 6.40a、b、c),因此 14 时对流云获得强烈发展(图 6.41b),17—20 时在临沂上空的 TBB 达到 216 K（-57℃)。

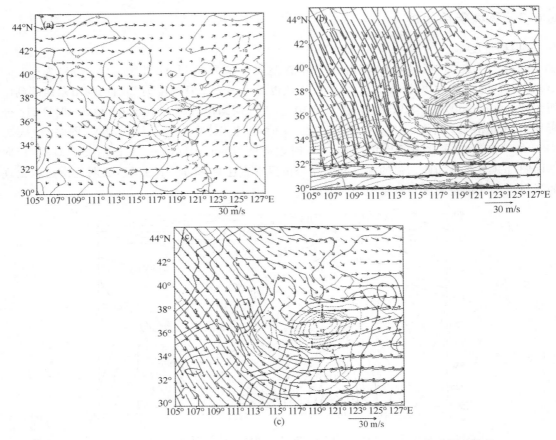

图 6.40　2006 年 4 月 28 日 14 时 850(a)和 300 hPa(b)、500 hPa(c)的流线和散度

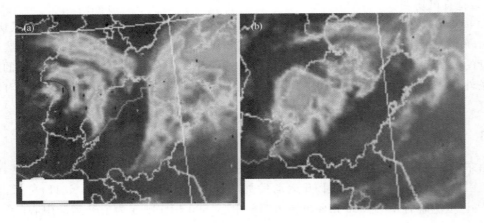

图 6.41　2006 年 4 月 28 日 08(a)、14 时(b)红外云图

下面用湿位涡来分析垂直速上升运动产生的原因。28 日 08 时 300 hPa MPV 正值在山西上空强烈发展,28 日 14 时 MPV 正值中心移到河北南部(图 6.42 a),表明冷空气已经移到河北南部,其前部锋区强对流获得发展。850 hPa MPV2 由 08 时的正值到 14 时减弱为负值(图 6.42 b),表明对流层低层的扰动获得发展。由于 850 hPa 以下的偏南风增大,使得低层的

水平风的垂直切变增大和大气湿斜压性增强,从而导致风压场不满足地转风关系,根据湿位涡守恒理论,有利于垂直涡度的发展,上升运动增强,激发对流发展。

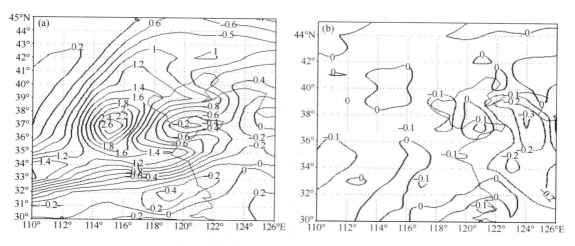

图 6.42　2006 年 4 月 28 日 14 时(a)300 hPa MPV 分布,(b)850 hPa MPV2 分布

从 28 日 20 时 θ_{se} 和垂直速度的垂直剖面图中可以看出(图 6.43),由于冷空气的入侵,在 117°—119°E 高层有一股较强的中尺度的倾斜下沉气流,直达地面,使得地面的风力加大,产生破坏性大风。

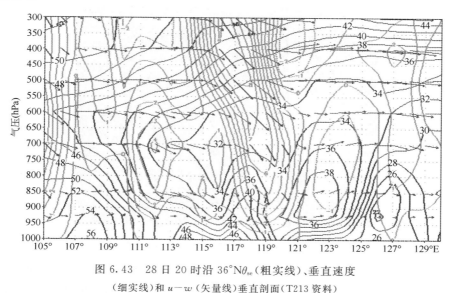

图 6.43　28 日 20 时沿 36°N θ_{se}(粗实线)、垂直速度
(细实线)和 $u-w$(矢量线)垂直剖面(T213 资料)

总之,低层辐合上升,触发对流发展;高层冷空气(高 MPV)入侵加强了低层的辐合上升运动。

6.6.4　雷达回波分析

这是一次典型的飑线过程,出现比较典型的弓型回波,弓型回波中部风速最大;对流系统的平均移动速度非常快,在 50 km/h 左右,也是产生大风的原因之一。

　　济南雷达 11 时 58 分在其西部探测到比较弱的回波,12 时 59 分探测的综合反射率在河北东南部最大已达 43 dBZ,15 时 01 分出现弓状回波,最大回波强度达 56 dBZ(图 6.44)。从14 时 55 分的基本速度图上可以分析出两个中气旋(图 6.45)中下方。16 时 03 分回波达最强,为 58 dBZ,此时强回波已移出聊城,以后回波继续向东南方向移动,强度减弱,16 时 58 分为 55 dBZ。

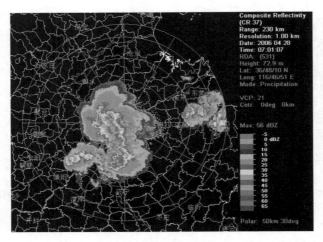

图 6.44　　2006 年 4 月 28 日 15 时 01 分 07 秒济南雷达组合反射率

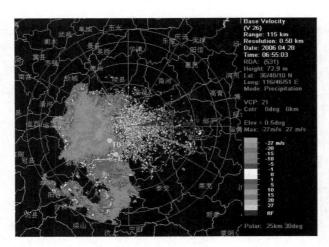

图 6.45　　2006 年 4 月 28 日济南雷达 14 时 55 分 03 秒 0.5°基本速度

　　临沂雷达 28 日 14 时在聊城阳谷附近观测到比较弱的小面积降水回波,强度为 25 dBZ 左右,移向东南。15 时回波明显加强,强度达 40 dBZ 左右,面积扩大,强回波带开始出现弓形回波形态,移向东南,移速加快,前沿到达泰安、宁阳、汶上一带。17 时回波带在东移中继续加强,强度超过 50 dBZ,移速也明显增快,达到 50～60 km/h,弓形回波后部强入流区最大负径向速度超过 30 m/s,回波带尾部继续加强,回波带尾部回波单体强度超过 55 dBZ,高度达12 km。17 时 59 分径向速度图上弓形回波后部负径向速度区内出现速度模糊(图 6.46),通过计算最大负径向速度超过 -33 m/s,风暴发展异常强盛。

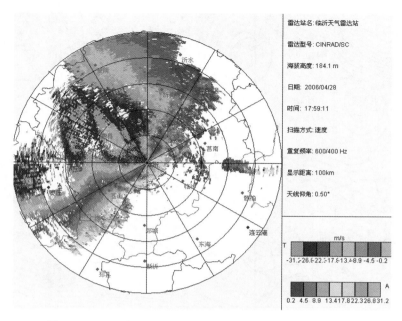

雷达站名:临沂天气雷达站

雷达型号:CINRAD/SC

海拔高度:184.1 m

日期:2006/04/28

时间:17:59:11

扫描方式:速度

重复频率:600/400 Hz

显示距离:100km

天线仰角:0.50°

图 6.46　2006 年 4 月 28 日 17 时 59 分临沂雷达径向速度图

(本小节图表由山东省气象台杨晓霞提供)

6.7　2006 年 4 月 11 日江西混合对流过程分析

江西春夏季常常有地面倒槽发展,当中低层江南到华南有西南急流和低槽切变线系统活动时,在对流不稳定条件不下,会有 MCS 发展,从而形成强对流天气。2006 年 4 月 11 日 15—20 时,南昌、金溪、吉安、抚州、崇仁、宁都等 6 县市出现冰雹,冰雹直径以吉安县 50 mm 为最大;4 个县市出现 8~11 级雷雨大风,以金溪 31.9 m/s(11 级)为最大;5 个县市 1 h 雨量超过 30 mm;强对流天气自南向北发展。江西省气象局(2010)对这次过程进行了分析。

6.7.1　天气形势

2006 年 4 月 11 日 08 时,500 hPa 贵阳附近的南支槽东移向南加深,槽前有气旋性曲率移向江西上空(图 6.47c);850 hPa 暖切变位于贵阳到南昌一线,切变线南侧西南急流北抬加强到 20 m/s(图 6.47b);地面高 θ_{se} 能量舌沿急流从广西梧州、桂林一带伸到湖南长沙、郴州到江西赣州;江西北部有清楚的干线(露点锋)(图 6.47a);11 日 08 时江西处在 200 hPa 急流中心右后侧辐散区,20 时南昌西南风 12 m/s,赣州西北风 34 m/s,江西中部处于辐散区(图 6.47d)。地面图上,11 日 12 时在江西中部形成了一条 NE-WSW 走向的 β 中尺度辐合线(图 6.47a)和 θ_{se} 高能舌(图略),在辐合线和高能舌附近,激发了强对流。

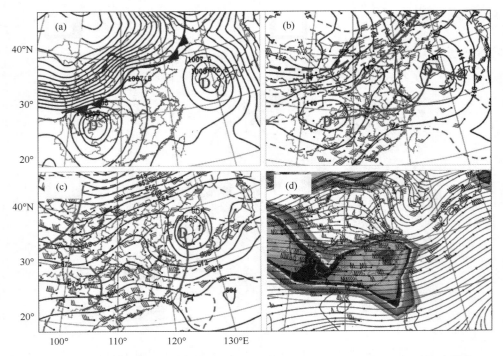

图 6.47　2006 年 4 月 11 日 08 时地面(a),850 hPa (b),500 hPa (c),200(d)hPa 形势

6.7.2　环境条件分析

地面暖槽发展,上午晴空辐射增温明显,6 h 增温 8~12℃,尤其是江西中南部增温在 10℃以上。08 时南昌 950~1000 hPa 有逆温层,并有明显的上干下湿特点。500 hPa 暖脊控制江西,南昌 $T-T_d$ 达到 41℃(850 hPa 为 7℃),起到了"干暖盖"和下沉增温作用。江南 400~200 hPa 有冷空气侵入,降温达 1~4℃。这种温湿垂直分布有利于强风暴发生前高静力能的积累,在较深厚的层次中建立强位势不稳定而不被释放。

08 时除近地层和 900 hPa 较潮湿外,其他层都较干,850 hPa $T-T_d$ 为 7℃(图 6.48a),似乎不利于强降水的发生。但是,由于 850 hPa 存在低空急流(图 6.47b),往江西输送水汽,到了 20 时,从地面到 700 hPa 都很潮湿,$T-T_d<2$℃,这种层结有利于强降雨的产生。

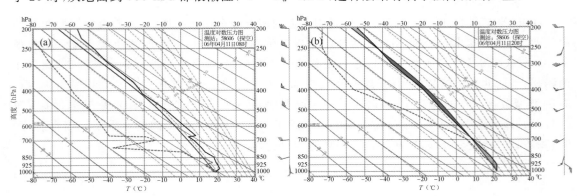

图 6.48　2006 年 4 月 11 日 08 时(a)和 20 时(b)南昌探空

08 时对流不稳定指数 $\Delta\theta_{se\,500-850}$，长沙达 -16 K，赣州为 -11 K，南昌为 -2 K，由于低层暖湿平流和高层干冷平流的作用，江西北部和中部对流不稳定迅速加大，20 时南昌 $\Delta\theta_{se\,500-850}$ 达到 -15 K，K 指数从 12 增加到 39℃。

从图 6.48 可以看出，11 日 08 时南昌上空具有较强的风垂直切变，925—700 hPa 垂直风切变为 6.2×10^{-3} s^{-1}，850—300 hPa 垂直风切变为 3.7×10^{-3} s^{-1}。

强假相当位温递减率和较强的风垂直切变都表明江西中北部地区将要出现冰雹大风天气。0℃和 -20℃层的高度为 4667、7060 m，对产生冰雹十分有利。

6.7.3　对流触发系统

12 时在江西中部地面形成了一条 NE-WSW 走向的 β 中尺度辐合线，在辐合线附近由于气流的辐合产生上升运动，激发了强对流的发生。

6.7.4　卫星云图和雷达回波分析

从 14 时卫星云图和地面图看，吉安到抚州有一切变线，其附近有对流新生，15—16 时 β 中尺度强对流云团迅速发展并向东北方向移动，17—18 时发展到旺盛阶段，云顶边界清晰，地面 15 时 20 分开始出现冰雹大风天气。在雷达回波图上先后对应有三个超级风暴单体形成。19 时以后对流云顶低亮温区范围仍较大，四周已经出现卷云砧，对应地面的雷雨和强降水（图 6.49）。

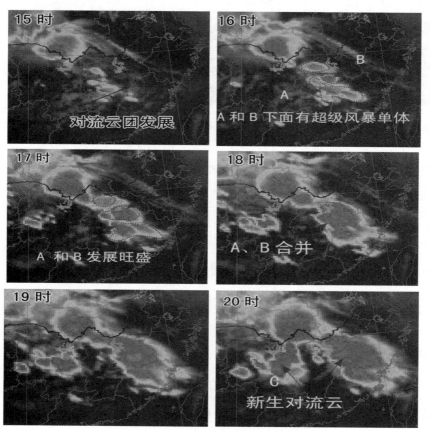

图 6.49　2006 年 4 月 11 日 15—20 时红外云图

　　南昌多普勒雷达回波显示:4月11日16时49分探测到高悬的回波,45～55 dBZ、56～65 dBZ、66～75 dBZ 所在高度分别为 14.0、11.5、10.0 km。同时探测到抚州风暴的 BWER 特征(图 6.50),左边 6 幅图为 16 时 49 分不同仰角的 RPPI 图,可见当时的抚州风暴已发展到成熟期,在 2.4°的 RPPI 上,风暴主体西南部的反射率因子大值区(红色和黄色)中有一明显的弱回波区(绿色),呈现出典型的有界弱回波区(BWER)特征。右边对应的 RHI 上可见清晰的穹窿回波,穹窿的悬垂位于约 7 km,最大的回波强度出现在左侧的回波墙上部 6 km 处,反射率因子值达 71 dBZ。

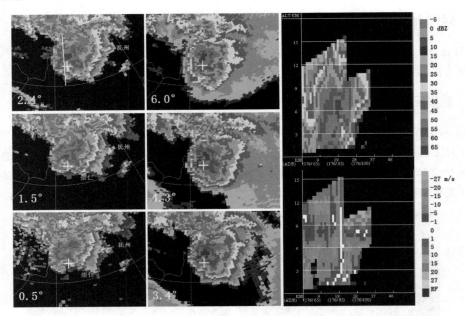

图 6.50　2006 年 4 月 11 日南昌多普勒雷达上的抚州风暴的穹窿结构
(左边 6 幅图分别为 16 时 49 分不同仰角的 RPPI 图;右边 2 幅图分别为沿左上图所示方向做的强度(上)和速度(下)垂直剖面)

　　南昌雷达因为离冰雹所在地超过 230 km,因而没有探测到三体散射长钉,但是离冰雹发生地 40 km 的吉安雷达 14 时 19—54 分在 1.0—5.0 km 高度上可以看到三体散射长钉和钩状回波。15 时 30 分—17 时 30 分 VIL 平均为 75 kg/m²,最大达 80 kg/m²,VIL 密度>4.0 g/m³。

　　所有这些特点都表明受影响地区将出现大冰雹和雷雨大风。

6.8　2009 年 8 月 27 日辽宁中部飑线阵风锋过程分析

　　2009 年 8 月 27 日 14—20 时,辽宁省受一条带状对流云带自西向东移动影响,出现了强对流天气,沈阳、阜新、铁岭、辽阳、鞍山、锦州共 6 个市的 14 个县(区、市)均出现短时雷雨大风天气,瞬时地面最大风速出现在辽中县为 24 m/s。沈阳市区建筑物外墙砖和广告牌被大风吹落,共砸死 2 位行人,另有 11 人受伤;新民市 2 人被大风刮倒的树木砸死。康平县在 17 时左右观测到了直径 15 mm 的冰雹。强对流天气还还造成了大田作物倒伏,建筑物损毁,经济损失巨大。袁子鹏等(2010)对这次过程进行了分析。

6.8.1　天气形势分析

27 日 08 时辽宁省位于 500 hPa 高空槽区底部的偏西气流之中,在 850 hPa 上处于温度脊中。在上游地区,河套西部高空槽沿西风带东移。同时,贝加尔湖区东部有横槽在偏北气流驱动下加速转竖下摆。至 20 时,两个高空槽结合加强为一个高空槽并东移,槽线到达辽宁西部(图略)。此时,辽宁省内四个探空站数据显示对流层低层具有明显的气流加速,风速平均增大了 10 m/s,同时气温也下降了 3℃以上。这次强对流天气发生的过程中,天气尺度环流出现了明显调整,有两股冷空气自对流层低层先后侵入辽宁。干冷空气的入侵及与近地面层西南气流的增温增湿作用有利于提高对流潜在能量,在辐合抬升条件较好的地区容易出现对流。

6.8.2　环境条件分析

沈阳 27 日 08 时探空资料显示(图 6.51),虽然当日 08 时 850 hPa 温度露点差在 7℃以上,但是在近地面层(900 hPa 以下)有较浅薄湿层,925 hPa $T-T_d \leqslant 4$℃。850—600 hPa 垂直温度递减率很大,达到 0.769℃/100 m,超过冰雹甚至干对流要求的温度直减率。因此,08 时对流层中层存在很强的对流不稳定。另外,08 时已具有较强的垂直风切变,0—6 km 的风速差为 21.5 m/s(图 6.51),深层垂直风切变达到 3.5×10^{-3} s^{-1},对对流性大风的产生也是有利的。因此,08 时已经具备了产生冰雹大风的环境条件。

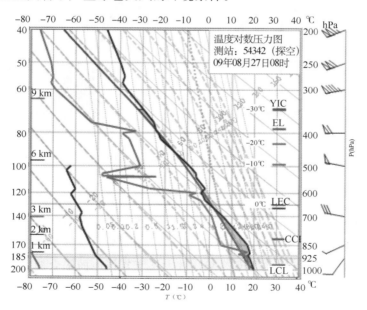

图 6.51　2009 年 8 月 27 日 08 时沈阳探空站的温度对数压力图

随着高空冷平流的入侵,层结将变得更加不稳定。应用当日 09 时 41 分在沈阳起飞的 B2648 号航班的 Amdar 探空资料(图 6.52)可以看到环境温度和风场的精细结构。从图 6.52 可以看到。09 时 41 分 1500—5500 m 高空的温度差仍然大于冰雹要求的阈值 27℃。从风场结构看,2 km 左右是风向切变层,其下是偏南风到东南风,风速均不超过 4 m/s,其上为偏西风,风速随高度的升高而增大,0—6 km 的风切变达到了 17 m/s(2.83×10^{-3} s^{-1}),风速比 08 时虽然下降了约 4 m/s,但是垂直风切变仍然很大,有利于产生大风天气。对前 10 日内 B2648

号航班的探空资料作质量检验,通过北京、沈阳和郑州三个站共 11 个探空观测时次(08 和 20 时)前后各 30 min 内 Amdar 探空资料的数据对比,平均风向差异在 30°以内,风速差异在 2 m/s 以内,因此其数据可信度较高。

该飑线系统处于较强的风切变环境场中,在 4 km 以上受到较强西风的平流作用,从而形成了前倾结构,但是并没有出现强回波的悬垂结构。这种环境风场结构也有利于高层辐散,从而使飑线这种有组织的对流系统得以维持或加强。

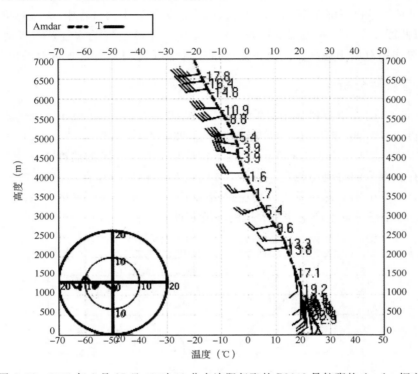

图 6.52　2009 年 8 月 27 日 09 时 41 分在沈阳起飞的 B2648 号航班的 Amdar 探空

6.8.3　对流触发系统

分析地面自动站观测资料可知,自 14 时起,有一条东北—西南向辐合线开始自西向东移动。辐合线附近出现 6 级以上大风及最大每小时 26 mm 的对流性降水天气。至 17 时,该辐合线北段出现向东的弯折,显示北部有冷空气进入辽宁省。地面辐合线是这次强对流天气的触发系统,地面辐合线的生成与河套冷空气东移有关,地面辐合线的变化则可能与贝加尔湖冷空气的南下有关。

6.8.4　多普勒雷达回波特征分析

（1）飑线发展过程

27 日 15 时 50 分的沈阳雷达基本反射率因子图上显示,自内蒙古的通辽至辽宁省中部有一条东北西南向的飑线回波向偏东方向移动,长约 400 km,宽约 80 km(图 6.53a)。飑线前沿的回波强度梯度较大。强回波中心位于飑线的北段,飑线中有多个对流单体呈线状排列,各层回波中心强度均在 53~55 dBZ。飑线的北段和中段后部均有入流缺口。回波形状在底层近似于直线,但随着高度超过 4 km,飑线两端回波向系统移动方向内弯,在 4.3°以上仰角显示的便是"豆荚状"回波(图 6.53b),在飑线中段仍可观测到入流缺口。随着飑线的继续东移,低层回波仍保持直线状,中高层回波两端进一步内弯,表明环境风场在风暴承载层中的垂直结构仍未出现明显变化。

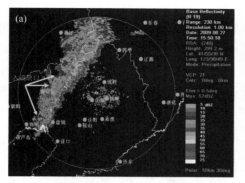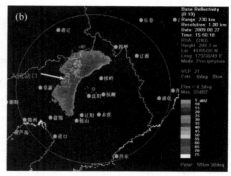

图 6.53　2009 年 8 月 27 日 15 时 50 分沈阳多普勒雷达基本反射率因子
(a. 仰角 0.5°,b. 仰角 4.3°)

分析同时的基本速度图(图 6.54)可以看到与最强对流中心对应有一条径向辐合带。辐合最强的区域为飑线中段。辐合带高度 2.8~6.0 km,这与中层径向速度辐合带(MARC)所定义的对流层中层(2~9 km)是吻合的。由于飑线由多个对流单体呈线状排列,所以观测到的 MARC 也呈线状,预示地面将出现大风。辐合带前侧暖湿气流倾斜上升,后部有冷空气注入,形成下沉气流。下沉气流在地面附近辐散,与前侧入流形成低层外流边界。

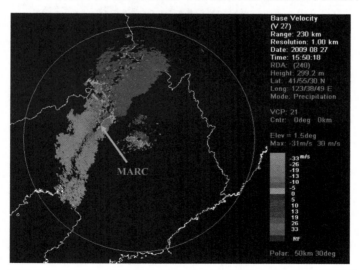

图 6.54　2009 年 8 月 27 日 15 时 50 分沈阳多普勒雷达基本径向速度(探测仰角 1.5°)

(2)阵风锋第一次发展

16 时 08 分,距离飑线南段约 60 km 处开始出现三个对流单体,排列成线状并与飑线边界相平行(图 6.55a)。至 16 时 30 分,对流单体从中上部开始发展并组织化,逐渐形成一条直线型外流边界。对应飑线主体上部的"豆荚状"回波进一步内弯成"C"型回波并有与外流边界相连接的趋势(图6.55b)。外流边界回波进一步加强发展,回波强中心位于3 km以上,强度最强达到63 dBZ。从基本反射率因子图像分析来看,外流边界发展的位置与飑线主体回波前倾的位置相重合。这种结构,一方面有利于高层气流辐散,促进外流边界上的对流单体垂直运动的加强和维持,另一方面,来自飑线主体的水汽平流促进了中层以上水汽的凝结过程,因而有利于对流单体在中层的加强发展。

从速度图上可见(图6.55c),中层径向辐合带仍然维持并略有展宽,这表明对流上升运动的加强。同时,外流边界的出现本身也是飑线系统对流加强的信号。在飑线主体后部,可以看到楔形的较强的负速度中心开始出现,这说明有大风速从高层开始下沉。这就是对流层低层水平运动加速的开始。值得注意的是,飑线南段的MARC呈直线状,与其平行出现了外流边界。而飑线北段的MARC呈"S"型,未观测到明显的外流边界。

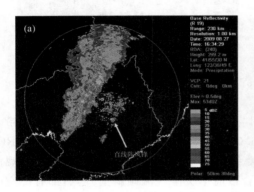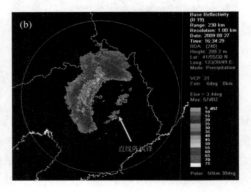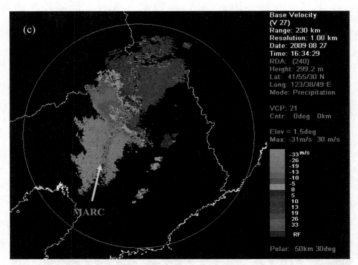

图6.55 2009年8月27日16时34分沈阳多普勒雷达基本反射率因子
(a.仰角0.5°;b.仰角3.4°)和基本径向速度(c.仰角1.5°)

(3)阵风锋第二次发展

17时11分,直线型外流边界上的三个对流单体加速减弱东移,而在飑线北段开始出现弧状外流边界,南端也有外流边界发展,在此后的约20 min内,两部分弧状回波由两端向中央沿一条弧线加强发展并在 17 时 29 分形成由多个密实小尺度对流单体组成的近似光滑弧线回波(图 6.56a)。与此同时,地面气温下降明显,出现灾害性大风,沈阳、新民、辽中等 10 个站出现 6 级以上大风,同时在抚顺和本溪的 4 个加密自动站观测到超过 10 mm/10 min 的降水。此时,在速度图(图 6.56b)上可以看到,原有的 MARC 被破坏,在弧线回波带上形成了新的 MARC。原有飑线结构由线状变为块状并减弱,1 km 左右出现偏西大风,出现了明显的牛眼对结构和速度模糊,中心速度超过 31 m/s。

　　沿弧状回波制作剖面图(图略)可以看到,弧状对流带从两端向中央发展,对流单体处于不同的发展阶段。两端的回波中心高度较高,向中心依次降低。这是比较典型的一条新的飑线发展过程。北端的外流边界发展对应于贝湖冷空气东南下,在地面图上北部的自动站风向由偏南转偏西再转偏北可以说明这一点。而南段外流边界的发展则在偏西气流加速的背景下完成,对自动站观测中的辐合线自西向东移动可以证明。

　　这说明,随着冷空气的东移和南下,对流层低层水平运动加速,原有飑线结构被破坏,并以产生外流边界的形式来完成新飑线结构的产生。

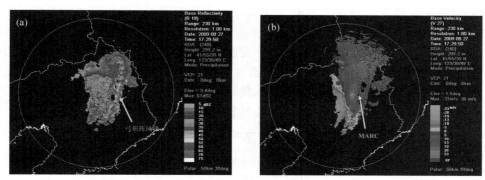

图 6.56　2009 年 8 月 27 日 17 时 29 分沈阳多普勒雷达基本反射率因子
(a. 仰角 3.4°)和基本径向速度(b. 仰角 1.5°)

6.8.5　小结

　　2009 年 8 月 27 日发生在辽宁省的飑线过程造成了雷雨大风和冰雹天气,通过对地面和探空观测及雷达产品的分析可得到以下结论:

　　(1)当日 08 时强垂直温度递减率和中等强度垂直风切变是是产生冰雹大风的主要环境条件,12 h 内两股冷空气的影响促进了不稳定条件的进一步发展并产生了飑线系统。

　　(2)外流边界与倾斜的飑线回波顶相重合,会促进外流边界的发展。

　　(3)中高层干冷气流的侵入和低空气流的突然加速会破坏原飑线的结构,并在加速区的下游最有利的辐合抬升处以外流边界发展的形式重建新的飑线。

6.9　2008 年 8 月 25 日上海大暴雨的综合分析

　　2008 年 8 月 25 日早晨,上海市中心城区出现强雷电和大暴雨天气。这次强降水过程历时短、突发性明显。25 日 06 时江苏南部等周边出现小到中雨,上海市仅西部郊区出现了降水云团,有中等降水发生,06 时 30 分起上海市区降雨云团迅速发展,开始出现强降水,09 时起降水明显减小。此次强降水过程的降水强度大,全市有 7 个自动雨量测站测得降水超过了 100 mm,降水时段主要集中出现在 07—08 时,特别是徐汇区站出现了一小时 117.5 mm 的强降水,为徐家汇 1872 年有气象记录以来所未遇(1950 年 8 月 9 日 13 时 14 分—14 时 14 分,徐家汇 1 h 雨量曾达 100.7 mm)。过程雨量分布不均,暴雨区主要出现在中心城区及中北部地区(图略)。造成上海市大面积道路积水,部分交通主干道地下通道被水淹没,全市交通严重拥堵,大量上班人员被困途中,给城市各个方面运行造成十分严重的影响。曹晓岗等(2009)对这次过程进行了分析。

6.9.1　环流背景和天气形势特征

(1)三支气流汇合

8 月 24 日 20 时高空 500 hPa 等压面上(图 6.57),中纬度低槽位于 115°E 河套地区,25 日 08 时东移到 115°E 附近(图略),槽底在 30°N 以南,附近为大片的负变温区,最大降温位于郑州达 −4℃,上海降温 −1℃。在其前方,850 hPa 上有低涡位于安徽西部,低涡前的暖切变线伸向长江口,上海在该暖切的东北侧,低涡后部的切变低槽经江西、湖南伸到广西,位于副热带高压的西北侧,在该切变与副高之间有一支低空西南急流存在(图 6.57)。24 日夜间,随着 500 hPa 上短波槽的东移,850 hPa 上低涡向上海靠近,低空西南急流向东北伸展到低涡前的暖切变线;在暖切变线的东北侧边界层中有一支东南气流从海上伸向低涡北侧;高空低槽带来的冷空气,与暖湿的西南、东南气流在长江下游交汇,在将水汽和能量大量向上海聚集的同时,大气层结变得非常不稳定。三支湿度、温度不同的气流在长江下游及江南北部地区交汇,低涡发展加强,是上海形成强对流天气的有利天气背景条件。

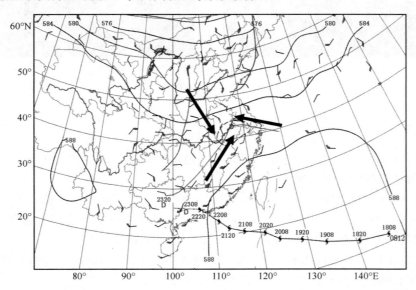

图 6.57　2008 年 8 月 24 日 20 时 500 hPa 位势高度、低槽与 850 hPa 的风、低涡和切变线

(2)中低纬度系统相互作用

2008 年第 12 号热带风暴"鹦鹉"23 日上午减弱为低气压,24 日低压中心位于广西境内,受其影响广东、广西东南部普降暴雨到大暴雨,局部地区特大暴雨。"鹦鹉"的活动及减弱后低压的维持,使华南沿海地区上空水汽积聚,成为重要水汽源地。23 日副高开始西伸加强,24 日

20 时 588 dagpm,线控制了东南沿海地区,副高西侧的西南急气流形成,成为将华南沿海地区上空的水汽向长江下游输送的渠道。

在 24 日 08 时的地面天气图上(图略),在云南广西境内是"鹦鹉"减弱后的热带低压,在四川和湖南还各有一个暖低压中心,它的形成与"鹦鹉"相关,其倒槽东伸到湘鄂边界,25 日 02 时继续东移到皖南西部,并加强为 1007.5 hPa 的闭合低压(图 6.58)。25 日 05 时低压中心到达苏浙边界,25 日 08 时到达太湖,强度加强,25 日 09 时位于太湖东部昆山,10 时 30 分低压中心从上海浦东北部进入东海。上海统计结果表明低压的入海其强度是加强的,这个低压到达上海后同样加强,并成为产生强对流暴雨的次天气尺度天气系统。

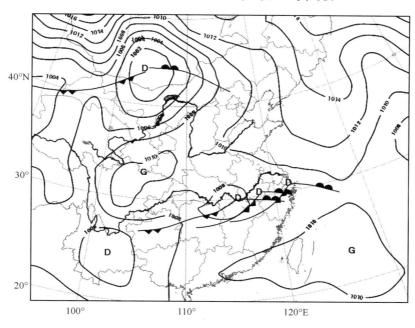

图 6.58　25 日 02 时地面图

6.9.2　环境条件分析

诊断分析用了实况探测计算的物理量资料和用 NCEP 再分析资料计算的物理量,NCEP 资料为 $1° \times 1°$ 经纬度的格距。

(1)热力条件分析

1)假相当位温特征

在大暴雨开始前 24 h,700 hPa θ_{se} 图上(图 6.59a),江南北部上海西部有个 74℃ 的高能中心,长江中下游为高能舌区,上海位于 ≥68℃ 的高能舌区内;24 日 20 时(图略)高能舌进一步扩大,上海处高能中心(≥72℃)的前部,上海在高能平流区中,对流不稳定发展,这种能量分布特征持续到上海大暴雨开始。24 日 08、20 时、25 日 08 时上海 500 与 850 hPa θ_{se} 的差值分别为:7.7、-13.9 和 -10.4℃。可见,从 24 日 08—20 时,大气由对流稳定变为强对流不稳定,25 日 08 时随着降水发生,不稳定能量开始释放。

2)K 指数分析

在上海上游,即西南方,24 日 08、20 时、25 日 08 时的 K 指数分别为 42、40 和 40℃,对应

这三个时次上海的 K 指数分别为 25、34 和 37℃，表明上游的高不稳定区向下游发展到上海及其附近地区。另外，从 24 日 20 时 K 指数图(图 6.59b)可看到，K 指数大值区由长江流域伸向山东半岛北，出现了一个类"Ω"分布，在上海西北部的安徽有一低值区在苏皖交界处，高低值之间的高梯度区前沿与强不稳定对应，上海处在该区域前方。25 日凌晨随着系统东移，该不稳定区也东移到上海上空，对应着对流活动的爆发和强降水的开始。

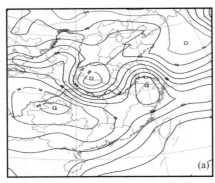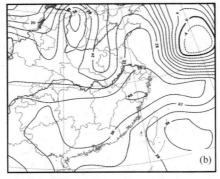

图 6.59　2008 年 8 月 24 日 08 时 700 hPaθ_{se}(a)和 K 指数(b)分布

(2)水汽条件分析

本次大暴雨的水汽累积过程从 24 日开始，24 日 20 时 850 hPa 水汽通量图在上海的西南方江西和福建交界处有个 16 g/(s•hPa•cm²)水汽通量值大中心(图略)，有低空急流与中心配合；24 日 20 时 925 hPa 水汽通量散度图上可以看到在上海有一个 $-12×10^{-7}$ g/(s•hPa•cm²)的水汽辐合中心(图略)，表明从 24 日傍晚上海上空的水汽积累已经开始。实际上 24 日 20 时上海上空中低层的相对湿度超过 90%(图 6.60)，湿层的厚度从地面到接近 600 hPa。一般当湿层的厚度达到 700 hPa 时，就有利于暴雨的发生，造成暴雨区的水汽集中。25 日 08 时水汽通量辐合中心仍在上海附近，并且中心值加大到 $-16×10^{-7}$ g/(s•hPa•cm²)(图略)，上海上空湿层厚度达到 500 hPa(图略)。良好的水汽输送和辐合，厚湿度气层的形成，为大暴雨的发生提供了足够的水汽条件。

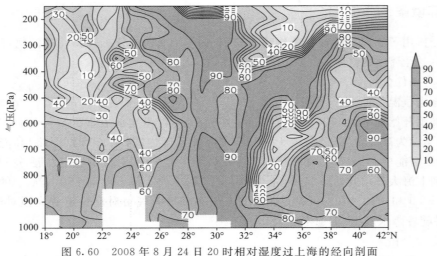

图 6.60　2008 年 8 月 24 日 20 时相对湿度过上海的经向剖面

从长三角的 GPS 探测网(68 个站点)可清晰地看到大气可降水量(GPS/PWV)的动态变化。与 24 日相比,经过一天的水汽输送,上海地区集中了大量水汽,25 日早晨上海及其东南,特别是海上大气可降水量有显著增大(图 6.61),与 25 日 08 时 NCEP 模式分析计算的大气可降水量与 GPS/PWV 是一致的(图略),上海处在大于 60 mm 的大值区中。在低层暖切变前的东南气流的作用下,源源不断的水汽输送对强降水的发生是非常有利的。

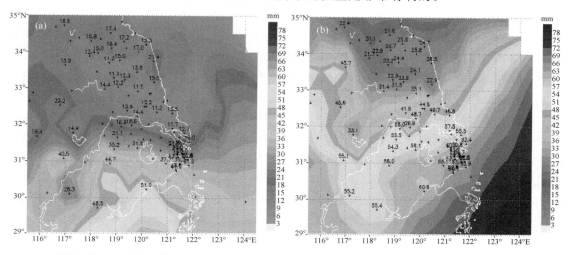

图 6.61　2008 年 8 月 24 日 13 时(a)和 25 日 07 时 30 分(b)大气可降水量(GPS/PWV)

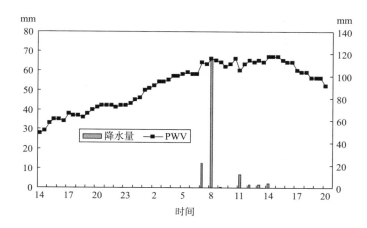

图 6.62　2008 年 8 月 24 日 14 时—25 日上海徐家汇降水和 GPS/PWV 变化
(折线对应左侧坐标轴。柱图对应右侧坐标轴)

据上海地区 7、8、9 月 GPS/PWV 值统计,当 GPS/PWV 值大于 50 mm 时易发生强对流天气。由 2008 年 8 月 24 日 14 时—25 日 20 时上海徐家汇 GPS/PWV 变化可看到(图 6.62),24 日 14 时徐家汇 GPS/PWV 还在 28 mm 以下,此后逐渐上升,25 日 6 时上升到 60 mm 以上,07—08 时达到 67 mm 的极大值,而这 1 h 也是徐家汇降水最强的时段(117.5 mm)。到 25 日 15 时以后随着不稳定能量的不断释放,PWV 值开始逐步回落,17 时以后降到 60 mm 以下。另外,由徐家汇 1 h 雨量可知,仅靠本地上空的水汽全部落下是远远不够的,还需要大量的水汽辐合。分析 25 日 08 时的中低层水汽通量散度,在上海附近的确实存在强的水汽辐合中心(图略)。

6.9.3　动力条件分析

(1)动力诊断

23 日到 24 日随着副热带高压的加强西伸,位于副热带高压西北侧的江南东部到长江下游地区为辐合上升区。24 日 20 时 850 hPa 的 $-8 \times 10^{-5} \, \mathrm{s}^{-1}$ 辐合中心位于安徽中部(图略),上海在较大的辐合区中,700 hPa 小于 $-10 \times 10^{-5} \, \mathrm{s}^{-1}$ 辐合中心在浙江中南部(图略),上海在小于 $-8 \times 10^{-5} \, \mathrm{s}^{-1}$ 辐合区中。25 日 08 时 850 hPa(图略)和 700 hPa(图略)的小于 $-10 \times 10^{-5} \, \mathrm{s}^{-1}$ 辐合中心移到上海北部的长江口附近,中低层的最大辐合中心接近垂直分布,而 200 hPa 的高空上海处辐散区中(图略),这种低层强辐合,高层辐散非常有利于上升运动。

中低层涡度场分析表明,大的正涡度由西南地区向东北的长江下游传递。在暴雨开始前一天,大的涡度由西南向长江下游输送。24 日 20 时 850 hPa 大于 $20 \times 10^{-5} \, \mathrm{s}^{-1}$ 中心在江西北部,西南到长江下游处到正涡度区中(图略),25 日 08 时中心移到了上海附近的西北(图略),并且中心值加强到 $40 \times 10^{-5} \, \mathrm{s}^{-1}$ 以上。700 hPa 的涡度分布与 850 hPa 相似,但 24 日 20 时大于 $30 \times 10^{-5} \, \mathrm{s}^{-1}$ 中心在两广交界处(图略),大的正涡度伸向长江下游,25 日 08 时大值中心同样移到了上海,上海处大于 $20 \times 10^{-5} \, \mathrm{s}^{-1}$ 正涡度中心区中(图略)。

从 2008 年 8 月 24 日 20 时涡度过上海的纬向剖面图(图略)可以看到,在 900 hPa 上海西侧 120°E 有一个 $18 \times 10^{-5} \, \mathrm{s}^{-1}$ 正涡度中心,上海上空最大正涡度出现在 900—850 hPa,其数值大于 $9 \times 10^{-5} \, \mathrm{s}^{-1}$,到 25 日 08 时大的正涡度中心东移到上海(122°E)上空,中心强度加强到 $21 \times 10^{-5} \, \mathrm{s}^{-1}$,在 500—400 hPa 还有一个大于 $18 \times 10^{-5} \, \mathrm{s}^{-1}$ 的正涡度中心(图略),表明正涡度的垂直层次深厚。25 日 08 时上海经向剖面(图略),大的正涡度中心所在的高度与纬向剖面一致,中心位于上海上空,即 31°N 附近,并且范围很窄。

上述涡度、散度的分布对触发中尺度对流上升运动十分有利。从 25 日 08 时过上海的垂直上升经向剖面(图 6.63)可以看到,上海处最大上升中心,上升速度在 600 hPa 高空达 $-0.8 \, \mathrm{hPa/s}$,在其南侧的 30°N 附近有一个正 $0.7 \, \mathrm{hPa/s}$ 下沉中心,北侧有正 $0.3 \, \mathrm{hPa/s}$ 下沉中心。这种分布形成的反馈机制加强和维持了垂直上升运动。中低层辐合上升,水汽凝结释

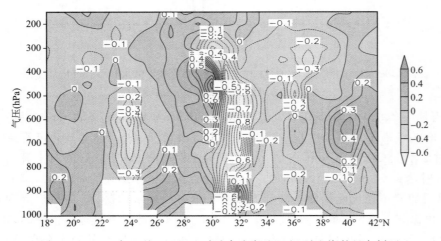

图 6.63　2008 年 8 月 25 日 08 时垂直速度(hPa/s)过上海的经向剖面

放的潜热又成为驱动大尺度扰动所需要的能量,中小尺度系统和大尺度流场的相互作用,加强和维持了暴雨对流系统。另外,上升运动集中在 1 个经度左右非常窄的地区,与上海小于100 km范围内出现强降水相对应,这也可以解释为什么这次过程上海降水突发性强、降水强度大、雨量分布不均的原因。

（2）对流触发系统

从逐 6 min 的地面加密观测资料分析,中尺度对流云团(见下一小节图 6.65)生成前和生成后都伴有地面中尺度辐合线,并有地面中尺度低压生成。因此,地面中尺度辐合线和地面中尺度低压是中尺度对流云团产生和维持的重要系统,对暴雨的发生有触发作用。

大暴雨发生前,地面为一致的东南偏东风,25 日 05 时 12 分上海西南部地面风场开始出现顺转,05 时 42 分出现明显的西南偏南风与东南偏东风之间的辐合线,并缓慢向东北方向伸展,06 时 24 分前后上海西部的青浦区和松江区附近出现闭合低压环流,此时青浦区有降水和雷电发生,此低压环流在原地停留了近 30 min(图 6.64a),于 7 时开始向东北方向移出,到达上海市区,中心在徐汇区附近(图 6.64b),此时徐家汇附近的强降水发生,停留 20 min 左右,地面中尺度低压明显减弱并再度东移,向浦东区靠近,低压环流逐步打开,转变为一东北风与东南风的辐合线,强降水落区随之东移至浦东区附近、但强度已有所减弱。08 时 30 分之后随着辐合线沿浦东新区东移入海,上海市内的强降水天气结束。

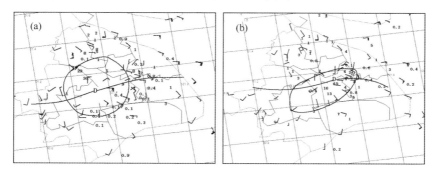

图 6.64　上海市 8 月 25 日 06 时 42 分(a)和 25 日 07 时 12 分(b)地面图(包括加密自动气象站)

6.9.4　卫星云图和多普勒雷达图像分析

（1）卫星云图特征

25 日 04 时(图 6.65),云图上明显反映出华东地区有两条主要云雨带,一条是江南北部切变线上产生的对流云带;另一条是高空槽前辐合产生的位于华北的云雨带。上海正处于两者之间的云区中。在 24 日 20 时的 850 hPa 图上可以看到切变线上位于安徽中南部有一个低涡,随着副高的西伸加强,高空槽东移,西南气流明显加大,低涡前部的切变线北抬,在长江下游形成强的辐合上升。25 日 05 时高空槽带来的冷空气到达上海上空,在切变线上的南通附近触发出中尺度对流云团,云顶温度低于−45℃。在上海的西部有一个小的对流云刚刚产生,嘉兴地区也有一个中尺度对流云团。06 时南通附近的云团在快速发展,上海西部的对流云团发展成 MCS,云顶温度同样低于−45℃。嘉兴的中尺度对流云团向东北方向移动。07 时,这三个对流云团在上海中北部合并,云核合并后强烈发展并停滞少动,在对流云团合并的位置强度明显加强,中心云核云顶亮温达−65℃,在对流云团的后侧,对应温度梯度最大的地方强降水开始了。此后,中尺度对流系统(MCS)进一步加强,中心云核云顶亮温达-75℃,大范围云顶温度在-45℃以下,移动缓慢,造成徐家汇 1 h 雨量 117.5 mm 创历史记录的强降水。10时,中尺度对流系统东移到海面上,范围进一步扩大,上海的强降水结束。25 日凌晨强降水云团是在上海加强发展的,其生成是不连续的,其发展有很强的突发性。

　　由于副高加强,低涡东移缓慢,来自西南地区和东海的水汽充沛,强对流云团迅速发展且形成第二类条件不稳定,中尺度对流系统不断加强,是强降水云团在上海维持的主要原因。

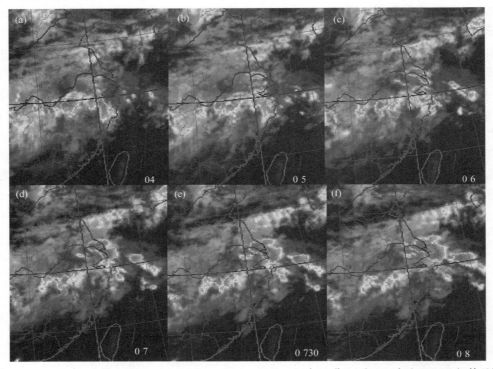

图 6.65　2008 年 08 月 25 日 04(a)、05(b)、06(c)、07(d)、07 时 30 分(e)和 08 时(f)FY-2C 红外云图

　　(2)多普勒天气雷达回波图特征

　　从 2008 年 8 月 25 日 05 时 02 分上海多普勒雷达反射率图上可以看到,位于南通、太湖东侧、杭州湾分别有 a、b、c 三个中尺度对流回波单体在形成发展(图 6.66),强度为 40 dBZ,移动缓慢。a、b 回波单体向东移动,c 回波单体向东北移动,其中 b 回波单体东移加强明显,强中心达50 dBZ。06 时 30 分 b、c 回波单体已非常接近。06 时 59 分已开始合并,07 时 05 分已经完全合并到一起,中心强度进一步加强到 55 dBZ。这也是徐家汇降水开始加大的时候。并且 a、b 回波也有合并趋势。到 07 时 34 分 a、b 回波也已合并到一起。由于回波的不断合并加强,最大回波顶高达 15 km(图略),使得雷暴云团移动缓慢,水汽得到及时的补充,造成了上海市南洋中学1 min最大雨量 5 mm,徐家汇 07 时 17—26 分 10 min 雨量 30 mm,07—08 时 1 h 雨量 117.5 mm的特强暴雨。这与 FY-2C 红外云图的分析是一致的,但雷达可以看到中尺度云团的连续变化及细微结构。

　　a、b 雷暴云团合并加强后,强度维持了一个多小时,缓慢向东移动,直到 09 时才逐渐移到上海附近的海面。在雷暴云团成熟阶段,雷达平均径向速度图上 08 时 20—37 分连续四个体扫中出现中气旋对流辐合系统的正负速度对,其中 08 时 26 分中气旋速度 13 m/s(图略)。对应在上海市自动站 6 min 间隔小尺度风场上，25 日 08 时 00—48 分连续 9 个时次出现气旋式辐合中心（图略）。这在浦东造成了暴雨到大暴雨。

从雷达 1 h 降水估算中可见，25 日 05 时 48 分在上海西侧有 6～12 mm/h 的弱降水，06 时 30 分出现两个极其狭窄的 32～38 mm/h 的强雨带（图略），07 时 05 分合并变成一条强雨带，且已经加强为 45～65 mm/h 的强雨带（图略），07 时 45 分形成尺度仍然很小的强雨团（图略），逐渐进入浦东，移动缓慢，从以上可知，强降水区的实际区域小到数千米，发展快，在降水强盛期移动慢。但就整个过程看，估测的 1 h 最大降水量为 2.5 英寸[*]（约 63.5 mm，与实况的 117.5 mm 相差近 1 倍），本次回波并不强，降水效率特别高，具有热带云团降水的一些特征。

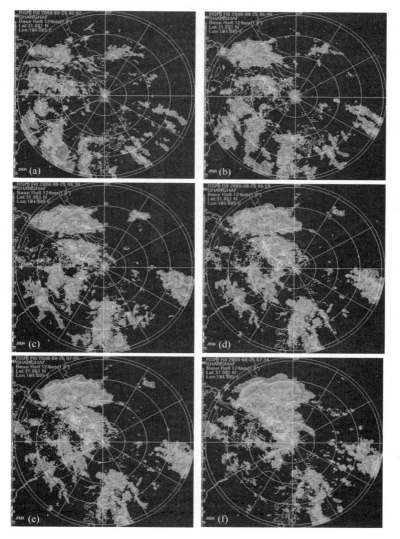

图 6.66　2008 年 8 月 25 日 05:02(a)、05:48(b)、06:30(c)、06:59(d)、07:05(e)、07:34(f)雷达基本反射率因子图(1.5°仰角)

---

*　1 英寸＝2.54 cm

6.9.5　小结

2008 年 8 月 25 日上海市中心城区出现的突发强雷电和大暴雨天气的成因可以归纳如下。

（1）三支气流在长江中下游及江南北部地区交汇有利于气旋的生成发展，冷暖空气在上海附近汇合，为上海强对流天气的发生提供了有利的天气背景条件。中低纬度系统相互作用为上海强对流暴雨天气提供了水汽能量和触发条件。

（2）在大暴雨开始前 12～24 h，上海处于高能中心前部≥68℃的高能舌区内。大暴雨开始前 K 指数是逐渐增大的，随着高空低槽的东移，大的不稳定区 25 日凌晨也东移到上海上空，对暴雨中尺度对流系统的产生是非常有利的。

（3）大暴雨的产生需要本地上空有大量水汽和不断的水汽输送，24 日 20 时 925 hPa 上有一个 -12×10^{-7} g/(s·hPa·cm^2) 的水汽辐合中心，相对湿度 90% 以上的湿层厚度从地面到 600 hPa。5 日 08 时水汽通量辐合中心仍在上海附近，上海上空大于 90% 的相对湿度超过 500 hPa。

（4）动力条件在前 12 h 也有一定反映，中低层大的正涡度中心已移到上海及其附近地区，上海处在辐合区中。25 日 08 时上升运动集中在 1 个经度左右非常窄的地区，与上海小于 100 km 范围内出现强降水相对应，这也可以解释为什么这次过程上海降水突发性强、降水强度大、雨量分布不均的原因。

（5）低涡切变中生成的三个中尺度对流云团的发生发展及其东移合并是造成此次大暴雨的直接原因，云核合并后强烈发展，中心云核云顶亮温达 -75℃，在对流云团的后侧，对应温度梯度最大的地方降水最强。雷达图像分析的 3 个中尺度对流云团的发生发展及其东移合并与云图分析是一致的，但雷达可以看到中尺度云团的连续变化及细微结构。

（6）GPS/PWV 探测可以及时了解大气水汽总量的变化，当 GPS/PWV 上升到 60 mm 以上时，对降暴雨是非常有利的。但仅靠本地上空的水汽全部落下是远远不够的，还需要大量的水汽辐合。

6.10　2008 年 7 月 2 日滇中暴雨的成因分析

2008 年 7 月 2 日凌晨，滇中地区出现暴雨天气，暴雨过程具有显著的局地性和突发性特征，暴雨中心在昆明市区，24 h 雨量达 122.2 mm，12 h 雨量达 113.2 mm，1 h 最大降雨量达 51.3 mm。突发的暴雨天气引发了严重的城市内涝，昆明机场关闭约 7 h，许多中考考生无法按时到达考场。尤红等（2010）对这次过程进行了分析。

6.10.1　暴雨天气的中尺度特征

（1）中尺度雨团分析

2008 年 7 月 1 日 20 时—2 日 20 时，云南省 125 个气象站出现了 19 站大雨，17 站暴雨的强降水天气过程（图 6.67a），暴雨集中出现在滇中地区的楚雄东部、昆明、玉溪北部，昆明市所属区县 12 个气象站有 10 站出现暴雨。暴雨天气主要发生在 7 月 2 日 01—08 时。将雨强在 10 mm/h 以上的区域定义为一个中尺度雨团，利用自动雨量站 1 h 降雨量分析中尺度雨团的

空间演变发现,24 h 云南范围内共有 4 个中尺度雨团活动,第 1 号出现在滇西北的丽江地区,
发生时间 7 月 1 日 23 时,最大雨强 15.1 mm/h;第 2 号出现在滇中地区,发生时间 7 月 2 日
01—08 时,最大雨强 51.3 mm/h;第 3 号出现在滇南的红河州,发生时间 7 月 2 日 10—13 时,
最大雨强 14.6 mm/h;第 4 号出现在滇南的普洱市,发生时间 7 月 2 日 16—17 时,最大雨强
30.7 mm/h。这 4 个中尺度雨团都造成了强降水。

　　从雨团的时空分布特征看,中尺度雨团大致生成在低层辐合区内,并沿 500 hPa 西偏北气
流向东向南移动;造成此次滇中大暴雨的第二个中尺度雨团具有明显的 β 中尺度特征,它首先
在昆明市安宁县生成,生成后东移到昆明市区迅速发展加强,范围扩大,06 时后雨团减弱南
移。其余三个雨团持续时间较短,降水强度和范围也较小。图 6.67b 给出了暴雨中心昆明市
区 1 h 雨量时间演变,1 h 雨量大于 10 mm/h 的降水出现在 7 月 2 日 02—06 时,1 h 最大降雨
量出现在 04 时。

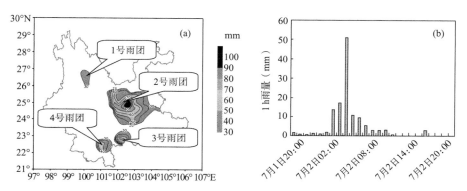

图 6.67　2008 年 7 月 1 月 20 时—2 日 20 时云南大雨以上雨量(a)和昆明自动站逐时雨量(b)

（2）卫星云图特征

　　用 FY-2C 每小时一次黑体亮温 TBB 资料分析中尺度雨团,取 −52℃ 和 −32℃ 作为分析
判别对流云团发展、消散的 TBB 阈值。

　　在 7 月 1 日 20—23 时(图略),川西高原到滇西北地区有对流云带发展,中南半岛到滇东
南为副高外围云系控制,暴雨区上空云系较弱,TBB 值大于 −32℃。7 月 2 日 00 时,滇西北地
区对流云带开始减弱,云南哀牢山以东地区出现一些分散的对流云团(图 6.68a),水平尺度
(−32℃ 区域的最大直径,下同)约为 20～50 km,之后昆明附近的两个对流单体迅速发展加
强,7 月 2 日 02 时最大一个对流云团的水平尺度约达 100 km,并出现了 −52℃ 的中心(图
6.68b),7 月 2 日 03 时(图 6.68c),两个对流云团合并加强,尺度达 200 km 左右,−52℃ 的范
围扩大,7 月 2 日 04 时(图 6.68d),−52℃ 的范围进一步扩大,对流云团中心强度达 −60℃ 以
上,中尺度雨团大致出现在 −52℃ 的区域内,08 时以后对流云团逐渐南移减弱,−52℃ 的范围
迅速缩小(图略),7 月 2 日 12 时以后并入副高外围云系,强度减弱。

　　以上分析表明,本次暴雨过程为两个对流单体合并加强为 β 中尺度对流云团引起的,对流
云团在短时间内迅速加强使降水具有突发性特点,预报难度较大;β 中尺度对流云团在暴雨区
上空持续了近 7 h,而 −52℃ 的范围仅持续了 5 h,这也是强降水过程短的原因所在。

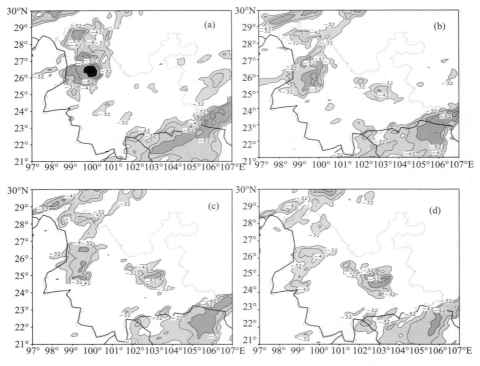

图 6.68　2008 年 7 月 2 日 00—04 时(a—d)FY-2 黑体亮温小于 −32℃的 TBB 分布

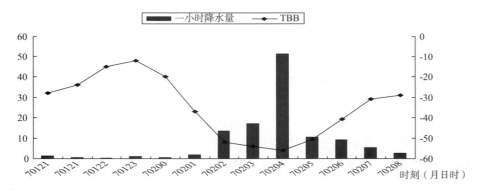

图 6.69　7 月 1 日 20 时—2 日 08 时昆明上空逐时 TBB(℃)和降水量(mm)演变

从昆明上空云顶温度 7 月 1 日 20 时—2 日 08 时逐时的演变情况(图 6.69)看,昆明上空 2 日 00 时以前云顶温度较高,高于 −32℃,自 2 日 01 时起,云顶温度迅速下降,于 2 日 03—04 时达最强,03 和 04 时昆明站的 1 h 降水量分别为 17.0 和 51.3 mm,同时伴有强雷暴天气,说明云顶最低温度曲线的峰值与雨强峰值一致,06 时以后昆明上空云顶温度逐渐升高,降水开始减弱。

6.10.2　环流形势特征和影响天气系统

大暴雨发生时段,500 hPa(图 6.70a)中高纬度西风槽东南移,其后偏北风向南入侵到四川南部和云南东北部;滇缅高脊增强,云南上空偏北风分量迅速增大转为西北气流控制,副高略减弱东退,在川南、贵北和云贵交界处形成一"丫"字型辐合低涡区,该辐合低涡正位于副高与滇缅高脊之间,导致其减弱缓慢;700 hPa(图 6.70b)上川滇切变从西安、遂宁、昭通、九龙、中甸一线略东南移动并缓慢减弱,云南中南部一直为偏西气流控制。

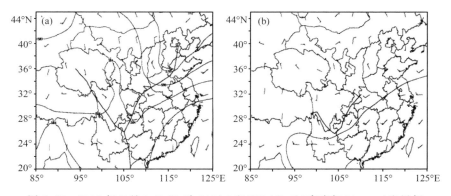

图 6.70 2008 年 7 月 1 日 20 时 500(a)和 700 hPa(b)高度场(dagpm)和风场

分析 7 月 1 日 08 时—2 日 08 时 3 h 间隔的地面形势。结果发现,1 日 14 时,有冷空气自四川盆地南下进入云南,受地形阻挡,昆明准静止锋维持在滇东北地区,在 500 hPa 低槽后西北气流和低层冷高外围东北气流的引导下,静止锋开始南下靠近昆明,1 日 20 时—2 日 02 时冷锋一直位于昆明东北部的沾益、寻甸、元谋一线,随着锋面两侧的温差逐渐加大,水平锋区不断加强,2 日 02 日在昆明附近生成了一个中尺度辐合中心(图 6.71),导致上升运动增强。由此可见由于冷空气的南下,使得冷、暖空气在暴雨区交绥,在锋面的动力作用下,锋前的暖湿气流被迫抬升,引起凝结和位势不稳定能量释放,也是此次大暴雨形成的机制。

可见过程的影响系统是两高间辐合低涡、川滇切变和地面弱冷空气。

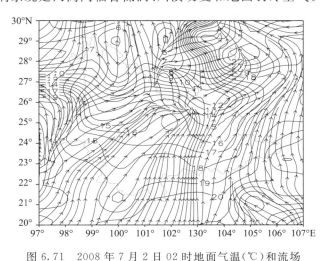

图 6.71 2008 年 7 月 2 日 02 时地面气温(℃)和流场

6.10.3 环境条件分析

(1)稳定度分析

从沿 25°N 的 θ_{se} 垂直剖面(图 6.72)可以看到,1 日 20 时(图 6.72a)滇中上空(101°—

104°E)700—300 hPaθ_{se}值随高度减少,呈现出明显的位势不稳定,最大的不稳定区在暴雨发生的区域(102°—103°E),1 日 20 时 700—400 hPa 假相当位温差大于 9℃,从而在暴雨区形成上冷下暖不稳定层结,有利于对流的产生(图 6.72a)。暴雨结束后,不稳定能量释放,大气的层结转为下冷上暖的稳定层结(图 6.72b)。

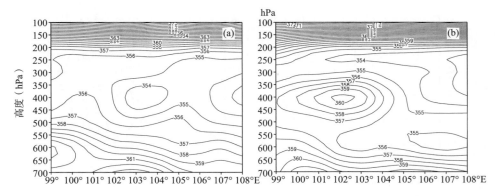

图 6.72　2008 年 1 日 20 时(a)、2 日 08 时(b)沿 25°N 的 θ_{se}(单位:K)垂直剖面

　　这种层结不稳定是如何造成的呢？从过程中昆明站相对湿度和水平风场的时间剖面图(图 6.72)可以看出,对流层存在明显干侵入特征:强降水发生前,昆明站小雨天气对应其上空为 80%～100% 相对湿度大值区;大暴雨期间对流层高层 300—200 hPa 出现小于 50% 的干空气团,其下方的对流层中低层为湿空气且相对湿度增大;600～500 hPa 出现饱和湿空气团,1 日 20 时 700 hPa 滇中的温度露点差($T-T_d$)为 1℃,非常有利于产生强降水;水平风场上对流层高层 200 hPa 至中层 500 hPa 间盛行偏北风,在 400 hPa 上高原东部有较强干平流南下,在

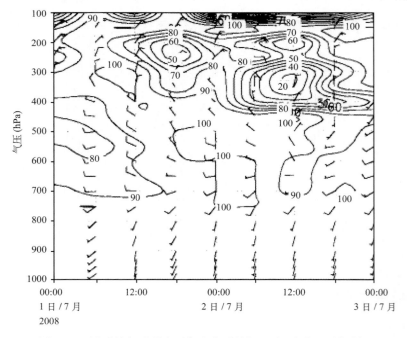

图 6.73　昆明站相对湿度(%)和水平风场(m/s)高度—时间剖面

暴雨区上空形成 354 K 的低值中心(图 6.72a),对流层中高层变干和由变干区吹向变湿区的偏北风表明存在干侵入;之后中低层开始变干,对流层高层的干空气团迅速变干并下移到 400—300 hPa,此时昆明上空整层空气变干,层结趋于稳定,对流减弱消失,地面降水停止并出现轻雾天气。

很显然,高层干空气入侵是层结变得不稳定的主要原因。

(2)水汽条件分析

充沛的水汽是暴雨发生的重要条件之一,地基 GPS 遥感水汽探测技术可提供目前常规气象观测资料无法提供的高时效的大气水汽资料。图 6.74 给出了 6 月 30 日 08 时至 7 月 6 日 08 时昆明站逐时大气可降水总量 PWV 演变图,在降水开始前 36 小时的 6 月 30 日 08 时 PWV 开始明显增加,7 月 2 日 03 时 PWV 达最大值 42.67 mm,此后 1 h 降雨强度最大为 51.3 mm,从整个降雨过程的 PWV 变化看,PWV 开始增加时刻到最大时刻的增量为 20.4 mm。暴雨天气结束后由于受副高外围西南气流影响,GPS 水汽总量仍在高值区波动,事实上,7 月 3—5 日昆明仍多阵雨天气,其中 7 月 4 日 20 时—5 日 20 时还出现了大雨天气,24 h 降雨量 29 mm,在 PWV 急速下降后,降雨天气才结束,此后几天 GPS 水汽总量维持在一个较低水平,昆明均未出现降雨。以上分析表明在降雨开始前 PWV 的急升反映了水汽大量辐合的过程,经过一段时间后 PWV 达到最高点,表示大气中水汽含量积累达到较高的程度,在其他有利条件配合下就会产生降水,PWV 的急速下降则反映降雨天气的结束。

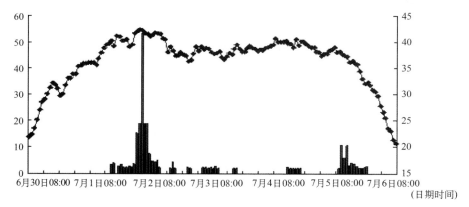

图 6.74　2008 年 6 月 30 日 08 时至 7 月 6 日 08 时昆明站逐时 PWV
(mm,右侧坐标轴)和降水量(mm,左侧坐标轴)演变

此次大暴雨的水汽输送主要来自低层 700 hPa 西南气流,图 6.75a 给出了暴雨区(24°—26°N,102°—103°E,下同)水汽通量的时间—高度剖面,可见水汽通量的大值区一直维持在 700 hPa 上,它与副高外围西南气流相对应,水汽输送具有时间长、逐渐减小的特征。在前面的 GPS 分析中看到降水开始前 36 小时的 6 月 30 日 08 时昆明的水汽就开始明显增加。虽然图 6.75a 中自 7 月 1 日 08 时后水汽通量值逐渐减小,但在图 6.74 中我们看到,临近暴雨发生时,昆明上空的大气水汽含量达到最大,说明此时在昆明有较强的水汽辐合。因此在分析大尺度环境场的水汽输送时,配合高时效的大气水汽 GPS 资料分析,将有助于我们深入、细致、准确地了解大气的水汽条件。

图 6.75b 给出了暴雨区水汽通量散度的时间—高度剖面,暴雨发生前低层水汽一直辐散,

直到 1 日 20 时才开始有弱的辐合,随着中尺度系统的生成,水汽辐合迅速增强,到 2 日 02 时,700 hPa 辐合中心值达 -25×10^{-8} g/(s·hPa·cm²)。由此可见,大尺度环境场为暴雨的发生提供了充沛的水汽来源,而中尺度系统造成了局地水汽的强烈辐合,使降雨强度突然增大,由于强水汽辐合维持时间短,因此只出现了短时的暴雨天气。

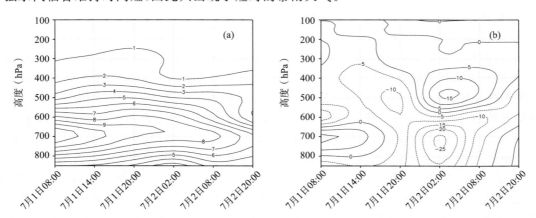

图 6.75　暴雨区水汽通量(a,g/(cm·hPa·s))、水汽通量散度(b,10^{-8} g/(cm²·hPa·s))的时间—高度剖面

6.10.4　动力条件分析

（1）温度平流分析

分析 7 月 1—2 日沿 25°N 的温度平流垂直剖面图(图略),暴雨开始前 700 hPa 以上为强暖平流,在暴雨中心区西部中高层有大于 5×10^{-5} K/s 的强暖平流中心,东部有大于 3×10^{-5} K/s 的次强中心。在低层,此两个暖平流中心下方分别有两个冷平流中心对应。暴雨发生时,西部近地层的冷平流区加强向东并向高层伸展到 600 hPa,同时东部的冷平流在 600—500 hPa 迅速向西扩展到 103.5°E 附近,表明此时有冷、暖平流交汇。西部低层冷平流向东、向高层和东部中层冷平流向西共同对暖平流控制区入侵,入侵的时段和侵入点附近分别对应了强降水发生时段和区域。之后该两个冷舌区于 2 日 14 时打通,冷平流侵入使中高层的暖平流迅速减弱,同时低层冷平流增强共同促使地面降水减消失。因此,冷暖平流交汇是触发暴雨的动力原因。

（2）散度场和垂直运动分析

此次大暴雨发生时散度场表现出低层强辐合、中层强辐散的垂直结构。图 6.76 给出了暴雨区散度、垂直速度的时间—高度剖面,由图 6.76a 可见,在暴雨开始前的 1 日 20 时,在 300 hPa 出现了最大辐散中心,中心强度为 25×10^{-6} s^{-1},分析同时刻的 300 hPa 高空图(略),辐散区对应的是青藏高压东侧的偏北气流;到暴雨开始时(2 日 02 时),最大辐散中心下降到了 500 hPa,中心值仍为 25×10^{-6} s^{-1},与此对应的是 500 hPa 槽后的西北气流,强的辐散区引起低层强辐合,700 hPa 出现了中心为 -20×10^{-6} s^{-1} 的强辐合中心(图 6.76a),同时刻的涡度图(略)700 hPa 滇中地区出现了 4×10^{-5} s^{-1} 的正涡度中心,与中尺度气旋相对应。因此本次大暴雨过程高层辐散的增强先于低层辐合,也就是说高层的变化引起中低层的变化。暴雨区上空高层辐散大于低层辐合,有利于在该区域形成抽气效应,促进中尺度系统的产生与发展,从而加强低层的辐合和对流上升运动。

从暴雨区上空垂直速度演变(图 6.76b)看,1 日 20 时前,滇中地区的低层是下沉运动,随着中尺度系统的生成和低层辐合的加强,暴雨区上空转为上升运动,最强中心出现在 600 hPa 上,垂直速度为 -55×10^{-3} hPa/s,但最大上升气流到达的高度较低,可能的原因是西北气流造成的强辐散区的下传抑制了对流运动的向上发展,所以造成此次暴雨天气的 β 中尺度对流云团很难发展成为 MCC,暴雨区内也仅有昆明 1 个站的 24 h 降水量大于 100 mm。由此可见,这次突发性大暴雨过程主要是中高层西北气流带来的干冷空气入侵,一方面与低层暖湿空气形成了强的对流不稳定区;另一方面下沉运动造成的辐散区引起低层中尺度气旋和中尺度对流云团发展,造成低层强烈的辐合对流上升运动是此次暴雨产生的主要机制。

这次大暴雨之所以出现漏报是因为 500 hPa 暴雨区处于西北气流控制之下,暴雨出现前低层又是下沉运动。本个例表明,在云贵高原,盛夏若低层水汽充足、局地大气具有潜在不稳定能量和适当的触发条件,在西北气流控制的地区也是可以出现突发性暴雨天气的。

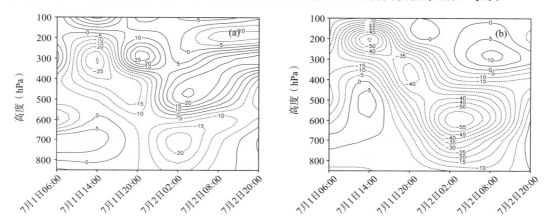

图 6.76　暴雨区散度(a,单位:s^{-1})、垂直速度(b,单位:10^{-3} hPa/s)的时间—高度剖面图

6.10.5　雷达回波特征分析

利用昆明 CINRAD-CC3830 的 6 min 体扫资料,结合滇中各测站地面自动站降水观测资料,分析强降水集中时段 7 月 2 日 01—06 时的雷达回波的中小尺度系统特征。

(1)PPI 特征

PPI 图上,自 01 时 51 分起,昆明测站 150 km 范围内有宽广的螺旋状回波出现,回波中包裹着中气旋,强回波区 30～40 dBZ 位于滇中的楚雄、昆明地区,昆明北侧禄劝附近有后侧 V 型缺口回波,表明高层有强的下沉气流。02 时 35 分—06 时强降水期间(图 6.77a、b),螺旋回波整体南移,因回波合并,强度增强,结构逐渐密实,回波转为带状回波,涡旋中心位于昆明测站,强度由 30 dBZ 逐渐增强至 45 dBZ,且该强度区域不断增大,05 时 16 分达到最强范围,多条 25～35 dBZ 的环带状回波自昆明中心呈气旋式向南伸展。之后,涡旋带状回波缓慢南移,降水逐渐减弱。

(2)VPPI 特征

VPPI 显示,整个强降水期间 (图 6.77c、d),昆明测站回波区 90 km 经距范围内 0.5°～1.5°仰角均有"S"零线穿过测站,并有左负右正的"牛眼"状正负速度中心结构,表明滇中边界层暖平流建立且较深厚,低层有明显的低空急流存在。该零线随低涡移动成气旋式旋转缓慢南移。01 时 51 分,昆明北侧寻甸、禄劝附近有负速度区向南楔入正速度区中,表明该处有逆风区生成。预示该处有强烈辐合抬升运动。03 时靠近昆明,昆明雨强逐渐增强,03—04 时出现51.3 mm短时大暴雨。05 时后,逆风区范围向北收缩,表明随降水潜热释放,辐合上升运动减弱。可见逆风区的出现,预示着雨强将增大。

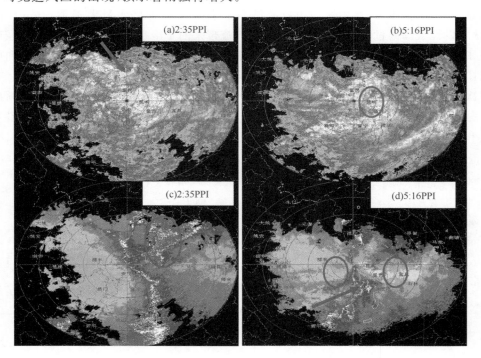

图 6.77　2008 年 7 月 2 日昆明多普勒雷达回波特征图

(仰角 0.5°,半径 150 km,距离每圈 30 km,a. 箭头所示为后侧 V 型缺口;b. 圆圈所示为强度达 45 dBZ 区域;c. 圆圈为逆风区;d. 箭头所指为"S"型零速度线,两个圆圈所示为牛眼结构)

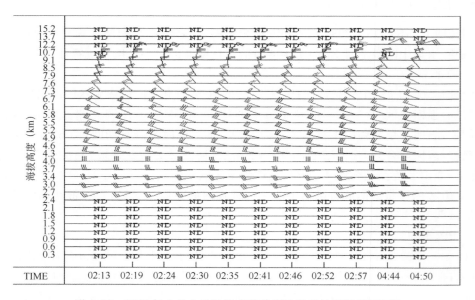

图 6.78　2007 年 7 月 2 日昆明多普勒雷达垂直风廓线 VWP 图

（3）VWP 特征

由 VAD 技术反演的 VWP 垂直风廓线显示（图 6.78），整个强降水时段，昆明风场风向自低层到高层由西南风呈顺时针旋转至西北风，风速均 12 m/s 以上，表明高低空有急流存在，低层西南暖湿水汽抬升，高层西北风辐散下沉，使滇中一带出现强烈的辐合运动，进而导致滇中大部地区出现暴雨和大暴雨。

综合以上分析，PPI 上螺旋带状回波结构特征明显，VPPI 上显示为典型的气旋式旋转的"S"零线暖平流结构、反映低空急流存在的"牛眼"结构，并有逆风区出现，VWP 垂直风廓线表现出流场自低层向高层顺时针旋转变化的高层等强辐合切变结构，是此次暴雨过程的多普勒雷达中尺度特征。

6.10.6　小结

通过以上分析，我们可以得到以下结论：

（1）这次罕见的滇中大暴雨的直接影响系统是副热带高压和滇缅高压间的辐合低涡、地面静止锋，虽然过程发生在大尺度 500 hPa 低槽后部西北气流下，暴雨出现前低层又是下沉运动，但是高层干空气入侵导致层结不稳定，700 hPa 有西南气流向滇中输送水汽，冷暖平流交汇直接诱发辐合低涡迅猛发展，导致强降水。

（2）多普勒强度图上宽广的螺旋状回波、速度图上中尺度系统"S"零线暖平流结构、"牛眼"状的低空急流结构的存在并持续，VWP 垂直风廓线风向低层向高层顺时针旋转的高低层强辐合切变结构，预示着辐合系统的稳定利于强降水的持续。当有逆风区出现，预示该地雨强将增大。

6.11　2007 年 8 月 26 日天津市突发性的局地大暴雨过程分析

受高空切变线的影响，2007 年 8 月 25—27 日天津市的东部地区出现了一次暴雨、局部地区大暴雨的天气过程。强降水主要集中在 26 日凌晨前后。降水量的分布极不均匀，在 13 个国家气象观测站中有六个站降雨量超过 50 mm，其中有三个站 48 h 降雨量超过 100 mm，达到大暴雨。最大降雨出现在东丽，为 153.0 mm，最小雨量出现在蓟县，为 6.8 mm；从全市 228 个自动气象雨量站统计的数据显示，60 个站次达到暴雨，27 个站次达到大暴雨，其中东丽区的军粮城、津南区的双月 48 h 降雨量分别为 275.5 和 222.2 mm，达到特大暴雨量级。从地面加密自动站 10 min 雨量看，本次降水主要集中在两个阶段，第一阶段从 26 日 2 时 50 分到 04 时，雨量为 175.3 mm，其中 10 min 最大雨量达到 33.9 mm，为特大暴雨强度；第二阶段从 04 时 50 分到 06 时 20 分，雨量为 62.4 mm，其中 10 min 最大雨量达到 9.9 mm，为大暴雨强度。

强降水造成东丽区全区农田和城区大面积积水，平均积水深度 30～40 cm，最深处达 1 m，全区受灾面积 74181 亩[①]，受灾人口 33036 人，直接经济损失 4495 万元。45884 亩农业成灾面积中，棉花 35700 亩，占成灾面积的 78%，畜禽死亡 9226 头（只），水产养殖成灾面积 479.5 亩。木制品、纸制品包装、服装等工业企业受损 36 家，经济损失 475 万元。倒塌房屋 31 间，损坏房屋 5169 间，经济损失 535.5 万元。这次强降水是东丽区气象局建站 52 年以来最强的一

---

①　1 亩 = $\frac{1}{15}$ hm²。

次局地大暴雨天气过程。何群英等(2009)对这次过程进行了分析。

6.11.1　大型环流形势演变及影响系统分析

此次暴雨发生在大气环流由经向型向纬向调整时期。8月中旬末中高纬度的形势为一槽一脊,乌拉尔山为一阻塞高压,巴尔喀什湖附近为一切断低涡,从巴尔喀什湖到东亚地区为宽广的低槽区,副高呈带状稳定在长江以北地区,副高脊线在35°N左右,华北大部分地区在副高控制内,高温高湿,23日乌拉尔山阻塞高压逐渐被冷平流所替代,强度迅速减弱,环流型逐渐由经向调整到纬向,40°N附近多短波槽活动。24日由于副高的加强西伸使得本市最高气温达35.1℃,为近期的最高值,25日副高开始减弱东退,从新疆北部分裂南下的冷空气快速东移,在华北与副高边缘的暖湿空气交绥,造成天津地区普降雷阵雨,局部地区暴雨、大暴雨。

在低层850—700 hPa,从河北的西北部到甘肃中南部有一东北—西南向的切变,切变北侧为冷平流,南侧从陕西、山西到河北京津地区为暖平流,在副高的西南侧边缘有一支东南急流,将东海的水汽向内陆输送,到副高脊线附近汇入到切变南侧的西南气流中,西南气流将东海和南海的水汽、动量、热量以及能量输送到华北、京津地区,使得这一地区在暴雨前处在大气不稳定状态下。

从地面加密自动站的资料来看在天津的中东部存在一条中尺度辐合线,在辐合线北侧有弱锋面,当锋面伴随着中尺度辐合线南压时,其北侧冷空气的渗透激发了本地区的不稳定能量释放,促进了辐合上升运动的发展,也导致了强降水的产生,因此本次降水是在有利的大尺度环流背景下,低空切变线和地面辐合线及冷空气共同作用下所产生的。

6.11.2　环境条件分析

(1)热力条件分析

利用加密自动站的逐小时资料,得到了强降水前期25日14时地面θ_{se}的分布情况(图略),从图中可看到在天津θ_{se}分布的不均匀性,自东南到西北逐渐降低,也就是东南部为高能

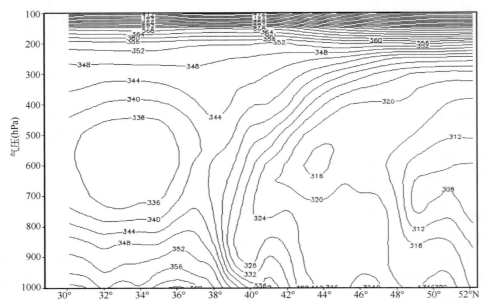

图 6.79　2007 年 8 月 25 日 20 时 θ_{se} 的经向(117.46°E)剖面

区,能量锋区基本上位于天津的中部,并且随着时间的推移能量在积累增强并逐渐向西北方向发展,至 26 日 2 时天津的大部分地区尤其是东部和南部都处在高能区中,这为不稳定能量的积聚和对流不稳定层结的建立奠定了基础。

为了进一步揭示暴雨区上空大气的不稳定性,过暴雨区(39.07°N,117.46°E)作 8 月 25 日 20 时 θ_{se} 的经向高度剖面(图 6.79),从经向剖面图中我们看到在暴雨区低层及南侧为高能区,北侧为相对低能区,能量锋区就在暴雨区上空偏南一侧,稳定维持达数小时。另外,从过大暴雨区所作的 θ_{se} 垂直廓线图中(图 6.80)也能清楚地看到,随高度的升高 θ_{se} 迅速减小,大约在850 hPa 附近达最小,$\Delta\theta_{se1000-850}$ 接近 20 K。由图 6.80 也表明近地面层大气呈强对流不稳定,这为强降水的发生提供了重要的条件。

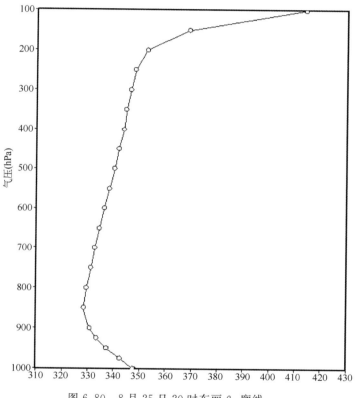

图 6.80　8 月 25 日 20 时东丽 θ_{se} 廓线

(2)东丽和蓟县层结对比分析

图 6.81 是根据 MM5 计算出的蓟县和东丽站的 $T\text{-}\ln p$ 图,很清楚在出现强降水的东丽区(图 6.81a),由于降水前期 25 日 13 时近地面层有浅薄的逆温层,层结具有下干(600 hPa 以下)、中湿(600—300 hPa)的特点,不稳定能量 CAPE 值为 454 J/kg,K 指数为 24℃,大气呈弱对流不稳定。从高空风的垂直变化来看,在 700 hPa 以下风向随高度急速顺转,具有强风向切变的暖平流结构,对流层中低层垂直风切变很强,850 hPa 与 500 hPa 的垂直风切变达到 5.2×10^{-3} s^{-1}。上述这些特征是有利于能量的积累而形成强降水的。反之,在降水最小的蓟县(图 6.81b),降水前 25 日 12 时的 $T\text{-}\ln p$ 图上,首先没有逆温层存在,只在 400—300 hPa 有浅薄弱的湿层,不稳定能量 CAPE 值为 0,K 指数为 17℃,大气层结稳定,800 hPa 以下的风切变也比

东丽小,具有弱风向切变的暖平流结构,这样的特征不利于能量的积累和对流性强降水的产生,因此蓟县的降水也较东丽弱得多。

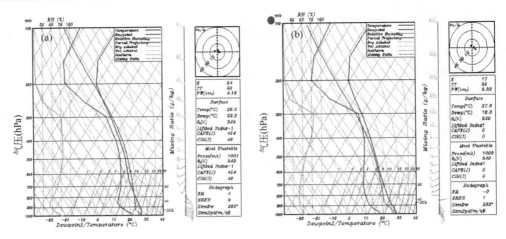

图 6.81　由 MM5 计算的 8 月 25 日 13 时 $T\text{-}\ln p$ 图(a. 东丽站,b. 蓟县)

(3)水汽条件分析

从加密自动站的逐时资料得到的水汽通量诊断分析结果来看,在暴雨前夕天津地区的水汽通量的分布也是极不均匀的,东南部水汽通量值高,西北部低。在地面绝对湿度和流场的综合图中我们能清楚地看到从黄海经山东半岛、渤海到天津的东南部为高湿区,而天津的西北部为相对的干区,并且在天津的东南部为流场的辐合区,来自黄海和渤海的水汽在偏东气流的作用下源源不断地输送到暴雨区,使得该地区低层水汽十分充沛,为大暴雨的产生提供了十分有利的条件。

另外,从 GPS 水汽资料分析暴雨区整层水汽的情况,从图中(图略)我们清楚地看到在暴雨出现前 6 小时,表征大气整层湿度条件的相对湿度和可降水量是逐渐增大的,也就是说在强降水前整个大气有一个增湿的过程,最大相对湿度出现在 25 日 23 时左右达 96%,这个过程对强降水的出现是十分必要的。

6.11.3　动力条件分析

(1)暴雨触发系统

利用加密自动站的逐小时资料,得到地面流场和温度场的分布情况,从 25 日 23 时开始,天津市东部地区开始出现辐合,26 日 00 时在中部偏南地区形成一条中尺度辐合线,辐合线的东部强于西部,辐合线以北为偏西北气流,南侧为东南气流,而从温度场看天津市大部分地区为暖区控制,暖中心在东南部,锋区在西北部边缘,南北部温差达 5℃,此时正处于能量积聚阶段,暖平流强于冷平流。26 日 02 时,随着北方锋区的南压,冷空气逐渐渗透下来,冷暖空气交汇于辐合线上,激发了边界层的辐合上升运动,使得积蓄已久的不稳定能量得以释放,辐合线西部先出现降水,而后在东部由于前期的能量聚集、辐合强度都强于西北部,因此出现了明显强于西部的降水,东丽的军粮城竟出现了 10 min 雨量超过 30 mm 的降水强度,1 h 雨量已超过 100 mm,是东丽建站以来罕见的大暴雨。图 6.82 是 8 月 26 日 00 时地面加密自动流场和 02—08 时的 6 h 暴雨点,从图中可看到暴雨和大暴雨都出现在地面中尺度辐合线附近,由此可见地面中尺度辐合线的存在和维持不仅增强了地面的辐合抬升,同时也是造成此次局地大暴雨的中尺度系统和触发条件。

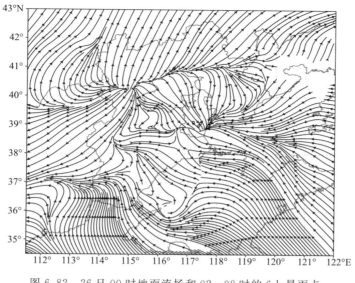

图 6.82　26 日 00 时地面流场和 02—08 时的 6 h 暴雨点

（小圆圈为暴雨点）

（2）暴雨区垂直速度的变化

为了揭示暴雨区上空垂直上升运动的情况，过大暴雨区（39.07°N，117.46°E）作垂直速度的纬向和经向的空间剖面图，从 25 日 14 时到 26 日 02 时我们发现暴雨区上空的垂直上升运动经历了从无到有、由弱到强的发展阶段。25 日 14 时（图略），从高空到地面为一致的弱下沉运动，此时对应的地面流场也是辐散的；25 日 20 时下沉运动开始转变为弱上升运动，地面图上已出现中尺度辐合线（图略）；26 日 02 时（图 6.83）暴雨区上空 500 hPa 以下为一致的上升运动，此时正是地面辐合线受冷空气影响触发对流性暴雨之时，因此产生了大范围的上升运动，上升运动最强出现在 700—600 hPa，为 −0.7 Pa/s，强烈的上升运动将低层的水汽、能量、

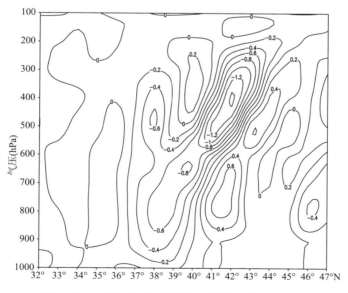

图 6.83　26 日 2 时垂直速度空间剖面（单位：Pa/s）

热量抬升到高空,形成了发展旺盛的对流云,造成了这次大暴雨的出现。同时从图 6.83 中我们还发现上升运动随高度的增高是向北倾斜的,形成了斜升气流,这种斜升气流对于形成稳定状态的强雷暴云进而产生强降水是十分有利的。

6.11.4　多普勒天气雷达特征分析

　　连续跟踪观测雷达强度图看到,降水回波发展非常迅速,图 6.84 是第一阶段强降水时 1.5°仰角雷达回波的演变情况。从图中明显看到:02 时 12 分在天津东南部仅有几个强度为 45 dBZ 的初生小回波单体,之后回波迅速发展加强,到 02 时 36 分已发展成一条多个强度中心为 50 dBZ、东北西南向的强回波带,对应实况,这时东丽的强降水已经开始且雨强达到最强。随着回波带向东北方向移动,回波带上强回波中心的范围不断加大,同时在回波带的后面不断有新生的强回波单体发展加强,随回波带的移动,到 04 时共有五个中心强度为 50 dBZ 回波单体经过东丽地区,在 03 时 30 分沿回波带方向做回波垂直剖面图(图 6.85)看到,回波带上依次排列着五个强度

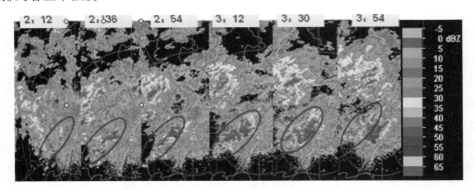

图 6.84　强降水阶段回波的演变

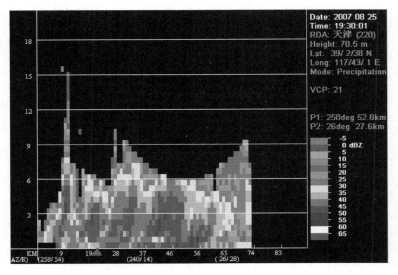

图 6.85　强降水阶段(26 日 03 时 30 分)反射率因子剖面
(注:图中三角形位置为东丽区)

为 50 dBZ 的强回波中心,东丽区正好位于第四个强回波中心前(图中三角形位置),可见列车效应非常明显,从而造成此地 70 min 175.3 mm 的特强降水。另外从图中还可以看到,虽然各强回波单体的回波高度均伸展到 8 km 以上,但 45 dBZ 强回波的高度基本在 5 km 高度以下,相应的当天 0℃和 −20℃等温线的高度分别为 4.5 km 和 8 km,−20℃等温线以上最大反射率因子不超过 30 dBZ,因此降大冰雹的概率很小,反而雨强会很大,这也是造成此地 70 min 出现 175.3 mm 特强降水的主要原因。之后强回波迅速东移,影响此地的降水回波强度减弱,第一阶段强降水结束。

从对应的径向速度图看(图略),随降水回波迅速发展加强,在速度图上出现了明显的辐合,并在 02 时 30 分—48 分出现一明显中尺度逆风区,其位置正好与强度图上 50 dBZ 强回波位置相对应。对应降水实况,此时正好是东丽区降水雨强达到最大时。随后中尺度逆风区逐渐消失,但辐合区位置始终与强度图上强回波位置相对应,正是由于速度图上辐合区的出现并维持、特别是中尺度逆风区的出现,造成了东丽地区第一阶段的特强降水。

50 min 后第二阶段强降水开始,这一阶段回波强度虽然仍维持在 45 dBZ,但较之第一阶段回波强度还是减弱了,从对应的径向速度剖面图(图略)上看到辐合层高度明显降低、辐合强度也明显减弱。同时降水回波东移的速度比较快,列车效应不很明显,再加上本地能量的释放,因此这一阶段的降水强度明显减弱,但也达到了大暴雨的强度。

以上分析说明:强回波对应强降水,速度图上辐合区的出现并维持、降水回波列车效应明显,是造成此次特大暴雨的关键,而速度图上中尺度逆风区的出现使降水雨强达到最强。另外 45 dBZ 强回波高度始终处于 0℃层以下,这也是造成此次特强降水的主要原因。

6.11.5　结论

(1)此次天津市局地大暴雨的影响系统是 500 hPa 高空槽、700 和 850 hPa 的切变线,地面弱锋面伴随着中尺度辐合线南压时,其北侧冷空气的渗透激发了本地区的不稳定能量释放,促进了辐合上升运动的发展,导致了强降水的产生。

(2)暴雨发生前,由于对流层低层存在逆温层,低层水汽条件较差,但是副高西南侧边缘的东南急流和切变南侧的西南气流向暴雨区输送水汽,在暴雨出现前 6 h 整个大气有一个增湿的过程,相对湿度在强降雨前夕达到最大(96%);边界层出现强对流不稳定,对流层中低层垂直风切变很强,都有利于强降雨的发生。这次强降水分布极其不均匀,其主要原因是各种物理量的中尺度特征非常明显:其一是前期能量、稳定度和水汽输送均表现为东部地区强于西部;其二是地面中尺度辐合线东部强于西部。

(3)强回波对应强降水,速度图上辐合区的出现并维持、降水回波列车效应明显,是造成此次特大暴雨的关键,而速度图上中尺度逆风区的出现使降水雨强达到最强。另外 45 dBZ 强回波高度始终处于 0℃层以下,这也是造成此次特强降水的主要原因之一。

6.12　四川盆地西部副高西北侧连续性暴雨成因分析

2008 年 9 月 22—26 日,在的四川盆地西部(28°—33°N,102°—106°E)出现了一场连续性暴雨天气过程(以下简称"9.23"暴雨),该区域内有 38 县(市)出现了暴雨,9 县(市)降了大暴雨。2008 年"5.12"汶川大地震重灾区的江油马角镇、重华镇、雁门镇、绵竹汉旺镇、北川唐家山和擂鼓镇的过程累计降雨量都超过了 400 mm(图 6.86a)。连续性暴雨中心位于北川县,9月 22 日 20 时—27 日 08 时连续性 5 d 出现暴雨(图 6.86b),23 日 20 时到 24 日 20 时的 24 h雨量为 334.7 mm,过程累计降雨量高达 614.3 mm,突破了有气象记录以来连续性暴雨日数、日降水量、累计降雨量等多项历史极值。分析暴雨中心逐小时雨量分布发现(图 6.87,因地震导致北川站无自动观测资料,故选取北川附近的安县和江油代替),本次连续性暴雨天气过程存在两个不同性质的强降雨时段;第一个强降雨时段出现在 22、23 和 24 日的夜间的对流性降水,降雨强度大、持续时间短,日变化和阵性特征明显,降水主要出现在夜间,该时段连续性暴雨中心北川的降雨量为 445.7 mm,占整个过程降雨量的 72.6%;第二个强降雨时段出现在 25日晚上至 26 日晚上的稳定性降水,降雨强度大都<10 mm/h,但持续时间长。"9.23"连续性暴雨天气过程具有"出现时间晚、局地强度大、持续时间长、过程降水量异常偏多"等特点,在汶川大地震重灾区造成了严重的山地灾害和洪涝灾害给抗震救灾和恢复重建工作造成了严重影响。顾清源等(2009)对这次特大暴雨过程进行了分析。

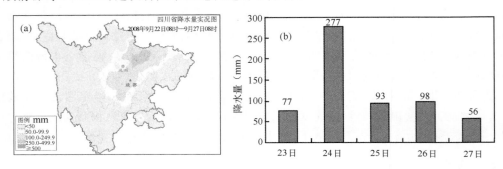

图 6.86 (a)"9.23"暴雨过程累计降雨量;(b)暴雨中心北川日雨量(08—08 时)

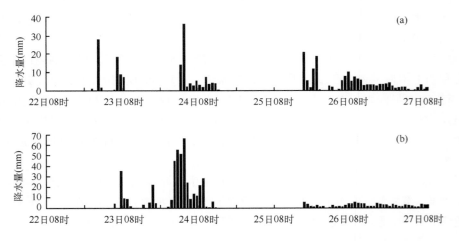

图 6.87 9 月 22 日 08 时—27 日 08 时安县(a)和江油马角(b)逐小时雨量分布图

6.12.1 环流背景及影响系统

(1)500 hPa 形势

图 6.88 是"9.23"暴雨过程期间 500 hPa 环流平均场及强台风"黑格比"的移动路径,由图

可见,"9.23"暴雨过程期间:500 hPa 为典型的"东高西低"环流形势,巴尔喀什湖地区为一低槽和−4 dagpm 的负距平中心,中国长江中下游地区受带状副高控制,副高异常偏强且稳定,副高中心为>4 dagpm 的正距平区,副高 588 dagpm 线西脊点伸至 110°E 以西,"9.23"暴雨过程期间在 105°—110°E 震荡,副高脊线稳定在 30°N 附近,其位置较历年同期异常偏西、脊线异常偏北,暴雨中心位于其脊线西北侧。与此同时,强台风"黑格比"于 21 日开始进入菲律宾以东洋面沿西北路径向中国东南沿海移动,24 日早晨在广东登陆后,在副高底部偏东气流引导下向继续西进。副高与台风的相互作用使得台风登陆后西进、副高稳定强盛。

　　由上分析可见,"9.23"暴雨过程是在"东高西低"典型暴雨环流形势下副高西北侧出现的连续性暴雨,但通过对"9.23"暴雨过程中逐日 500 hPa 流场分析发现(图略),暴雨过程中连续性暴雨区四川盆地西部及其上游的青藏高原东北部在 500 hPa 层上一直都没有低值系统活动,这是此次持续性暴雨预报的难点之一。

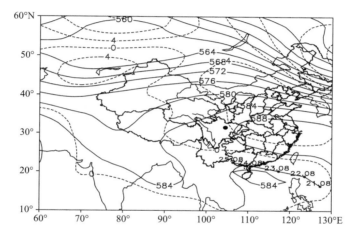

图 6.88　"9.23"暴雨过程(22 日 08 时—27 日 08 时)500 平均环流场
(实线为高度(dagpm)、虚线为高度距平(dagpm)、折线为台风"黑格比"移动路径,圆点为暴雨中心北川)

(2)低空急流

　　由于副高的异常稳定强盛和强台风"黑格比"的登陆西进,"9.23"暴雨过程期间,处于副高和台风外围的四川盆地在对流层中低层始终存在着稳定的低空急流。在过程开始时的强对流性降水时段(23 日 08 时),850 和 700 hPa 四川盆地分别为副高外围的东南和偏南低空急流(图 6.89a、b),并且 850 hPa 存在明显的风速脉动,23 日 08 时四川盆地东南部 V 分量较 22 日 20 时突增了 5 m/s 以上,"9.23"暴雨区则正好位于这支东南风低空急流前部的风速辐合区,盆地西北部散度值为 $(-2\sim-4)\times10^{-5}\,s^{-1}$(图 6.89a),并且这支东南急流与青藏高原大地形近乎正交,利于产生地形性辐合,但值得注意的是,700 hPa 层的偏南风急流从四川盆地北部一直延伸到了河套地区。

　　在过程后期的稳定性降水时段(26 日 08 时),四川盆地的低空急流维持(图 6.89c、d),并且由于"黑格比"的登陆西进,南海至云贵地区的风速有所增强,同时在 850 hPa 层还有一支从华北经陕南到四川盆地北部的偏东气流携带冷平流,与四川盆地内的东南气流在四川盆地西北部汇合,盆地西北部散度值为 $(-4\sim-6)\times10^{-5}\,s^{-1}$(图 6.89c),较 23 日 08 时辐合有所增强,同时由于四川盆地西部山脉的阻挡,这两支东南和偏东气流受地形抬升,产生上升运动。

由此可见,对流层低层的东南急流是"9.23"连续性暴雨过程的主要触发系统。

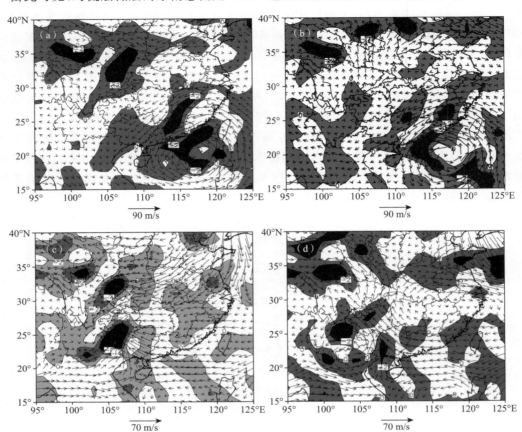

图 6.89　"9.23"暴雨过程期间低层风矢量及散度场(单位:$10^{-5}\,\mathrm{s}^{-1}$)(图中阴影区为辐合区)
(a. 23 日 08 时 850 hPa,b. 23 日 08 时 700 hPa,c. 26 日 08 时 850 hPa,d. 26 日 08 时 700 hPa)

6.12.2　环境条件分析

(1)热力条件

表 6.4 给出的暴雨期间盆地西北探空站温江的 CAPE、K 指数和 SI 指数等物理量,可以看出:22—25 日四川盆地西北部都处于高能不稳定状态,并且存在明显的日变化,20 时的不稳定能量要大于 08 时,在 22 日 20 时和 23 日 20 时 CAPE 值分别达到了 3382 和 1134 J/kg,K 指数高达 42℃,SI 为−1～−2℃,表明大气处于极度高能不稳定状态,在存在触发机制的条件下,很容易使不稳定能量爆发而产生强对流天气,对应实况为 22 日夜间和 23 日夜间,盆地西北部出现了连续雨强>50 mm/h 的强降水,并且伴随强闪电和强雷暴天气,强对流降水特征明显。在强对流天气爆发后,不稳定能量得到一定释放,因此到次日早上 08 时,能量有所下降。暴雨过程后期(25 日 20 时至 27 日 08 时),由于冷空气的入侵,四川盆地能量明显下降,大气层结也趋于稳定,26 日 08 时,K 指数由 25 日 20 时的 39℃迅速下降至 27℃,而 SI 指数则由 25 日 20 时的−2℃迅速上升至 6℃,因此后期为稳定的连续性降水。

表 6.4　连续性暴雨期间温江探空站 CAPE、K、SI 指数

时间(日/时)	22/08	22/20	23/08	23/20	24/08	24/20	25/08	25/20	26/08	26/20
K 指数(℃)	40	42	39	42	37	39	39	39	27	30
SI 指数(℃)	−1	−1	1	−2	−1	−1	−1	−2	6	4
CAPE(J/kg)	550	3382	0	1134	23	761	67	516	0	0

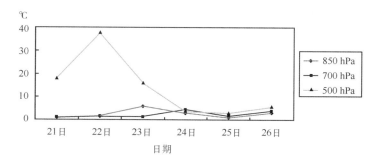

图 6.90　温江 850、700、500 hPa 温度露点差逐日 08 时变化

从温江 850、700、500 hPa21—26 日逐日 08 时温度露点差可以看出(图 6.90),21—26 日 850、700 hPa 的温度露点差一直很小,维持高湿状态,非常有利于暴雨的维持。但是,500 hPa 的温度露点差的变化明显不同于 850 和 700 hPa,21—23 日 08 时 500 hPa 温度露点差很大 (对应干空气),对流层中层与中低层形成对流不稳定,因此产生明显的对流性强降雨;从 24 日起,500 hPa 也很潮湿,已不存在对流不稳定层结了,但是由于低空急流受地形的抬升,形成持续的上升运动,因而产生稳定性降雨。

(2)水汽持续输送

持续性暴雨除了要有相对稳定的大气环流形势促使天气系统维持、再生和发展以外,降水区域的水汽辐合及充足的水汽来源是持续性降水的必要条件。暴雨的发生除了有充沛的水汽来源输送外,还需要水汽在局地的辐合能力。因此,我们分析了连续性暴雨前期对流降水阶段和后期稳定性降水阶段平均水汽通量矢量和水汽通量散度分布(图 6.91)。

由图 6.91 可知,此次连续性暴雨的水汽源地为南海,低空东南风急流的维持为这次连续性暴雨的产生提供了源源不断的水汽输送。水汽通量散度负值区呈带状分布,850 hPa 水汽通量散度图 (图 6.91a、b)分布表明,盆地西北部为水汽通量散度的负值辐合区,与降水落区分布较一致,北川暴雨中心恰好位于水汽通量散度的负值区内,也许正是由于北川处于特殊的喇叭口地形,使得东南急流所输送来的大量水汽在这里得到局地的汇合。对流性降水阶段平均水汽通量散度的负值中心为 $-30×10^{-5}$ g/(s·hPa·cm²),稳定性降水阶段达到 $-60×10^{-5}$ g/(s·hPa·cm²),这是由于"黑格比"台风后部和副高外围强劲的东南风低空急流不仅给盆地输送了源源不断的水汽,并由于地形作用,在盆地的北部形成了水汽通量的辐合区,为降水的持续发生提供了充沛的水汽。700 和 500 hPa(图 6.91c、d、e、f)图上,四川盆地并没有明显水汽通量散度的辐合,也就是说这次暴雨过程中水汽主要来源于 2000 m 以下的对流层低层东南风低空急流输送。

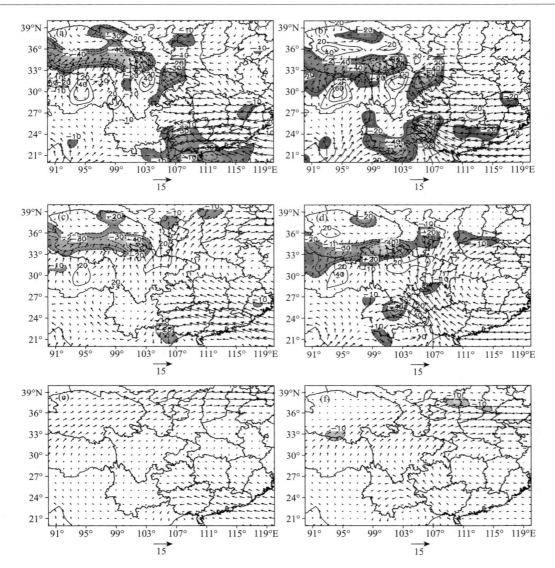

图 6.91　850、700 和 500 hPa 平均水汽通量矢量和水汽通量散度(单位:10⁻⁵ g/(s·hPa·cm²)
(a、c、e:21 日 08 时—24 日 20 时平均;b、d、f:25 日 08 时—27 日 08 时平均)

　　对比两个时段平均水汽通量散度分布可知,盆地西部后期稳定性降水阶段平均水汽通量在各层均比前期对流性降水阶段的水汽输送强,这也是后期降水持续的重要原因之一。此外,还可以看出连续性暴雨前期是由副高外围对流层低层东南风低空急流输送充足的水汽至盆地,连续性暴雨后期则由"黑格比"台风登陆西进过程中其后部及副高外围强劲的东南风低空急流输送。

6.12.3　动力条件分析

（1）涡度和散度

从前述分析中,我们知道连续性暴雨区产生在异常强盛的副高西北侧,暴雨区内始终存在着高能不稳定的热力条件,虽然在 500 hPa 一直无低值系统影响,但具有"对流层中低层正涡度、高层负涡度"的典型暴雨动力结构(图 6.92a)。连续性暴雨过程前期(22 日 20 时至 25 日08 时),正涡度中心最高伸展到了 300 hPa,正涡度值达 $7 \times 10^{-5} s^{-1}$;连续性暴雨过程后期(25日 20 时到 27 日 08 时),中低层正涡度中心出现在 700 hPa 层附近,500 hPa 层以上均为负涡度。对流层中低层正涡度伸展高度与暴雨中心最强降水时间相吻合,表明对流层中低层正涡度的加强和维持是低空急流维持和水汽凝结反馈作用的共同结果。

在散度场分布图中(图 6.92b),暴雨前期(22 日 20 时—24 日 20 时)对流层中低层为辐合,低层辐合较弱,约为 $-1 \times 10^{-5} s^{-1}$,辐合大值区主要集中在中层(500—250 hPa),高层(100 hPa)辐散。其中,22、23 和 24 日晚对流层中高层辐合最强,均达到了 200 hPa,与前述北川强降水时段相对应。此次过程中,散度垂直分布表现出暴雨过程所具有的"对流层中低层辐合、高层辐散"典型动力结构,后阶段(25 日 20 时— 26 日 08 时)由于 850 hPa 东南和偏东气流汇合,低层辐合更明显,约为 $-3 \times 10^{-5} s^{-1}$。

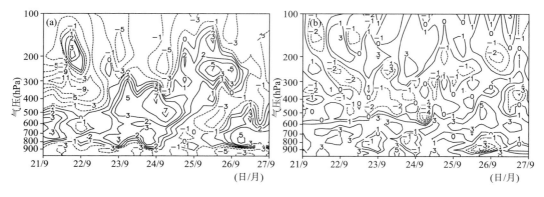

图 6.92　暴雨期间北川涡度(a)和散度(b)的高度—时间分布(单位:$10^{-5} s^{-1}$)

（2）暴雨区持续上升运动分析

1）垂直上升气流与维持

通过上述分析,此次持续性暴雨具备有水汽条件和能量条件,那么它是否有强烈的上升运动就成为关键条件了,为此我们分析了此次连续性暴雨期间的垂直上升运动。

图 6.93 为北川站垂直速度的高度—时间剖面,在对流层中低层 600 hPa 以下,北川暴雨中心始终存在着上升气流。在对流性降水时段上升气流伸展至对流层的中高层,具有明显的日变化,如 22 日 20 时、23 日 20 时到 24 日 20 时,上升气流伸展到了 200 hPa,其最大值分别达 -0.3 和 -0.5 Pa/s。稳定性降水时段,上升气流速度明显强于对流性降水时段,但集中于对流层中低层。25—26 日,800—700 hPa,垂直上升速度达到绝对值最大 1.4 Pa/s,这有利于将中低层的饱和的空气带入高层,使降水持续。

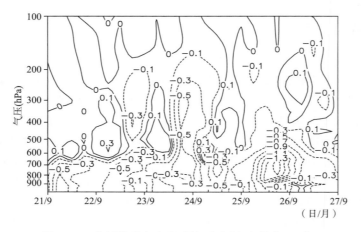

图 6.93　北川站垂直速度时间-垂直剖面(单位:Pa/s)

　　为进一步分析盆地上空的上升运动,分别选取了两个在不同性质降水阶段中的时次,分析了沿 32°N 经向垂直环流剖面(图 6.94),图中反映出沿连续性暴雨中心北川有一个稳定的维持垂直上升气流的垂直环流存在。图 6.94a 表明:在 24 日 02 时,105°—110°E,300 hPa 以下有一垂直环流。在 100°—105°E 为垂直环流的上升支,108°—110°E 为垂直环流的下沉支,盆地刚好处于垂直环流的上升支中,上升支气流将盆地低空暖湿气流向上输送,有利于对流不稳定发展,在第一阶段的对流性降水中,环流中心西侧的上升支能达到 200 hPa 的高度。26 日 08 时(图 6.94b),垂直环流位于 105°—110°E 仍处于垂直环流的上升支中,这种垂直环流形势有利于盆地的暴雨维持,但是盆地一带上升支只能达到 500 hPa 的高度。由上述分析可见,暴雨区附近的垂直环流与暴雨的启动和维持有密切关系,暴雨区往往出现在垂直环流的上升运动支。

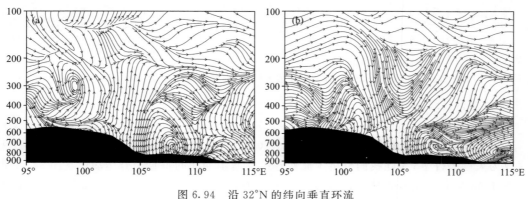

图 6.94　沿 32°N 的纬向垂直环流
(a. 24 日 02 时,b. 26 日 08 时)

　　前面已经指出,这种持续上升运动主要是由持续的低空急流受地形抬升而引起的。
　　2)湿位涡分析
　　由 22 日 08 时至 27 日 08 时经暴雨中心北川(104.28°E,31.5°N)MPV1、MPV2 的高度—时间剖面分布可知(图 6.95):对应四川盆地降水的两个时段,湿位涡正压项和斜压项分布图上也有较好的表现。

　　22 日 08 时至 24 日 08 时,MPV1(图 6.95a)在 500 hPa 以下为负值区,并且随时间逐渐增大,从 -6 PVU 增加到 -4 PVU;500 hPa 以上为正值。这种湿位涡正压项正负区叠置的形式有利于低层气旋式辐合。24 日 08 时至 25 日 20 时:正压项 MPV1 进一步增加,中高层高值位涡舌下伸至 700 hPa,叠加在低层负值扰动区上,降水持续;但在 25 日 08 时,高值位涡舌回缩到 500 hPa 并减弱,低层负值 MPV1 增加到 0 PVU 左右,降水减弱。25 日 20 时至 27 日 08 时,MPV1 负值区仅在 925 hPa 层次以下,对流层高层为对流稳定区,冷空气以高值位涡柱的形式斜向下入侵,叠加在低层扰动上。此时,由于对流性降水释放凝结潜热加热,对流层中层得到加热,θ_{se} 值在 500—400 hPa 有所增大,造成了强降水区 $\Delta\theta_{se}$ 出现位势稳定的情况(图略)。

　　MPV2 高度-时间分布(图 6.95b)也有类似两个明显的降水时段特征。对流性降水阶段,MPV2 在 500 hPa 以下为正值分布;后期稳定性降水阶段,MPV2 负值区自对流层中层下伸与地面负值区连通,表明该时段内,大气的斜压性极强。

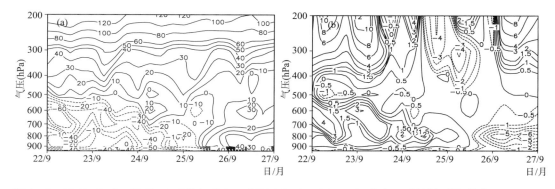

图 6.95　22 日 08 时—27 日 08 时沿(31°N,104°E)MPV1(a)、MPV2(b)高度—时间剖面图(单位:0.1 PVU)

　　针对上述湿位涡正斜压项分布的两个时段,选取对流性降水较强时刻(23 日 08 时)和稳定性降水时刻(26 日 20 时)作进一步分析。

　　由 23 日 08 时沿暴雨中心 104°E MPV1 和假相当位温经向剖面图分布可知(图 6.96a),降水落区(28°—35°N)在 500 hPa 以下为 MPV1 的负值区,也是强对流不稳定区,极低值 -10 PVU 与 370 K 的高温湿能量中心重合。雨区北侧为 MPV1 正值区和对流稳定区。500 hPa 以上为 MPV1 正值区和对流稳定区。这种湿位涡正压项正负区叠置的形式有利于低层气旋式辐合。暴雨中心点北川(104°E,31.5°N,图中实心三角所示)位于 MPV1 负值和高温湿能量区,但并不与低值中心相对应,而是位于负值 MPV1 密集区和等 θ_{se} 线的密集区。从剖面图中还可以看出:湿正压项 MPV1 绝对值是随高度的增加而减小的,这样就容易存储和释放对流不稳定能量,有利于该区暴雨的发生。26 日 20 时(图 6.96b)暴雨中心及其南侧整层为正值 MPV1 区,其北侧 32°—35°N 范围内在 850 hPa 以下仍处于弱的对流不稳定区和 MPV1 的负值区。这表明:由于雨区对流降水释放凝结潜热,中低层气层得到加热而渐趋稳定。暴雨中心 31.5°N(黑三角所示)处于中低层 MPV1 正负值交界区。

　　图 6.96c 分布表明,前期降水落区整层处于 MPV2 的正值区,暴雨中心位于正值 MPV2 下伸最强区。26 日 20 时(图 6.96d),降水落区大部分出现在低层 MPV2 负值区,其北侧负值 MPV2 自对流层高层 300 hPa 斜向下延伸,与低层负值区有相贯通的趋势。表明此时大气的

斜压性极强,强降水中心位于低层正负 MPV2 值交界处。

由以上分析可知:降水过程中涡旋的正压发展和斜压发展项都很重要,对于前期不稳定层结,对流层中低层 MPV1 的负值区和 MPV2 的正值区的分布与降水区域有较好的对应关系,降水一般出现在对流层中下部 MPV1<0 和低层 MPV2>0 的范围内,而 MPV1 负值中心和 MPV2 正值中心及其包围的密集区,是暴雨产生的警戒区。后期对流稳定阶段:对流层高层 MPV2 负值位涡舌的向下伸展有利于中低层大气斜压性增强,使降水维持。尽管湿位涡的斜压部分数值比正压部分要小,但是它对暴雨落区的预报也有一定的指示意义。

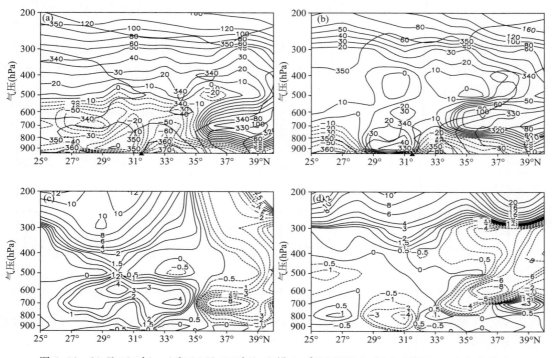

图 6.96　23 日 08 时(a、c)和 26 日 20 时(b、d)沿 104°E MPV1(a、b)和 MPV2(c、d)经向分布

6.12.4　雷达回波特征

北川暴雨过程的第一个阶段,在雷达回波上有多个风暴单体不断生成,回波强度虽然只有 35~45 dBZ (其间夹杂极少数 50 dBZ 强核)(图 6.97a),但是回波不断由西南向北川输送,形成列车效应,造成强降雨。这个阶段的回波顶高可以达到 12 km,与前文的垂直上升运动可以达到的高度相对应。从径向速度图上(图 6.97b)可以分析出低空急流。

暴雨的第二个阶段,回波强度比第一阶段要弱一些,一般只有 35~40 dBZ,回波顶高更低,只有 8 km(图 6.98),回波具有稳定性降水的特征,但是同样存在持续的"列车效应",因此同样产生持续的暴雨。

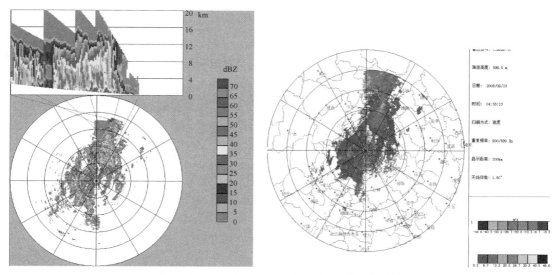

图 6.97　2008 年 9 月 23 日 04 时 45 分德阳雷达
基本反射率(下)和回波顶高(上)和北川—德阳雷达径向速度(右)

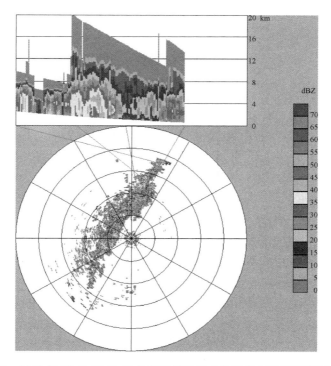

图 6.98　2008 年 25 日 08 时 46 分德阳雷达基本反射率(下)和回波顶高(上)

6.12.5　小结

通过以上分析,得出以下几点结论:

(1)"9.23"川北连续性暴雨天气过程发生在副高异常偏强和强台风"黑格比"登陆西进的环流背景下,过程期间 500 hPa 虽然无明显低值系统,700 hPa 四川盆地西北部也处于低空偏南风急流上风方的风速辐散区,但是 850 hPa 持续维持低空东南风急流,它本身携带丰沛的水汽,又在四川盆地西部地形的强迫抬升之下产生垂直上升运动,从而产生暴雨,因此,对流层低层的东南风急流既是这次暴雨过程的触发系统又是水汽的输送者,是暴雨的产生和维持的主角。

(2)"9.23"连续性暴雨天气过程前期为强对流降水,过程后期以稳定性降水为主,在过程前期的强对流降水时段,大气处于极度高能不稳定状态。在过程后期由于冷空气的入侵,四川盆地能量明显下降,大气层结也趋于稳定,为稳定的连续性降水。连续性暴雨区的水汽源地为南海,水汽主要由 2000 m 以下的对流层低层东南风低空急流输送。

(3)暴雨中心涡度和散度场具有"对流层中低层正涡度辐合、高层负涡度辐散"的典型动力结构。连续性暴雨区内一直存在着强盛的垂直上升气流,有一个稳定的维持垂直上升气流的垂直环流存在,在过程前期的对流性降水时段上升气流伸展到了 200 hPa、且具有明显的日变化,过程后期的稳定性降水时段上升气流主要集中在对流层中低层。

(4)副高西北侧连续性暴雨的发生发展与湿位涡的时空演变有很好的对应关系;对流不稳定时,湿位涡高低层正负区叠加的配置是低涡暴雨发展的有利形势,而 MPV1 负值中心和 MPV2 正值中心及其包围的密集区,是暴雨产生的警戒区;对流稳定时,对流层高层 MPV2 负值位涡舌的向下伸展有利于中低层大气斜压性增强,使降水维持。

6.13　鄂东 2007 年 7 月 27 日强对流天气过程的成因分析

2007 年 7 月 27 日 19—21 时武汉市自南向北先后出现雷雨大风天气(以下简称"2007.7.27"鄂东南强对流天气),其中,武昌城区和汉口局部地区出现罕见冰雹,直径最大为 2 cm。这次强对流天气给武汉市电力、交通、园林、商业和建筑等部门都造成了巨大损失。城区大面积停电,部分地区交通严重堵塞,多处路段大树被吹倒,武汉天河机场风速达到 29 m/s,13 个进出港航班受影响,20 架次途经京广航路的航班被迫绕开武汉空域。同时,雷雨、大风等恶劣天气,造成武汉市南郊的江夏区、北郊的黄陂区以及洪湖市部分乡镇房屋倒塌、人员伤亡、农作物减产等。其中,黄陂区损失最重,因灾死亡 7 人,紧急转移安置灾民 1634 人,倒塌、损坏房屋共 3200 多间;洪湖市部分乡镇电力中断数十小时;嘉鱼县一座变电站因灾起火,导致全县 8 个乡镇停电。肖艳姣等(2008)和张家国等(2008)分别分析讨论了此次鄂东南强对流天气过程。

6.13.1　影响天气系统

2007 年 7 月 27 日 08 时,500 hPa 副高呈块带状,主体位于华东沿海,脊线在 27°N 附近,副高 588 dagpm 线控制鄂东地区,宜昌、武汉、安庆站的位势高度分别为 583、586、589 dagpm;天气尺度的低槽位于四川盆地、鄂西地区,湖北省东部(鄂东)处在西风带槽前、副高边缘有弱反气旋曲率的西南气流中(图 6.99a)。低层 700、850 hPa 副高脊线位于 28.5°N 附近,脊线北倾,鄂东南处在副高西脊点南侧、西风带槽前西南气流和副高南侧东南气流之间的辐合线上(图 6.99b),中尺度对流云团就发生在辐合线附近。当天 20 时,副高中心稍微北抬,宜昌、武汉、安庆站的位势高度分别变为 585、585、590 dagpm,此时宜昌与武汉之间已无位势高度差,而武汉与安庆位势高度差增大,西南气流和东南气流的切变更加深厚(图 6.99c、d),诱发了中小尺度扰动,"2007.7.27"鄂东南强对流天气就发生在副高外围西南急流右侧的武汉至安庆之间。中尺度对流云团随辐合的加强和脊线北抬而向北发展。

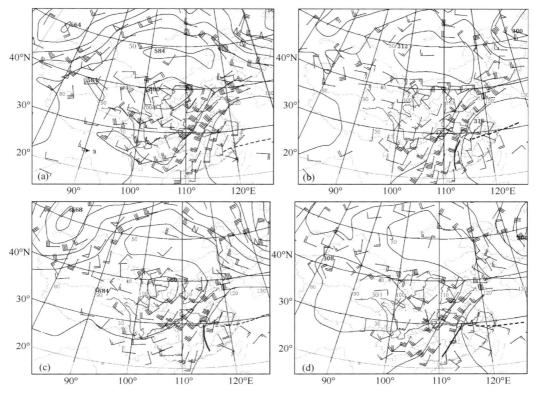

图 6.99　27 日高度场和风场实况

(a.08 时 500 hPa,b.08 时 700 hPa,c.20 时 500 hPa,d.20 时 700 hPa)

6.13.2　环境条件分析

从 27 日 08 时汉口探空站温度对数压力($T\text{-}\ln p$)图上可见(图略),从地面到 700 hPa,风随高度顺转,500—300 hPa,风随高度逆转,说明低层有暖平流、高层有冷平流;到 20 时,风随高度顺转的高度升至 500 hPa,有利于大气对流不稳定形成。20 时的 CAPE 相比 08 时的明显增大。从层结曲线和露点曲线的配置来看,08 时两条曲线在低层靠得很近,08 时汉口站 1000 hPa 的温度露点差为 4℃,稍高分开,形成喇叭口形,925—700 hPa 层温度露点差在 8~11℃;700—400 hPa 层温度露点差相差更大,其中 500 hPa 层温度露点差高达 32℃。这种近地层较湿、低层较干、中高层更干的水汽条件对冰雹等强对流天气形成十分有利。27 日 08时,K 指数为 30℃,$SI=-1.8$,表明大气呈弱对流不稳定状态;午后整个鄂东南为 33~35℃以上的高温天气,受下垫面加热影响,至 20 时,K 指数达到 32℃,$SI=-4.0$,不稳定明显加强(图略)。在给定湿度、不稳定性和抬升条件的情况下,垂直风切变的大小对形成风暴的强弱影响最大。20 时汉口探空站 850 hPa 以下垂直风切变很大,平均达 7.2×10^{-3} s^{-1},850 hPa 以上垂直风切变较小,地面到 700 hPa 的水平风垂直切变为 3.8×10^{-3} s^{-1},属中等强度的垂直风切变,有利于风暴的加强和发展。

综合上述分析表明,在天气尺度的低槽前西南气流稳定维持、副高脊线向上前倾环流背景下,西风带槽前西南气流和副高南侧东南气流之间的辐合线是影响"2007.7.27"强对流天气发生的主要天气系统。午后下垫面加热,增强了中尺度对流系统发生的大气不稳定性。到 20时,500 hPa 脊线北抬,鄂东地区西南和东南气流的切变线更加深厚,这也是中尺度对流系统加强北上的原因之一。

6.13.3　动力条件分析

散度场上(图 6.100),27 日 08 时鄂东地区 500 hPa 为辐散区,850 hPa 为辐合区,有 $-8 \times 10^{-5} \mathrm{s}^{-1}$ 的中尺度辐合中心,鄂东地区存在辐合上升运动。

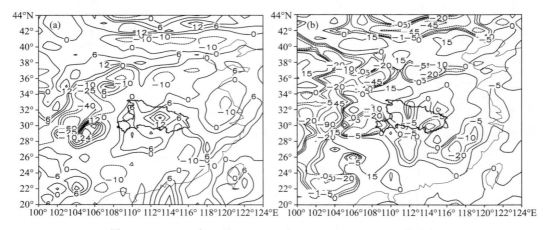

图 6.100　2007 年 7 月 27 日 08 时 500(a)和 850 hPa(b)散度场

从 10 min 间隔的流场分布和演变可知:27 日 16 时—18 时 30 分,鄂东南有一中尺度辐合线维持,午后的对流回波就是沿这条辐合线附近发展起来的。辐合线的形成与鄂东特殊地形有密切关系。东西向的幕阜山、东南、西北向的大别山分别位于武汉的位于武汉南部 150 km、东北部 140 km 的地方,武汉位于人字型长江河谷的顶端(图 6.101)。一般在南风流场控制的情况下,沿幕阜山东侧北上的南风在两山之间的长江口沿河谷向西北方向吹,与幕阜山西侧的偏南风在武汉附近交汇。同时,两支偏南风在幕阜山北侧分别向西、向东绕流,形成了一条近长约

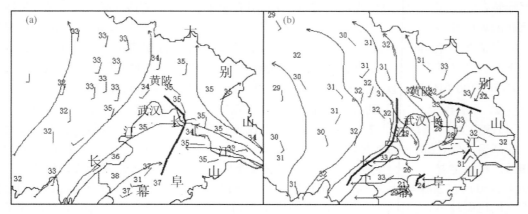

图 6.101　16 和 19 时地面温度、流场图

(a.16 时,b.19 时;粗实线为辐合线)

160 km的一条 β 中尺度辐合线（图 6.101a）。分析其他天气个例也有类似情况,只不过辐合线的位置有所差异,并且有时在两支气流交汇点附近还拌有中尺度低涡。可以说,鄂东特殊地形下形成的中尺度辐合线的动力抬升作用是导致夏季副高边缘鄂东地区对流云团频发和加强主要原因之一。

图 6.102 是地面散度场随时间的变化。在对流系统发生发展阶段,27 日 16 时—18 时 30 分,1 min散度分布上,对应地形辐合线鄂东南南部一直维持一辐合带,辐合中心值最大−9.4× 10^{-4} s^{-1}（图 6.102a）。18 时 30 分以后,发展成熟的中尺度对流系统开始减弱,散度场上鄂东南以强辐散为主要特征,范围逐步扩大;伴随中尺度对流系统的向北发展,强辐散中心向北跳跃式移动（图 6.102b、c、d）,强辐散区西、北侧存在强辐合中心,最大为 9.4×10^{-4} s^{-1},位于武汉的西南侧,雷达观测发现这一带对流发展最为活跃,东侧的辐合比西侧、北侧要弱得多（图 6.102c）,进一步证明上面的分析。

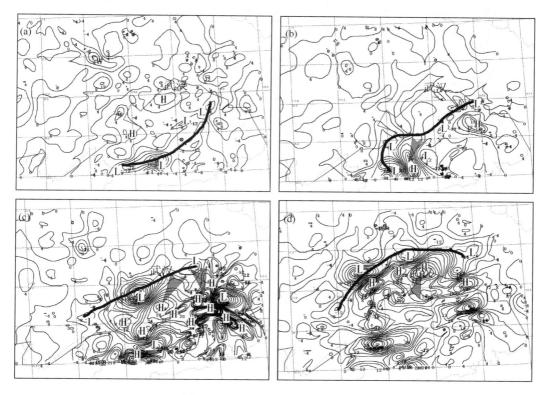

图 6.102　地面散度场随时间的变化

（粗实线为辐合线,箭头所指为最强的辐散中心位置,单位:$10^{-4}s^{-1}$;a.17 时,b.18 时 23 分,c.18 时 59 分,d.20 时 10 分）

6.13.4　雷达回波演变特征

从 7 月 27 日 15 时 30 分前后开始,在雷达站南侧距雷达不同距离处陆续有对流单体生成（图 6.103a）,并逐渐发展北上,最后形成一条近乎南北向的断续型对流带。从 17 时 55 分开始,有新单体在对流带中部西侧生成（图 6.103b 中圆圈处）,逐小时地面自动气象站资料显示,18 时该处存在一条短的辐合线（图略）。新生单体迅速发展,形成东北—西南向对流短带向北移动,并于 18 时 19 分与其东侧的单体相遇（图 6.103c 中圆圈处）。之后,该对流短带发展北上,19 时 02 分对流带北侧有单体 A 新生（图 6.103d 中圆圈处）并迅速发展,其后侧的对流短带逐渐减弱消散。19时38分单体A的回波强度达到最强(63 dBZ)(图6.103e中圆圈处),对应武汉的冰雹、大风等灾害性天气。强对流天气影响武汉之后,多单体风暴逐渐调整为西北—东南向,并向北稍偏东方向快速移动(图6.103f),对应武汉市黄陂区灾害性大风天气。原对流带前段向北稍偏东方向移动,并逐渐减弱消散;后段在演变中向北稍偏西方向移动,19时38分在该回波团西侧有新单体B生成(图6.103e中圆圈处),并迅速发展后向北稍偏西方向移动,而先前的回波团逐渐减弱消散,雷达站西南方出现大片超折射回波(图略),说明雨后大气湿度随高度迅速降低。20时32分单体B的回波强度达到最强(63 dBZ)(图6.103f中圆圈处),对应嘉鱼与洪湖东北部分乡镇冰雹、大风等灾害性天气。

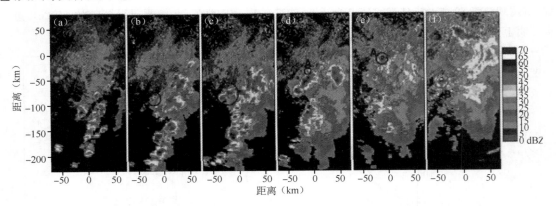

图6.103　2007年7月27日15时30分至20时32分不同时刻雷达回波演变
(a.16:48,b.17:55,c.18:19,d.19:02,e.19:38,f.20:26)

在"2007.7.27"鄂东南强对流天气过程中,出现了多个风暴生消。但其中两个强风暴引起冰雹和下击暴流等灾害性天气,一是影响武汉的强风暴A(图6.103e),二是影响嘉鱼和洪湖东北部分乡镇的强风暴B(图6.103f)。对这两个强风暴的若干特征分析如下。

(1)强风暴路径和回波结构演变

基于CINRAD-SA雷达中的风暴识别产品,对强风暴A、B的生消路径和回波特征随时间演变作如下分析。

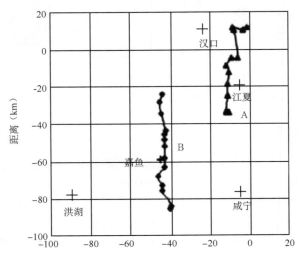

图6.104　"2007.7.27"鄂东南强对流天气过程中的强风暴A、B的生消路径

图 6.104 给出了强风暴 A、B 的生消路径,武汉雷达所在位置坐标为(0,0)。强风暴 A 的生消时间为 27 日 19 时 02 分至 20 时 02 分,其平均移动速度为 51.3 km/h;强风暴 B 的生消时间为 27 日 19 时 44 分—21 时 03 分,平均移动速度为 49.5 km/h。这两个强风暴的移动方向几乎均是由南至北。

图 6.105 给出了 27 日 19 时 02—51 分强风暴 A 沿其前进方向的反射率因子垂直剖面(图 6.105a)和径向速度垂直剖面图(图 6.105b),剖面起点为风暴的后侧,终点为风暴的前侧。风暴 A 的初始回波高度较高,强中心强度较强、高度较高(图 6.105a$_1$ 中圆圈处)。然后,回波迅速向上、向下发展,19 时 26 分强回波中心高度达到最高。之后,强回波中心高度开始下降,到 19 时 38 分最强回波中心触及地面,最大回波强度达到 63 dBZ(图 6.105a$_4$),这说明此时冰雹降落到地面。此后,回波强度开始减弱(图 6.105a$_5$)。从图 6.105a$_1$、a$_2$、a$_3$ 中可见,风暴 A 前侧低层都存在弱回波区,说明有很强的入流上升气流存在。从图 6.105b$_1$、b$_2$、b$_3$ 中可见,从风暴前侧低层向风暴后侧方向有斜升的远离雷达的径向速度区,且随着风暴的发展,远离雷达的径向速度区的斜升坡度和高度越来越大,径向速度值也越来越大,说明有一支发展的上升气流从风暴前侧低层向风暴内部斜升。19 时 26 分当强回波中心高度达到最高时,斜升的上升气流也达到最大。随着强回波中心高度迅速下降,靠近地面的正径向速度迅速增加,还出现了速度模糊(图 6.105b$_5$),最大径向速度值达到 35~41 m/s。这种很大的近地面正径向速度区继续向北移动,造成黄陂区灾害性大风天气。

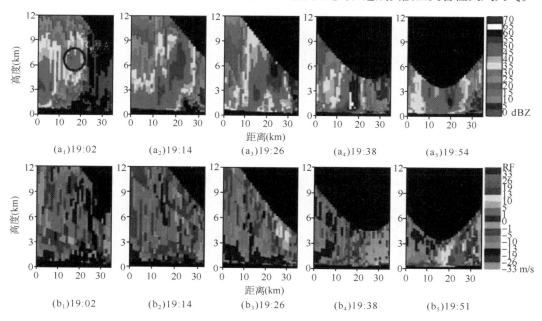

图 6.105　"2007.7.27"鄂东南强对流天气过程中的强风暴 A 沿其前进方向的反射率因子和径向速度垂直剖面

图 6.106 给出了 27 日 19 时 56 分至 20 时 57 分强风暴 B 沿其前进方向的反射率因子垂直剖面(图 6.106a)和径向速度垂直剖面图(图 6.106b),剖面起点为风暴的后侧,终点为风暴的前侧。风暴 B 生成后迅速向上、向下发展(图 6.106a$_1$、a$_2$),20 时 26—32 分强回波中心高度达到最高,强度最强(图 6.106a$_3$),之后强回波中心高度迅速下降(图 6.106a$_4$),到 20 时 57 分强回波中心接近地面从图 6.106a$_2$、a$_3$ 中可见,风暴 B 前侧低层均存在弱回波区,中高层有悬垂回波结构,说明有强上升气流存在。从图 6.106a$_4$ 中可见,风暴 B 的后侧中低层存在无回波

区,说明后侧有很强的下沉气流。

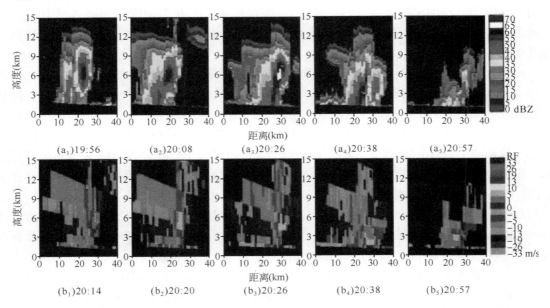

(a_1)19:56　　　　(a_2)20:08　　　　(a_3)20:26　　　　(a_4)20:38　　　　(a_5)20:57

(b_1)20:14　　　　(b_2)20:20　　　　(b_3)20:26　　　　(b_4)20:38　　　　(b_5)20:57

图 6.106　"2007.7.27"鄂东南强对流天气过程中的强风暴 B 沿其前进方向的反射率因子和径向速度垂直剖面

从图 6.106b_1、b_2、b_3 中可见,20 时 14—26 分风暴 B 内存在明显的中层气流辐合(MARC),它由从前向后的强上升气流和后侧入流急流之间的过渡区构成,是预示地面大风的标识。20 时 32—38 分 0.5°仰角的相对风暴平均径向速度图上,对应强风暴 B 的地方出现明显的具有辐散特征的极大正负速度对,两个速度中心连线与雷达径向一致,距离 4 km,最大正负速度绝对值之和达 35 m/s 左右(图略),相当于散度值 1.7×10^{-2} s^{-1}。通常,对流层中层(3—7 km)强辐合与近地面强外流气流有关,且近地面最强外流气流(下击暴流)的位置一般在中层最强辐合中心的下方。从图 6.106b_4、b_5 中也可看到近地面的辐散特征。在预报业务中,如果在雷达探测到地面强辐散特征之后再发布地面大风(下击暴流)警报就为时已晚,通常把探测到云底之上的强辐合作为地面大风(下击暴流)发生的前兆。

(2)强风暴特征参数演变

图 6.107 给出了强风暴 A 的基于单体的垂直积分液态水含量(M_{VIL})、最大反射率因子(Z_M)、风暴底高(H_B)、风暴顶高(H_T)、最强回波高度(H_{ZM})和基于单体的垂直积分液态水含量密度(D_{VIL})等特征参数随时间的演变情况。

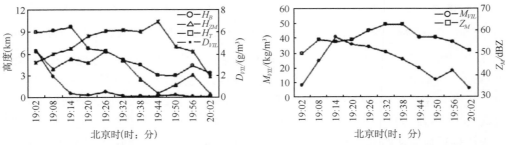

图 6.107　"2007.7.27"鄂东南强对流天气过程中强风暴 A 的有关特征参数随时间的变化

　　从图 6.107 中可看出,强风暴 A 的 Z_M 在其生命史中间(19 时 32 分)达到最大(63 dBZ),但 M_{VIL} 和 H_T 在 19 时 14 分达到最大后逐渐减小,M_{VIL} 在其整个生命中都未超过 M_{VIL} 冰雹预警指标(45 kg/m²),这是因为风暴 A 离雷达越来越近以致雷达探测不到风暴上部所致,因而 M_{VIL} 和 H_T 都不可靠。虽然 M_{VIL} 值补偿了对于强烈倾斜的风暴来说偏低的基于格点的 VIL 值,但 M_{VIL} 值与基于格点的 VIL 值一样还与风暴距离雷达远近有关,此外与气团的季节性变化也有关。因此,即使不考虑风暴的倾斜程度,对于离雷达远近不同或季节不同的风暴来说,用于冰雹预警的 VIL 和 M_{VIL} 指标都不一样。

　　有鉴于此,计算了 M_{VIL} 与雷达探测到的风暴厚度(风暴顶高与风暴底高之差)之比 D_{VIL}。结果表明,D_{VIL} 随时间变化趋势与 Z_M 的较为一致(图 6.107),这说明在因雷达本身扫描策略原因而导致雷达探测不到真实风暴顶或风暴底时,用 D_{VIL} 比 M_{VIL} 更能指示风暴的强度。19 时 26—44 分,强风暴 A 的 D_{VIL} 大于 6 g/m³。从图 6.107 中还可看到 H_{ZM} 在 19 时 26 分达到最大(6.4 km),且在 19 时 26 分、19 时 32 分 两个时次与 H_T 一样高,这也是雷达探测不到真实风暴顶的原因之一。之后,H_{ZM} 迅速降低,到 19 时 44 分达到最低(0.6 km),H_{ZM} 从最高点快速下降到近地面这段时间往往是地面灾害性天气发生时段。

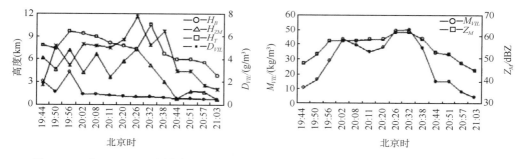

图 6.108　"2007.7.27"鄂东南强对流天气过程中强风暴 B 的有关特征参数随时间的变化

　　图 6.108 给出了强风暴 B 的 M_{VIL}、Z_M、H_B、H_T、H_{ZM} 和 D_{VIL} 等特征参数随时间的演变情况。风暴 B 在移动过程中距雷达站约 45~90 km,雷达能探测到风暴顶,其 M_{VIL} 与 Z_M 随时间演变的趋势一致。20 时 26—32 分,M_{VIL} 超过 45 kg/m²,Z_M 超过 60 dBZ。D_{VIL} 在 20 时 26 和 38 分两个时次均超过 6 g/m³。

　　从图 6.108 中还可看出,风暴 B 的 Z_M 和 H_{ZM} 在 20 时 26 分达到最大,M_{VIL} 和 H_T 在 20 时 32 分都达到最高,之后从 20 时 32—44 分迅速减小,其迅速减小的过程也是地面灾害性天气发生时段。

　　(3)强风暴的冰雹属性

　　我们知道,冰雹增长只发生在温度小于 0℃,且大冰雹的增长大都发生在 −20℃ 或更低的温度。美国 WSR-88D 雷达系统中的冰雹探测算法(HDA)采用了 45 dBZ 的反射率因子的伸展高度与 0℃ 和 −20℃ 环境温度所在高度的关系来计算冰雹概率。中国新一代天气雷达也采用了这种冰雹探测算法,得到一些冰雹属性。该算法有四个输入参数是可以修改的,即定义雨和冰雹反射率因子转换区的反射率因子高低阈值 Z_U 和 Z_L,以及 0℃ 和 −20℃ 环境温度分别所在高度 H_0、H_{-20}。Z_L、Z_U、H_0、H_{-20} 这 4 个阈值的缺省值分别为 40 dBZ、50 dBZ、3.2 km、6.2 km。如果不对这几个阈值进行修改(特别是 H_0、H_{-20}),那么 在夏季武汉的 CINRAD-SA 雷达的 HDA 就会出现大量空报。为此,根据观测经验,把 Z_L、Z_U 的值分别修改为 45 和 55 dBZ,意指把 45 dBZ 以下的当成雨,55 dBZ 以上的当成冰雹,二者之间的当成雨与冰雹的过渡区。根据对 7 月 27 日 08 时汉口站探空资料的分析,得出 H_0、H_{-20} 分别为 4.5 和 8.2 km。通过修改参数,在 27 日 19—21 时,HDA 算法只探测到强风暴 A 和强风暴 B 的冰雹概率及强冰雹概率大于 60%。表 6.5 给出了强风暴 A、B 的若干冰雹属性,其中冰雹概率以 10% 为间隔给出,小于 10% 的赋值为零。

从表 6.5 中可看出,强风暴 A 在 19 时 26 分和 19 时 32 分两个时次冰雹概率、强冰雹概率均大于 70%;强风暴 B 在 20 时 20 分、20 时 26 分、20 时 32 分三个时次冰雹概率大于 60%,但仅 20 时 26 分的强冰雹概率较大。这与前面分析的强风暴三维结构演变特征是吻合的。

表 6.5 "2007.7.27"鄂东南强对流天气过程中强风暴 A、B 的冰雹属性

强风暴	时间	方位/斜距(°/km)	冰雹概率(%)	强冰雹概率(%)	预期最大冰雹直径(cm)
A	19:20	203/28	20	0	0.7
	19:26	210/21	100	70	4.0
	19:32	220/16	80	70	4.2
	19:38	233/14	0	0	0.0
B	20:20	215/71	60	20	1.7
	20:26	219/67	100	80	3.1
	20:32	221/64	70	40	2.4
	20:38	223/62	0	0	0.5

6.13.5 小结

(1)"2007.7.27"鄂东南强对流天气发生西太平洋副高外围西南急流右侧的武汉与安庆之间。其主要天气背景包括:副高西侧强烈的西南气流诱发的中小尺度扰动;中等强度的垂直风切变;强的垂直不稳定;近地层较湿、低层较干、中高层更干的水汽条件。

(2)鄂东特殊地形下形成的中尺度辐合线的动力抬升作用是导致夏季副高边缘鄂东地区对流云团频发和加强的主要原因之一。武汉西部沿长江河谷北上的西南风一直伸展到武汉、黄陂以北的大别山南麓,强风暴产生的强辐散气流向西、向北与之形成强的辐合导致风暴向西、北发展。

(3)产生"2007.7.27"鄂东南强对流天气的对流系统最初是一条近乎南北向的断续型对流带,在随后的演变中,强风暴 A、B 分别在其北段前侧和南段西侧生成。强风暴 A、B 在其成熟阶段都有低层弱回波和中高层悬垂回波结构,最大回波强度都大于 60 dBZ,在这种回波结构特征下,应及时发布冰雹警报。风暴 B 在径向速度图上还存在明显的中层气流辐合(MARC),雷达探测到 MARC 18 min 后,0.5°仰角的相对风暴平均径向速度图上出现明显的强辐散特征,最大正负速度绝对值之和达 35 m/s 左右,相当于散度值 1.7×10^{-2} s^{-1},强的 MARC 常被作为地面大风(下击暴流)发生的前兆。强回波中心高度迅速降低是地面灾害性天气发生的标识,VIL 密度比 VIL 更能反映风暴强度。

(4)在用冰雹探测算法 HDA 预报冰雹时,要注意修改可调参数,特别是 0 和 -20℃ 环境温度的高度,这可减少冰雹误报率。

6.14　2008 年 8 月 14 日石家庄市短历时强降雨分析

2008 年 8 月 14 日石家庄市出现了一次短历时强降雨,其特点是局地性强:石家庄市区中西部城区,强度大:火车站 134.2 mm/h,历时短:降水集中时段为 11—14 时(图 6.109)。

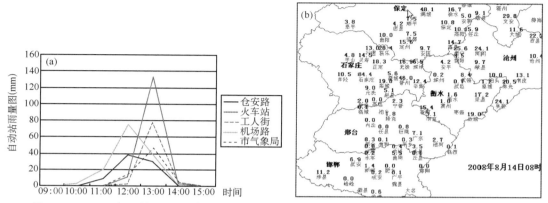

图 6.109　2008 年 8 月 14 日石家庄市短历时强降雨的代表站逐时雨量(a)和降水分布(b)特征

6.14.1　天气形势

8 月 14 日 08 时地面冷锋已移出河北,石家庄处于锋后,石家庄附近 08 时为偏北风,风速较小(图 6.110d);11 时继续维持小的偏北风,直到 12 时都是这样。河北降雨也明显减弱。850 hPa(图 6.110c)切变线也移到了河北与山东交界处。这些特征似乎都不利于石家庄产生强降水。但是,500 hPa(图 6.110a)从河套到河北西北部有一切变线,700 hPa(图 6.110b)在河北中部有一切变线,而且有一宽冷舌从北到南贯穿河北山西省,为强天气的产生提供了天气形势条件。

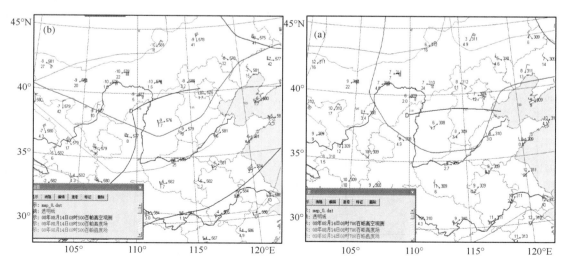

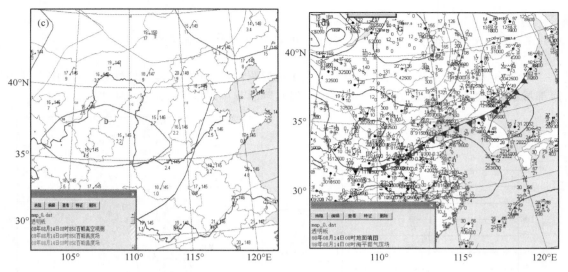

图 6.110　2008 年 8 月 14 日 08 时天气图

（a.500 hPa,b.700 hPa,c.850 hPa,d. 地面）

6.14.2　热力和动力条件分析

石家庄 08 时 700、850 hPa $T-T_d$ 分别为 3.4℃和 2.2℃,低层温度露点差较小,处于湿区。500 和 700 hPa 河北中南部有较弱的水汽辐合,850 hPa 水汽辐合较明显(图 6.111a)。石家庄 08 时 $K=35.4℃$,$\Delta\theta_{se850-500}=9℃$,处于对流不稳定状态,只要有抬升机制便容易产生对流,但是温度垂直递减率还没有达到产生冰雹的阈值($T_{850}-T_{500}=27℃$),0℃层高度也过高。因此,这次过程的环境条件有利于产生强降雨而不是冰雹。

从动力场上分析,高空均处于上升区(图 6.111b),大值在河南、山东与河北东部,很显然,上升运动是 700 hPa 和 850 hPa 的切变线引起的。

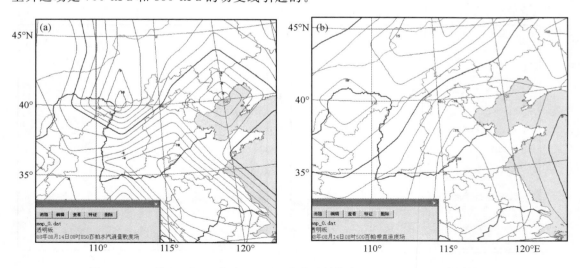

图 6.111　8 月 14 日 08 时(a)850 hPa 水汽通量散度和(b)500 hPa 垂直速度场

6.14.3　暴雨触发机制

从石家庄天气雷达风廓线演变特征可以看出:8 月 14 日 09 时以前,3.4 km 以下为东到东北风,风速在 2～8 m/s,0.3—1.2 km 风速为 8 m/s 左右,往上风速减小,4 km 以上基本是南到西南风,但比较凌乱,风速很小。随后低层的偏东风风速逐渐增大,11 时 36 分在 1.2—1.5 km出现 12 m/s 的低空急流(图 6.112)。随着低空偏东风的加强,中高层的偏南风风向也逐渐转为一致,而且风速也加大到 6～8 m/s。高低空垂直风向切变的加强,有利于暴雨的发生。

由于太行山特殊地形的作用,偏东低空急流受太行山的阻挡被迫抬升,触发了这次暴雨。

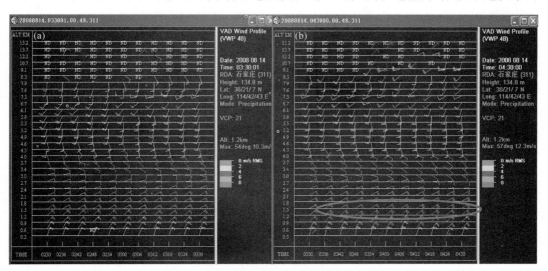

图 6.112　石家庄雷达垂直风廓线(a.11:30,b.12:30)

6.14.4　雷达回波特征

从石家庄市天气雷达资料分析,强降雨的特征也十分明显。

(1)强度场

从石家庄天气雷达反射率场(图 6.113)可以看出,8 月 14 日 10 时以后石家庄市区中西部城区回波明显加强,大部分在 35 dBZ 以上,间或有 45～50 dBZ 的像素点出现,降雨强度逐渐增强。11 时以后回波强度继续增强,大部分达到 45 dBZ 以上,11 时 36 分开始 55 dBZ 的回波也呈块状出现,11 时 48 分以及 12 时 06—18 分有 60 dBZ 的像素点出现。强回波一直维持到 13 时以后才迅速减弱消失,强回波的长时间维持造成短历时强降雨。

(2)速度场

从石家庄天气雷达速度场(图 6.114)可以看出,8 月 14 日 10 时以后,负速度区逐渐扩大,正速度区相应减小,石家庄市区处于风向的辐合区中。同时,正负速度值也逐渐增大,而且在 0.5—1.5 km 的高度上逐渐出现了风速大值中心(负速度值达到 -15 m/s,正速度值达到 10 m/s,负速度值大于正速度值),达到低空急流的标准。石家庄市区正好处于低空急流区中,而且是风速的辐合区,为强降水提供了有利的动力条件和水汽条件。

　　12时18—36分连续四个体扫上,石家庄市区都出现了逆风区,表明该处存在强辐合区,在1.5°仰角(12时24分到12时30分连续两个体扫)和4.3°仰角(12时06分到12时48分连续八个体扫)的速度图上,分别对应着正负速度对和逆风区,表明在1—3 km的高度上都为辐合区,辐合区层次较深厚,且在中层(3 km左右)维持时间较长。在石家庄附近产生强烈辐合正好与该处500和700 hPa的切变线相对应。强烈辐合为强降水提供了有利的动力条件,而此时段也正好与强降雨相对应。

图 6.113　石家庄天气雷达 8 月 14 日 10 时—12 时 18 分反射率

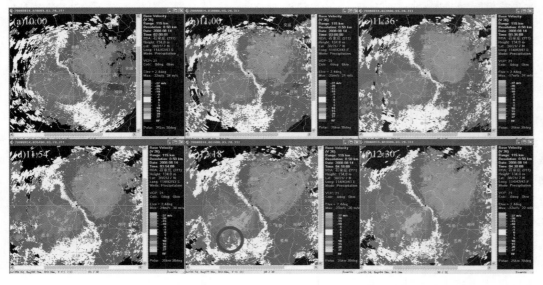

图 6.114　石家庄天气雷达 8 月 14 日 10 时—12 时 30 分的速度场

（3）回波顶高和垂直累积液态含水量

8 月 14 日 11 时 12 分—12 时 36 分,回波顶高维持在 9 km 以上,11 时 30 分—12 时 36 分垂直累积液态含水量维持在 25 kg/m² 以上,间或出现了 40 kg/m² 的像素点。根据河北省短时暴雨统计经验,当回波强度≥35 dBZ,回波顶高≥8 km,垂直累积液态含水量 VIL≥25 kg/m² 时,将有利于短时暴雨的发生。

（4）1 h 降水估计产品

根据雷达定量估测的降水,8 月 14 日 10 时 30 分以前在 0~6 mm,11 时以后出现 25 mm/h 以上的像素点,11 时 30 分以后出现 50 mm/h 以上的像素点,并且范围和强度急剧增大,在 12 时 06 分出现了 76~100 mm/h 的像素点,机场路附近 11—12 时 1 h 降雨量为 76.9 mm,1 h 累积降水估计与实况基本一致。因此用此产品可以及时做好雨情的监测和临近预警。

6.14.5　小结

本次大暴雨天气局地性很强,从数值预报、实况天气形势分析,大暴雨的预报难度比较大。

（1）本次大暴雨是在 500、700 hPa 切变线以及相对湿度等有利于条件下,由（超）低空急流触发产生的。500、700 hPa 切变线、强垂直风切变使强回波能长时间维持最终导致大暴雨的产生。

（2）分析反射率、径向速度、垂直风廓线、回波顶高、垂直积分液态含水量等产品,可以判断降雨的未来发展趋势、暴雨落区和量级等,为及时做好临近预警提供了条件。

6.15　一次热带气旋外围飑线分析

2008 年 8 月 4 日 08 时,热带低压北冕在南海东北部形成,随后缓慢向西北偏西方向移动,强度逐渐加强。4 日傍晚到夜间,处于热带气旋外围的广东沿海自东向西出现雷雨和雷暴大风天气,其中佛山、花都、新会和台山降水量超过 50 mm,南海录得大风为 23 m/s,江门杜阮镇环镇公路上约 1 km 内的电线杆被吹倒。此次天气过程造成广州白云机场雷雨天气长达 4 h,最大阵风为 18 m/s。广州白云机场因此短暂关闭,导致 20 多个航班备降周边机场,1500 多名旅客在机场短暂滞留。钟加杰等(2009)分析了此次天气过程产生的水汽、动力和热力学条件以及对广州白云机场的影响。

6.15.1　热带气旋外围飑线

此次天气过程中,副高脊线在 30°N 附近,位置偏东,主体在东海海面,南海北部有热带辐合带活动,热带辐合带上热带云团活跃。0809 号热带气旋北冕于 8 月 5 日 08 时加强为热带风暴,8 月 4 日 08 时热带辐合带上该热带气旋初期的热带低压以 15 km/h 的速度向西北偏西方向移动。到了傍晚 19 时,热带低压移动方向的右前部即广东东部地区形成一条东北—西南向的 α 中尺度的带状 MCS(中尺度对流系统),该对流系统自东向西移动,影响广东沿海地区。

分析白云机场跑道上自动化观测系统探测到的 2 min 一次的地面风、气温和气压等气象要素的变化情况(图略)。可以看到,白云机场先后经历了一次阵风锋和飑线的影响。阵风锋的影响情况是,20 时 37 分前是风向不定或弱偏北风 1 m/s,20 时 35 分后转为 130°的东南风

14 m/s；相对应的气压值由 1000.3 hPa 升高为 1001.5 hPa，增加了 1.2 hPa；温度和相对湿度保持不变。说明阵风锋过境对飞行的影响，主要是发生风向突变和风速加大，并且风向上的辐合造成了气压的上升。而飑线过境的影响要比阵风锋剧烈得多。21 时以后，机场地面风速增大到 10 m/s 以上，最大达到 18 m/s；21 时—21 时 30 分，温度骤降 10℃；气压上升 3.5 hPa；并出现强雷暴和强降水，强降水带来的水汽造成相对湿度急升和地面能见度的急降，地面能见度最低降到550 m。恶劣天气的出现对机场的飞行产生了极大的影响，造成了大量飞行航班的返航或备降。白云机场雷达的 VVP 产品（风廓线产品）显示出 1—2 km 高度每隔 10 min 的低空风的变化情况。从图中同样可以看到阵风锋和飑线过白云机场的情况。12 时 40—50 分前后，低空的弱东北风转为东南风，前后具有明显的风向的辐合；13 时前后，飑线后部的 8～14 m/s偏东大风迅速控制机场，伴随飑线的西移是前后风速上的辐合。风向上的辐合和风速上的辐合产生的抬升作用分别对应了阵风锋和飑线的对流天气。

6.15.2　水汽和不稳定能量条件

　　图 6.115 显示，处于热带低压时期的北冕北部外围环流影响到华南沿海地区，偏东气流起着水汽输送的作用。从 4 日 08—20 时，随着气旋中心的进一步北移，850 hPa 层次上华南沿海的流线密度加大。汕头及其东部的风速由 6 m/s 增加到 12 m/s，形成了低空偏东风急流，加速了水汽的输送。华南中部和东部沿海的水汽更加充沛，相对湿度值由 70% 上升到了80%～90%。

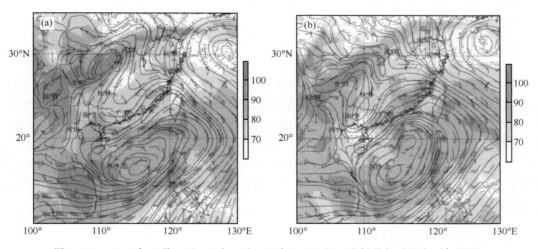

图 6.115　2008 年 8 月 4 日 08 时(a)和 20 时(b)850 hPa 流场及相对湿度(%，阴影)

　　图 6.116 显示，对流爆发所需要的不稳定能量从 4 日上午到下午是一个不断积累的过程。4 日 14 时华南东部和中部沿海的对流有效位能 CAPE 从 08 时的 1000～1500 J/kg 增加到2000～2500 J/kg。高温的产生是副高和台风外围共同影响的结果，高温使低层大气内能得到不断积蓄。4 日 08—14 时，华南沿海地区地面温度升高了 6℃，到 14 时成为 32～34℃ 的高温区，同时 4 日 08 时 500 hPa 垂直速度是 0～0.2× 10^{-1} Pa/s，为弱气流下沉区，说明高温区的产生是日升温和副高反气旋环流控制下的下沉运动的共同结果。

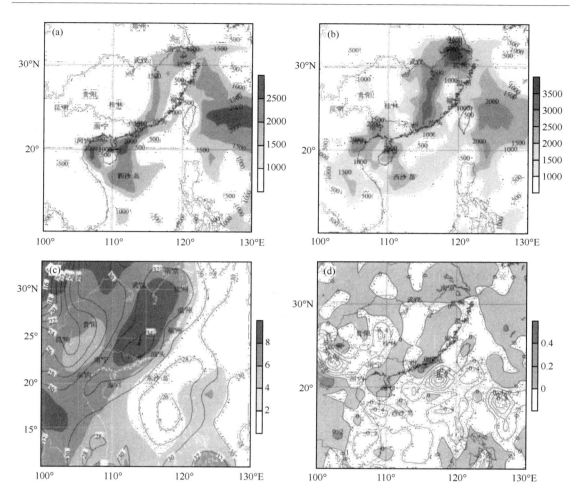

图 6.116　2008 年 8 月 4 日 08 时(a)、14 时(b)对流有效位能(单位:J/kg)、14 时地面温度及 6 h 正变温(单位:℃)(c,阴影),08 时 500 hPa 垂直速度(单位:10^{-1} Pa/s)(d,阴影区为下沉区)

6.15.3　触发系统

由图 6.117a 可见,桂林到南宁之间位温等值线相对密集,地面风为偏北风。说明地面有弱冷空气活动。降水与弱冷空气南下造成的辐合线有关。20 时 925 hPa 上华南中东部沿海有一条明显的辐合线(图 6.117b)。热带气旋外围北部的偏东风与其西部的西北风汇合,产生了散度值为($-30\times10^{-6}\sim-10\times10^{-6}$ s^{-1})的辐合区,此辐合区与降水和雷暴出现的位置一致。同时,天气区内的气流下沉区也转变为垂直速度为$-0.04\sim-0.02$ Pa/s 的上升区。在这高温高湿的环境中,飑线及其强雷暴和强降水在由弱冷空气造成的边界层辐合线的作用下得以爆发。

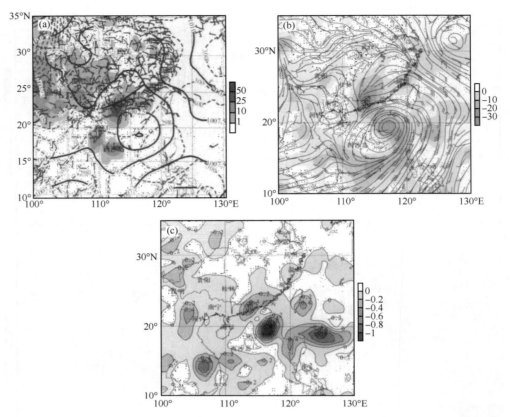

图 6.117　(a) 2008 年 8 月 4 日 20 时地面气压场、位温(虚线,单位:K)、4 日 08 时至 5
日 08 时降水量(阴影,单位:mm);(b)925 hPa 高度场、流场和散度场(阴影为辐合区,单位:
10^{-6}/s);(c)500 hPa 垂直速度(阴影为上升区,单位:10^{-1} Pa/s)

6.15.4　多普勒雷达回波分析

(1)飑线

8 月 4 日 20 时 03 分,珠江三角洲及附近出现东北西南分布的对流回波带,有三个主要的
回波群(图略),西南端在台山、江门一带,强度 40～55 dBZ;中间部分对流单体较分散,强度也
较弱一些,分布在东莞和广州番禺附近;东北端回波最强,呈弓形,回波中心强度达到 58 dBZ,
位于河源西南部。这些回波群向西推进,移速约为 30 km/h。在西移过程中,东北端的风暴稍
有减弱;中间回波群逐渐增强并合并在一起,强度有所增强,强度在 50～55 dBZ;西南段回波
也不断增强。20 时 32 分,三个回波群逐渐合并成一线,这时断续型的飑线已经形成。

飑线后部有两个明显的后侧入流急流槽口(图略),分别在东莞和南海附近。回波合并后继续
向西推进,于 21 时到达台山、广州白云机场、广州增城一线。飑线逐渐成弓形,弓形回波的顶端在佛
山的三水附近。这时,北面的入流槽口逐渐消失,南面的入流槽口则逐渐南移,出现在弓形回波顶
端的后部。飑线继续向西移,在入流槽口顶端附近的回波则继续增强。21:32,入流槽口南移至台山
的西北部,这时弓形回波顶端的强度达到 60 dBZ。之后飑线继续西移,强度逐渐减弱。

(2)阵风锋

图 6.118 显示飑线影响广州白云机场的情况。对比 C 波段的机场多普勒雷达回波强度

与 S 波段的广东省气象局回波强度发现,在广州市雷达回波强度上,飑线的前沿出现一条强度 10～15 dBZ 的弱线状回波,在白云机场雷达上也是出现了一些断续的弱回波。在白云机场雷达速度回波上,线状回波对应的位置表现为一条偏东与偏西风的弱辐合线。图 6.118d 是 20 时 50 分高度 500 m 水平面上的白云机场雷达水平风场反演图。图中可分析出两条辐合线。飑线后部是 8～18 m/s 的东南大风,飑线前部是弱西北风,形成一条长约 80 km 的辐合带,而在飑线的前部存在另一条西北风和东南风的辐合带,此辐合带比飑线上的辐合要弱,范围也要小,长度约 40 km。此弱辐合带与雷达回波上出现的弱线状回波的位置一致,是由飑线的下沉气流向外流出后与低层气流交汇后抬升形成的,也就是阵风锋的位置。由于阵风锋强度弱,出现高度低,有时雷达不能探测到。此次白云机场阵风锋雷达强度回波探测不明显,而广东省气象局雷达则能够清楚地探测到,因而应使用多部雷达的强度并配合速度回波进行综合分析和判断。从图 6.118c 上还可以看到在距雷达中心 50 km 的范围内的右上角和左下角分别有一个距离圈和沿径线对称的两个速度值相反的大值中心,这说明有辐散性的气流和气旋性中心。图 6.118d 中的反演风场中则相应分别得到一个 20 km 左右的辐散气流和中尺度气旋,同时还显示出飑线后部的入流急流槽口确实存在 14～18 m/s 的偏东入流大风。

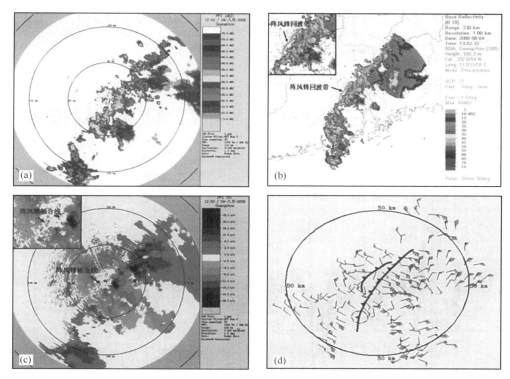

图 6.118　飑线和阵风锋回波(上一个圆圈显示下击暴流,下一个圆圈显示中尺度气旋)

(a. 20 时 50 分白云机雷达强度回波(仰角 1.2°),b. 21 时 02 分广州市雷达强度回波(仰角 1.2°),

c. 20 时 50 分白云机雷达强度回波(仰角 1.2°),d. 20 时 50 分白云机雷达反演风场(高度 500 m)

(3)低空风切变分析

为了进一步分析低空风切变,制作了过机场雷达站沿东西方向的强度和多普勒速度垂直剖面图(图 6.119a)。从强度图上可以看到,飑线主体是宽度 30～40 km 的强回波带,在飑线前后几千米处,各存在一条宽度只有几千米,强度为 10~25 dBZ 的弱回带。从速度场的分布来看,西侧的高层存在上升和下沉共存的小尺度的气流,低层则是比高层大的下沉气流,在近地面层达到最大值 15~20 m/s,此下沉气流是向西辐散的;在东侧,则是较弱的向东面辐散的下沉气流。在此次过程中,飑线主体的下沉气流在近地面层形成辐散性外流为 15~20 m/s,达到了下击暴流的强度。飑线的辐散气流向两侧流出后,与外围的低层气流交汇,这种辐合抬升的作用产生了弱线状回波,即为阵风锋。根据分析结果给出下击暴流和阵风锋气流的示意图(图 6.119b)。飞机在具有下击暴流和阵风锋的气流中飞行时,会在不同的部位获得不同的空速。在飞越下击暴流时,先是逆风飞行空速大,得到较大的升力;而在突然转为顺风时,空速迅速减小,升力立即减少,造成飞机飞行高度骤降。如果要恢复升力,只能加大飞行仰角。如果仰角极大时,仍不能取得足够大的升力,则会失速。在起飞和降落时,飞行高度极低,一旦失速,飞机就会触地失事。在飞越阵风锋时,是由顺风转为逆风,加大的升力改变了原先正常降落的高度,无法继续下降,只能复飞。

  白云机场多普勒雷达提供了速度径向风切变产品。此产品是通过计算同一径线上径向速度的切变值,得到辐合辐散的强度和出现的位置。图 6.119b 显示,0.5 km 高度上飑线对应的是 4.0 m/(s·km) 以上的辐散型风切变,在接近飑线的偏西侧是 −0.5 m/(s·km) 的辐合型风切变。根据此产品判断,飞机飞行更应关注飑线低层的辐散型风切变,此产品为值班预报员准确和及时发布机场风切变警报提供了依据。

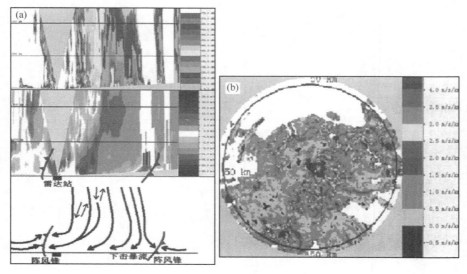

图 6.119 阵风锋和飑线下击暴流产生的风切变分析
(a. 过机场雷达站沿东西方向的强度和多普勒雷达速度剖面图以及风场示意图,
b. 20 时 50 分白云机场雷达风切变产品(高度 500 m))

6.15.5 小结

  (1)此次飑线形成于热带气旋的外围。随着热带气旋的靠近,其北侧的偏东风低空急流输送了对流产生需要的水汽,日升温和副热带高压反气旋环流控制下的下沉运动产生的高温区积累了不稳定能量。在这高温高湿的环境之下,飑线天气在由弱冷空气造成的边界层辐合线的作用下得以爆发。

（2）分析雷达回波图发现,飑线具有一个逐渐加强的过程。弓形回波后弱反射率因子通道的出现,标志着飑线发展到最强盛阶段,而此时飑线开始影响白云机场。阵风锋和下击暴流伴随着飑线影响白云机场,产生了强雷暴、近地面层风速迅速加大和风向突然改变以及强降水造成的地面能见度骤降等严重影响飞行安全的天气。

（3）通过制作雷达回波剖面图和使用风切变产品,进一步分析阵风锋和下击暴流产生的影响飞行安全的低空风切变,为值班预报员发布机场风切变警报提供依据。飞机飞行时应特别关注飑线低层的下击暴流产生的辐散型风切变。

6.16　天山北坡中部一次强对流天气分析

2008 年 8 月 26 日 18 时—19 时 30 分石河子南部山区的紫泥泉（新疆生产建设兵团 151 团）和红沟之间的 25 km 范围内,先后发生大风（18.0～20.0 m/s）、雷暴、冰雹、暴雨（24.0～40.0 mm）。赵俊荣等（2009）对这次过程进行了分析。

6.16.1　环流背景特征

西伯利亚至巴尔喀什湖冷槽东南象限分裂出的中尺度短波槽是造成天山北坡石河子南部山区强雷暴、冰雹、暴雨以及大风等强对流天气过程的直接影响系统。过程前期南亚高压呈双体型,伊朗副高东伸北挺,西太平洋副高（下称西太副高）西伸北抬,副热带为低槽活动区。伊朗副高东伸北挺,使得高纬冷空气不断南下到副热带低槽中;西太副高西伸北抬,其南侧的东南气流向西北方不断输送大量的水汽和能量,为强对流天气的发生提供了动力、水汽和不稳定能量条件。石河子垦区南部山区 8 月 26 日处于西伯利亚至巴尔喀什湖冷槽东南象限西北气流影响和对流性不稳定层结条件下,中高层干冷低层暖湿,低层至地面有中尺度辐合切变线和冷锋配合（图 6.120,图 6.121）。

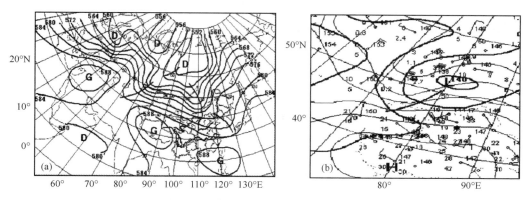

图 6.120　2008 年 8 月 26 日 08 时 500 hPa 高度场（单位：dagpm）
(a)和 850 hPa 形势场(b)（单位：dagpm,℃）（黑粗线为等高线,细线为等温线）

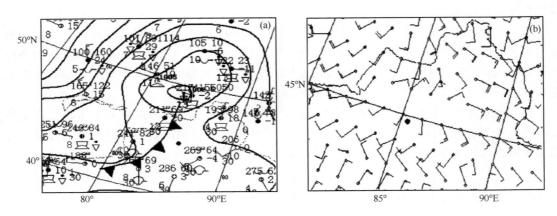

图 6.121　2008 年 8 月 26 日 11:00 地面形势场(a. 单位:hPa)和 08:00 1000 hPa 风场(b. 单位:m/s)

6.16.2　暴雨落区附近温湿场条件分析

2008 年 8 月 26 日石河子南部山区局地暴雨落区附近的近低层存在着较明显的暖平流和西南暖湿气流的输送,其北边为冷平流和西北干冷气流,这一点在暴雨发生前和发生期间 T213 再分析资料中水汽通量和假相当位温场上反映得比较清楚。

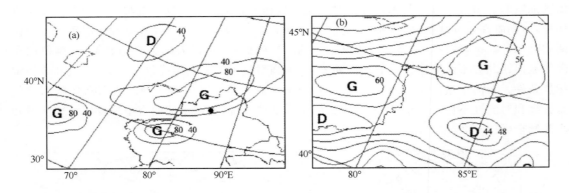

图 6.122　2008 年 8 月 26 日 14 时(a) 700 hPa 水汽通量场
(单位:g/(s·hPa·cm²))和(b)850 hPa 假相当位温场(单位:K)

T213 再分析资料表明,暴雨落区的 26 日 08—14 时对流层低层到近地面出现中尺度辐合切变线(图 6.121)和高水汽通量区(图 6.122a),从巴尔喀什湖西南方指向暴雨落区的高水汽带在强降水期间一直维持较强,水汽通量中心值达 80 g/(s·hPa·cm²),并配合-1.4×10^{-5} g/(s·hPa·cm²)水汽通量散度大值区;对流层中低层 850 hPa 图上(图 6.122b),14:00 新疆西部国境线之塔城一带位于次天气尺度系统"Ω"型 θ_{se} 高能舌控制,高能舌面积较大,位于塔城地区的高能舌中心强度达 56 K;石河子垦区位于其高能舌东南部的能量梯度最大处。"Ω"型 θ_{se} 高能舌东南部的小股弱冷空气,不仅增强了暖湿空气的抬升作用,使得暴雨区上空湿层明显增厚,而且触发了中、小尺度系统的发生、发展。故西南方向近地层存在着西南这支暖湿平流的输送及其在山前的辐合,为南山局地暴雨的形成提供了有效的水汽和能量。

8 月 26 日石河子南部山区的强对流天气发生在西伯利亚至巴尔喀什湖冷槽东南象限西

北气流影响下的对流不稳定气层中,低层至地面有中尺度辐合切变线和冷锋配合,出现在上干下湿、上冷下暖的有利环境条件下;中高层冷平流、低层暖平流输送明显,发生在下午至傍晚对流发展最旺盛阶段。

6.16.3　强对流区域的中小尺度系统分析

（1）地形辐合回波带分析

夏季白天石河子垦区南部山区与平原交界区,在对流层中层冷槽东南象限西北气流控制及低层反气旋风场的环流背景下,午后平原近地面偏南风的建立和加强,会在地形作用下形成地形辐合回波带。回波带上具有 γ 中尺度回波块,其随着 500 hPa 冷槽东南象限西北气流,沿地形回波带自西北向东南方向滚动更迭,是造成 2008 年 8 月 26 日石河子南部山区局地暴雨的直接影响系统。近地面辐合对石河子南部山区局地暴雨落区的形成具有重要作用。T213再分析资料表明,在石河子南部山区暴雨落区形成的 30 min,落区附近近地面存在平原偏南风在山脉阻挡作用下的抬升辐合和暴雨落区中心的 γ 中尺度气旋性辐合的两种辐合作用(图6.120)。

8 月 26 日强对流天气发生前的石河子多普勒雷达组合反射率因子与石河子地形对比图(图 6.123)显示,26 日 17 时 34 分雷达组合反射率因子图像上有一条清晰可辨的条状回波带存在(图 6.123c),与石河子地形图相比较看出,条状回波带与石河子南部山区和平原地形分界线的位置、走向基本一致。在 17 时 40 分的雷达组合反射率因子图像上,回波带更清晰,位置、走向基本不变(图略)。这说明雷达回波的发展是沿着山区与平原地形分界线进行的。17时 45 分雷达回波显示,该地区沿南山地形南半段有带状排列的回波块阵(图 6.124)生成并发展。也就是说,回波带的生成、发展与地形作用影响密切相关。这里将这条回波带称为地形辐合回波带。

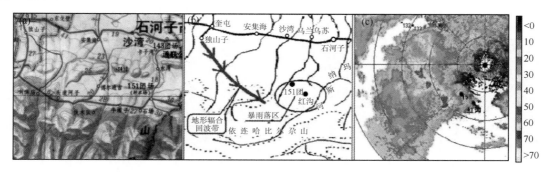

图 6.123　(a) 石河子地形分布,(b)石河子地形图叠加回波带路径,(c) 2008 年 8 月 26 日17 时 34 分雷达回波强度(单位:dBZ)

（2）γ 中尺度回波块沿地形辐合回波滚动更迭

γ 中尺度回波块沿地形辐合回波带滚动更迭造成 26 日 18 时 12—34 分石河子南部山区暴雨落区雨强最大时段。从石河子多普勒雷达组合反射率因子变化追踪图看出:在暴雨落区附近,17 时 45 分(图 6.124)石河子南山的南段境内排列着一字型的西北至东南向的 1—6 个相对独立的水平尺度为 3～5 km 的 γ 中尺度的回波块。对这些回波块的追踪分析表明,18 时01 分(图略),1—3 号回波块在东南移过程中滚动更迭到 4—5 号回波块中;4 号回波块强度和回波顶高无明显变化,强度为 50 dBZ,顶高达 4 km,面积略有增大;5 号回波块强度不变,面积扩大,50 dBZ 的水平尺度由 5 km 增至 8 km,50 dBZ 的顶高由 5 km 增至 7.5 km,55 dBZ 的顶高由 4.5 km 增至 5.5 km;6 号回波块强度和面积均无明显变化。18 时 01—12 分(图6.125a),4 号回波块在东南移过程中滚动更迭到 5 号回波块中,强度由 55 dBZ 增至 60 dBZ,60 dBZ 的水平尺度约 6 km,其顶高达 7 km;6 号回波块的强度有所增强,55 dBZ 的面积扩大,水平尺度由 4 km 增至 6 km,其顶高由 5.8 km 上升到 8.5 km。18 时 12—29 分(图 6.125b),5 号与 6 号回波块在东南移过程中滚动更迭,强度由 60 dBZ 增至 65 dBZ,60 dBZ 的面积扩大,水平尺度由 6 km 增至 10 km,其顶高由 7 km 上升到 8.7 km,65 dBZ 的水平尺度约 2 km,其顶高达 8 km。全过程相对独立的 γ 中尺度回波块滚动更迭明显有序,此起彼伏,30 min 内直接造成石河子南部山区暴雨落区的形成。

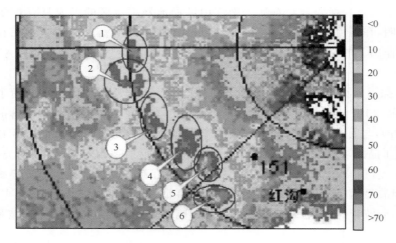

图 6.124　2008 年 8 月 26 日 17 时 45 分雷达回波强度(单位:dBZ)

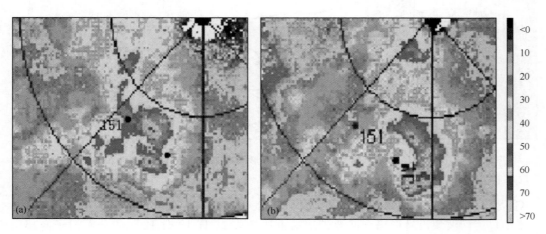

图 6.125　2008 年 8 月 26 日雷达回波强度(单位:dBZ)(a.18:12,b.18:29)

（3）暴雨落区中气旋回波分析

2008 年 8 月 26 日石河子南部山区暴雨落区雨量最集中的 30 min 内（18 时 12—34 分）。从多普勒雷达回波径向速度图可见，暴雨中心南山附近有中气旋出现。在径向速度图上（图 6.126），18 时 29 分南山附近出现一个旋转速度为 20 m/s 的中气旋，1.5°仰角速度图上的中气旋特征明显，风暴顶为强烈辐散，正、负速度差值达 52 m/s，其中 3000～6000 m 表现最为典型；与中气旋对应的回波强度和回波顶高以及垂直累积液态含水量都在暴雨中心南山附近达到最大波强度 >60 dBZ，强中心值达 65 dBZ；50 dBZ 的回波顶高达 9.8 km，宽度约 10 km；60 dBZ 的回波顶高达到 8.7 km，宽度约 7 km；65 dBZ 的回波顶高达到 8.0 km，宽度约 2 km，垂直累积液态水量从 16 时 16 分的 8 kg/m² 跃增到 17 时 34 分的 70 kg/m²。该强度一直持续至 18 时 34 分左右。在组合反射率因子图上，最强回波区（65 dBZ）正好位于石河子南部山区 151 团测站附近。1.5°仰角速度图表现为气旋式辐合，3.5°仰角速度图表现为气旋式辐散区，4.3°仰角反射率因子回波成羽毛状，强回波（65 dBZ）中心位于东侧。

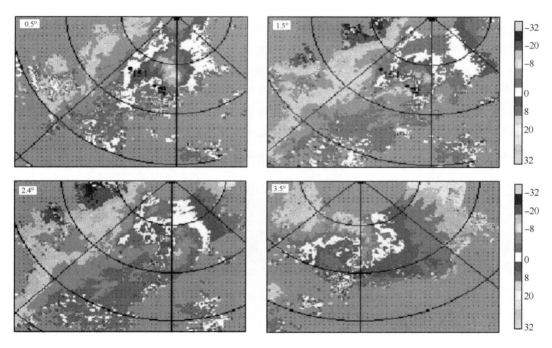

图 6.126　2008 年 8 月 26 日 18 时 29 分不同仰角的回波相对径向速度（单位：m/s）

图 6.127 为沿着与通过中气旋中心并与雷达径向垂直的反射率因子和径向速度的垂直剖面。组合反射率因子垂直剖面的结构有有界弱回波区和其上的回波悬垂，以及有界弱回波区左侧回波墙和狭长的反射率因子高值区。径向速度剖面中最显著的一个特征是从底部（1.8 km）一直向上扩展到 9 km 左右的中气旋。至 19 时 02 分中尺度气旋特征持续了 1 h 后减弱消失。期间对流层的大致风向为西北风，风暴的移动方向在盛行风向右侧 30°左右，是右移超级单体风暴。19 时 30 分以后风暴迅速减弱，强对流天气过程结束。

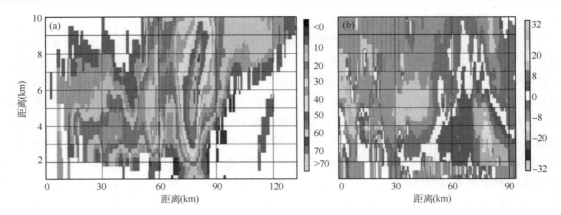

图 6.127　2008 年 8 月 2 日 18 时 29 分穿过中气旋中心并与穿过中气旋中心的雷达径向垂直的
反射率因子(单位：dBZ)(a)和径向速度的垂直(单位：m/s)剖面(b)
(a. 偏左点坐标：方位 242°,距离 93 km,偏右点坐标：方位 132°,距离 68 km,两点间距离：133 km,b. 偏左点坐
标：方位 243°,距离 88 km,偏右点坐标：方位 156°,距离 37 km,两点间距离：94 km)

　　上述分析表明,南山附近暴雨落区的形成与该地区中气旋回波的发展和作用密切相连。

　　暴雨发生前 26 日 17 时 39 分雷达径向速度图的冷暖平流结构已经建立(图 6.128),强降水过程中,冷暖平流结构不断加强并维持,同时图中较明显地出现近低层的西南风和南风结构,并且在 18 时 18—29 分最清晰、稳定,且负速度区面积大于正速度区;直到 18 时 40 分后南山红沟附近暴雨落区雨强减弱,冷暖平流结构随之减弱,近地层转为暖平流。

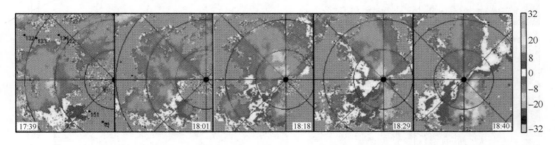

图 6.128　2008 年 8 月 26 日雷达回波相对径向速度(仰角 0.5°,单位：m/s)

6.16.4　小结

　　(1)夏季白天石河子垦区南部山区与平原交界处,在对流层中层冷槽东南象限西北气流控制及低层反气旋风场的环流背景下,午后平原近地面偏南风的建立和加强,会在地形作用下形成地形辐合回波带。回波带上具有 γ 中尺度回波块,随着 500 hPa 冷槽东南象限西北气流,沿地形回波带自西北向东南方向滚动更迭,是造成 2008 年 8 月 26 日石河子南部山区局地暴雨的直接影响系统。

　　(2)近地面辐合对 2008 年 8 月 26 日石河子南部山区局地暴雨落区的形成具有重要作用。在石河子南部山区暴雨落区形成的 30 min 内,落区附近近地面存在平原偏南风在山脉阻挡作用下的抬升辐合和暴雨落区中心的 γ 中尺度气旋性辐合的两种辐合作用。

　　(3)中高层干冷低层暖湿,低层中尺度辐合切变线是强对流性天气发生、发展的触发机制,是局地强雷暴、冰雹、暴雨、大风等发生的重要条件。近地层的西南暖湿平流输送及其在山前的辐合,为南山局地暴雨的形成提供了有效的水汽和能量。

(4)组合反射率因子垂直剖面出现有界弱回波区和其上的回波悬垂、以及有界弱回波区左侧回波墙和狭长的反射率因子高值区。径向速度剖面中最显著的特征是从底部(1.8 km)一直向上扩展到 9 km 左右的中气旋。这些特征都有利于冰雹的产生。

(5)回波强度>50 dBZ、回波顶高度>8 km、垂直累积液态水含量急增到 50 kg/m^2 以上时,并配合有中气旋的出现,将预示有强对流天气发生。垂直累积液态水含量的大值区是对流云强度最强的地方,与强对流天气落区相对应;其高值区的强度和范围与强降水的强度和范围成正比。

6.17　重庆开县雷击事件分析

2007 年 5 月 23 日 16 时—16 时 30 分,重庆市开县出现雷雨天气,重庆市开县义和镇政府兴业村小学发生雷击事故,造成 7 名小学生死亡,43 人受伤。同日 18 时左右,重庆市梁平县梁山镇松竹村 2 人在户外田野行走时也遭雷击死亡,图 6.129 为重庆开县和梁平县雷击事件发生的位置,图中陕西安康雷达站海拔 337.3 m,与重庆开县的直线距离有 180 km,四川达川为基准气候站。"5·23"雷击事件只是众多雷击事件中较为严重的一次。雷击伴随较强的降水,图 6.130a 和 b 分别为 5 月 23 日 14 和 17 时的地面天气现象图,分析表明,5 月 23 日 14 时主要雷雨天气发生在四川东北部等地;17 时雷雨区便移到重庆中北部。自动站降水资料显示(图略),15 时,四川东北部、重庆西北部便有每小时超过 10 mm 的降雨出现;16—17 时,雨区向东移动,分布不均匀,重庆北部雨强在 6～10 mm/h,其中,15—16 时开县降雨 6 mm,因此重庆开县雷击事件与午后强对流发展密切相关。孙军等(2010)对该次雷击事件的观测和产生

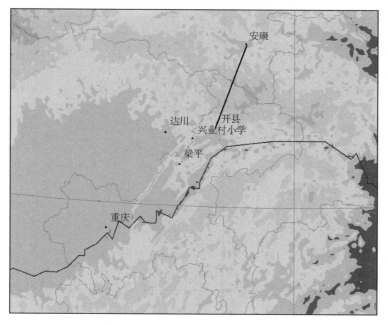

图 6.129　重庆开县雷击事件发生位置

(黑线为安康雷达距开县的直线距离)

的天气条件做了分析,分析所用资料包括每 3 h 地面观测资料和每小时自动站观测资料、含特性层的探空资料、加密 FY-2C 和 FY-2D 卫星资料、多普勒雷达资料、闪电定位资料以及 NCEP 6 h 间隔 1°×1°再分析资料等。

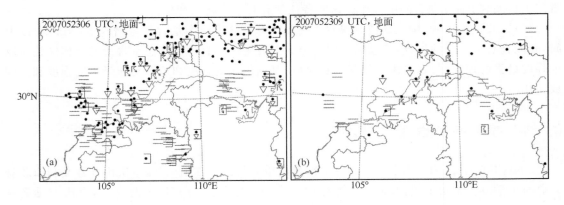

图 6.130 2007 年 5 月 23 日地面天气现象分布(a.14 时,b.17 时)

6.17.1 天气形势分析

从 23 日 08 时 500 hPa 高空图上可以看到,高空槽已经移到蒙古国西部到甘肃东部一带,它所携带的一股冷空气正在东移南下,200 hPa 高空急流位置偏北,急流轴贯穿中国北方地区,急流中心位于内蒙古西部,急流南侧的四川东北部和重庆北部地区位于 200 hPa 高压中心带上,这一地区为高空辐散气流所控制,并一直持续晚上 20 时。700 hPa 图上,四川南部有一低涡存在,低涡切变线位于四川与重庆交界处,地面冷锋已经进入四川北部。至 23 日 14 时

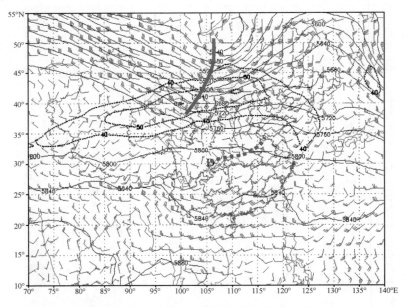

图 6.131 2007 年 5 月 23 日 14 时形势场

(实线:500 hPa 高度,单位 gpm,虚线:200 hPa 大于 40 m/s 的急流区,间隔 10 m/s,风场为 700 hPa,粗实线为 500 hPa 槽线,粗虚线为 700 hPa 切变线)

（图 6.131），高空槽东移，冷空气进一步扩散南下，同时，原位于四川南部 700 hPa 上的低涡缓慢向东北方向移动，14 时已经到达四川东部的中部位置，低涡切变线穿过重庆北部。20 时，低涡中心已经移到四川东北部与重庆北部的交界处，强度加强。因此，23 日 14—20 时，由于冷空气东移南下，加强了低涡的北部的偏东风分量，从而使低涡发展，而低涡的发展又加强了底层的垂直上升运动，是对流发展的一个重要触发机制。另外，从 22 日下午开始，青海东南部有对流云团东移发展，并进入四川北部，至 22 日夜间对流达到最强，并于 23 日凌晨开始减弱消散，减弱消散的地方正好在四川东北部，这不但加大了这一地区的水汽含量，同时，消散雷暴本身产生的阵风锋也可能是对流触发的另一机制。

6.17.2　环境条件分析

从 θ_e 的垂直剖面来看，23 日上午 08 时，重庆开县已处在弱不稳定条件下，到 14 时（图 6.132a），这种弱不稳定条件仍然存在，并向更高的高度发展，开县附近 450 hPa 以下都为弱不稳定区，同时也可以看到，锋区正向开县逼近，低层锋区陡直且能量更加集中，冷暖空气开始交汇于开县附近，暖湿空气并沿锋区爬升。20 时，低层锋区已经移到开县并继续缓慢南移。

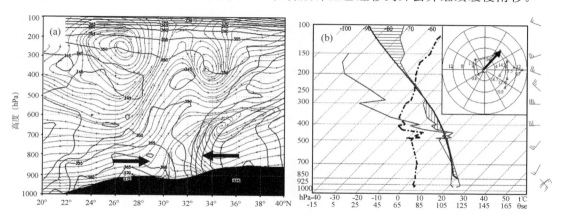

图 6.132　（a）5 月 23 日 14 时沿 108°E θ_e 垂直剖面及上升气流示意图（粗实线为 θ_e 等值线，间隔 5 K，带箭头细线为流线，粗箭头表示冷暖空气运动方向），（b）5 月 23 日 08 时四川达川 T-lg$p$ 图和 Hodograph 图（细实线分别为气温和露点探空曲线，粗箭头为地面到 500 hPa 风切变矢量）

下面从单站探空来进一步揭示这种气层的弱对流不稳定结构，这里的探空选自距离开县最近且大气环境较为接近位于四川东北部的达川站，23 日 08 时 T-ln$P$ 图上（图 6.132b），从逆温层上最大不稳定层算起的 CAPE 值只有 615（J/kg），但湿层较厚，从地面到 450 hPa 大气层空气几乎达到饱和，450 hPa 以上空气干燥，即上干下湿结构明显，对流层中低层风垂直切变较小，从地面到 500 hPa 只有 10 m/s，因此这一次过程降雨较明显并没有出现冰雹。

6.17.3　FY—2C 和 FY—2D 高分辨云图分析

此次雷击事件是由一个中尺度对流系统（MαCS）强烈发展造成的，对流单体从 23 日 08 时前后就开始在四川东北部出现，并逐渐发展壮大东移。从图 6.133a 上（北京时间 15 时 45 分）的红外云图上可以看到，—32℃ 和 —52℃ 的强对流区已位于开县附近的大范围区域，可见光云图上有对流上冲云顶；图 6.133b 上（北京时间 16 时）MαCS 面积进一步扩大，对流加强；图

6.133c 为雷击发生的最近时刻,对流上升云顶比较明显。至图 6.133d 时(北京时间 16 时 33 分),MαCS 仍处于强烈发展中,雷击区南部有新对流单体发展,雷击区附近云顶相对较平坦且白亮。

　　从 FY-2C 和 FY-2D 对流活动(黑体亮温)的演变进一步显示(图略),雷击事件与 MαCS 前期对流单体发展密切相关,最早在四川东北部生成,并发展东移。MαCS 的另一个重要事实是对流发展旺盛,至傍晚发展成 MCC,强降水也成为重要的天气现象,雷击事件就发生在 MαCS 旺盛发展过程中。

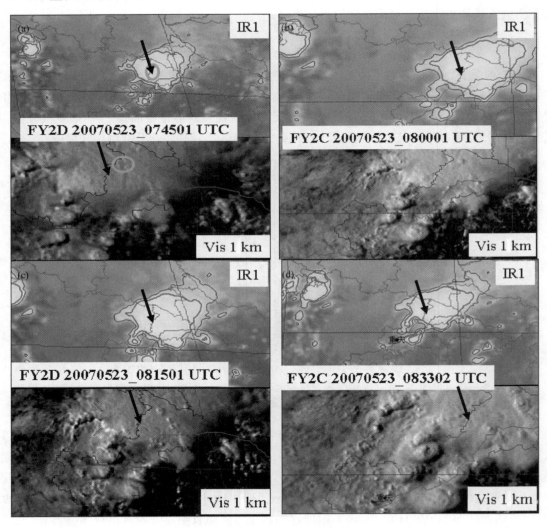

图 6.133　逐 15 分钟 FY-2C 和 FY-2D 红外与可见光云图线条分别为 −32℃和−52℃云顶亮温等直线(箭头所指为兴业村小学大致位置)

6.17.4　雷达资料分析

　　重庆目前有三部雷达正在建设,一部带病工作的旧雷达一天只能获得一张图,无法捕捉这次过程,而位于四川东北部离重庆开县最近的南充雷达站距离开县也有 230 km,在雷达探测的边缘;陕西安康离开县相对较近,因此下面分析基于陕西安康的 C 波段多普勒雷达(CIN-RAD-CB)产品。在重庆开县(站点海拔 166.4 m)雷击事件发生的 23 日下午,该雷达一直保持在工作状态,采用降水模式下的 VCP21 体扫描机制,在时域上对引起雷击事件的强对流系统覆盖还是比较好的。但是重庆开县和陕西安康之间受到近东西走向的大巴山系阻挡,安康雷达在 0.5°、1.5°的仰角上均不能有效观测到重庆开县附近的天气状况(图 6.134),仅在 2.4°仰角上能够观测到当地上空有意义的回波,而此时回波高度已经接近 10 km,等压面处于 300~250 hPa,仅能粗略反映对流层高层的状况。同时由于距离过远,已经超出雷达径向风通常150 km 的观测范围,因此又损失一项重要的分析量。由于开县附近对流层中低层基本处于安康雷达的盲区内,对流层中低层的风暴结构无法由雷达数据揭示,安康雷达对本次强对流事件空间覆盖能力较弱,雷达监测预警能力相当有限。

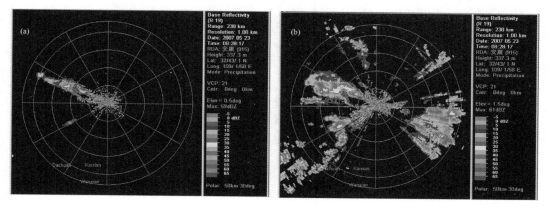

图 6.134　23 日 16 时 28 分安康雷达 0.5°(a)和 1.5°(b)仰角的基本反射率

　　5 月 23 日 12—17 时,在有利于对流发展的环境条件下,四川达川到重庆开县不断有中尺度对流单体自西南向东北方向活动,并展现出比较复杂的空间结构,其中 13 时 55 分,开县附近的对流体回波中心强度曾达到 60 dBZ。

　　23 日 16 时,TBB 表明对流云团继续发展,低于 -70℃的 TBB 低值区域相对 14 时扩大许多,系统中心也向东南方向有所移动(图 6.135a)。开县雷击事件发生在 16 时—16 时 30 分,从 16 时 16 分安康雷达的基本反射率看(图 6.135b),开县西侧存在成片的回波大于 35 dBZ 的强对流区,最大回波强度超过 45 dBZ。从 16 时 22 分基本反射率图像上看(图 6.135c),强对流区有所向东移动逼近开县站点,而回波中心强度也增长到 50 dBZ。同时刻的组合反射率也反映了基本相同的特点(图 6.135d),强回波的结构大致呈逗点状分布,空间尺度范围在几十千米,开县义和镇兴业村小学位于开县站点西西南方向大约 40 km 处,雷击事件极有可能就是由这个小的对流单体造成的。虽然雷达回波反映了一些开县雷击前后的雷暴动态信息,但相对于 13 时左右监测到的对流活动特点,16 时对流活动尺度更小,距离安康雷达也更远,无疑增加了监测预警的难度,同时也表明了雷击发生过程的复杂性。

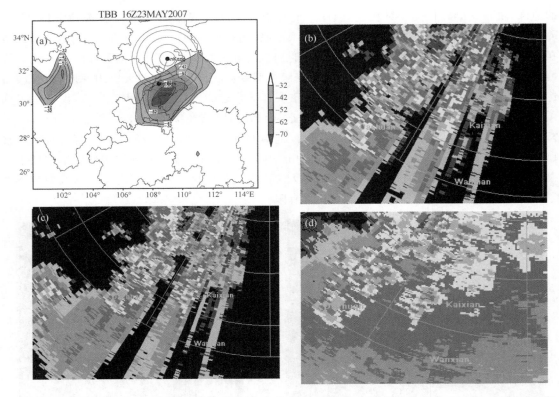

　　图 6.135　(a)16 时 TBB(图中以安康为中心的同心圆半径由内向外分别为 50、100、150、200 和 230 km);(b)16 时 16 分基本反射率(仰角 2.4°);(c)16 时 22 分基本反射率(仰角 2.4°);(d)16 时 22 分组合反射率

6.17.5　雷电定位仪资料分析

　　一般认为以正地闪活动为主的对流较为活跃,并经常产生冰雹和龙卷,但一般雷暴包括 MCSs 还是以负地闪居多,本例也不例外。根据研究,MCSs 一般分为对流云区和层云区,对流中心区一般对应负地闪,层云区和对流云砧区一般对应正地闪,因此从负地闪活动的集中区可以判断单体的位置,这对雷达资料缺少的地区显得尤为重要。12—13 时,主要闪电活动相对集中(图 6.136a),出现在四川东部,这时对流单体正在快速发展,负地闪区东南侧的一片正地闪相对集中区,根据高空风方向,这片正地闪区极有可能是对流云砧云区的放电结果,但缺乏雷达资料证实;14—15 时,是对流发展旺盛阶段,负地闪区呈东北—西南带状分布,对流区已开始进入重庆西北部地区(图 6.136b);16—17 时,负地闪区开始分离成两片,一片位于重庆北部,并向偏东方向移动,一片位于重庆中部,并向东南方向移动(图 6.136c)。这种负地闪区分离表明单体分裂,随后的卫星红外云图证明了这一点,但表现不如闪电资料明显。因此闪电资料对对流系统的活动有很好的指示意义,尤其在雷达资料缺乏的情况下。

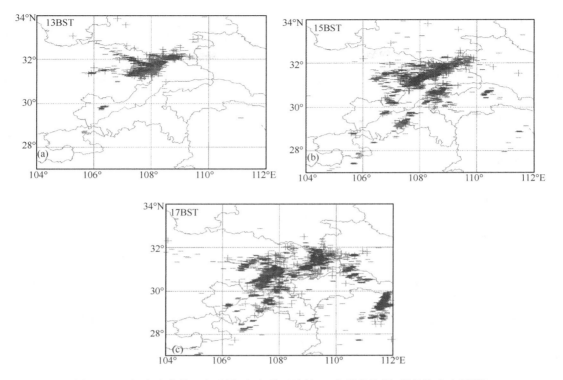

图 6.136　闪电定位仪 1 h 观测（＋表示正地闪，－表示负地闪，资料取自空间所）

图 6.137 为 2007 年 5 月 23 日 11—20 时雷击点附近（0.1°×0.1°）10 min 地闪次数和最强地闪随时间的变化。可以看出，16 时前后，该点附近闪电密度最大，为 22 次，同时，最大负闪强度为－110 kA，表明该时次的闪电很强。

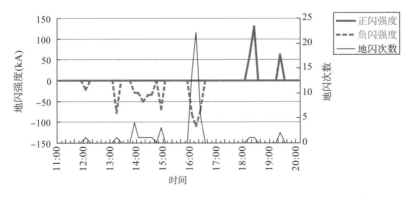

图 6.137　2007 年 5 月 23 日 11—20 时雷击点附近（0.1°×0.1°）
10 min 地闪次数和最强地闪随时间的变化

6.17.6　结论

通过以上分析，得出如下主要结论：

（1）此次雷击事件与 MαCS 前期对流单体发展密切相关，最早在四川东北部生成，并东移强烈发展，最终发展成 MCC，强降水也成为重要的天气现象。雷击事件就发生在 MαCS 强烈发展的阶段。

（2）高分辨率风云系列卫星为此次强对流天气提供了有利的监测手段和工具，而由于开县处于雷达探测的边缘，雷达的监测能力显得不足。闪电资料显示出对流活动的一些特征，负地闪活动的集中区可以判断单体的位置和移动，正地闪集中区可以判断对流云砧区位置和移动，补充雷达资料探测能力的不足。

（3）西南涡是主要的影响系统，由于冷空气东移南下，加强了低涡的北部的偏东风分量，是对流发展的一个重要触发机制。MαCS 发生在弱对流不稳定环境中，但对流层中下层大气近饱和且湿层较厚。

　　以上个例分析表明，很多强对流天气发生 6 h 之前（例如强对流天气出现在下午，用 08 时的资料进行分析），常常不具备强对流天气发生所需要的环境条件，如果仅根据这些条件做预报，很容易造成强对流天气漏报。因此，分析低空暖湿平流、中高层干冷平流和使用数值预报产品对于制作强对流天气短期和短时预报很重要。如果暖湿/干冷平流不明显或者数值预报能力不足，一些局地突发性强对流天气要在短期甚至短时时效内预报出来是困难的。然而，所有的个例分析都表明，依托新一代天气雷达资料的分析，是有可能在临近时效（0～2 h）内将大多数强对流天气（不包括龙卷）预报出来的。因此，加强强对流天气的实时监测和临近预报非常重要，虽然它的预警时效短，但只要能解决预警信息的即时发布问题，强对流天气临近预警信息仍然可以在气象防灾减灾中发挥重要作用。

参考文献

北京市气象局.2010.北京市预报员手册//雷击及强对流天气的分析和预报(预印本),1-3.

毕旭,罗惠,刘勇.2007.陕西中部一次下击暴流的多普勒雷达回波特征.气象,33(1):70-73.

曹晓岗,张吉,王慧等.2009."080825"上海大暴雨的综合分析//2008年灾害性天气预报技术论文集.北京:气象出版社.49-58.

柴瑞,王振会,张其林.2009.基于对流参数的雷暴潜势预报方法对比分析.安徽农业科学,37(8):3638-3640.

陈红霞,牛淑贞,吕作俊等.2008.孟津县一次龙卷天气过程分析.气象与环境科学,31(增刊):154-157.

陈联寿,丁一汇.1979.西太平洋台风概论.北京:气象出版社,463-465.

陈良栋,陈淑萍.1994.北京地区东来飑线的发生和移动特点.气象科学,14(2):106-113.

陈秋萍,黄东兴,余建华等.2001.闽北前汛期短时强降水与雷达回波特征.气象,27(8):52-55.

陈婷婷,刘敏,陈知新.一次龙卷风天气过程的分析.吉林气象,26-27.

陈秀杰,耿勃.1998.一次飑线天气过程的卫星水汽图像特征.气象,24(6):51-54.

陈秀杰,耿勃.1998.一次飑线天气过程的卫星水汽图像特征.气象,24(6):51-55.

陈艳,寿绍文,宿海良.2005.CAPE等环境参数在华北罕见秋季大暴雨中的应用.气象,31(10):56-60.

陈永林.2000.上海一次龙卷风过程分析.气象,26(9):19-23.

陈豫英,刘还珠,陈楠等.2008.基于聚类天气分型的KNN方法在风预报中的应用.应用气象学报,19(5):564-571.

陈子通,闫敬华,苏耀墀.2006.模式探空的评估分析及其在强对流天气预报中的应用研究.大气科学,30(2):235-247.

崔讲学,张家国,王仁乔等.2007.武汉一次下击暴流天气的成因分析.暴雨灾害,26(4):369-371.

刁秀广,车军辉,李静等.2009.边界层辐合线在局地强风暴临近预警中的应用.气象,35(2):29-33.

刁秀广,朱君鉴,黄秀韶等.2008.VIL和VIL密度在冰雹云判据中的应用.高原气象,27(5):1131-1139.

丁一汇等.1981.暴雨和强对流天气发生条件的比较分析.大气科学,5(4):388-397.

樊鹏,肖辉.2005.雷达识别渭北地区冰雹云技术研究.气象,31(7):16-19.

范皓,吴正华,段英.2004.一次右移传播的强对流风暴研究.应用气象学报,15(4):445-455.

方丽娟等.2009.一次超级单体风暴中龙卷的天气过程分析及龙卷强度判定.自然灾害学报,18(2):167-172.

冯桂力,边道相,刘洪鹏等.2001.天气气候分析冰雹云形成发展与闪电演变特征分析.气象,27(3):33-37.

冯桂力,郄秀书,袁铁等.2007.雹暴的闪电活动特征与降水结构研究.中国科学D辑:地球科学,37(1):123-132.

冯晋勤,童以长,罗小金.2008.一次β中尺度局地大暴雨对流系统的雷达回波特征.气象,34(10):50-54.

高锋,田雨斌等.1995.吉林省一次强对流天气的中尺度分析.气象,21(10):43-46.

顾清源,肖递祥,黄楚惠等.2009.低空急流在副高西北侧连续性暴雨中的触发作用.气象,35(4):59-67.

广东省气象局.2009.广东省天气预报技术手册.(2009年修订版(电子版)).242-283.

郭文宝,许志蓉.1997.地面暖切变型飑线的产生条件及云图特征.气象,23(4):36-38.

郭艳.2010.大冰雹指标TBSS在江西的应用研究.气象,36(8):40-46.

国家气候中心.2007.中国灾害性天气气候图集.北京:气象出版社.

郝莹,姚叶青,陈焱等.2007.基于对流参数的雷暴潜势预报研究.气象,33(1):51-56.

何彩芬,胡春蕾.2005.一次台风来临前微龙卷的过程分析//天气预报技术文集(2005).北京:气象出版社,290-294.

何彩芬,姚秀萍,胡春蕾等.2006.一次台风前部龙卷的多普勒天气雷达分析.应用气象学报.17(3):370-375.

何宽科,王坚侃.2005.舟山海域一次强对流天气过程中多普勒雷达资料分析.海洋预报,22(2):67-71.

何宽科等.2005.一次强对流天气过程中的两次回波合并分析.海洋预报,22(3):83-87.

何群英,东高红,贾慧珍等.2009.天津一次突发性的局地大暴雨中尺度分析.气象,35(7):16-22.

河南省气象局.2010.河南省预报员手册(冰雹部分预印本).27-34.

黑龙江省气象局.2010.黑龙江省预报员手册//黑龙江省冰雹预报(预印本),21-22.

洪延超.1998.三维冰雹云催化数值模式.气象学报.56(6):641-651.

洪延超.1999.冰雹形成机制和催化防雹机制研究,气象学报,57(1):30-44.

胡富泉,郭敏,张家澄.2000.强对流实时短期预报业务应用.高原气象,19(3):391-396.

胡富泉.1996.一种强对流天气短期预报方法的研究和试报.高原气象,15(3):356-362.

湖南省气象局.2010.湖南省天气预报员手册(预印本).16-19.

黄红,李性太.1999."9851"飑线天气过程分析.贵州气象,23:11-12.

黄姚钦,陈小芸.1995.一次龙卷风天气的热力动力学分析.广东气象,2:17-19.

黄运丰,廖彩荣.1994.桂西北强对流天气的能量分析及预报.中山大学学报论丛,5:90-93.

纪玲玲,王昌雨,姜永强等.2004.基于静止锋的强对流过程个例诊断分析.气象科学,24(4):474-479.

纪晓玲,刘庆军,刘建军.2005.一次蒙古冷涡影响下宁夏强对流天气分析.干旱气象,23(1):26-32.

江西省气象局.2010.江西省预报员技术手册(强对流部分预印本).5-6;16;19-39;44-45;93-118.

蒋义芳,吴海英,沈树勤等.2009.0808号台风凤凰前部龙卷的环境场和雷达回波分析.气象,35(4):68-75.

矫梅燕,章国材,曲晓波.2010.现代天气业务.北京:气象出版社,47.

金巍,曲岩,安来友.2009.超级单体引发的龙卷天气过程分析.气象,35(3):36-41.

金永利,张蔷.北京地区一次降雹过程和冰雹微物理特征.气象,28(1):18-25.

井喜,贺文彬,毕旭等.2005.远距离台风影响陕北突发性暴雨成因分析.应用气象学报,16(5):655-662.

康志明,谌芸.2010.中尺度区域集合预报系统准业务化评审会用户报告.

孔凡铀,黄美元,徐华英.1990.对流云中冰相过程的三维数值模拟 I:模式建立及冷云参数化.大气科学,14(4).

孔凡铀,黄美元,徐华英.1992.冰相过程在积云发展中的作用的三维数值模拟研究.中国科学,B35(7):1000-1008.

李登文,杨静,乔琪.2008.2006-06-13贵州省望谟县大暴雨的诊断分析.南京气象学院学报,31(4):511-519.

李国翠,郭卫红,王丽荣等.2006.阵风锋在短时大风预报中的应用.气象,32(8):36-41.

李鸿洲,蔡则怡,徐元泰.1999.华北强飑线生成环境与地形作用的数值试验研究.大气科学,23(6):715-720.

李吉顺,由生春.1981.北京地区强对流环境风垂直分布的一些统计特征//强对流天气文集.北京:气象出版社,149-152.

李建华,郭学良,肖稳安.2006.北京强雷暴的地闪活动与雷达回波和降水的关系.南京气象学院学报,29(2):228-234.

李金辉,樊鹏.2007.冰雹云提前识别及预警的研究.南京气象学院学报,30(1):114-119.

李庆,黄成亮.2002.四川盆地一次罕见强烈飑线雷达回波分析.四川气象,21(1):46-48.

李淑玲,刁秀广,朱敏等.2009.一次飑线过程多普勒雷达资料分析.气象,35(3):60-65.

李淑玲,刁秀广,朱敏等.2009.一次飑线过程多普勒雷达资料分析.气象,35(3):60-65.

李文娟,郦敏杰.2009.强冷空气影响下的强对流天气对比分析.科技导报,27(6):84-89.

李耀东,高守亭,刘健文.2004.对流能量计算及强对流天气落区预报技术研究.应用气象学报,**15**(1):10-20.

李志楠,李廷福.2000.北京地区一次强对流大暴雨的环境条件及动力触发机制分析.应用气象学报,**11**(3):304-311.

李祚泳,邓新民,张辉军.1994.基于神经网络 B-P 算法的雹云识别模型及其效果检验.高原气象,**13**(2):44-49.

梁巧倩,林良勋.2008.一种可业务化的雷电潜势预报方案.气象科技,**36**(2):150-154.

廖晓农,于波,卢丽华.2009.北京雷暴大风气候特征及短时临近预报方法.气象,**35**(9):18-28.

廖晓农,俞小鼎,王迎春.2008.北京地区一次罕见的雷暴大风过程特征分析.高原气象,**27**(6):1350-1362.

廖晓农.2009.北京雷暴大风日环境特征分析.气候与环境研究,**14**(1):54-62.

廖玉芳,潘志祥,郭庆.2006.基于单多普勒天气雷达产品的强对流天气预报预警方法.气象科学,**26**(5):564-570.

廖玉芳,俞小鼎,郭庆.2003.一次强对流系列风暴个例的多普勒雷达资料分析.应用气象学报,**14**(6):656-661.

林丽,李荣,张霞,冯慧敏,王红兴.2007.一次短时暴雨天气的稳定度和能量参数分析,气象与环境科学,**30**(4):45-48.

林仲青,李献洲.1996.9403 号强热带风暴外围龙卷风分析.广东气象,**3**:11-13.

刘兵,戴泽军等.2009.张家界多个例降雹过程对比分析.气象,**35**(7):23-32.

刘冬霞,郄秀书,冯桂力.2010.华北一次中尺度对流系统中的闪电活动特征及其与雷暴动力过程的关系研究.大气科学,**34**(1):95-104.

刘峰等.2008.影响广州白云机场的一次强对流天气过程.广东气象,**30**(3):17-20.

刘贵萍.2005.贵阳一次强对流降水过程的诊断分析.气象,**31**(2):55-58.

刘娟,朱君鉴,魏德斌等.2009.070703 天长超级单体龙卷的多普勒雷达典型特征.气象,**35**(10):32-39.

刘宁微,马雁军,刘晓梅等.2007.辽宁省"05-6"龙卷风过程的诊断与数值模拟.自然灾害学报,**16**(5):84-90.

刘式适,付遵涛,刘式达等.2004.龙卷风的漏斗结构理论.地球物理学报,**47**(6):959-963.

刘勇,刘子臣,马廷标等.1998.一次飑线过程中龙卷及飑锋生成的中尺度分析.大气科学.**22**(3):326-335.

刘玉玲.2003.对流参数在强对流天气潜势预测中的作用.气象科技,**31**(3):147-151.

刘运策,庄旭东,李献洲.2001.珠江三角洲地区由海风锋触发形成的强对流天气过程分析.应用气象学报,**12**(4):433-441.

刘子英,陆海席,赵秀英等.2000.逐步消空法在雹云识别中的应用.气象,**26**(10):41-44.

马中元,许爱华,陈云辉等.2009.江西灾害性强雷电天气的雷达回波特征.自然灾害学报,**18**(5):16-23.

马中元,许爱华,贺志明等.2009.九江地区一次无降水致灾大风天气过程分析.气象与减灾研究,**32**(3):52-56.

毛冬艳,乔林,陈涛等.2005.2004 年 7 月 10 日北京暴雨的中尺度分析.气象,**31**(5):42-46.

苗爱梅,贾利冬,郭媛媛等.2008.060814 山西省局地大暴雨的地闪特征分析.高原气象,**27**(4):874-880.

漆梁波,陈永林.2004.一次长江三角洲飑线的综合分析.应用气象学报,**15**(2):162-173.

山义昌,刘桂才,张秀珍等.2003.鲁北沿海强对流天气多发的成因及临近预报.气象,**29**(11):20-24.

上海市气象局.2009.上海天气预报手册(电子版).185-186.

邵玲玲,黄宁立,王倩怡等.2006.冰雹指数产品剖析及在灾害性强降水预报中的应用.气象,**32**(11):48-54.

沈树勤,李会英.1994.江苏冰雹强对流天气条件分析及其物理解释.气象,**20**(9):25-29.

沈树勤.1990.台风前部龙卷风的一般特征及其萌发条件的初步分析.气象,**16**(1):11-15.

舒防国,吴涛,蓝天飞等.2005.十堰一次强对流天气雷达回波特征.气象,**31**(12):45-50.

宋云英,刘学香.2005.淮北地区一次冰雹过程分析.气象,**23**:57.

苏春芹.1994."9.17"飑线的天气学及物理量分析.广西气象,**15**(2):103-104.

隋东,沈桐立,张涛.2005.沈阳地区一次冰雹天气过程形成机制的数值模拟.气象,**31**(7):20-23.

孙军,周兵,宗志平等.2010.重庆开县雷击事件天气初步分析.气象,**36**(3):70-76.

孙岚.1991.京津冀地区盛夏暴雨的大尺度物理背景.气象,**16**(3):36-40.

孙力,廉毅,白乐生.1995.东北地区一次突发性暴雨分析.高原气象,**14**(4):486-493.

孙力,王琪,唐晓玲.1995.暴雨类冷涡与非暴雨类冷涡的合成对比分析.气象,**21**(3):7-10.

孙连强,李慧林,王浩等.2009.辽东短时特大暴雨过程中 2 个 MCC 云团的特征和环境场分析.安徽农业科学,**37**(28):13680-13683.

孙连强等.2009.辽东短时特大暴雨过程中 2 个 MCC 云团的特征和环境场分析.安徽农业科学,**37**(28):13680-13683.

孙明生等.1996.北京地区强对流天气展望预报方法研究.应用气象学报,**7**(3):336-342.

谭博艺.1996.1995 年 4 月 19 日龙卷风天气分析.广东气象,**1**:29-31.

唐民,梅珏.2009.上海浦东机场一次连续出现的强对流天气对比分析.气象,**35**(10):25-31.

陶林科,杨有林,胡文东等.2008.宁夏局部突发性特大暴雨中小尺度分析.干旱区资源与环境,**22**(7):64-70.

汪应琼.2009.CINRADSA 雷达产品在冰雹预警预报中的适用性分析//第一届首席预报员高级研讨班电子文集.长春.

王鼎新,曾予龙,张伯熙.1998.春季强风暴与暴雨的对比分析.气象,**18**(1):29-33.

王健,寿绍文等.2005."03.8"辽宁地区暴雨过程成因的诊断分析.气象,**31**(4):18-21.

王健元.1996.一次强冰雹天气过程物理量特征.气象,**16**.

王金兰,寿绍文,张广周等.2009.一次副高控制下暴雨过程的数值模拟和诊断分析.河南师范大学学报(自然科学版),**37**(3):159-162.

王珏,张家国,王佑兵等.2009.鄂东地区雷雨大风多普勒天气雷达回波特征.暴雨灾害,**28**(2):143-146.

王军,周官辉等.2002.豫北一次飑线天气过程分析.气象,**28**(11):37-41

王雷,张伟红,林伟等.2003.浙江省北部地区一次飑线天气过程分析.气象科技,**31**(2):96-99.

王雷,赵海林,张蔺廉.2005.2004 年 7 月两次强对流天气过程的对比分析.气象,**31**(11):65-68.

王莉萍,崔晓东,常英,赵平.2006.一次飑线天气的非常规气象资料特征分析.气象,**32**(10):88-93.

王令,康玉霞,焦热光等.2004.北京地区强对流天气雷达回波特征.气象,**30**(7):31-36.

王楠,刘黎平,徐宝祥等.2007.利用多普勒雷达资料识别低空风切变和辐合线方法研究.应用气象学报,**18**(3):314-320.

王楠,刘黎平,仲凌志.2009.一次下击暴流天气的多普勒雷达资料分析.南京信息工程大学学报(自然科学版),**1**(3):273-278.

王沛霖.1996.珠江三角洲春季龙卷发生的环境条件.热带气象学报,**12**(1):60-64.

王天奎,杨向东,肇启锋.2006.2005 年 6 月桃仙机场一次强对流性天气的诊断分析.辽宁气象,(4):12-13.

王炜,贾惠珍.2003.用雷达垂直累积液态含水量资料预测冰雹.气象.**28**(1):47-48.

王锡军.2002.大连冰雹回波与探空阈值分析.辽宁气象,(3):9-10.

王晓明,陈婷婷,邰玉珍.1999.吉林省大范围降雹与降暴雨的物理量对比分析.气象,**17**(2):9-11.

王晓明等.2009.吉林省强对流天气统计特征及预报指标探讨//第一届首席预报员培训班电子文集.长春.

王笑芳,丁一汇.1994.北京地区强对流天气短时预报方法的研究.大气科学,**18**(2):173-183.

王新敏,张霞,何立富等.2007.2007 年 7 月 28-30 日豫西极端暴雨事件预报技术分析.北京:2007 年灾害性天气预报研讨会.

王新生,汪克付.1997.皖东两次强对流风暴过程的动力学诊断.气象,**23**(9):12-16.

王秀明,钟青.2009.环境与强对流(雹)云相互作用的个例模拟.高原气象,**28**(2):366-373.

王彦,吕江津,王庆元等.2006.一次雷暴大风的中尺度结构特征分析.气象,**32**(2):75-80.

王彦,唐熠,赵金霞等.2009.天津地区雷暴大风天气雷达产品特征分析.气象,**36**(05):

王月兰,刁秀广,莫瑶等.2010.鲁北沿海一次强冰雹天气过程的诊断分析.济南大学学报(自然科学版),24(1):91-94.

魏绍远,林锡怀,何宏让等.1998.江淮地区冬季一次罕见强对流风暴的数值模拟结果诊断分析.气象科学,18(3):214-221.

魏文秀,赵亚民.1995.中国龙卷风的若干特征.气象,21(5):37-40.

温市耕.1999.切变线类暴雨发生的天气背景和触发机制.气象,25(2):44-47.

吴翠红,龙利民等.2010.湖北省暴雨中尺度天气分析图集(预印本).

吴德平,李剑兵.2004.一次低纬隆冬严重强对流天气特征分析.广东气象,4:12-13.

吴芳芳,王慧,韦莹莹等.2009.一次强雷暴阵风锋和下击暴流的多普勒雷达特征.气象,35(1):55-64.

吴宇华,段昌辉.2002.一次强飑线大风过程分析.陕西气象,(5):18-20.

吴蓁,余小鼎,席世平.2011.基于配料法的"08.6.3"河南强对流天气分析和短时预报.气象,37(1):48-58.

伍志方,刘运策.2009.广东强对流天气环流特征和雷达特征及识别//第一届首席预报员培训班电子文集.长春.

伍志方,张春良,许焕斌.2000.应用二维冰雹云模式做冰雹预报.高原气象,19(1):121-128.

伍志方.1998.应用一维冰雹云模式预报冰雹.新疆气象,3:19-23.

伍志方.2003.CINRAD/SA新一代天气雷达观测夏季热带飑线的特征分析.气象,29(3):38-46.

肖艳姣,李中华,张端禹等.2008."07.7"鄂东南强对流天气的多普勒雷达资料分析.暴雨灾害,27(3):213-218.

谢梦莉,黄京平,俞炳.2002.一次罕见的飑线天气过程分析.气象,28(7):51-54.

谢义明,解令运,沙维茹等.2008.江苏中部一次强对流天气的物理机制分析.气象科学,28(2):212-216.

邢用书,陈海明,陈静等.2009.副高控制下鹤壁局地特大暴雨过程分析.气象与环境科学,32(增刊):153-158.

徐继业,姚祖庆.2001.登陆热带气旋引发的龙卷过程之个例分析.气象,27(7):27-29.

徐文慧,倪允琪.2009.登陆台风环流内的一次中尺度强对流过程.应用气象学报,20(3):267-275.

徐燚,张力.2009.台风"圣帕"(0709)期间浙江强降水的诊断分析.科技通报,25(5):570-604.

许爱华,应冬梅,黄祖辉.2007.江西两种典型强对流天气的雷达回波特征分析.气象与减灾研究,30(2):23-27.

许爱华,詹丰兴,刘晓晖等.2006.强垂直温度梯度条件下强对流天气分析与潜势预报.气象科技,34(4):376-380.

许美玲,郭荣芬,朱莉等.2009."08.07.02"滇中暴雨的中尺度特征和成因分析//2008年灾害性天气预报技术论文集.北京:气象出版社.

燕东渭,杨艳,孙田文等.2009.k-近邻法及铜川降雹预报试验.高原气象,28(1):209-213.

杨红梅,陶祖钰.1992.强天气冷涡云系结构的分析和物理解释.大气科学,16(1):77-82.

杨莲梅,杨涛.2004.阿克苏北部绿洲强对流暴雨与冰雹对比分析.干旱气象,22(2):11-16.

杨梅,许爱华,李玉林.2000.1999年5月10飑线过程分析.江西气象科技,23(2):29-32.

杨梅,尹小飞,黄祖辉等.2004.利用CINRADWSR298D探测飑线天气过程.气象科技,32(3):195-197.

杨晓霞,张爱华,贺业坤.2000.连续冰雹天气的物理量特征分析.气象,26(4):50-54.

杨晓霞.2009.山东省强对流天气特征和预报方法//第一届首席预报员高级研讨班电子文集.长春.

姚建群,戴建华,姚祖庆.2005.一次强飑线的成因及维持和加强机制分析.应用气象学报,16(6):746-753.

姚莉,李小泉,张立梅.2009.我国1小时雨强的时空分布特征.气象,35(2):80-87.

姚叶青,俞小鼎,郝莹等.2007.两次强龙卷过程的环境背景场和多普勒雷达资料的对比分析.热带气象学报,23(5):483-490.

姚叶青,俞小鼎,张义军等.2008.一次典型飑线过程多普勒天气雷达资料分析.高原气象,27(2):373-381.

应冬梅,俞炳.2001.江西省冰雹天气的气候特征及雷达回波特征分析.江西气象科技.24(3):21-23.

尤红,肖子牛,王曼等.2010.2008年"7.02"滇中大暴雨的成因诊断与数值模拟.气象,**36**(1):7-16.

俞小鼎,王迎春,陈明轩等.2005.新一代天气雷达与强对流天气预警.高原气象,**24**(3):456-464.

俞小鼎,张爱民,郑媛媛等.2006.一次系列下击暴流事件的多普勒天气雷达分析.17(4):385-392.

俞小鼎,张爱民等.2006.一次系列下击暴流事件的多普勒雷达分析.应用气象学报,**17**(4):385-392.

俞小鼎,郑媛媛,张爱民等.2006.安徽一次强烈龙卷的多普勒天气雷达分析.高原气象,**25**(5):914-923.

袁铁,郄秀书.2010.基于TRMM卫星对一次华南飑线的闪电活动及其与降水结构的关系研究.大气科学,**34**(1):58-70.

袁子鹏,崔胜权,陈艳秋等.2010.2009年8月27日辽宁中部飑线阵风锋过程分析//2009年灾害性天气预报技术论文集.北京:气象出版社.

张　霞,周建群,2005.申永辰等.一次强冰雹过程的物理机制分析.气象,**31**(4):13-17.

张大林.1998.各种非绝热物理过程在中尺度模式中的作用.大气科学,**22**(4):548-561.

张芳华,张涛,周庆亮等.2004.2004年7月12日上海飑线天气过程分析.气象,**31**(5):47-51.

张弘,孙伟.2005.初夏青藏高原东侧一次特大暴雨的综合分析.高原气象,**24**(2):232-239.

张鸿发,左洪超,郄秀书等.2002.平凉冰雹云回波特征分析.气象学报,**60**(1):110-115.

张加春,潘宁.2003.闽南一次大范围飑线过程的分析.台湾海峡,**22**(3):364-368.

张玲,张艳玲,陆汉城等.2008.不稳定能量参数在一次强对流天气数值模拟中的应用.南京气象学院学报,**31**(2):192-199.

张沛源,陈荣林.1995.多普勒速度图上的暴雨判据研究.应用气象学报,**6**(3):373-378.

张素芬,鲍向东,牛淑贞.1999.河南省人工消雹作业判据研究.气象,**25**(9):36-40.

张伟红,范其平,何宽科.2009.浙江省北部沿海一次雷雨大风天气过程分析.海洋预报,**26**(2):57-62.

张霞,周建群,申永辰等.2005.一次强冰雹过程的物理机制分析.气象,**31**(4):13-17.

张晓慧,倪允琪.2009.华南前汛期锋面对流系统与暖区对流系统的个例分析与对比研究.气象学报,**67**(1):108-121.

张一平,牛淑贞,席世平等.2005.雷暴外流边界与郑州强对流天气.气象,**31**(8):54-56.

张一平,王新敏,牛淑贞等.2010.河南省强雷暴地闪活动与雷达回波的关系探析.气象,**36**(2):54-61.

张义军,华贵义,言穆弘等.1995.对流和层状云系电活动、对流及降水特性的相关分析.高原气象,**14**(4):396-404.

章国材,李晓莉,乔林.2005.夏季500 hPa副热带高压中心区域一次暴雨过程环流条件的诊断分析.应用气象学报,**16**(3):396-401.

赵俊荣,晋绿生,郭金强等.2009.天山北坡中部一次强对流天气中小尺度系统特征分析.高原气象,**28**(5):1044-1050.

赵俊荣,晋绿生等.2009.天山北坡中部一次强对流天气中小尺度系统特征分析.高原气象,**28**(5):1044-1050.

赵培娟,吴蓁,郑世林.2010.河南省强对流天气诊断分析预报系统.气象,**36**(2):33-38.

赵培娟,吴蓁,郑世林等.2005.郑州强对流天气成因分析.河南气象,**4**:11-13.

赵淑艳,朱文志.2004.北京地区冰雹云生成的宏观条件分析.气象,**35**(1):348-351.

赵玉广.2009."8.14"石家庄大暴雨漏报分析.第一届首席预报员高级研讨班电子文集.长春.

郑京华,董光英,梁涛等.2009.一次西南涡东移诱发的罕见暴雨诊断分析.暴雨灾害,**28**(3):229-234.

郑媛媛,俞小鼎,朱红芳等.2004.2003年7月8日安徽系列龙卷的新一代天气雷达分析.气象,**30**(1):38-45.

郑媛媛,朱红芳,方翔等.2009.强龙卷超级单体风暴特征分析与预警研究.高原气象,**28**(3):617-625.

郑祚芳,范水勇.2005.北京城区"7.10"灾害性强降水分析.灾害学,**20**(2):66-70.

郑祚芳,张秀丽.2009.北京地区一次局地强降水过程的数值分析.热带气象学报,**25**(4):442-448.

钟加杰,李萍,刘峰.2009.一次热带气旋外围飑线对广州白云机场的影响.气象,**35**(6):70-77.

重庆市气象台.SWAN工作进展情况汇报.广州:SWAN工作会议,2011年6月8日.

周筠君,郄秀书,张义军等.1999.地闪与对流性天气系统中降水关系的分析.气象学报,**57**(1):103-110.

周筠君等.1999.陇东地区冰雹云系发展演变与其地闪的关系.高原气象,**18**(2)236-244.

周叶芳,朱拥军.2007.一种识别冰雹云的相似演变聚类方法研究.安徽农业科学,**35**(30):9637-9642.

朱君鉴,刘娟,王德育等.2009.2006年6月皖北龙卷多普勒雷达产品分析.气象科技,**37**(5):521-526.

朱君鉴,王令,黄秀韶.2005.CINRAD/SA中气旋产品与强对流天气.气象,**31**(2):38-42.

朱乾根等.1992.天气学原理和方法.北京:气象出版社,596.

庄千宝,叶子祥,陈宣森,马永安,余贞寿.台风圣帕引发浙南强龙卷的过程分析.浙江气象,**30**(2):14-19.

邹光源.2004.用二维冰雹云模式预报桂西北地区降雹.气象,**30**(3):39-42.

Amburn S A,Wolf P L. 1997. VIL Density as a Hail Indicator. *Wea. Forecasting*,**12**:473-478.

Barnes S L,Newton C W. 1986. Thunderstorms in the synoptic setting//*Thunderstorms:A Sosial,Scientific, and Technologocal Documentary,Vol.2:Thunderstorm Morphology and Dynamics*,(2nd editon), E. Kessler,Univercity of Oklahoma Press,75-111.

Brown R A, Lemon L R, Burgess D W. 1978. *Tornado detection by pulsed Doppler radar. Mon.Wea.Rev.*, **106**:29-38.

Browning K A,Foote G B. 1976. Airflow and hailgrowth in supercell storms and some implication for hailsuppression, *Quart. J. Roy. Met. Soc.*, **102**:499-533.

Browning K A. 1962. Cellular st ructures of convective storms. *Meteor. Mag.*, **91**:341-350.

Burgess D W. 2002. Radar observations of the 3 May 1999 OklahomaCity tornado. *Wea. Forecasting*,**17**:456-471.

Cerniglia C S,SnyderS W R. 2002. Development of warning criteria for severe pule thunderstorm in the northeastern United States using the WSR-88D. Eastern Technical Attachment. No. 2002-03,14pp.

Davies J M, Johns R H. 1993. Some wind and instability parametersassociated with strong and violent tornadoes, Part I:*Wind and helicity. proc. Tornado SymposiumIII*,C. Church Amer. Geophys. Union.

Davies-Jones R. 1984. Streamwise velocity:The origin of updraft rotation in supercell storms. *J. Atmos. Sci.*, **41**:2991-3006.

Ddward R,Thompson R L. 1998. Nationwide comparisons of hail size with WSR-88D vertically integrated liquid water(VIL) and derived thermodynamic sounding data. *Wea. Forecast.*.**13**:277-285.

Donald R. MacGorman, Ronald L Hondl,Thomas Filiaggi. 1996. Cloud to ground flash rates relative to radar inferred storm properties//*10th International Conference on Atmospheric electricity*. 361-363.

Donaldson R J Jr. 1970. Vortex signat ure recognition by a Dopplerradar. *J. Appl. Meteor. Mag.*, **9**:661-670.

Doswell C A,Brooks H E,Maddox R A. 1996. Flash flood forecasting:An ingredients-based methodology. *Wea. Forecasting* 11:560-581.

Doswell C A. 2001. Severe convective storms:An overview. *Meteor. Monogr.*, **50**:1-26.

Doswell C D. 1987. The distinction between large-scale and mesoscale contribution to severe convection:A case study example. *Wea. Forecasting*,**2**:3-16.

Edwards R,Thompson R L. 1998. Nationwide comparisons of hail size with WSR-88D. verticaly integrated liquid water(VIL) and derived thermodynamic sounding data. *Wea. Forecast.* **13**:277-285.

Eilts M D, Stumpf G J,1996. A Witt *et al*. Severe weather warning decision support system[C]. *Preprints, 18th Conf. on Severe Local Storms*, San Francisco, CA, Amer. Meteor. Soc., 536-540.

Eilts M D. 1996. Damaging downburst prediction and detection algorithm for the WSR-88D. Preprints, 18*th Conf on Severe Local Storms*, San Francisco, CA, Amer. Meteor. Soc., 541-544.

Ellrod G. 1989. Environmental conditions associated with the Dallas microburst storm determined from satellite soundings. *Wea. Forecasting*. **4**:469-484.

Fujita T T,Byers H R. 1977. Spearhead echo and downbursts in the crash of an airline. *Mon. Wea. Rev.* ,**105**;129-146.

Fujita T T. 1963 . Analytical mesometeorology;A review. Severe LOCAL Storms. *Meteor. Monogr.* , **5** (27);77-125.

Fujita T T. 1971. Proposed characterization of tornadoes andhurricanes by area and intensity. SMRP Research Paper91, University of Chicago, Chicago, IL, 42 pp. [Available from Wind Engineering Research Center, Box41023, Lubbock, TX 79409.]

Fujita T T. 1973. Proposed mechanism of tornado formation from rotating thunderstorms. *Preprint s, Eighth Conf . on Severe Local Storms*, Denver, CO, Amer. Meteor. Soc. , 191-196.

Fujita T T. 1978. Manual of downburst identification for Project NIMROD. SMRP Research Paper 156, University of Chicago, 104. [NTIS PB-286048] .

Ge Zhengmo, Yan Muhong, Guo Changming,*et al.* , 1992 . Analysis of cloud-to-ground lightning characteristics in mesoscale storm in Beijin area. *Acta Meteoro,Sinica*, **6**(4); 491-500.

Geotis S G,Oville R E. 1983. Simultaneous observations of lightning ground strokes and radar reflectivity patterns, *Presented at 21st Conference on Radar Meteorology*, Edmonton, Canada, American Meteorological Society, Boston, Mass1, 57-581.

Holle, R1 L1, Lopez, R1 E1,Hiscox, W1 L1. 1983. Relationships between lightning occurrences and radar echo characteristics in south Florida, *Presented at International Aerospace and Ground Conference on Static Electricity*, U. S. Dept. Transp/ FAA1 Fort Worth1 Texas, 479-4841.

Johns R H, Doswell C A. 1992. Severe local forecasting. *Wea. Forecasting.* **5**;588-612.

Kamburova P L,Ludlam F H. 1966. Raifll evaporation in thunderstorm downdraughts. *Quat. J. Roy. Meteor. Soc.* ,**92**;510-518.

Lemon L R, Doswell C A Ⅲ. 1979 . Severe thunderstorm evolutionand mesocyclone structure as related to tornadogenesis. *Mon. Wea. Rev.* , **107**;1184-1197.

Lemon L R,Parler S. The Lahoma storm deep convergence zone;its characteristics and role in storm dynamics and severity//*Preprints,Conference on Severe Local Storms*. San Fracisco,CA. ,Amer. Meteor. Soc. ,70-75.

Lemon L R. 1998. The radar there-body scatter spike;An operational largehail SiGnature. *Wea. Forecasting*, **13**;327-340.

MacGorman D R,Burgess D W. 1994. Positive Cloud-Gground Lightning in Tornadic Storm s and Hailstorm s. *Mon. Wea. Rev.* , **122** (8);1671-1679.

Markowski P M, Strata J M, Rasmussen E N . 2002. Direct surface thermodynamic observations within the rearflank downdraft sof nontornadic and tornadic supercells. *Mon. Wea. Rev.* , **130**;1692-1721.

McCann D W. 1994. WINDEX-A new index for forecasting micriburst potential. *Wea. Forecasting*,**9**;532-541.

Mead C M. 1997 . The discrimination between the tornadic and nontornadic supercell environment s;A forecasting challenge in the southern united states. *Wea. Forecasting*, **12**;379-387.

OTB/OSF/NWS;WSR-88D *Operations Course* ,1996, 600.

Paul T W Marks F D, 1992. Tracing the interactions of precipitation evolution and cloud dynamics using airborne Doppler Radar and in-situ data//*24th Conference on Radar Meteorology*, 916-919.

Polston K L. 1996. synoptic patterns and environmental condition associated with very large (and greater) hail events//*Preprints,18th Conf. on Severe Local Storms*, 349-356.

Przybylinski R W. 1995. The bowecho;Observation,numerical simulation,and severe weather detection methods. *Wea. Forecasting*,**10**;203-218.

Rasmussen E N. 1994 . Verification of origins of rotation in tornadoes experiment VORTEX. *Bull Amer. Meteor. Soc.* , **75** ;995-1006.

Raul E L, Robert Ortiz, William D O, *et al.* , 1992. The lightning activity and precipitation yield of convective cloud systems in central Florida//24th Conference on Radar Meteorology，907-910.

Read W L. 1987. Observed microbursts in the NWS southern region during 1986 four case studies. NOAA Tech Memo. NWS SR-121,10-34.

Roberts R D，Wilson J W . 1989 . A proposed microburst nowcasting procedure using single Doppler radar. J. Appl. Meteor. ，**28**:285-303.

Rotunno R，Klemp J B. 1985. On the rotation and propagation of simulated supercell thunderstorms. J. Atmos. Sci. ,**42**:271-292.

Schmocker G K,Co-auther,1996. Forecasting the initial onset of damaging downburst winds associated with a mesoscal convective system(MCS) using the midaltitude radial convergence(MARC) signatnre. Preprints,15th Conf. on Weather Analysis and Forecasting ,Norfoik,VA,Ame. Meteor. Soc. ,306-311.

Srivastava R C. 1985. A simple model of evaporatively driven downdraft: Application to a microburst downdraft. J. Atomos. Sci. ,**42**:1004-1023.

Srivastava R C. 1989. A simple model of evaporativety driven downdraft: Application to microburst downdraft. J. Atmos. Sci. ,**42**:1004-1023.

Thompson R L，Edwards R，Hart J A. 2000b. An assessment of supercell and tornado forecast parameters with RUC-2 model close proximitysounding//Preprints 21st Conf On Severe Local Storm. San Antonio: Amer. Meteor. Soc. ，595-598.

Trapp R J. 1999 . Observations of nontornadic lowlevel mesocyclones and attendant tornadogenesis failure during vortex. Mon. Wea. Rev. ，**127**:1693-1705.

Trapp R J. 2005 . A reassessment of the percentage of tornadic mesocyclones. Wea. Forecasting，**20**:680-687.

Wakimoto R M. 1985. Forecasting dry microburst activity over Highplains. Mon. Wea. Rev. ，**113** (7):113121143.

Wakimoto R M. 1998. The Garden City, Kansas, storm during VORTEX 95. Part I:Overview of the storm's life cycle and mesocyclogenesis. Mon. Wea. Rev. ,**126**:372-392.

Weisman M L,Klemp J B. 1984. The Structure and classification of numerically simulated cinvective storm in directionally varying wind shears. Mon. Wea. Rev. ,**112**:2479-2498.

Wilson J W. 1986 . Tornadogenesis by nonprecipitation induced wind shear lines. Mon. Wea. Rev. ，**114**: 270-284.

Wilson J W，Foote G B，Fankhauser J C，et al. 1992. Therole of boundary layer convergence zones and horizontalrolls in the initiation of thunderstorms:a case study. Mon. Wea. Rev. ,**120**: 1758-1815.

Wilson J W，Megenhardt D L. 1997 . Thunderstorm initiation, organization and lifetime associated with Florida boundary layer convergence lines. Mon. Wea. Rev. ， **125**:1507-1525.

Wilson J W，Mueller C K. 1993. Nowcast of thunderstorm initiation and evolution. Wea Forecasting，**8**: 113-131.

Witt A，Elits M D，Stumpf G J,et al. 1998. An enhanced hail detection algorithm for the WSR-88D. Wea. Forecasting，**13**:286-303.

Witt A，Nelson S . 1984. The relationship between upperlevel divergent outflow magnitude as measured by Doppler radar and hailstorm intensity. Preprints，22nd Radar Meteorology Conf. ，AMS，Boston， 108-111.

Yan Muhong，Guo Changming，Qie Xiushu,et al. 1992. Observation and model analysis of positive cloud-to-ground lightning in mesoscale convective systems. Acta Meteor. Sinica，**6**(4):502-510.

Ziegler C L. 2001 . The evolution of the lowlevel rotation in the 29 May 1994 Newcastle-Graham, Texas, storm complex during vortex. Mon. Wea. Rev. ，**129**:1339-1368.